DEUTSCHE LIEFERWAGEN UND TRANSPORTER SEIT 1898

Wolfgang Gebhardt

Motor
buch
Verlag

Impressum

Einbandgestaltung:

Bildnachweis: AEG-Archiv, Agria-Werk, Auto Union GmbH, Automobilwerke Eisenach, Bertsche Kommunalgeräte, Daimler-Benz Classic, Deutsches Museum, Ford-Werke AG, FTL, Lodewig Goossens, Wolfgang Gutbrod, Hako-Werk, HANSA Maschinenbau, Karlheinz Hesse, IVECO-Magirus Archiv, Jürgen Klein, Alois Kober GmbH, Kiefer GmbH, Kramer-Werke, Heinrich Lauser, Leiber OHG, Hans Lipp, Dr. Hans Mai, MBB, Maschinenfabrik Esslingen, MGH-Archiv, Peter Michaelis, MULAG, Multicar Spezialfahrzeug GmbH, Harro Neumann, Opel Automobile GmbH, Hans Pairan, Platten KG, Schmitz GmbH, Siemens AG, Simson-Werk, Mario Steinbrink, Still GmbH, Thomas Ulrich, Verkehrsmuseum Nürnberg, Volkswagenwerk AG, Frank Walther, Archiv des Verfassers

ISBN: 978-3-613-04414-2

1. Auflage 2021

Sie finden uns im Internet unter www.motorbuch-verlag.de

Lektorat: Joachim Köster
Innengestaltung: Ralf Weinreich
Druck und Bindung: Conzella, 85609 Aschheim-Dornach
Printed in Germany

Inhalt

Inhalt

Inhalt

Inhalt

Inhalt

!

Hinweis

In den Tabellen wurde, abgesehen von hervorzuhebenden Modellen, stets nur der Grundtyp berücksichtigt. Entgegen der seit 1980 gültigen SI-Einheit Kilowatt (kW) wurde bei den Fahrzeugen mit Verbrennungsmotoren die alte Größe PS weitergeführt, um eine einheitliche und vergleichbare Leistungseinheit beizubehalten.

Erläuterungen zu den Abkürzungen in den Tabellen:

SP	Produktionsbeginn
T	Tonnage in Tonnen
PS	PS-Leistung (bzw. Leistung in kW)
K	Kühlung in:
	W Wasserkühlung
	L Luftkühlung
	Th Thermosiphonkühlung
BxH	Bohrung x Hub
Hubr.	Hubraum in ccm
D	Drehzahl
Gew.	Gewicht in kg

Vorwort

Der vorliegende Band über die deutsche Lieferwagen- und Transporterindustrie soll mit den Firmendarstellungen einen Einblick in diesen Wirtschaftszweig von kurz vor der Wende zum 20. Jahrhundert bis in die heutige Zeit geben. Die Abgrenzungslinie gegenüber dem Lastwagen liegt, abgesehen von einigen Ausnahmen, bei der 1,5-Tonnen-Klasse.

Für die Zusammenstellung des Gesamtüberblicks der Lieferwagen- und Transporterhersteller und ihrer Produkte wurden Einzeldarstellungen über die Automobilindustrie, Zeitschriftenreihen, Firmen- und Messekataloge, Auskünfte von Firmen, von Industrie- und Handelskammern sowie von Einzelpersonen herangezogen. Eine absolute Vollständigkeit der Firmenliste und eine absolut präzise Angabe über die Zeiträume der Produktion der angegebenen Firmen lassen sich nicht erreichen, da viele Hersteller nur für kurze Zeit in Erscheinung traten, teilweise trotz Ankündigung einer umfangreichen Produktion nur einige Prototypen fertigten und deshalb nur mit ungenauen Angaben in der Literatur auftauchten.

Darüber hinaus sind in der Literatur widersprüchliche Angaben zu den einzelnen Fahrzeugen des gleichen Baujahres zu finden, was zum größten Teil auf Nachlässigkeit in der zeitgenössischen Literatur zurückzuführen ist.

In den Beschreibungen sind die über 300 Produzenten mit ihren ersten oder bekanntesten Firmennamen aufgeführt. Anschließend folgen Namensänderungen mit Angaben der Rechtsform und Fusionen im Laufe der Zeit. Der Produktionszeitraum ist mit gesicherten Daten aus den genannten Unterlagen ausgewiesen, so dass mit dem Hinweis auf die unvermeidliche Unvollkommenheit eine übersichtliche Angabe zur Verfügung steht.

Nicht aufgenommen wurden die Firmen, die während der Zeit des Dritten Reiches nach der Angliederung Österreichs und nach der Besetzung der Tschechoslowakei zum Bereich der »großdeutschen« Industrie gehörten. Für die Nachkriegszeit wurden jedoch, um hier ein Gesamtbild im geteilten Deutschland zu haben, die Hersteller von Transportern im ehemaligen Ostdeutschland berücksichtigt.

Mein Dank gebührt allen Privatpersonen und Firmen, die mir bei der Zusammenstellung dieses Buches, insbesondere bei der Überlassung von Bildmaterial, geholfen haben. Erwähnen möchte ich vor allem Hans Pairan †, Rollhofen und Karlheinz-Hesse †, Ansbach.

Perfekt restaurierter Gutbrod Atlas 800 Pritschenwagen. (Foto: Ralf Weinreich)

Einführung

Zur Geschichte des deutschen Lieferwagen- und Transporterbaus

Erste Versuche, den Personenwagen und das Motorrad dem Lastentransport nutzbar zu machen, sind schon vor der Jahrhundertwende unternommen worden. Folgende Firmen haben sich auf diesem Gebiet, teilweise nur für kurze Zeit, als Erste versucht:

Benz, Bergmann, Brennabor, Cudell, Engelhardt, Express, Imperator, Kayser, Lux, Motorfahrzeug- und Motorenfabrik Marienfelde, Patria und Vindelica. Nach der Jahrhundertwende boten auch die Firmen Adler, Fahrzeugfabrik Ansbach, Audi, Braun, Corona, Daimler, Dessau, Dixi, Dürkopp, FEG, Hansa, Maurer, NAG, Opel, Oryx, Phänomen, Rex Simplex, Ruppe, Siemens, Süddeutsche Automobilfabrik, Stoewer, Tourist und Weiss ihre Fahrzeuge unter den Bezeichnungen »Lieferungs-, Kastenliefer-, Warenbeförderungs-, Gewerbe-, Dienst-, Postcarriol- oder Geschäftswagen« an. Abnehmer dieser Fahrzeuge waren vor allem Warenhäuser, Schokoladen-, Zigaretten- und Kaffeefirmen, Zeitungsdruckereien und die Reichspost. Den Aufbau, der nebenbei eine gute Gelegenheit für Werbezwecke abgab, fertigten die Fahrzeughersteller oder spezielle Karosseriefirmen an.

Die Zulassungszahlen im Deutschen Reich zeigen jedoch, dass trotz der Fülle der Firmen nur Einzelstücke auf die Räder gestellt wurden. 1901 wurden 26, 1903 52 und 1906 160 derartige Fahrzeuge zugelassen.

Eine weitere Anzahl von Kleinstfirmen versuchte sich um die Mitte des ersten Jahrzehnts im Bau von Lieferwagen, ohne jedoch Erfolg zu haben. Für den Fehlschlag war neben dem ungenügendem Kapital auch die Tatsache verantwortlich, dass der Start der Automobil-Manufaktur in einem ungünstigen Zeitraum gewagt wurde. Die Wirtschaftskrise der Jahre 1907/08 brachte vor allem die kleinen Marken in finanzielle Schwierigkeiten, so dass vielfach der Zusammenbruch des Unternehmens folgte.

Auch bei den Lieferwagen-Konstruktionen tritt der Oberingenieur Joseph Vollmer (1871–1955) hervor, der nach seinem Weggang von der Neuen Automobil-Gesellschaft (NAG) im Jahre 1906 mit dem Ingenieur Fritz Neuberg die Deutsche Automobil-Construktions-Büro GmbH (DAC) einrichtete, die für verschiedene Marken tätig wurde.

Kurz vor dem Ausbruch des Ersten Weltkrieges kamen noch die Firmen Beckmann, Bergmann-Metallurgique, Cyklon, Ehrhardt, Fafnir, Horch, Komnick, Loeb (LUC), MAF, NAMAG, Podeus, Polyphon, Presto, Protos, Reissig, Sperber, Torpedo, Westfalia und Windhoff im Lieferwagenbau hinzu.

Hervorzuheben ist die Konstruktion der Firma Cyklon in Berlin. Deren Modell, die »Cyclonette«, war ein einfaches, zuverlässiges Dreirad-Fahrzeug mit einem unkomplizierten und vor allem wartungsfreudigen Antriebsaggregat über der vorderen Rahmenspitze. In gleicher Technik bauten andere Firmen ihre Modelle unter den Namen Phänomobil, Triomobil und Sulmobil.

Während der elektrisch oder benzinmotorisch angetriebene und mit einem Zweiganggetriebe ausgerüstete Dreiradwagen gewöhnlich für 500 kg Nutzlast im innerstädtischen Zustellverkehr genutzt wurde, setzte sich der kippstabilere Vierradwagen auf verstärkten Pkw-Fahrgestellen als 0,5- bis 1,5-Tonner in Kombi-, Kasten- und Pritschenwagen-Ausführung sowie als Schnelllieferwagen mit Wechselaufbauten für größere Entfernungen durch.

Da für das private Gewerbe in der DDR kaum mit Neufahrzeugen rechnen konnte, blieben im Wesentlichen nur Vorkriegsfahrzeuge die dann bis an ihre Leistungsgrenzen strapaziert wurden. (Foto: Ralf Weinreich)

In der Zeit des Weltkrieges ruhte, abgesehen von Sanitäts- und Stabswagenmodellen, die Fertigung dieser leichten Nutzfahrzeuge, um die Fertigungskapazitäten für die Militär-Lkw-Fertigung freizumachen.

Nach dem Ersten Weltkrieg setzte eine neue Gründungswelle vornehmlich im Bereich einfachster, für Leichttransporte konzipierter Fahrzeuge ein. Die damalige »Flucht in die Sachwerte« machten sich über 70 Firmen zunutze, die, teils mit geringsten Mitteln ausgestattet, Primitivst-Fahrzeuge konstruierten. Weite Verbreitung fanden dabei Lastendreiräder, die aus einem Motorrad mit Lieferbeiwagen oder aus einem Motorrad-Vorderteil und einer zweirädrigen Hinterachse mit einem Lastenaufbau oder einem Motorrad-Hinterteil und einem Transport-Vorderteil bestanden. Die Anordnung des Motors über dem Vorderrad belastete dieses und ermöglichte einen leichten Zugang zum Antrieb. Darüber hinaus konnte mit einem Einrohr-Chassis ein verwindungsfreier Aufbau mit einer tiefliegenden Pritsche ermöglicht werden. Bekannte Hersteller von leichten Transportfahrzeugen in Drei- und Vierrad-Bauweise mit Hinterladern waren in den 1920er Jahren DKW (zunächst DGW), EBS, Framo, Hanomag, Universelle, Velox, Wanderer und Zündapp.

In Hinterladertechnik mit teilweise zwei Sitzen sind vor allem die Firmen Goliath/Borgward, Gutbrod (Standard), Manderbach, Monos, Ostner-Dresden (OD), Rollfix, Steigboy und Tempo (Vidal) zu erwähnen. Auch das zunächst zu schwach motorisierte BMW-Lastendreirad besaß sogar zwei Sitze nebeneinander.

Ein Reichsgesetz von 1924 förderte den Bau und den Absatz der Kleinstlieferwagen damit, dass Fahrzeuge mit drei Rädern und weniger als 200 ccm Hubraum und einer Nutzlast von 350 kg steuer- und führerscheinfrei waren. Fahrzeuge bis 400 ccm Hubraum und 400 kg Nutzlast

Ein herrlich unrestaurierter Framo-»Scheunenfund«. (Foto: Ralf Weinreich)

konnten mit einem Motorrad-Führerschein ab dem 16. Lebensjahr gefahren werden. Auch die nächtliche Garagenpflicht bei einem Tankinhalt bis zu 9,5 Liter entfiel. Eine Fülle von Firmen machte sich diese Bestimmungen zunutze.

Auch eine größere Verbreitung konnten in dieser Zeit die Elektrokarren erzielen, deren Anspruchslosigkeit, einfachste Bedienung, Feuerungefährlichkeit und Wendigkeit hervorgehoben wurden. Hersteller waren vor allem die Firmen Bleichert, Maschinenfabrik Esslingen und Siemens.

Mit einer Flut von eigenwilligen technischen Experimenten haben besonders die neugegründeten oder neu in diesen Fabrikationszweig eingetretenen Firmen versucht, sich in dem hart umkämpften Markt zu behaupten. Gewöhnlich wurden in die schwach motorisierten Fahrzeuge die preiswerten Zweitakt-Motoren der Marken DKW und ILO eingebaut.

Carl Friedrich Wilhelm Borgward begründete mit seinem 1924 vorgestellten »Blitzkarren«, einem Vorderlader-Transportkarren, bei dem der Fahrer hinter der Ladefläche saß, überaus erfolgreich die Ausgangsbasis für sein Fahrzeugimperium, das später die Marken Borgward, Goliath und Lloyd umfasste. Gegenüber den bisher bekannten Dreiradfahrzeugen besaß das Goliath-Modell den Motor (in Mittellage) unter der Sitzbank. Die Hinterachse war mit einem Differential versehen.

Um eine Stärkung auf dem Markt zu erzielen, wurde 1933 die Vereinigung der Dreiradkraftwagen-Fabriken (VDRK) gegründet, der sich die Firmen Fahrzeugfabrik E. Schmidt, Fahrzeug- und Armaturenfabrik Willy Ostner, Framo-Werke, Hansa-Lloyd- und Goliath-Werke, Borgward & Tecklenborg, Rollfix-Eilwagen GmbH, Ernst Wilhelm Taschner und Vidal & Sohn (Tempo-Werk) anschlossen.

Von der technischen Konzeption her war auch der von 1925 bis 1935 produzierte Leichtlastwagen mit der Bezeichnung »Leila« der Frankfurter Firma Gieren von Interesse. Hier lag in einem Frontlenkerfahrzeug der Motor unter dem Fahrzeugrahmen zwischen den Achsen, so dass eine optimale Ausnutzung der Fahrzeuglänge für den Transportraum gegeben war.

War es bis in die 1920er Jahre üblich, dass Pkw-Firmen ihre Modelle als Lieferwagen mit einer Wechselkarosserie anstelle des hinteren Fahrgastaufbaus anboten, so lösten sich die Pkw-Hersteller gegen Ende der 1920er Jahre von dieser Notlösung. Eigenständige Lieferwagen, die aus den Pkw-Modellen entwickelt worden waren und einen kleinen Lieferwagenaufbau besaßen, boten die Firmen Dixi, Dkw, Daimler-Benz, Opel, Wanderer und sogar (zu Beginn dieser Entwicklungsphase) Hanomag mit dem »Kommißbrot«-Modell an.

Eine weitere Anzahl von Fahrzeug- und Maschinenfabriken, die in den Lieferwagenmarkt einzutreten versuchten, ist in den 1930er Jahren zu verzeichnen. Unter diesen Fahrzeugen war der Magirus-Eintonner mit einem Zweizylindermotor das solideste Fahrzeug, das sich für einige Jahre am Markt halten konnte.

Mitte der 1930er Jahre beherrschten die Firmen Goliath, Tempo, Framo und OD den Markt zu 91%. Den Rest teilten sich neben einigen Kleinstfirmen die Unternehmen Rollfix, Manderbach, Gutbrod (Standard) und Würdig. Die Konzeption des Dreirads mit gelenktem Vorderrad und hinterer Pritsche oder Ladekasten hatte sich gegenüber dem Vorderlader, dessen Ladekastenbreite durch den Lenkeinschlag der Räder begrenzt war, endgültig durchgesetzt, wenn auch nach dem Zweiten Weltkrieg verschiedene Außenseiter wieder auf den simplen Vorderlader zurückgriffen.

Den Markt für Kleinlaster in der Eintonnen-Klasse füllten die Firmen Daimler-Benz, Opel und Hansa-Lloyd (ab 1938 Borgward) aus.

Produktionskapazität der deutschen Lieferwagenhersteller

Eine radikale Eindämmung der vielen kleinen Lieferwagen-Hersteller brachte das 1939 von der Reichsregierung verfügte Schell-Programm. Nur noch fünf leistungsfähige Hersteller von Lieferwagen durften bestimmte Stückzahlen kleiner Nutzfahrzeuge unter einer Tonne Ladekapazität, ausschließlich in der Form von Einheitstypen, produzieren. Eine optimale Relation von Nutzlast und Eigenmasse konnte bei diesen in großen Serien gefertigten Modellen erzielt werden. Hinzu kam in der Eintonnen-Klasse als einziges Modell der kleine Borgward-Lastwagen.

Spätere Änderungen des Reichsverkehrsministeriums gingen dahin, dass die Umstellung der Fahrzeuge auf den Holzgasbetrieb nur für Fahrzeuge über 1,5 Tonnen Nutzlast verordnet wurde, so dass dies den hier beschriebenen Fahrzeugen erspart blieb.

Zugelassene Hersteller waren neben der Firma Borgward die Firmen Framo, Manderbach, OD, Gutbrod (Standard) und Tempo. Unter ihnen konnte sich das Tempo-Werk zum größten und erfolgreichsten Anbieter entwickeln. Die Firmen Framo, Manderbach und OD fertigten während des Krieges den erwähnten Vierrad-Einheits-Kleinlaster mit 0,7 Tonnen Nutzlast.

Bei den 0,65-Tonnen-Dreiradfahrzeugen des Gutbrod- und des Tempo-Werkes trieb ein ILO-Zweitaktmotor das Vorderrad an. Bei den Vierradfahrzeugen kam der bewährte Zweitakt-Zweizylindermotor von DKW zum Einsatz.

Während der Kriegszeit fiel die Produktion der Drei- und Vierradlieferwagen dann immer mehr zurück. 1943/44 musste die Fertigung, abgesehen vom Tmpo-Werk, dann schließlich eingestellt werden.

Als erste Firmen konnten nach dem Krieg in den Westzonen die Tempo- und die Gutbrod-Werke eine bescheidene Produktion wieder aufnehmen.

Während das Tempo-Werk das Dreiradfahrzeug unverändert weiterproduzierte, verließ Gutbrod die Einheitskonstruktion und fertigte erneut den eigenen Kleinlaster aus der Vorkriegszeit mit eigenem Hecktriebwerk und der in Pendelachskonstruktion gehaltenen Hinterachse. Ende der 1940er Jahre präsentierte dieses Werk einen modernen Frontlenker unter der Bezeichnung Atlas, der aber nur bis 1954 gefertigt werden konnte.

Manderbach baute den leicht geänderten Einheitstyp von 1949 bis 1960 mit einem Ford-Vergasermotor erneut. Ostner, bis 1945 in Dresden und in Brand-Erbisdorf ansässig, nahm 1950 in Sulzbach/Opf. die Fertigung des modifizierten Einheitstyps mit ebenfalls einem Ford-Motor wieder auf. Von 1955 bis 1958 wurde dieser ehemalige Kriegstyp durch ein modernes Frontlenkerfahrzeug abgelöst. Nach der Übernahme der Firma durch die FAUN-Werke wurde dieser Typ als vergrößerter Zweitonner bis in die 1960er Jahre als Pritschen-, Kasten- und als Feuerwehrwagen weitergebaut. Die Daimler-Benz AG bot nach 1945 wieder ihren kleinen Pkw-Typ 170 mit Kasten- oder Krankenwagenaufbauten an. Das VW-Werk, das hier zum ersten Mal erscheint, fertigte vor der Währungsreform auf der Grundlage der Wehrmachtstypen beziehungsweise des Käfers verschiedene Versionen von Behelfslieferwagen.

Borgward brachte nach Kriegsende zunächst den Kriegs-Eintonner wieder heraus und ergänzte zugleich mit der Wiederaufnahme der Pkw-Produktion die Pkw-Modellreihe durch eine Kombiversion.

Eine in den späten 1940er Jahren neu aufgekommene Modellreihe stellen, abgesehen von den Opel-, Daimler-Benz- und DKW-Modellen sowie den 1939 in wenigen Exemplaren produzierten »Farmerwagen« der Wanderer-Werke, die als Kombi- oder Behördenwagen bezeichneten Pkw-Modelle mit einem teils verlängerten Heckteil dar. Die seitlich verglaste Kombiwagenversion hat allerdings den nur zum Warentransport geeigneten Lieferwagen auf einem Pkw-Fahrgestell nahezu verdrängt; erst seit ein paar Jahren bieten Opel, Ford und VW wieder reine blechverkleidete Lieferwagen in Abwandlung des Limousinen-Typs an.

Mit diesen Kombi- und Lieferwagenmodellen traten ab 1949 Opel, DKW, Ford, Lloyd, Goliath und Gutbrod auf den Markt. Ab 1958 folgte die Firma Glas mit einem kleinen Kombiwagen. Mit dem Produktionsbeginn des VW 1500 kamen im Jahre 1963 sehr erfolgreiche Kombi- und Lieferwagenmodelle in Anlehnung an die Pkw-Version in das Programm des VW-Werkes. Die Daimler-Benz AG hatte zunächst nach der Aufgabe des Typs 180 jahrelang Kombiwagenmodelle in einem belgischen Montagebetrieb fertigen lassen. Ende der 1970er Jahre nahm die Daimler-Benz AG in den ehemaligen Borgward-Werken die serienmäßige Herstellung der Kombiwagenmodelle als »T«-Versionen auf.

Nachkriegsproduktion von Lieferwagen in den 1940er Jahren

	1946	1947	1948	1949
Auto Union				504
Borgward		4	2022	7096
Daimler-Benz	183	464	619	257
Ford				2425
Gutbrod	200	202	759	2599
Goliath				3724
Manderbach				37
Opel *				
Tempo	1665	1096	3769	9868
VW				4

* ohne Angaben

Eine ganz neue Form von Lieferwagen in Kastenbauart wurde 1949 mit der Entwicklung und dem Großserienbau des VW-Transporters vorgestellt. Der von Dr.-Ing. Alfred Haesner, dem früheren Technischen Leiter der Zittauer Phänomen-Werke, konstruierte, fast eine Tonne Nutzlast tragende Frontlenkertyp hat eine weltweit anerkannte Typenklasse auf dem leichten Nutzfahrzeugmarkt begründet. Das bis Mitte 1990 von einem flachen, im Heck liegenden Boxer- oder einem schrägstehenden Reihen-Dieselmotor und danach in der 4. Generation von einem vorne eingebauten Reihen-Diesel- oder Vergasermotor angetriebene Fahrzeug ist inzwischen in über 9 Millionen Exemplaren gefertigt worden.

Zwar wies der 1949 auf den Markt gekommene DKW-Schnelllieferwagen der (westdeutschen) Auto Union, ein mit einem platzsparenden Fronttriebblock ausgestattetes Fahrzeug, hervorragende Fahr- und Beladungseigenschaften auf, jedoch konnte der technisch überholte Zweitaktmotor die Kundschaft immer weniger überzeugen. Die Auto Union GmbH beendete 1964 die deutsche Produktion der Lieferwagen, die seit der Übernahme der spanischen Auto Union-Fertigungsstätte durch die Daimler-Benz AG dort unter der Marke Mercedes-Benz weitergebaut und durch den auch in der Bundesrepublik Deutschland erfolgreich vertriebenen Typ MB 100 D abgelöst wurden. Mit einer Kombiwagen-Ausführung mit verkleideten hinteren Seitenscheiben blieben die Auto Union-Werke noch bis 1975 auf dem Lieferwagenmarkt präsent. Von Interesse ist noch in diesem Zusammenhang, dass das Antriebskonzept und die Form der schräg abfallenden Vorderfront des DKW/Auto Union-Schnelllasters heute Konstruktionsmerkmale des Mercedes-Benz-, Ford- und des VW-Transporters sind.

Die Kölner Ford-Werke brachten 1953 ihren ebenfalls von Dr.-Ing. Alfred Haesner entwickelten Kasten- und Pritschenwagen in der Eintonnen-Klasse mit einem hier vorne eingebauten Motor und einem konventionellen Hinterradantrieb heraus. Dieser Wagen hat in einer etwas größeren Version als Ford Transit sich bewährt und wird ebenfalls in Millionenhöhe produziert.

Das Tempo-Werk gab 1956 die Dreiradfertigung in Deutschland auf und verlagerte diese Produktion in ein indisches Zweigwerk, wo die Dreirad- und die parallel dazu gefertigten Vierradmodelle in (inzwischen) Daimler-Benz-Regie noch heute gebaut werden. Mit einem breiten Programm an frontgetriebenen »Matador-« und »Wiking-«Typen konnte das Hamburger Tempo-Werk seine Selbständigkeit bis 1966 halten. Anschließend wurde es von der Rheinstahl-Tochter Hanomag (später Hanomag-Henschel) übernommen, die ihrerseits 1977 das ehemalige Tempo-Werk mit den anderen Hanomag-Henschel Fahrzeugwerken (HHF) an die Daimler-Benz AG abgab. Noch über Jahre wurden die Hanomag-Henschel-Transporter mit dem Mercedes-Stern dort gebaut, bis das Werk für die Teilemontage umgerüstet wurde.

Lieferwagenproduktion in den Jahren 1956 und 1957

Auto Union	6090	8764
FAUN	39	
Ford	10.527	9352
Glas		268
Goliath	4549	4147
Lloyd	774	748
Manderbach	5	2
Opel	5917	5510
Tempo	8625	12.703
VW	34.106	47.143

Die Borgward-Gruppe stellte 1961 das Fertigungsprogramm ihrer Borgward-, Goliath- und Lloyd-Fahrzeuge ein. Der Goliath-Typ »Goli« ist in diesem Angebot bis zur Produktionseinstellung als letztes Dreiradlieferfahrzeug in Deutschland gefertigt worden.

Einen Kleinst-Frontlenker-Lieferwagen mit einem 13,6-, später 18,5-PS-Zweitaktmotor im Heck fertigten die Glas-Werke von 1957 bis zur Produktionsaufgabe im Jahre 1964. Auch in einer Pick-up-Version mit einer kleinen, teils überdachten Ladefläche für Straßenmeistereien war dieses Fahrzeug zu haben. Mit nur 0,3 Tonnen Nutzlast war dieses Modell der kleinste Vierrad-Lieferwagen der Nachkriegszeit in Deutschland.

In dem harten Ausleseprozess haben sich bis heute die Firmen Opel, VW, Ford und Daimler-Benz mit Kombiwagen, die Firmen Daimler-Benz (seit 1989 Mercedes-Benz), Ford und Volkswagen mit Kasten- und Pritschen-Lieferwagen mit einem steigenden Anteil an wirtschaftlichen und entwicklungsfähigen Dieselmotoren gegenüber einer zersplitterten europäischen und einer starken japanischen Konkurrenz auf dem Markt halten können.

Unter den europäischen Anbietern hat Fiat in den 1950er und 1960er Jahren in den NSU-Werken Kombiwagen montiert. Opel vertrieb hingegen unter dem traditionellen Blitz-Emblem seit der Einstellung der eigenen Lastwagenproduktion mit mäßigem Erfolg die englischen Bedford-Liefer- und Lastwagen.

Ein Blick ist hier noch auf die kleinen, nahezu unbekannt gebliebenen Marken der Nachkriegszeit zu werfen. Einen geringen Absatz von einfachsten Transportfahrzeugen konnten die Firmen ADI, Albrecht, FAKA, FMR, Güldner, Hako, Hummel, Mertiny, MIAG, Morobau, Motoporter, Stahlbau München, Triro, Walba und Wendax bis in die 1950er Jahre erzielen, da die Kapazitäten der etablierten Marken nicht ausreichten, die Nachfrage zu erfüllen.

Unter den interessantesten Konstruktionen sind hier die Fabrikate folgender Firmen hervorzuheben: Der Schlepper- und Motorenhersteller Güldner in Aschaffenburg produzierte einen dieselgetriebenen Transportkarren mit der Bezeichnung Hydrocar, bei dem der Fahrersitz auf der Motorabdeckung angebracht war. Der Antrieb erfolgte hydrostatisch. Die Frankfurter Firma Motoporter AG fertigte in Hanau Ende der 1970er Jahre ein von dem Schwimmwagenkonstrukteur Hanns Trippel entworfenes, überaus einfaches Frontlenkerfahrzeug für Gartenbaubetriebe. Das Messerschmidt-Werk und später die Fahrzeug- und Maschinenbau GmbH Regensburg (FMR) konstruierten als leichtes Transportfahrzeug einen Dreirad-Vorderlader, der von einem Sachs-Mopedmotor angetrieben wurde und als zwar simples, aber preiswertes Modell größere Verbreitung fand.

Mit dem Bau von Transportern für Kommunalzwecke befassten und befassen sich die ehemalige Lieferwagenfirma Gutbrod (von 1964 bis 1990), die Firma LADOG (seit 1968), der Hansa-Maschinenbau (seit 1968), die Trenkle GmbH (seit 1972, inzwischen Kramer- bzw. Multicar-Werke) sowie die Kiefer GmbH seit 1990. Seit der Wiedervereinigung ist das Waltershausener Multicar-Werk mit großem Marktanteil hinzugekommen, das 1998 den Mini-Unimog der Mercedes-Benz AG als Geräteträger für den Kommunaldienst übernommen hat.

Schließlich fertigte von 1959 bis 1962 die Firma MULAG kleine Kommunalfahrzeuge. Daneben wurden ab 1951 bis 1998 von der Firma Platten und Söhne kleine kommunal- und forstwirtschaftliche Pritschenwagen gebaut. Auf Friedhofs- und Gartenbaubetriebe haben sich die Firmen Leiber und Schmitz spezialisiert.

Ein Blick auf die Transporter-Fertigung in der untergegangenen DDR soll diese Einführung abschließen. Die Fahrzeugwerke auf dem Gebiet der damaligen Sowjetischen Besatzungszone (SBZ) wurden zunächst in den Jahren 1945 bis 1948 enteignet und größtenteils demontiert. Ende der 1940er Jahre konnte nach einer inzwischen wieder angelaufenen Ersatzteilproduktion eine bescheidene Neuwagenfertigung aufgenommen werden. Die angeblich »volkseigenen« Fahrzeugwerke waren dem Fachministerium für Maschinenbau und Elektrotechnik, Hauptabteilung Fahrzeugbau, unterstellt. Zunächst kontrollierte diese Abteilung die 1948 gebildeten VVB Lowa (Vereinigung volkseigener Betriebe Loren- und Waggonbau) und die VVB IFA (Industriezweig Fahrzeug- und Anhängerbau). Das verbliebene Fachpersonal der früheren Auto Union AG wurde zum Neuaufbau im Forschungs- und Entwicklungswerk (FEW) in Chemnitz herangezogen. 1952 wurden die 40 Einzelwerke mit 30.000 Beschäftigten im IFA Kombinat, VVB für Fahrzeug- und Anhängerbau in Chemnitz (zeitweilig KM-Stadt), Scheffelstraße 1 (dem Sitz der ehemaligen Auto Union AG) zusammengefasst. Dieses Kombinat unterstand dem neugebildeten Ministerium für Transportmittel und Landmaschinenbau, Hauptverwaltung Fahrzeugbau, in Berlin.

Der 1. Zweijahresplan von 1949–1950 sah eine Produktion von insgesamt 2400 Nutzfahrzeugen vor. Jedoch gerade 1240 Stück konnten aufgrund des permanenten Materialmangels auf die Räder gestellt werden. Der 1. Fünfjahresplan von 1951–1955, der auf dem III. Parteitag der SED von 1950 mit Einstimmigkeit beschlossen worden war, sah eine gigantische Steigerung auf 24.000 Einheiten, schließlich in völliger Überschätzung der Möglichkeiten auf 30.000 Einheiten pro Jahr vor. Jedoch auch hier konnte nur ein Bruchteil erreicht werden. So konnten zum Beispiel 1951 5021, 1952 5371 Fahrzeuge hergestellt werden. Zwar setzte in den 1960er Jahren eine Steigerung in der Produktion ein, der Bedarf konnte jedoch nie vollständig gedeckt werden, so dass der vorhandene Fahrzeugpark stets veraltet und damit äußerst reparaturanfällig war. Ab Mitte der 1980er Jahre wurden daher einige tausend VW-Transporter im Kompensationsgeschäft gegen VW-Lizenz-Motoren gekauft, um die Lücken etwas abdecken zu können. Gesicherte Produktionszahlen wurden seit den 1950er Jahren aus militärischen Gründen nicht mehr (detailliert) veröffentlicht.

Produktionskapazität der deutschen Lieferwagenhersteller

	1933	1934	1935	1936	1937	1938	1939	1940	1941	1942	1943	1944	1945
Adler	132	1102	25	1399	351	300	328						
BMW	507	53											
Borgward						30	2170	1200	1500	1300	1200	757	
Brennabor	34												
Daimler-Benz	241	276	360	817	1367	1965	2239	1357	2520	4370	2826	139	
Dick	8	5	2	2	2	2	7						
DKW Dreirad	57			584	671	1264	1422	3890	1758	923			
DKW Vierrad			98	584	671	1334	1652	3893	3023	923	2121	6850	1200
Ford	174		269	551									
Framo Dreirad	2131	2334	3214	1036	1721	1312	1638						
Framo Vierrad	30	266	200	824	539	1351	2283	2712	2000	1496	834		
Freund (Wendax)	14	46	20	42	15	34							
Geier Dreirad			20	25	30	30	150	170	200	250	100	19	
Goliath Dreirad	5833	4381	4233	5004	5179	5455	2822						
Goliath Vierrad	1600	3265	1182	574	1257	454	336						
Gutbrod Dreirad	10	80	85	440	725	691	814	2700	2500	600			
Gutbrod Vierrad		450	505	415	495	422	730	100					
Hanomag	181	185	239	108	129	12	61	50					
Hansa-Lloyd	45		1275	2025	2664	1256	779						
Luther & Heyer	36	35	19	3	5	4	1						
Magirus	213	313	253	118	63	51	100						
Manderbach Dreirad	500	500	750	580	550	224	92	195	160	140			
Manderbach Vierrad	280	300	240	320	336	366	450	300	150				
Merkur Dreirad	6	9	9	8	7	6	2						
Ostner Dreirad	500	750	580	550	224	92	195	160	140				
Ostner Vierrad	10	35	45	79	404	552	488	450	200	50			
Opel	1253	5530	7747	12923	13283	11112	450	200	50				
Phänomen	7									1069	2988	2807	200
Phoenix Dreirad			5	10	10	10	20	20	30	30	50	73	
Rollfix	203	267	274	17	1								
Stobernack Dreirad			125	40									
Tempo Dreirad	1988	2647	3598	5270	5870	6929	4142	6263	6094	6384	4988	4669	66
Tempo Vierrad		834			321	1450	1300				70		
Vosteen Dreirad			50	30	40	40	40						
Weise Dreirad	64	66	58	72	76	59	52						
Weise Vierrad							1						
Würdig	5	50	63	16	20								
Zündapp Dreirad	30	20											
Zündapp Vierrad	100	357	143										

Quelle: Automobilia 8545.de (heruntergeladen am 13.01.2021)

Der Schwerpunkt der DDR-Lieferwagenfertigung lag auf dem ehemaligen Framo-Werk in Hainichen i. Sachsen. Hier wurde von 1949 bis 1961 der Framo-Einheitstyp weiterproduziert. Die 1957 als VEB Barkas-Werke bezeichnete Fahrzeugfabrik brachte als Ablösung des veralteten Einheitstyps 1961 ein Frontlenkerfahrzeug in der Konzeption eines amerikanischen Schnelllieferwagens heraus, der jedoch bis 1989 mit dem zwar seit rund fünfzig Jahre bewährten, aber im Betrieb kostspieligen und abgasintensiven DKW-Vorkriegsmotor ausgerüstet wurde. Da die DDR-Kraftfahrzeugindustrie nicht mehr in der Lage war, einen entsprechenden Viertaktmotor zu entwickeln, wurde im Barkas-Werk in Zwickau-Mosel die erwähnte Lizenzproduktion des VW Golf-Motors eingerichtet, was sich in der Nachschau nun als Vorteil (für die dortige VW-Montage) erwiesen hatte. 1991 musste die Fahrzeugproduktion mangels irgendwelcher Absatzmöglichkeiten stillgelegt werden.

Pick-up-Modelle kamen seit 1950 aus dem Eisenacher Automobilwerk, wobei bis 1989 die gleiche Zweitakt- und danach die VW-Viertaktmotor-Ausstattung verwendet wurde.

Als Spezialfahrzeug ist noch der aus der »Dieselkarre« beziehungsweise »Dieselameise« der 1950er Jahre entwickelte »Multicar« des Fahrzeugwerkes Waltershausen zu erwähnen, der in beachtlichen Stückzahlen mit Kleindieselmotoren hergestellt und auch in die alte Bundesrepublik geliefert wurde. Als einziger Nutzfahrzeughersteller der untergegangenen DDR konnte sich dieser Thüringer Nutzfahrzeughersteller auf dem neuen Markt mit beachtlichem Erfolg halten.

Inzwischen sind die deutschen Hersteller Daimler, Ford, Opel und Volkswagen mit einem dreistufigen Programm von Lieferwagen, Transportern und Großtransportern auf dem Markt vertreten; das Angebot an Fahrzeugen umfasst die Nutzlastbereiche von 0,7, 1,0 und 1,5 Tonnen, wobei die Transporter als Kasten- und Pritschenwagen sowie als Basisfahrzeug für Kofferaufbauten angeboten werden.

In der Oldtimerszene bekommen die Framos heute mit Recht ihr Gnadenbrot. (Foto: Ralf Weinreich)

Lieferwagen und Transporter

(Foto: Ralf Weinreich)

SU OM 621H

A.A.A. (Alfi)

Aktiengesellschaft für Akkumulatoren- und Automobilbau,
Berlin NO 65, Ofenerstraße 4–5

1. 1902–1913: **Aktiengesellschaft für Akkumulatoren- und Automobilbau,** Berlin-Halensee, Joachim-Friedrichstraße 37/38, ab 1909 Berlin-Wedding, Ofenerstraße 4–5
2. 1919–1920: **Automobil- und Akkumulatoren-Bau-GmbH für elektrische Fahrzeuge**
3. 1920–1922: **Auto- und Akkumulatorenfabrik Aktiengesellschaft (A.A.A.)**
4. 1922–1926: **Aktiengesellschaft für Akkumulatoren- und Automobilbau**
5. 1927: **Alfi-Automobile GmbH,** Berlin-Wedding, Müllerstraße 13

Alexander Fischer, Fabrikant der Gleitschutzvorrichtung (für Reifen) der Marke »Stop« und Besitzer des »Westautomobilhauses Alex Fischer u. Co.« gründete 1902 die Aktiengesellschaft für Akkumulatoren- und Automobilbau/A.A.A., wobei die Fertigung der Elektro- und Benzinmotor-Fahrzeuge in Driesen a. d. Netze (Neumark) eingerichtet wurde.

Neben verschiedenen unbekannt gebliebenen Fahrzeugen mit Benzinmotoren bestand das erste Programm aus Modellen mit Nutzlasten von 0,5, 1,5, 2,0, 3,0 und 5,0 Tonnen, die unter der Marke »Electric« angeboten wurden. Größere Verbreitung erhielt der zum 0,6-Tonner weiterentwickelte Lieferwagentyp für die Reichspost. Das Modell besaß einen 2,6-kW-Hauptschlussmotor mit einem Kardanantrieb. Die Kapazität der 80-Volt-Batterie reichte für eine Fahrstrecke von 80 Kilometern.

1909 gab die A.A.A. die Fertigungsstätte in Berlin-Halensee an die Bergmann Elektricitäts-Werke und zog in den Stadtteil Wedding.

3,7-kW-A.A.A.-Lieferwagen (1912).

Alfi-Kleinlastwagen, (1925).

1922 folgte nach der Umbenennung des Unternehmens ein vom 4/14-PS-Pkw-Typ abgeleiteter Lieferwagen für 250 kg Nutzlast mit einem Motor der Horst Steudel GmbH. Auch mit einem 15-PS-Bootsmotor des Atos Motorenbau konnte dieser Wagen unter der Markenbezeichnung »A.A.A.« ausgestattet werden. Die mit stehenden Ventilen versehenen Motoren besaßen eine Thermosiphonkühlung.

Nachdem das Unternehmen 1925 Konkurs hatte anmelden müssen, gründete Alexander Fischer die Alfi-Automobile GmbH, die nun einfachste drei- und vierrädrige Fahrzeuge baute.

Unter der Bezeichnung »Volkskraftwagen« bot die Gesellschaft einen dreirädrigen Typ in Pkw- und Lieferwagenausführung mit verschiedenen Motorstärken an. Die Ausführung I besaß einen 3,5-PS-DKW-, die Ausführung II einen 4,5-PS-DKW- und die Version III einen 6-PS-DKW-Motor. Die für 250, 500 und 750 kg Nutzlast ausgelegten Modelle waren mit Zweiganggetrieben ausgestattet. Die Rückwärtsfahrt der Alfi-Fahrzeuge wurde durch eine 180-Grad-Drehung des Vorderradantriebs und durch das Umlegen der Lenkstange ermöglicht. Schon nach kurzer Zeit musste auch dieser Fahrzeugbau aufgegeben werden. Die Bergmann-Elektricitäts-Werke übernahmen die Konstruktionsrechte.

A.A.A.-Lieferwagen

Typ	Nutzlast in Tonnen	1. Baujahr	Motorenhersteller	Zyl.	PS	Kühl.	Bohrung x Hub	Hubr. in ccm	Drehz.	Gew.	Besonderheiten
5/10 PS		1912		4	10	Th	85x110	2495			Thermosiphonkühlung
6/12 PS		1912	Steudel	4	12	Th	77x85	1858			
4/14 PS	0,25	1921		4	14	Th	62x90	1086	1600		
15 PS	0,25	1921		4	15	Th	60,8x90	940	2200		
15 PS	0,25	1922	Atos	4	15	Th	65x98	1300	2000		18 PS bei 2500 U min
5/20 PS		1923	Steudel	4	20	Th	65x118	1565	2400		
7/35 PS		1924		4	35	Th	71x98	1551	2600		
Typ I	0,25	1927		1	3	L	59x64	175	3500		Luftkühlung
Typ II	0,5	1927		1	4,5	L	64x64	206	3500		
Typ III	0,75	1927	DKW	1	6	L	74x88	378	3000		
Kleinlastwagen	0,75	1927		2	10	L	68x68,5	497	3000		
Typ IV (3/12)	1,0 - 1,25	1927	Atos	4	15	Th	65x98	1300	2000		

A.A.A.-Lieferwagen

Typ	Nutzlast in Tonnen	1. Baujahr	Motor	Leistung in kw	Drehzahl	Gewicht in kg	Besonderheiten
Electric	0,5	1906					
Electric	1,5	1906					
Electric	0,6	1906		2,2			

6-PS-Alfi-Dreirad-Lieferwagen Typ III (1927).

ABAM

Allgemeine Betriebs-AG für Motorfahrzeuge (ABAM),
Köln, Poststraße 26; Köln-Zollstock,
Vorgebirgsstraße 113 u. Wolfstraße 1 A, 1898-1905

Das 1898 von Ingenieur Louis Welter gegründete Elektrofahrzeugunternehmen stellte neben elektrisch angetriebenen Personen- und Lastwagen auch Lieferwagen her. Die ABAM-»Geschäftswagen« besaßen nach Patenten der Pariser Elektrofirma Kriéger in den Vorderrädern seitlich schwingend aufgehängte Elektromotoren mit je 1,8 kW Leistung. Sechs Geschwindigkeitsstufen konnten eingestellt werden. Eine Lenkstange betätigte die Achsschenkellenkung. Eine Kurzschlussbremse und eine fußbetätigte Bandbremse waren vorhanden. Die Nutzlast betrug 1,2 Tonnen.

Im Jahre 1905 verkaufte das Unternehmen die Patente an die NAMAG-Automobilwerke in Bremen.

2x1,8-kW-ABAM Lieferwagen (1900).

Acezet

Automobilfabrik Acezet GmbH,
Berlin-Schöneberg, Flottwellstraße 4, 1922–1926

Dieses Berliner Unternehmen stellte 1922 ein dreirädriges Lastenmotorrad auf einem stabilen Kastenrohrrahmen her. Ein 12-, später 16-PS-Kühne-Viertaktmotor, den die Firma Ernst H. Kühne Leichtmetallwerk GmbH in Dresden herstellte, trieb über ein Dreiganggetriebe mit einem Vorgelege und einer Rollenkette die Hinterachse an. Federn waren an der Hinterachse angebracht. Die Reichspost setzte die Acezet-Modelle mit zwei Einachs-Kastenanhängern als »Großtransporträder« für 400 kg ein.

Anzufügen ist, dass das von Richard Kühne geführte Motorenwerk im Jahre 1932 in Otto Bark Motorenfabrik umbenannt wurde. Dieser Hersteller ging 1948 im neugebildeten VEB Motorenwerk Cunewalde auf.

16-PS-Acezet Lieferdreirad (1926).

Acezet-Lieferdreiräder

Typ	Nutzlast in Tonnen	1. Baujahr	Motoren-hersteller	Zyl.	PS	Kühl.	Bohrung x Hub	Hubr. in ccm	Drehz.	Gew. in kg.	Besonder-heiten
Acezet	0,4	1922	Kühne	1	12	L	63x80	250	4700		m. Einachs-Anhänger
Acezet	0,4	1926		1	16	L	72x86	350	4700		

Achenbach

Automobilfabrik Achenbach u. Co.,
Hamburg-Altstadt 36, Bergstraße 28, 1907–1908

Die Automobilfabrik Achenbach u. Co. mit der Marke Hexe wurde mit dem Nachbau der amerikanischen Dampfwagen des Systems Locomobile sowie mit dem Bau von Schiffsmotoren bekannt. 1905 folgte der Lizenzbau der belgischen Nagant-Pkw-Typen.

Im Jahre 1908 stellte man die Hexe-Modelle 18/20-PS, 24/30-PS und 40/45-PS als Sanitäts- und als Lieferwagen-Ausführungen her, wobei es sich um Restposten handelte, die nach der Einstellung der Achenbach-Produktion von der Automobilhandlung Charles Lavy & Rush in Hamburg mit Nutzfahrzeugkarosserien vertrieben worden waren. Die Motoren besaßen stehende Ventile und eine Wasserkühlung.

18/20-PS-Achenbach »Hexe« (1906).

Das aus einer 1867 gegründeten Dampfmaschinen- und Schiffsmotorenfabrik hervorgegangene Unternehmen gab 1907 die Pkw-Produktion auf und übernahm den Vertrieb der belgischen Nagant-Modelle.

Achenbach-Lieferwagen											
Typ	Nutzlast in Tonnen	1. Baujahr	Motoren-hersteller	Zyl.	PS	Kühl.	Bohrung x Hub	Hubr. in ccm	Drehz.	Gew. in kg.	Besonder-heiten
Hexe 18/20		1907		4	20	W	100x120	3768			
Hexe 24/30		1907	Achen-bach	4	30	W	110x120	4560	1200		Lizenz Nagant
Hexe 40/45		1907		4	45	W	130x140	7440			

ADE siehe VEB Fahrzeugwerk Waltershausen

Adi

ADI-Werk, Arthur Diebler Fahrzeugbau GmbH,
Berlin-Neukölln, Karl-Marx-Straße 124 und
Schierker Straße 71, 1950–1954

Das ADI-Lieferdreirad besaß in der ersten Ausführung einen 4,2-PS-ILO-Motor über dem Vorderrad, das über eine Kette angetrieben wurde. Auf dem abgefederten Zentral-Stahlrohrrahmen befand sich hinter dem Fahrersitz ein Transportkasten für eine Last von 250 kg. 1951 wurde ein 6,5 PS starker Fichtel & Sachs-Motor verwendet. Rund 1000 Exemplare gingen an die Deutsche Bundespost Berlin und an private Interessenten.

6,5-PS-ADI Lieferdreirad (1951).

Der Gewerbebetrieb Alfred Diebler war auch als Reparaturwerkstatt für Schlepper und als Handlung für Reifen und Lieferwagen-Ersatzteile tätig, bevor er 1957 aufgelöst wurde.

ADI-Lieferdreiräder											
Typ	Nutzlast in Tonnen	1. Baujahr	Motoren-hersteller	Zyl.	PS	Kühl.	Bohrung x Hub	Hubr. in ccm	Drehz.	Gew. in kg.	Besonder-heiten
ADI	0,25	1950	ILO	1	4,2	L	55x50	118	4500	190	
ADI	0,25	1951	F & S	1	6,5	L	57x58	147	4700	190	
ADI	0,25	1953	ILO	1	4	L	55x50	118	4500	190	
ADI	0,25	1956	F & S	1	9,5	L	62x58	175	5000	190	

Adler

Adlerwerke, vorm. Heinrich Kleyer AG,
Frankfurt a. Main, Höchster Straße (Kleyer Straße),
1900–1940

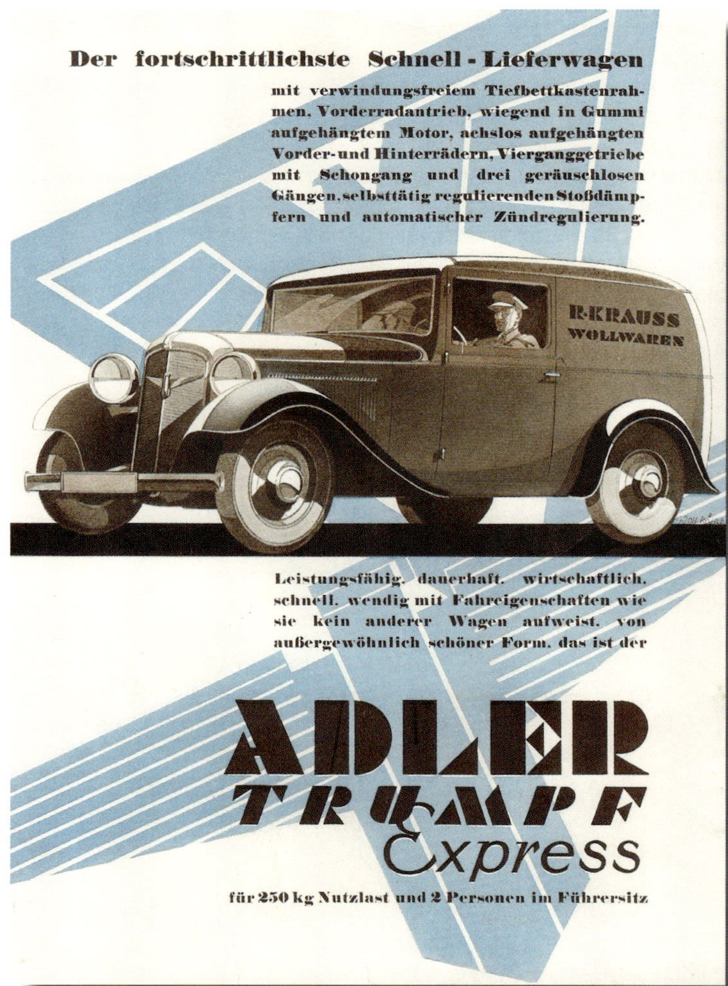

Heinrich Kleyer (1853–1932) gründete 1880 mit einem Kompagnon eine Maschinen- und Velocipedhandlung. Die Eigenfertigung von Hoch- und später von Niederrädern sowie von Schreibmaschinen kam hinzu; die Erzeugnisse der Firma wurden unter dem 1886 eingeführten Namen »Adler« bekannt. 1895 erfolgte die Umbenennung des Unternehmens in Adler-Fahrradwerke, vorm. Heinrich Kleyer AG, nachdem der Betrieb in eine Aktiengesellschaft umgewandelt worden war, um eine ausreichende Kapitalbasis zu haben. Heinrich Kleyer, 1905 zum preußischen Kommerzienrat und 1911 zum Dr.-Ing. h. c. ernannt, war von 1895 bis 1923 Generaldirektor und schließlich bis zu seinem Tod Aufsichtsratsvorsitzender des Unternehmens.

1899 nahm nun das als Adler-Werke bezeichnete Unternehmen in der neugeschaffenen Abteilung Motorwagenbau die Montage von Automobilen auf, wobei zunächst französische De Dion-Motoren zum Einbau gelangten. Hinzu kam der Vertrieb französischer Automobile.

Im Jahre 1902 stellte das Adler-Werk »Motorwagen für Waren-, Transport-, Stadt- und Vorort-Verkehr« mit De Dion-4,5-PS-Ein- und 8-PS-Zweizylindermotoren her.

1904 folgte ein Eintonner mit einem 8-PS-Zweizylindermotor eigener Fertigung. Hinzu kam ein 0,3-Tonnen-Lieferwagen mit einem 9-PS-Motor, wobei eine Wechselkarosserie zur Verwendung kam, so dass das Fahrzeug auch als Pkw benutzt werden konnte. Angeblockte Dreiganggetriebe, eine Bauart, die erstmals Adler verwendete, gelangten zum Einbau. Die Karosserien lieferten verschiedene Aufbautenhersteller.

Die ständigen Verkaufserfolge an Personen-, Liefer- und Lastwagen sowie an Omnibussen führten zu mehrfachen Vergrößerungen der architektonisch äußerst gut gelungenen Fabrikanlagen an der Höchster Straße (heute Heinrich-Kleyer-Straße). Ein eigenes Fahrschulzentrum unter der ursprünglichen Bezeichnung »Velodrom« unterhielt das Unternehmen in der Gutleutstraße. Bekannte Konstrukteure der Motoren und der Fahrzeuge waren zu dieser Zeit Oberingenieur und Technischer Direktor Franz Starkloph (1863–1926), der 1902 zu den Protos-Werken wechselte, sowie sein Nachfolger Dipl.-Ing. Edmund Rumpler (1872–1940), der die Adler-Motoren, das verblockte Motor-Getriebe-Aggregat und die Doppelschwingachse schuf. Mit seinen revolutionären Konstruktionsideen stieß er jedoch teilweise auf Unverständnis bei der Geschäftsleitung, so dass er 1905 ausschied. Adam Paul (1862–1915) trat als Technischer Direktor an seine Stelle. Als ein weiterer führender Konstrukteur ist Ingenieur Nathan Sally Stern (1879–1975) zu nennen, der 1910 zu den Hansa-Werken wechselte. Für das neu eingerichtete zweite Konstruktionsbüro wurde Ingenieur Otto Göckeritz (1865–1935) bestellt.

8-PS-Adler Pritschenwagen (1902).

8-PS-Adler »Lieferungswagen« (1902).

8-PS-Adler »Lieferungswagen« mit geänderter Motorhaube (1904).

Die Krisenjahre 1907/08 überstand das Unternehmen bestens. Neue Vierzylindermodelle mit 12, 14 und 15 PS kamen hinzu.

Kurz vor Ausbruch des Ersten Weltkrieges stand ein Lieferwagenangebot von 0,15, 0,5, 0,6, 0,85 und 1,0 Tonnen zur Verfügung.

Während des Krieges fertigte das Adler-Werk vor allem Regeldreitonner, Sanitätsfahrzeuge, Motoren und Kabelwinden.

Nach dem Krieg wurden die Vorkriegsmodelle zunächst weitergebaut. Erst 1925 stellte das Werk neue Fahrzeuge für Nutzlasten von 0,7, 0,85 und 1,0 Tonnen mit 30- und 40-PS-Motoren vor. Die Lieferwagen besaßen nun eine Mittelschaltung und eine Hydraulik-Bremsanlage, wobei die Teile von der in der Nachbarschaft liegenden und befreundeten Firma Alfred Teves (ATE) bezogen wurden. Die Kupplungen waren zur besseren Wartung freiliegend angebracht. Der Hinterradantrieb erfolgte über eine Schnecke.

Wenig später folgten die Modelle L 25 und 10/45 PS für Nutzlasten von 0,4 und 0,8 Tonnen. Standardtyp wurde ab 1926 für lange Zeit der Eintonner L 6 mit einem 50-PS-Sechszylindermotor. (Auch in einer 1,5-Ton-

3,5-PS-Adler Motorrad-Vorderlader (1906).

4/18-PS-Adler »Geschäftswagen« (1908).

8/14-PS-Adler »Lieferungswagen« (1907).

nen-Ausführung wurde der L 6 angeboten.) Die Motorleistung wurde 1930 auf 44 PS reduziert, 1934 aber dann auf 60 PS angehoben. Als Typ L 6-36 und als Wehrmachts-Sanitätswagen W 61K wurde das Modell bis 1940 in 2500 Exemplaren ausgeliefert.

Ein weiteres Liefer- und Krankenwagen- sowie Postmodell bildete der L 4 von 1931 mit einem 32- oder 36-PS-Vierzylindermotor. Bis 1934 konnten über 1000 Exemplare dieses Typs gefertigt werden.

Als Lieferwagen in moderner Kombiwagenbauart mit einem hinteren unverglasten Blechaufbau erschienen ab 1929 auch die Pkw-Modelle Favorit und Primus sowie der Vorderradantrieb Trumph. Die Nutzlasten lagen zwischen 250 und 400 kg. Diese Kombiwagen erhielten die Zusatzbezeichnung Expreß.

Im Jahre 1929 hatte die Darmstädter und Nationalbank (Danatbank) große Aktienanteile an dem Automobil-, Schreibmaschinen- und Fahrradunternehmen erworben und Ernst Hagemeier (1888–1966) als Direk-

18-PS-Adler Flaschenbierwagen (1908).

7/17-PS-Adler »Geschäftswagen« (1913).

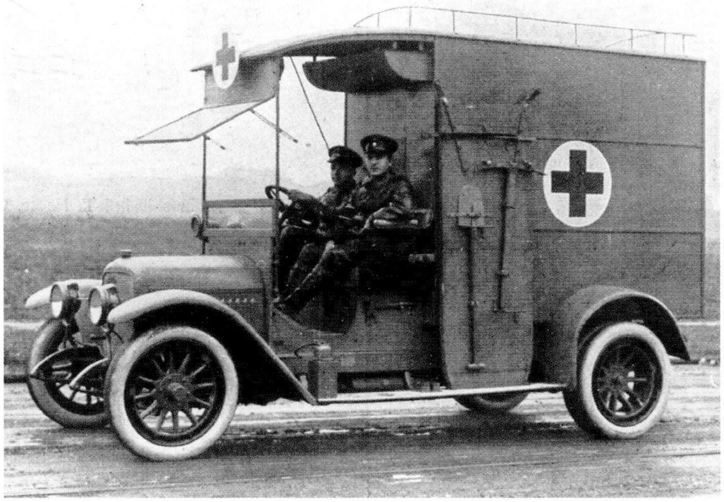

12/34-PS-Adler Sanitätswagen (1915).

tor eingesetzt. Technischer Direktor von 1931 bis 1935 wurde Ingenieur Hans Gustav Röhr (1895–1937), der zuvor aus dem von ihm gegründeten Röhr-Werk ausgeschieden war. Konstrukteure der leichten Nutzfahrzeuge wurden in diesem Jahr Dr.-Ing. Schäffle und Oberingenieur Alfred Privat. Der nur noch am Rande betriebene Lastwagenbau wurde im Jahre 1934 aufgegeben.

Mit einer modernen Stromlinienkarosserie auf der Basis des Adler-Diplomat erschien 1935 der 0,75-Tonnen-Krankenwagen K-3L, der mit einem 65-PS-Sechszylindermotor versehen war. Wie bei allen Adler-Modellen kamen auch hier stehende Ventile zum Einbau. Das Fahrgestell war gegenüber der Limousinenausführung verlängert worden.

Mit dem Jahr 1940 stellte »Wehrwirtschaftsführer« Hagemeier die Produktion auf Militär- und Halbketten-Fahrzeuge, Schnellboot- und Panzermotoren nach Maybach-Lizenzen sowie auf Automatikgetriebe und verschiedene Rüstungsgüter um. Auch der 140-Tonnen-Panzerwagen Maus wurde dort nach Plänen des Porsche-Ingenieurbüros in zwei Prototypen hergestellt.

Durch Luftangriffe im Frühjahr 1944 und im Februar 1945 wurde die Fabrik stark beschädigt; allerdings waren wichtige Fabrikationsanlagen für die Vorprodukte zuvor ausgelagert worden. Die Demontagen minderten anschließend den Maschinenpark.

12/34-PS-Adler Sanitätswagen (1915).

1949 sollte in Zusammenarbeit mit dem MAN-Presswerk in Mainz-Gustavsburg die Produktion von Personenwagen wieder aufgenommen werden. Der 1948 freigelassene Ernst Hagemeier verwarf dieses Vorhaben jedoch, so dass nur mehr die Motorrad-, Werkzeugmaschinen und die Fahrrad-Produktion neben der traditionellen Schreibmaschinen-Herstellung betrieben wurde. Mit dem Niedergang der Motorradindustrie in Deutschland zu Ende der 1950er Jahre stellte das Adler-Werk auch diesen Fabrikationszweig ein. Nach der Grundig AG, dem US-Litton-Konzern und dem Volkswagen-Werk übernahm in den 1980er Jahren der italienische Büromaschinenhersteller Olivetti das traditionsreiche und einst größte Frankfurter Industrieunternehmen. Nachdem auch Olivetti mit der Büromaschinenherstellung (unter der Marke Triumph-Adler) wenig Erfolg hatte, wurden die Gebäudeanlagen zu einem Büropark umgestaltet.

25-PS-Adler L 25 Kastenwagen (1926).

34-PS-Adler L 6 Kastenwagen (1927).

32/36-PS-Adler L 4 Lieferwagen (1931).

32/36-PS-Adler Expreß (1931).

50-PS-Adler L 6 Schnelllieferwagen (1931).

33-PS-Adler Primus Expreß (1934).

60-PS-Adler L 6 3GP Postwagen (1935).

65-PS-Adler K-3L Krankenwagen (1938).

Adler-Lieferwagen

Typ	Nutzlast in Tonnen	1. Baujahr	Motoren-hersteller	Zyl.	PS	Kühl.	Bohrung x Hub	Hubr. in ccm	Drehz.	Gew. in kg.	Besonder-heiten
4,5 PS	0,4	1902	De Dion-Bouton	1	4,5	W	84x90	498	1500	500	
8 PS		1902		2	8	W	100x110	864	1500		
8 PS	1	1904	Adler	2	8	W	90x110	1399	1300		
5/9 PS	0,3	1904		2	9	W	85x100	1134	1600		
12 PS		1904		2	12	W	105x120	2077	1350		
8V/7 Tr	0,2	1907		V2	8	W	85x90	1021	1600	640	
15 PS		1907		4	15	W	80x100	2010	1300		
8/14 PS	0,75	1907		2	14	W	105x120	2077	1350		
6/12 PS		1907		4	12	W	75x88	1554	1300		
4/18 PS	1,25	1908		4	18	W	90x135	2600	800		
KL 6/16	0,25	1911		4	16	W	67x110	1550	1800		
KL 8/22	0,6	1911		4	22	W	75x118	2084	1800	790	
12/30 PS Typ L 12	0,8/1/1,5	1911		4	30	W	86x135	3135	1500		auch 35 PS bei 800 U/min
10/25 PS Typ L 10	0,8571/1,5	1912		4	25	W	80x130	2612	1600	850	auch 27 PS bei 1800 U/min
5/11 PS	0,25	1912		4	11	W	65x98	1300	1400	600	
7/17 PS	0,5	1912		4	17	W	75x103	1819	1500	760	
L 1/12	0,7	1925		4	30	W	79x118	2298	2400		
L 2/12	0,85	1925		4	40	W	86x135	3115	1900		max.1 t
L 25	0,4	1926		4	25	Th	67x110	1550	2500		
10/45 PS	0,8	1926		4	45	W	78x135	2680	2500		
L 6	1	1926		6	50	W	75x110	2916	3000	1650	
L 9	1,5	1927		4	32	W	79x118	2312	2500		
L 6	1	1928		6	45	W	74x100	2579	2700		
L 4	0,75	1929		4	32	W	75x110	1943	3000		ab 1931 36 PS
Favorit Expreß	0,4	1929		4	36	W	75x110	1943	3300	1290	
L 6-3 G	1	1930		6	60	W	75x110	2914	3300	1750	
L 4 A	0,75	1932		4	32	Th	71x95	1504	3500	1400	
Primus Expreß	0,25	1932		4	32	Th	71x95	1504	3500		
Trumpf Expreß	0,3	1932		4	32	Th	71x95	1504	3500		
Primus Expreß	0,4	1934		4	33	Th	71x95	1504	3500	950	
K 3-L	0,75	1935		6	65	W	75x110	2916	3600	1750	
W 61 K	0,5	1937		6	58	W	71x105	2499	3800	2050	

AEG

1. 1914–1946: **Allgemeine Elektrizitäts-Gesellschaft (AEG),** Berlin-Oberschöneweide NW 40, Westendstraße 1–5 u. Berlin, Friedrich-Karl-Ufer 2/4; Werk AEG Fabriken Henningsdorf b. Berlin
2. 1950–1953: (ab 1951) **Allgemeine Elektrizitäts-Gesellschaft (AEG),** Berlin u. Frankfurt a. Main, Theodor-Stern-Kai; Werk Berlin-Mitte, Brunnenstraße

Ingenieur Emil Rathenau (1838–1915) gründete 1883 die Deutsche Edison-Gesellschaft für angewandte Elektrizität, die 1887 in die Allgemeine Elektrizitäts-Gesellschaft (AEG) umgewandelt wurde und sich auf allen Gebieten der Starkstromtechnik engagierte. Als erstes deutsches Unternehmen stellte die AEG ab 1914 elektrisch angetriebene Transportkarren für innerbetriebliche Zwecke sowie für den Einsatz auf Bahnhöfen in dem 1911 errichteten Henningsdorfer Werk her, wo auch die Montage von Lokomotiven stattfand. Fahrzeuge mit Verbrennungsmotoren montierte die AEG-Tochtergesellschaft Nationale Automobil AG (NAG).

Das Unternehmen wurde nach dem Tod des Gründers von seinem Sohn, Dr. Walther Rathenau (1867–1922), dem späteren Reichsminister des Äußeren, weitergeführt. Konstrukteur der AEG-Elektro- und der NAG-Benzin-Fahrzeuge war von 1908 bis 1940 Dipl.-Ing. Friedrich Sass (1883–1968).

Nach dem Ersten Weltkrieg wurden die Fahrzeugtypen weiterentwickelt. So konnte das Gewicht bei Verwendung der gleichen Akkumulatorenanlage erheblich gesenkt werden. Hervorzuheben sind die 0,75-Tonnen-Fahrzeuge von 1924, die mit zwei 1,15-kW-Motoren und einer Vierradlenkung versehen wurden, um die Wendigkeit auf Bahnhöfen, in Fabriken und in Lagerhallen zu erhöhen.

Ab 1926 präsentierte das Unternehmen ein breites Angebot von Elektrotransportern mit 0,75-, 1,0- und 1,5-Tonnen Nutzlast. Auch sie erhielten auf Wunsch eine Vierradlenkung. Von 1941 bis Kriegsende liefen die Fahrzeuge unter der Markenbezeichnung »Union«.

Als nach dem Zweiten Weltkrieg der Henningsdorfer Betriebsteil enteignet worden war, ließ das Unternehmen nun in der AEG-Fabrik in der Westberliner Brunnenstraße nochmals eine Serie von Elektrofahrzeugen des Typs EL 2002 mit einem 3,7-kW-Motor produzieren, der für den Straßenverkehr zugelassen war. Eine fußbetätigte Schützensteuerung, ein Differential und hydraulische Bremsen waren weitere Details dieses Transporters, der gleichzeitig auch im VEM Vereinigung Volkseigener Betriebe des Elektro-Maschinenbaues – Lokomotivbau Elektrotechnische Werke Henningsdorf (später VEB Lokomotivbau »Hans Beimler«) – gebaut wurde.

Das AEG-Werk, das ab 1925 auch Elektro-Lastwagen herstellte, fertigte insgesamt über 20.000 Transporter. Nach einer bewegten Nachkriegsgeschichte wurde das zuletzt im Daimler-Benz-Konzern geführte Elektro-Unternehmen 1996 aufgelöst.

AEG-Kleinfeuerwehrfahrzeug (1935). (Foto: AEG-Archiv)

AEG-Elektrolieferwagen für die Milchzustellung (1935).

AEG-Elektro-Transporter

Typ	Nutzlast in Tonnen	1. Baujahr	Motor	Leistung in kw	Drehzahl	Gewicht in kg	Besonderheiten
AEG	1	1914	AEG	2x0,63		1260	Gew. o. Batterien
AEG	2,5	1923	AEG	2x2,2		1720	
AEG	0,75	1924	AEG	2x1,15		1390	Vierradlenkung
AEG	1	1924	AEG	2,45		1250	
AEG	1,5	1925	AEG	2,7		1200	
AEG	2,5	1925	AEG	2x1,2		1850	
AEG	0,75	1926	AEG	1,44		870	
AEG	1,5	1926	AEG	2,7		1750	
AEG	1,5	1926	AEG	2x1,2		1400	Vierradlenkung, auch 1,44 kW
AEG	0,75	1927	AEG	1,44		870	
AEG	1,5	1927	AEG	2x1,44		1200	Vierradlenkung
AEG EL 2002	2	1950	AEG	3,2			

AEG-Elektrolieferwagen für die Milchzustellung (1928).

3,7-kW-AEG Elektrokarren EL 2002 (um 1950). (Foto: AEG-Archiv)

AGA

Aktiengesellschaft für Automobilbau (AGA),
Berlin-Lichtenberg, Herzbergstraße 82–86
1. 1921–1926: **Aktiengesellschaft für Automobilbau (AGA)**
2. 1926–1929: **AGA-Fahrzeugwerke GmbH**

Die während des Ersten Weltkrieges von der schwedischen Autogengas-Akkumulatoren-AG gegründete Rüstungsfabrik wurde nach Kriegsende neben der Fertigung von Karbidlampen, Milchzentrifugen und Industrie-Sauerstoff auf die Herstellung von Automobilteilen und schließlich auf die Automobilfertigung umgestellt. 1919 erschienen die ersten AGA-Automobile nach der Lizenz der belgischen Fabrication Nationale/FN. 1922 übernahm der Konzern des nimmersatten Inflationsspekulanten Hugo Stinnes das Unternehmen.

Erster Technischer Direktor des Werkes wurde Dr.-Ing. Ludwig Michaelis (1869–1926), der gleichzeitig in Berlin ein Ingenieurbüro unterhielt. Sein Nachfolger wurde von 1923 bis 1924 Regierungs-Baumeister Adam Hofmann (1876–1924), der von 1909 bis 1922 Technischer Direktor bei den Büssing-Werken gewesen war. Als Ingenieur arbeitete von 1921 bis 1924 Erich Gruel (1894–1958), der dann zu den Horch-, 1928 zu den Schüttoff- und 1930 zu den BMW-Werken ging.

Die ab 1921 gebaute 6/20-PS-Type C wurde als Kombinationswagen mit einem Wechselaufbau hergestellt, bei dem die hintere Sitzbank gegen einen Kastenaufbau mit Verdeck ausgetauscht werden konnte. Auch in reiner Pritschenwagen-Ausführung konnte das Modell geliefert werden. Zum Antrieb gelangte ein eigener 20-PS-, ab 1925 ein 24 PS starker Motor mit stehenden Ventilen und einer Thermosiphonkühlung.

Nach dem Tod von Hugo Stinnes, zu dessen Firmengruppe auch Rabag-Bugatti und Dinos gehörten, geriet das Unternehmen in finanzielle Schwierigkeiten. Die neugebildete AGA-Fahrzeugwerke GmbH führte nach dem Konkurs die Automobi fertigung bis 1928/29 weiter.

Die einstige schwedische Muttergesellschaft AGA besteht noch heute und ist mitunter im Bereich der Flüssiggasherstellung tätig.

AGA Lieferwagen

Typ	Nutzlast in Tonnen	1. Baujahr	Motoren-hersteller	Zyl.	PS	Kühl.	Bohrung x Hub	Hubr. in ccm	Drehz.	Gew. in kg	Besonder-heiten
6/20 PS Typ C	0,5	1923	AGA	4	20	Th	64x110	1418	2200		
6/24 PS Typ C	0,6	1925		4	24	Th	64x110	1418	2800		

6/20-PS-AGA Kombinationswagen (1925).

Agria siehe Triro

Alba

Alba-Werk GmbH,
Stettin-Möhringen, Pasewalker Kunststraße 221, 1925–1926

Das von Alfred Baruch gegründete Alba-Motorrad-Werk, Nachfolger des Motorradherstellers Möhringer Präzisionswerk GmbH, stellte Mitte der 1920er Jahre Dreirad-Lieferwagen auf der Basis der 3-PS- und 4-PS-Motorräder her. Die als »Alba-Gepäck-Dreiräder« (auch unter der Bezeichnung »Huy«) bezeichneten Modelle besaßen einen hinteren Kastenaufbau für 150 oder 200 kg Nutzlast. Eigene, von Ingenieur Pasewalker konstruierte Viertaktmotoren kamen zum Einbau, die vermutlich der Huy-Fahrzeug- und Motorenbau in Dresden herstellte. Das Zweiganggetriebe besaß eine Korkscheibenkupplung. 1926 wurde das Unternehmen nach dem Konkurs aufgelöst.

4-PS-Alba-Transportrad(1925).

Alba-Lieferdreiräder

Typ	Nutzlast in Tonnen	1. Baujahr	Motoren-hersteller	Zyl.	PS	Kühl.	Bohrung x Hub	Hubr. in ccm	Drehz.	Gew. in kg	Besonder-heiten
Alba	0,15	1925	Huy	1	3	L	60x69,4	195	2500		Viertakt-motor
Alba	0,2	1925		1	4	L	65x75,4	249	2500		

Albrecht

Friedr. Albrecht, Fahrzeugfabrik,
Berlin-Kreuzberg, Wassertorstraße 59,1954

Dieses Berliner Kleinunternehmen für Behindertenhilfe stellte 1954 einen dreirädrigen Lastenroller für 250 kg Nutzlast her. Der aus dem enteigneten mitteldeutschen Fichtel & Sachs-Werk in Sömmerda bezogene 9-PS-Motor trieb das Vorderrad an. Mit dem Bau von Invaliden-Fahrzeugen hatte der 20-Mann-Betrieb mehr Erfolg.

Albrecht-Lastenroller											
Typ	Nutzlast in Tonnen	1. Baujahr	Motoren-hersteller	Zyl.	PS	Kühl.	Bohrung x Hub	Hubr. in ccm	Drehz.	Gew. in kg.	Besonder-heiten
Albrecht	0.25	1954	F & S	1	9	L	62x58	175	5000		

Alfing

Maschinenfabrik Alfing, GmbH, Wasseralfingen
1. 1913: **Maschinenfabrik Alfing GmbH**
2. 1922: **Deutsche Elektromobil- und Motorenwerke AG**

Die von Karl Köstler 1911 zur Herstellung von Kurbelwellen gegründete Firma nahm kurzzeitig die Fertigung eines in technischen Details unbekannt gebliebenen Lieferwagens auf. Im Jahr 1922 erschien nochmals ein elektrisch angetriebener Kleinstlieferwagen.

Andrees

H. W. Andrees, Automobil- und Motoren-Industrie,
Düsseldorf 64, Oststraße 135,1925

Dieser Konfektionshersteller von Motorrädern mit Blackburne- und MAG-Motoren stellte auch ein Transportdreirad her. 1928 wurde das Unternehmen nach Arnsberg/Westfalen verlegt, um in größeren Serien produzieren zu können. 1929 musste jedoch Konkurs angemeldet werden.

Anker

Anker-Automobil-Fabrik Paul Griebert,
Berlin-Tempelhof, Ordensmeisterstraße 12–15, 1918–1920

Kurz nach Ende des Ersten Weltkrieges stellte diese Elektromotoren-Firma ein sechssitziges Pkw-Modell vor, das mit einer »spielend leicht auswechselbaren Karosserie« zum Lieferwagen umgerüstet werden konnte. Zum Antrieb kam vermutlich ein 12 PS starker Wanderer-Motor. Über den Serienbau ist nichts bekannt geworden. Mit der Zwangsversteigerung wurde der Betrieb aufgelöst.

Anker-Lieferwagen (1918).

Ansbach

Fahrzeugfabrik Ansbach GmbH
1. 1906–1916: **Fahrzeugfabrik Ansbach GmbH,** Ansbach, Draisstraße 20
2. 1916–1919: **Fahrzeugfabrik Ansbach AG**
3. 1919–1920: **Fahrzeugfabriken Ansbach und Nürnberg AG (FAUN)**
4. 1920–1926: **FAUN Werke AG**
5. 1926–1928: **Fahrzeugfabrik Ansbach AG, vorm. FAUN-Werke Karl Schmidt AG,** Ansbach

Im Jahre 1906 gründete Dipl.-Ing. Moritz Schmidt die Fahrzeugfabrik Ansbach GmbH (FA). Zuvor hatte er die »Moritz Schmidt, Fabrik für Kraftfahrzeuge und Motoren« in Bamberg aufgebaut. Ab 1909 führte Dipl.-Ing. Gustav Schmidt, Sohn des Gründers, das Unternehmen. Dieser hatte sich zuvor an der »Schmidt und Genble, Motorenfabrik und Eisengießerei« in Mühlhausen/Thüringen beteiligt.

12-PS-Ansbach Lieferwagen LW 30a (1907).

4/14-PS-Ansbach Lieferwagen »Kauz« (1910).

Die Produktion der Fahrzeugfabrik Ansbach umfasste den Bau von Personenwagen und Nutzfahrzeugen aller Art; neben Fafnir-Aggregaten wurden auch eigene Motoren verwendet. Im Bereich Lieferwagen erhielten die 1,2- bis 1,5-Tonner L.W. 30a und 30b 12 und 18 PS starke Fafnir-Motoren und Kettenantriebe. Im zweiten Fertigungsprogramm folgte der Lieferwagentyp 14/16 mit einer 16-PS-Maschine.

Während des Krieges stellte man Heereslastwagen und Rüstungsgüter her. 1918 schloss sich das Unternehmen mit der Nürnberger Feuerlöschgeräte-, Automobillastwagen- und Fahrzeugfabrik, vorm. Justus Christian Braun des Nürnberger Unternehmers Karl Schmidt (weder mit den Ansbacher Schmidts verschwistert oder verschwägert), zu den FAUN-Werken zusammen. Die Fusionsfolgen waren für beide Teile jedoch nicht harmonisch. Dies und die schlechte Geschäftslage führten 1925 zu einer Auflösung der FAUN-Fahrzeugfabriken Ansbach und Nürnberg AG. Die Ansbacher Gesellschafter hofften, die wirtschaftlich schwierige Nachkriegsperiode allein besser bewältigen zu können. Im September 1926 gründete der Teil der ehemaligen Geschäftspartner erneut die FA-Fahrzeugfabrik Ansbach AG (mit dem Zusatz) vorm. FAUN-Werke Karl Schmidt AG.

Nach dem Ersten Weltkrieg stellte das Unternehmen auf der Basis des Kauz-Pkw auch Lieferwagen her. Die 24 bis 28 PS starken Modelle wurden sowohl im Ansbacher als auch im Nürnberger Programm nach der Auflösung der Fusion geführt. Bekanntester Ansbacher Lieferwagentyp war das Modell »Express« von 1926, als die Firma wieder eigenständig geworden war. Das auf einem nach vorne schmal zulaufenden U-förmigen Rahmen aufgebaute Fahrzeug mit spitzer Vorderhaube besaß einen 15-PS-V-Zweizylindermotor der Marke Motosacoche (MAG). Eine Pressluftkühlung mit Schwungradgebläse kühlte den Motor; der Antrieb erfolgte über ein patentiertes Schneckengetriebe auf die Hinterachse. Der Ansbach-Express war als offenes Fahrzeug gebaut und konnte 500 kg Last mit maximal 45 km/h befördern.

Nach der Einstellung des Nutzfahrzeugbaus zog ein DKW-Großreparaturwerk in die Fabrikanlagen ein. Später übernahm die Großdruckerei OSA das Fabrikgelände.

Von Interesse ist noch, dass einer der Ansbach-Motorenkonstrukteure während des Ersten Weltkrieges Dipl.-Ing. Dr. Fritz Huber (1881–1942) war, der später bei Heinrich Lanz in Mannheim den »Bulldog«-Glühkopfmotor entwickelte.

28-PS-Ansbach Expreß mit Kastenaufbau (1928).

Ansbacher Lieferwagen

Typ	Nutzlast in Tonnen	1. Baujahr	Motoren-hersteller	Zyl.	PS	Kühl.	Bohrung x Hub	Hubr. in ccm	Drehz.	Gew. in kg.	Besonder-heiten
L.W. 30a	1,2 - 1,5	1907	Fafnir	2	12	Th	110x130	2470	1400		
L.W. 30b	1,5	1907		2	18	TH	110x130	2470	1600		
Kauz	0,3/0,5	1911	Ansbach	4	Dez 14	Th	76x86	1560	800	900	ab 1913 14/18 PS
C.W. 25	1,25	1913		4	24						
14/16 PS	0,5	1912		4	16	Th	76x110	1995	900		
16/20 PS	0,5			4	20	Th	85x115	2608	900		
C.W. 10	0,75	1913		4	18						
C.W. 25	1,75	1913		4	24						
Express	0,6	1926	Moto-sacoche	V2	15	L	64x92	596	2800	520	
K 2	0,5	1926	AGA	4	28	Th	64x110	1418	2800		

Apollo

Apollo Werke AG, Ruppe u. Sohn,
Apolda, Sulzaer Straße 3/5
1. 1907–1908: **Arthur Ruppe u. Sohn, Eisengießerei und Maschinenfabrik**
2. 1908–1910: **Apollo Werke AG, Ruppe u. Sohn**
3. 1910–1927: **Apollo Werke AG**

Die 1854 gegründete Maschinenfabrik und Eisengießerei Ruppe stellte zunächst landwirtschaftliche Maschinen, Sägewerkseinrichtungen und Glocken her. 1869 unternahm das Werk erste Versuche mit einem Dampfwagen, was aber polizeilich verboten wurde. Arthur Ruppe, Sohn des Firmengründers Berthold Ruppe, richtete in der Fabrik im Jahre 1904 den Fahrzeugbau ein, nachdem ein Anfang schon mit »Apoldania«-Motorrädern gemacht worden war. Die Konstruktionsabteilung leitete der älteste Sohn des Firmeninhabers, Ingenieur Hugo Ruppe.

4,7-PS-Apollo Piccolo Transportwagen (1906).

Zunächst entstanden leichte Automobile unter der Bezeichnung »Piccolo« mit luftgekühltem Zweizylinder-V-Motor. Ende 1907 folgte ein Modell mit wiederum luftgekühltem Vierzylinder-Reihenmotor.

Die Ruppe-Fahrzeuge wurden von Anfang an auch als Liefer- und als Kleinlastwagen gebaut. Vorrangig verwendete das Werk die luftgekühlten 12-PS-Vierzylinder-V- und die gleichstarken Reihen-Vierzylindermotoren. Auch das Einzylindermodell Mobbel von 1909 wurde mit einem 200-kg-Ladekasten als »Geschäftsautomobil« angeboten.

Aufgrund der thermischen Schwierigkeiten mit den luftgekühlten Motoren änderte das Werk ständig die Motorbauarten und die Bestückung der Fahrzeuge. Außer Ventilatoren zur Unterstützung der Fahrtwindkühlung kamen auch Gebläse zum Einbau. Ab 1911 ging man zur Thermosiphonkühlung über.

Hugo Ruppe war 1907 aus dem väterlichen Unternehmen ausgeschieden und hatte die Markranstädter Automobil-Fabrik (MAF) gegründet (s. d.). Infolge der wirtschaftlichen Rückschläge in den Krisenjahren 1907/08 wurde das Apoldaer Werk in Apollo Werke AG umgewandelt. Berthold Ruppe trat in den Aufsichtsrat des auf 500 Beschäftigte angewachsenen Unternehmens ein. 1910 erhielt Carl Slevogt die Stelle als Technischer Leiter und konstruierte eine Reihe von wassergekühlten Hochleistungsmotoren. Als Geschäftswagen erschienen nun Modelle mit 18-, 20-, 24- und 30-PS-Antrieben.

Die außerhalb des Fahrzeugbaus liegenden ursprünglichen Fertigungsgebiete mussten mit Kriegsbeginn aufgegeben werden, um sich ganz der Sanitätsfahrzeug- und Rüstungsfertigung zu widmen.

Nach dem Krieg konnten die Apollo Werke die Pkw-Fertigung wieder aufnehmen; ab 1925 gab es in geringer Stückzahl einen 1,5-Tonner mit 30-PS-Motor und einen Lieferwagen für 600 kg mit einem 25-PS-Antrieb, alternativ mit 24-PS-Steudel-Motor. Auch in den Bau einer schweren Straßenzugmaschine versuchte das Werk einzusteigen. In dieser Zeit wurde die Markranstädter Automobil-Fabrik dem Apoldaer Werk angegliedert, um das Unternehmen von Hugo Ruppe zu retten, was sich jedoch nur als eine weitere Belastung erwies.

1926 stellten sich in dem nun 410 Mann starken Fahrzeugwerk finanzielle Schwierigkeiten ein, so dass wenig später der Zwangsvergleich angemeldet werden musste. Die Fahrzeugproduktion endete 1927. Später wurden die Werksanlagen von der Motorradfabrik Wela und von der Apoldaer Stadtverwaltung für den Fuhrpark genutzt. Nach dem Zweiten Weltkrieg stellte das Werk unter der Bezeichnung MELA (VEB Metallbau und Labormöbel) Spezialschränke und physikalische Geräte für die Schulen der DDR her. 2018 wurden die Gebäudeanlagen abgerissen.

12-PS-Apollo Piccolo Pritschenwagen (1908).

12-PS-Apollo Piccolo »Lieferungswagen« (1908).

30-PS-Apollo D Sanitätswagen (1915).

Apollo Lieferwagen

Typ	Nutzlast in Tonnen	1. Baujahr	Motorenhersteller	Zyl.	PS	Kühl.	Bohrung x Hub	Hubr. in ccm	Drehz.	Gew. in kg.	Besonderheiten
Piccolo	0,3	1905		V2	5	L	75x80	704	1300		
Piccolo 4/7	0,5	1906		V2	6/7	L	75x90	794	1300		
Piccolo		1908		V4	12	L	80x80	1607	1300		
Piccolo		1908		4	12	L	80x80	1607	1300		
Piccolo	0,5	1908		V2	6	L	75x90	794	1500		
Piccolo		1908		V4	12	L	72x95	1572	1300		
Mobbel	0,2	1909		1	6	L	85x110	624	1200		
Apollo E		1910	Apollo	4	14	L	70x102	704			
Apollo B		1911		4	10	Th	60x92	960	1500		
Apollo C 6/18	0,6	1911		4	18	Th	70x102	1500	1800		
Apollo G		1911		4	20	Th	75x102	1801			
Apollo F		1912		4	24	Th	75x116	2040	2400		
Apollo D	1 - 1,5	1914		4	30	Th	80x130	2612	1800		auch 34 PS
Apollo L	1 - 1,5	1914		4	40	Th	90x133	3440	1800		
Apollo 1,5-Tonner	1,5	1925		4	30	Th	80x130	2612	1800		
Apollo 5/25	0,6	1925		4	25	Th	65x92	1220	3000		
Apollo 5/25	0,6	1925	Steudel	4	25	Th	71x98	1551	2500		

Ardie

Ardie-Motoren-Werk AG,
Nürnberg, Preißlerstraße 5–15, 1925–1928

Die 1919 von dem Werkmeister Arno Dietrich (1870–1922) gegründete Motorradfabrik stellte ab 1925 das Ardie-Transportdreirad mit einem 9 PS starken JAP-Motor her. Ab 1927 gelangte auch ein eigener 9,5 PS leistender Motor zum Einbau. Ein Dreiganggetriebe übertrug die Kraft auf die Hinterachse. Der Aufbau – offen oder geschlossen – befand sich über der Hinterachse.

Auch ein Modell mit einer vorderen Achse mit darübergesetztem Ladekasten und einem über dem Hinterrad angebrachten Fahrersitz wurde angeboten. Die Fertigung belief sich auf rund 25 Modelle.

Nach dem Unfalltod des Firmengründers führte der Rechtsanwalt Leo Bendit das Unternehmen. Nach seiner Enteignung im Jahre 1935 übernahm Kommerzienrat Herrmann Barthel, dem auch das Dürkopp-Werk zu dieser Zeit gehörte, das Ardie-Werk. Im Jahre 1958 wurde die Motorradherstellung dort beendet.

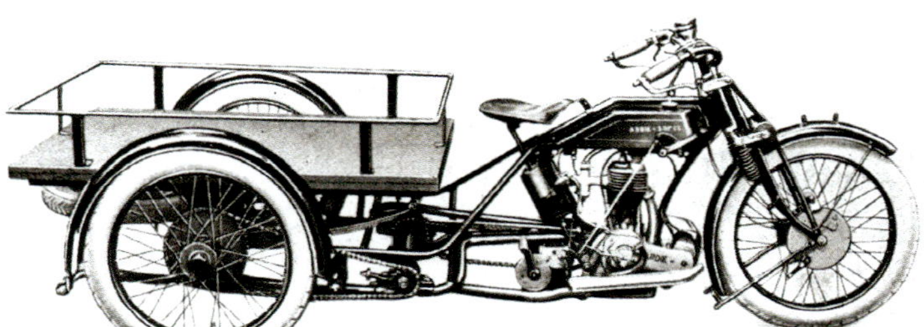

9-PS-Ardie Lastenmotorrad (1926).

9-PS-Ardie Lastenmotorrad mit Kastenaufbau und überdachtem Fahrerplatz (1926).

Ardie-Lieferwagen											
Typ	Nutzlast in Tonnen	1. Baujahr	Motoren-hersteller	Zyl.	PS	Kühl.	Bohrung x Hub	Hubr. in ccm	Drehz.	Gew. in kg	Besonder-heiten
Ardie	0,5	1923	Ardie	1	5	L	74x80	349	3000	195	
Ardie	0,5	1926	JAP	1	11	L	82x85	448			
Ardie	0,5	1927	Ardie	1	9,5	L	85,5x85	487	3400	195	

Argeo

Argeo **Fahrzeugbau, Georg Kulitzky,**
Berlin-Kreuzberg, Stallschreiberstraße 57
1. 1924–1925: **Argeo Fahrzeugbau, Georg Kulitzky,**
Berlin-Kreuzberg, Stallschreiberstraße 57
2. 1925–1927: **Argeo Fahrzeugwerk Georg Kulitzky,**
Berlin-Kreuzberg, Stallschreiberstraße 57,
ab 1926 Berlin-Mitte, Köpenicker Str. 21

Mit einem äußerst spartanisch ausgeführten dreirädrigen Gefährt versuchte diese Berliner Hinterhof-Manufaktur auf den Markt zu kommen, wobei das Modell als »Volkswagen für zwei Personen« beworben wurde. Unter der Bezeichnung »Argeo-Transport- und Geschäfts-Motordreirad« entstand in leichter Abwandlung ein 3 PS starkes Fahrzeug für 200 kg sowie ein 6-PS-Modell für 300 kg Nutzlast. Eigene 198-ccm- und 246-ccm-Zweitaktmotoren mit einem Zweiganggetriebe und einer selbsttätigen Kupplung kamen zum Einbau.

6-PS-Argeo-Lastenmotorrad mit Kastenaufbau (1926).

Argeo-Lieferdreiräder											
Typ	Nutzlast in Tonnen	1. Baujahr	Motoren-hersteller	Zyl.	PS	Kühl.	Bohrung x Hub	Hubr. in ccm	Drehz.	Gew. in kg.	Besonder-heiten
Argeo	0,2	1924	Argeo	1	3	L	61x68	199			
Argeo	0,3	1924		1	6	L	68x68	248			

Argus

Argus Motoren Werke GmbH, Jeannin u. Co. KG,
Berlin-Reinickendorf, Flottenstraße 39/42 und (Verkauf)
Berlin-Mitte, Prinz-Louis-Ferdinand-Straße 1–3, 1907

Der elsässische Kaufmann Henry Jeannin (1872–1965), der zunächst über seine Allgemeine Automobil-Gesellschaft Berlin GmbH (AAG) als einer der ersten Berliner Automobilhändler Fahrzeuge und Zubehör vertrieben hatte, gründete mit seinem Bruder Emile Jeannin (1875–1952) die

20-PS-Argus Pritschenwagen (1907).

Internationale Automobil-Centrale Jeannin u. Co., aus der 1904 die Argus Motoren Werke GmbH, Jeannin u. Co. KG hervorging.

Eine weitere Gesellschaft unter dem Namen SUN-Motortechnische Gesellschaft (s. d.) gründeten die Brüder Jeannin nach dem Ersten Weltkrieg, die zeitweilig Kleinautos herstellte. Argus produzierte vorwiegend Motoren, Lastwagen und Omnibus-Fahrgestelle. 1907 erschien auch ein 750-kg-Lieferwagen mit 20-PS-Motor. 1910 stellte man den Fahrzeugbau ein und spezialisierte sich auf die Herstellung von Motoren für Fluggeräte, Motorboote sowie für Fahrzeuge verschiedener Automobilhersteller.

1916 trat der Unternehmer Dr. Moritz Straus (1882–1959) in die Argus-Werke ein, die nun während des Krieges unter dem Namen Nationale Flugzeug GmbH firmierten. Bei Kriegsende wurden die Brüder Henry und Emile Jeannin von Dr. Moritz Straus ausgezahlt und schieden aus dem jetzt wieder als Argus-Werke bezeichneten Unternehmen aus. Straus, der auch die Horch-Werke kontrollierte, baute schließlich trotz des Versailler Rüstungsverbotes die Flugmotorenproduktion wieder auf, 1936 musste er in die USA emigrieren. Bekannt wurde das Argus-Werk auch durch seine Motoren für das Flugzeug »Fieseler Storch« sowie Scheibenbremsen für Flugzeuge. Heute existiert das Argus-Werk als Spezialfabrik für Hydraulikschläuche und Kugelhähne in Berlin und in Ettlingen.

Argus-Lieferwagen

Typ	Nutzlast in Tonnen	1. Baujahr	Motorenhersteller	Zyl.	PS	Kühl.	Bohrung x Hub	Hubr. in ccm	Drehz.	Gew. in kg	Besonderheiten
Argus	0,75	1907	Argus	4	20	W	110x130	4960	800		

Asdomobil

Alfred Schwefringhaus,
Düsseldorf, Camphausenstraße 2, 1913–1914

Ingenieur Alfred Schwefringhaus stellte als Importeur der englischen Foden-Dampflastwagen seit 1910 in Anlehnung an diese eigene Dampflastwagen-Konstruktionen her. 1913 präsentierte er auch ein dreirädriges Lieferdreirad. Hinter dem offenen Fahrerplatz war der Ladekasten mit Gepäckrost angebracht. Ein Benzinmotor trieb über eine Kardanwelle das Hinterrad an.

Noch bis in die 1930er Jahre bemühte sich Schwefringhaus erfolglos, englische Dampflastwagen im Deutschen Reich zu vertreiben.

Asdomobil Dreirad-Lieferwagen (1913).

Audi

Audi-Automobil-Werke mbH,
Zwickau i. Sachsen, Lessingstraße
1. 1911–1914: **Audi-Automobil-Werke mbH**
2. 1961–1989: **VEB Sachsenring Automobilwerke**

Das von dem Ingenieur und Automobilkonstrukteur August Horch (1868–1951) nach dem Ausscheiden aus der Firma Horch im Jahre 1910 gegründete Unternehmen mit der lateinischen Übersetzung seines Namens rüstete ab 1911 den 10/28-PS-Typ als Modell Bt zum Kombiwagen für eine Nutzlast von einer Tonne aus. Der Vierzylindermotor mit paarweise zusammengegossenen Zylindern besaß hängende Ein- und schrägstehende Auslassventile. Bis 1914 konnten acht Exemplare verkauft werden.

Während des Krieges stellte das Audi-Werk den Pkw-Bau ein, um Kapazitäten für die Lkw- und die Rüstungsproduktion zu erhalten. Nach 1918 standen neben Lastwagen aus der Kriegsproduktion nur noch anspruchsvolle Personenwagen im Programm. August Horch schied, abgesehen von seiner Mitgliedschaft im Aufsichtsrat des Werkes, 1920 für einige Jahre aus der technischen Leitung seines Unternehmens aus. 1932 vereinigte der dänische Unternehmer Jörgen Skafte Rasmussen auf Druck der Säch-

28-PS-Audi F8 Export-Lastwagen (1913).

28-PS-Audi Leichenwagen (1916).

sischen Staatsbank das in finanzielle Schwierigkeiten geratene Werk mit den Automobilfirmen Horch, Wanderer und DKW zur Auto Union.

Nach dem Zweiten Weltkrieg wurde das verstaatlichte Audi-Werk zunächst teildemontiert. Ende der 1940er Jahre nahm der VEB Werk Audi die Herstellung des früheren DKW-Modells F 8 wieder auf. In dem schließlich unter der Bezeichnung VEB Sachsenring Automobilwerke geführten Kombinatsbetrieb wurde 1961 der ein Jahr zuvor vorgestellte Kleinwagen »Trabant P 50« auf der Basis der Kombiwagenversion auch als Kleinlieferwagen für 350 kg vorgestellt. 85 Exemplare mit dem 20-PS-Zweitaktmotor wurden hauptsächlich an die DDR-Postbehörden geliefert. 1990 übernahm Volkswagen den Betrieb.

Audi-Lieferwagen

Typ	Nutzlast in Tonnen	1. Baujahr	Motoren-hersteller	Zyl.	PS	Kühl.	Bohrung x Hub	Hubr. in ccm	Drehz.	Gew. in kg	Besonder-heiten
BT	1	1913	Audi	4	28	Th	80x130	2612	1800		
FB	1,5	1913		4	28	Th	80x130	2612	1800		
FC	1,5	1913		4	35	Th	90x140	3560	1700		
P 50	0,35	1961	IFA	2	20	L	66x73	499	3900	660	Zweitakt-Prototyp
P 60	0,35	1963		2	23	L	72x73	594	3900	660	Zweitakt

20-PS-VEB Sachsenring Trabant P 50 (1961). (Foto: Audi Werksarchiv)

Aufbau-Industrie

Aufbau-Industrie Bremen GmbH, Abt. Kraftfahrzeugbau, Bremen, Industriehafen 8, 1925–1928

Nachdem Carl F. W. Borgward in seiner Bremer Kühler-Fabrik den »Blitzkarren« konstruiert hatte, erwarb auch die Aufbau-Industrie Bremen GmbH durch Vermittlung des späteren Borgward-Kompagnons Wilhelm Tecklenborg eine Lizenz zum Nachbau dieses Fahrzeugs. Jedoch schon 1926 musste das Unternehmen den Konkurs anmelden, bis 1928 wurden 2,2-PS-Blitzkarren noch aus vorhandenen Teilen montiert.

Auto Union

Auto Union GmbH, Ingolstadt, Schrannenstraße 3; ab 1953 Düsseldorf, Rather Straße 51, 1949–1968

Während der 1932 gegründete Automobil-Konzern Auto Union, der die Marken Audi, DKW, Horch und Wanderer vereinigte, nach 1945 in der Sowjetischen Besatzungszone größtenteils demontiert und durch den mit großem propagandistischen Pomp inszenierten sächsischen »Volksentscheid«1946 enteignet wurde (um wenig später als sogenannte »volkseigene Betriebe« die Fertigung der Vorkriegsmodelle der Marke DKW

fortzusetzen), gründeten die ehemaligen Auto Union-Vorstandsmitglieder Dr. Bruhn, Dr. Hahn, Dr. Alt, Direktor Zerbst und der Werbeleiter Heil ein Zentraldepot unter der Bezeichnung Auto Union Ersatzteile GmbH für die Ersatzteilversorgung der überaus noch reichlich vorhandenen DKW-Modelle. Aufgrund ihres Frontantriebs, ihres Sperrholzaufbaus und ihres recht schwachen Zweitaktmotors waren diese Fahrzeuge nicht von der Wehrmacht requiriert worden. Finanziell konnte sich das neue Unternehmen zunächst auf die Einforderung ausstehender Rechnungen bei den DKW-Vertretern in den Westzonen stützen.

22-PS-Auto Union F 89 Unfall-Kommandowagen (1954).

In den Hallen und Magazinen der leerstehenden Wehrmachtskaserne in Ingolstadt begann das Unternehmen mit der Teilefertigung. 1949 ging aus diesen Aktivitäten die neue Auto Union GmbH hervor. Angegliedert war das zur Auto Union Holding AG gehörende Spandauer Werk, wo vor allem Elektroteile hergestellt wurden, sowie Betriebe in der Cicero- und in der Wollankstraße. Im gleichen Jahr konnte das Ingolstädter Werk unter dem Technischen Direktor, Ingenieur William Werner, schon zur Komplett-Fertigung von Automobilen übergehen. In traditioneller Frontantriebstechnik entstand zunächst der neue DKW-Lieferwagen, der auf schon 1945 vorliegende Entwürfe von Direktor Fritz Zerbst und Karosseriekonstrukteur Kurt Schwenk zurückging. Einem kleinen Nutzfahrzeug räumte die Werksleitung zunächst größere Absatzchancen ein als einer Neuauflage der Pkw-Modelle.

Da aus finanziellen Gründen zunächst noch kein eigener Karosseriebau möglich war, bezog das Werk die Karosserien von Drauz in Heilbronn. Der DKW F 89 L fand auf der Hannover Messe 1949 große Beachtung und wurde schon bald in großen Stückzahlen gebaut. Das Antriebsaggregat mit dem Getriebe quer zur Fahrtrichtung entstammte dem früheren DKW F 8, was günstige Platzverhältnisse im vorderen Innenraum ergab. Erstmals war in diesem DKW eine hydraulische Bremsanlage zu finden. Das Getriebe ließ sich an der Lenksäule mit einem Hebel schalten.

Auffallendes äußeres Merkmal des »Schnellieferwagens«, so die Werbebezeichnung, war die schräg abfallende Vorderfront, die eine optimale Sicht bot sowie gute Manövrierfähigkeit und Aufprallschutz durch den Motor ergab. Ein Kasten-Rohrrahmen mit hinteren Längslenkern an einem Torsionsstab bildete das Fahrgestell. Alle Räder waren einzeln aufgehängt. Als Kasten-, Pritschen-, Tiefpritschen-, Kranken-, Viehtransport-, als Verkaufswagen, als Kipper, als Kleinbus und mit einem Stabholzaufbau auch als Spezialtransporter bot die Auto Union den Wagen an.

1953 wurden Spur und Radstand vergrößert, um den Laderaum besser zu gestalten. Äußerlich erkennbar waren diese Änderungen des Modells F 89 L Typ 30 an den jetzt angebrachten schmalen Kotflügeln. Das Getriebe hatte vier anstelle drei Gänge.

22-PS-Auto Union F 89 Kastenwagen im Postdienst (1954).

23-PS-DKW Meisterklasse »Universal« (1952).

Im ersten Jahr konnten 504, 1950 6873 und 1951 7418 Modelle verkauft werden. 1954 folgte der äußerlich gleiche Typ F 30 mit einem 30-PS-Zweizylindermotor, um dem inzwischen erschienenen und etwas stärker motorisierten VW-Transporter Paroli bieten zu können. Die Maschine war nun senkrecht vor der Vorderachse angebracht. Eine Lichtanlage und ein Anlasser ersetzten die simple Dynastartanlage. Als 1955 für die Pkw-Baureihe »3=6« ein neuer Dreizylinder-Zweitakter mit 32 PS zur Verfügung stand, erhielt der Transporter unter der Bezeichnung F 800/3 ebenfalls diesen Motor.

1956 präsentierte das Werk eine Kastenwagenversion mit einem 4,8-kW-Motor. Über einen Walzenschalter an der Lenksäule wurden vier Fahrstufen eingestellt. Zwei 80-Volt-Batteriesätze mit 240 Ah waren zwischen den Achsen untergebracht und konnten nach dem Entfernen von Abdeckblechen zu beiden Seiten herausgezogen werden. Die Nutzlast des bis zu 40 km/h schnellen Elektrotransporters betrug 800 kg. Die Reichweite mit einer Batterieladung betrug 70 bis 80 km. Etwa ein Dutzend derartiger Fahrzeuge entstand; auf den deutschen Nordseeinseln fanden diese Fahrzeuge Verbreitung.

Die höchste Produktionszahl erreichte das DKW-Schnelllieferwagenmodell 1956 mit 7827 Exemplaren. Danach sank der Absatz aufgrund der starken Konkurrenz seitens des VW-Transporters, so dass 1962 mit nur noch 74 verkauften Exemplaren die Fertigung des Lieferwagens eingestellt wurde.

Die Gesamtproduktion dieses Typs belief sich auf 58.792 Fahrzeuge. Neben den Ingolstädter Lieferwagen und den im neuen Düsseldorfer Werk gefertigten Pkw-Modellen stellte die Auto Union in 46.750 Exemplaren den 0,25-Tonnen-Militärwagen unter der Bezeichnung F 91/4 und F 91/1000 (»Munga«) für die Bundeswehr und verbündete Streitkräfte her.

22-PS-DKW F 89 Stahlpritschenwagen (1952). (Foto: Archiv Auto Union)

22-PS-DKW F 89 Viehtransportwagen (1953). (Foto: Archiv Auto Union)

Unter der Haube und im Innenraum des F89 ging es aufgeräumt, aber spartanisch zu. (Foto: Ralf Weinreich)

22-PS-DKW F 89 Kastenwagen mit Stabholzaufbau (1953).

4,8-kW-DKW »Elektro«-Lieferwagen (1956).
(Foto: Archiv Auto Union)

Nicht unerwähnt bleiben sollte, dass das Gelände der Rheinmetall-Borsig, Werk II in Düsseldorf, 1950 gepachtet und 1954 gekauft worden war, nachdem der Firmensitz schon 1953 nach Düsseldorf verlegt worden war (dieses ehemalige Rüstungswerk konnte durch diesen Schachzug vor der Demontage beziehungsweise vor dem Abriss bewahrt werden). Die Fabrikationsstätte hatte einst der zur Rheinmetall-Gesellschaft gehörenden Fahrzeugfabrik Ehrhardt gedient. Hinzu kam 1964 noch ein Großreparaturwerk in Schwarzerden a. d. Saar unter der Bezeichnung Auto Union Saar GmbH.

Die 1950 gegründete spanische DKW-Tochtergesellschaft und Lizenz-

Im unteren Nutzlastbereich stellte sich der F89 als echter Allrounder dar. Ob als Feuerwehr oder Kleinbus – alles war möglich. (Fotos: Ralf Weinreich)

40-PS-Auto Union F 1000 L Pritschenwagen (1963). (Foto: Archiv Auto Union)

nehmerin Industrias des Motores S.A. (IMOSA) in Vitoria nahm 1960 den Bau des Lieferwagen-Nachfolgemodells F 1000 L auf. In diesem modernen, von der Karosseriefirma Drauz gezeichneten Transporter kam das auf eine Leistung von 40 PS angehobene DKW-Dreizylinderaggregat zum Einbau. Allerdings fanden bis zur Importeinstellung im Jahre 1965 nur rund 700 Exemplare Käufer in der Bundesrepublik; der Markenruf hatte durch den verbrauchsintensiven Zweitaktmotor stark gelitten. 1968 übernahm Daimler-Benz die Auto Union mitsamt dem spanischen Montagewerk, das jetzt unter der Bezeichnung MEVOSA firmierte.

55-PS-Auto-Union-Transporter aus dem spanischen IMOSA-Werk mit Mercedes-Benz-Dieselmotor (1975).

44-PS-Auto Union »Munga« (1958).

Die Transporter erhielten neben dem Zweitakter Mercedes-Benz-Dieselmotoren. Mit einer ansprechend überarbeiteten Frontpartie ging der Wagen 1975 als Typ N 1000 und N 1300 in die zweite Generation. In den 1980er Jahren folgte der äußerst erfolgreiche Eintonner vom Typ MB 100 D im kantigen Design, ab 1996 ersetzt durch den Typ »Vito«.

Die Pkw-Fertigung der Auto Union war ab 1961 in das Ingolstädter Werk verlagert worden, so dass die Daimler-Benz AG als neuer Eigentümer im Düsseldorfer Werk die Fertigung der 1,75-Tonners L 319 aufnehmen konnte.

1965 verkauften die Stuttgarter die Auto Union GmbH an das Volkswagen-Werk, behielten aber das Montagewerk in Düsseldorf. Der saarländische, vor allem für Bundeswehr-Fahrzeuge ausgelegte Betrieb wurde unter der Bezeichnung Industriewerke Saar GmbH Maschinen-, Fahrzeug- und Aggregatebau weitergeführt.

Auto Union-Lieferwagen

Typ	Nutzlast in Tonnen	1. Baujahr	Motorenhersteller	Zyl.	PS	Kühl.	Bohrung x Hub	Hubr. in ccm	Drehz.	Gew. in kg.	Besonderheiten
1. Lieferwagen											
Meisterklasse	0,4	1952	DKW	2	23	Th	76x76	688	4200		
Meisterklasse	0,4	1952		2	23	Th	76x76	688	4200		
Munga	0,25	1954		3	38	Th	71x76	896	4200	1245	ab 1957 40 PS
Junior		1960		3	34	Th	68x68	741	4300		
2. Transporter											
F 89	0,75	1949	DKW	2	20	Th	76x76	688	3600	1020	
F 89	0,8	1952		2	22	Th	76x76	688	4200	1080	
F 800/30 (Typ 30)	0,8	1954		2	30	Th	78x83	792	3800	1130	
F 800/3 (DKW 3=6)	0,8	1955		3	32	Th	71x76	896	4000	1170	
F 1000 L	1	1963		3	40	Th	74x76	981	4200	1340	Spanische Fertigung

Auto Union-Lieferwagen

Typ	Nutzlast in Tonnen	1. Baujahr	Motor	Leistung in kw	Drehzahl	Gewicht in kg	Besonderheiten
DKW 3 = 6	0,8	1955		3,5	3200	1700	

Automobilwerk Union

Automobilwerk Union AG,
Nürnberg, Regensburgerstraße 40/46,1908

Dieses Unternehmen stellte auf der Basis ihres elektrisch angetriebenen Pkw-Modells auch einen Lieferwagen her.

Autowerke Salzgitter

Autowerke Salzgitter (AWS), Salzgitter
1. 1948: **Niedersächsisches Auto- u. Motoren-Instandsetzungswerk Jassen & Mikolajczyk,** Salzgitter
2. 1950–1951: **Autowerke Salzgitter (AWS)**

Das von Josef Mikolajczyk und Heinrich Janssen kurz nach dem Krieg gegründete Niedersächsische Auto- und Motoren-Instandsetzungswerk, 1948 in Autowerke Salzgitter (AWS) umbenannt, arbeitete ausgemusterte US-Militärfahrzeuge für den zivilen Gebrauch auf. So gab es auch den US-Jeep mit Standard- und mit verlängertem Radstand und Lieferwagenaufbau unter der Bezeichnung »Salzgitter-Jeep«.

Nach der Währungsreform versuchte man, das Weiterbestehen des 500-Mann-Betriebes durch ein eigenes Produkt zu sichern. Der frühere Junkers-Flugmotoren-Ingenieur Ludwig Elsbett (1913–2003) konstruierte ein Großlimousinen-Fahrgestell, das für einen neunsitzigen Pkw oder für einen Frontlenker-Eintonner Verwendung finden sollte. Das auf einem X-Rohr-Gitterrahmen aufgebaute Pkw-Fahrzeug besaß einen 50-PS-Vierzylinder-Zweitakt-Dieselmotor in Sternform mit Direkteinspritzung sowie mit Luftkühlung, den Elsbett bei der Multimax GmbH in Wolfhagen-Philippinendorf bauen ließ.

1950 musste das Unternehmen jedoch Konkurs anmelden. Versuche, den auf der Berliner Auto-Schau 1951 ausgestellten »Elsbett«-Wagen sowie einen Pritschen-Lieferwagen in Frontlenkerbauart anderweitig produzieren zu lassen, misslangen. Ludwig Elsbett schuf später bei der Firma MAN das HM-Direkteinspritz-Verbrennungsverfahren für Dieselmotoren und richtete schließlich mit seinen Söhnen die ELKO-Lizenz GmbH in Hilpoltstein ein, die in der Konstruktion von Dieselmotoren unter anderem mit Rapsöl-Kraftstoff (z. B. für den Traktorenhersteller Eicher) tätig war.

54-PS-NAW Typ Salzgitter (1948).

50-PS-AW-Salzgitter Kombiwagen-Prototyp (1950).

50-PS-AW-Salzgitter 1,5-t-Kleinlastwagen-Prototyp (1950). (Foto: Oldtimer Markt 7/96)

Autowerke Salzgitter-Lieferwagen

Typ	Nutzlast in Tonnen	1. Baujahr	Motorenhersteller	Zyl.	PS	Kühl.	Bohrung x Hub	Hubr. in ccm	Drehz.	Gew. in kg	Besonderheiten
Salzgitter-Jeep		1948	Willys-Overland	4	54	W	79,4 x 111,1	2199	3600		zuschaltb. Allrad antrieb
AWS Kombiwagen	1	1950	AWS	4	50	L	88x83,4	2027	2000		Zweitakt-Diesel-Sternmotor, Prototyp

Automobilwerk Walter Schätzle (AWS)

1. 1970–1973: **ZVS Automobilwerkshopper GmbH,** Oberbessingen, ab 1971 Lich, OT Oberbessingen
2. 1973–1974: **Automobilwerk Walter Schätzle (AWS), Shopper GmbH u. Co. KG,** Berlin-Rudow, Kanalstraße

Der ehemalige Borgward-Händler Walter Schätzle aus Niederhöchstadt bei Kronberg konstruierte nach dem Auslaufen seiner Borgward-Isabella-Restmontage den AWS-Shopper. Dieser Kleinst-Transporter war auf der Bodenplatte des Goggomobils T 250 aufgebaut und besaß den 13,6-PS-Goggo-Motor. Die Besonderheit des (rundum verglasten) Fahrzeugs lag in seiner Steckbauweise mit glatten und abgekanteten, kunststoffbeschichteten Stahlblechteilen. Die Fertigung des zunächst »Piccolo« genannten Modells erfolgte in rund 300 Exemplaren in einem Montagebetrieb in Oberbessingen, ab 1973 in dem neugegründeten Autowerken Spandau, die mit massiven Berlin-Subventionen des Bundes eingerichtet wurden. Das Antriebsaggregat wurde aus dem Lloyd Dynamowerke GmbH & Co. KG in Bremen bezogen. 1400 Ausführungen der Marke »AWS Shopper« entstanden, bis das Werk 1974 nach dem Konkurs aufgelöst werden musste.

13,6-PS-AW-Walter Schätzle Shopper (1974).

Automobilwerk Walter Schätzle											
Typ	Nutzlast in Tonnen	1. Baujahr	Motoren-hersteller	Zyl.	PS	Kühl.	Bohrung x Hub	Hubr. in ccm	Drehz.	Gew. in kg	Besonder-heiten
Shopper		1970	Glas-Lizenz	2	13,6	L	53x56	247	5400	415	Zweitakt-Motor

BAG

Berliner Automobilette-Gesellschaft, Berlin-Mitte, Wallstraße 17/18, um 1906

Diese Vertretung für Cyklonetten (s.d.) versuchte erfolglos mit einem ähnlichen Modell in den Markt einzutreten.

Barkas siehe Framo-Werke

Barthels

Ernst Barthels u. Söhne, Hamburg-Bergedorf, Deichstraße, 1948–1953

Nach dem System »Fretter« stellte Barthels einen vierrädrigen Lastkarren vom Typ »Hansa 50« für die Landwirtschaft her. Die Besonderheit des Lastkarrens lag darin, dass der Barthels-Einachsschlepper als Antriebsachse unter dem Fahrzeug angebracht wurde und im Bedarfsfalle gelöst werden konnte. Zwar gab Barthels die Konstruktion 1951 an die Hagener Schmiedag AG ab, montierte aber noch zwei Jahre lang das Gefährt. Einen größeren Bekanntheitsgrad erreichten die Hansa-Einachsschlepper, die ab 1955 von der Schmiedag AG in Hagen nachgebaut wurden.

Barthels-Lastkarren »Hansa 50« (1951).

Bauermeister

Berliner Motoren-, Maschinen- und Werkzeugfabrik (später auch Motoren- und Motorfahrzeugfabrik) Ernst Bauermeister & Söhne GmbH, Berlin-Baumschulenweg, Bodelschwinghstraße 22/24 u. Behringerstraße 50–56, 1924–1930

Unter der Marke E.B.S. stellte diese Motor-, Maschinen- und Werkzeugfabrik leichte, mittlere und schwere Lastentransporträder auf stabilen Pressstückrahmen mit U-förmig geformten Längsträgern her. Eingebaut

7-PS-Bauermeister EBS-Lastzug (1926).

wurden »Hochleistungs-Viertaktmotoren« mit hängenden Ventilen. Motor und Getriebe waren getrennt, wobei ein Kettensystem hier die Verbindung und ein weiteres die Verbindung zur abgefederten Hinterachse herstellte. Die Modelle LR 200 (LR stand für »Lastenrenner«), LR 250 und LR 300 waren mit eigenen 3,5-PS- und 7-PS-Einzylindermotoren, die Großtransportmodelle LR 400, LR 600 und LR 750 mit 12-PS- und 18-PS-Zweizylindermotoren ausgestattet. Der 18-PS-Motor war in V-Bauweise konstruiert.

1928 erhielt das LR 200-Modell eine Kardanübertragung. Hervorgehoben wurde die Verwendung von »echtem Rindsleder« für die Sitzkissen.

Die E.B.S.-Geschäfts- und Transportdreiräder wurden mit auswechselbaren Lieferkasten-, Pritschen- und Coupé-Aufbauten (als Taxis) versehen, die der zum Bauermeister-Unternehmen gehörende Favorit-Fahrzeugbau herstellte. Die großen Modelle konnten auch mit Anhängern als »E.B.S.-Lastzüge« eingesetzt werden. Die Reichspost erwarb eine größere Anzahl der E.B.S.-Transporträder für die Briefkastenleerung. Rund 85 Exemplare wurden gefertigt.

Infolge der Weltwirtschaftskrise musste das angeschlagene Werk geschlossen werden.

Bauermeister-Lieferdreiräder

Typ	Nutzlast in Tonnen	1. Baujahr	Motoren-hersteller	Zyl.	PS	Kühl.	Bohrung x Hub	Hubr. in ccm	Drehz.	Gew. in kg.	Besonder-heiten
LR 200	0,2	1925	E.B.S.	1	3,5	L	60x69,2	195		180	
LR 300	0,35	1925		1	7	L	65x74	245			
LR 200	0,25	1926		1	3,5	L	60x69,2	195		180	
LR 250	0,3	1926		1	7	L	65x74	245		198	
LR 400	0,4	1926		V2	18	L	72x96	796		198	mit Anh. 240 kg, 12 PS
LR 600	0,6	1926		2	12	L		496			
LR 750	0,75	1926		V2	18	L	72x96	796		240	
LR 350	0,4 - 0,6	1927		2	12	L					mit Anh.

18-PS-Bauermeister LR 750 Lieferdreirad (1927).

Beckmann

Erste Schlesische Velociped- und Automobil-Fabrik Otto Beckmann u. Co.,
Breslau VIII, Neue Tauentzienstraße 10

1. 1902–1903: **Beckmann u. Co., Erste Schlesische Velociped- und Automobil-Fabrik,** Breslau VIII, Neue Tauentzienstraße 83
2. 1903–1904: **Erste Schlesische Velociped- und Automobil-Fabrik Otto Beckmann u. Co.**
3. 1904: **Otto Beckmann u. Co., Motorwagenfabrik**
4. 1904–1913: **Otto Beckmann u. Co., Motorwagen-Fabrik,** Breslau VIII, Neue Tauentzienstraße 10
5. 1913–1927: **Otto Beckmann u. Co., Automobil-Fabrik** Breslau 8, Tauentzienstraße 124

Die von dem Fabrikanten Otto Beckmann (1841–1889) im Jahre 1882 gegründete Fahrradfabrik begann 1898 unter der Firmenleitung von Paul Beckmann (1866–1914), dem ältesten Sohn des Gründers, mit der Herstellung von Personenwagen. Er war bis zu seinem Tod im Jahre 1914 für die Konstruktion der Beckmann-Fahrzeuge verantwortlich.

Nachdem schon Beckmann-Voituretten auf Stahlrohrrahmen mit französischen Motoren (Bouchet & Aster und De Dion, letztere auch bis 1905 in Lizenz gefertigt) auch mit Lieferwagenaufbauten ausgestattet worden waren, erschienen 1904, 1905 und 1906 die Typen 8/14 PS, 6 PS und 21/40 PS mit eigenen Motoren; sie wiesen sowohl einzelstehende als auch paarweise zusammengegossene Zylinder auf. Der 40-PS-Motor besaß einen Hubraum von 6,3 Liter! Besonders stolz war das Unternehmen darauf, dass nahezu alle Teile selbst hergestellt wurden. Das Beckmann-Getriebe mit direktem Eingriff für den 4. Gang besaß an allen Lagerstellen kräftige Kugellager. Der auf der Internationalen Automobilausstellung 1905 in Berlin gezeigte Zweizylinder-6-PS-»Lieferwagen« war für eine Nutzlast von 750 kg ausgelegt.

30-PS-Beckmann »Geschäftswagen« (1913).

Weitere »Geschäftswagen«-Modelle der vor allem im schlesischen Raum verbreiteten Beckmann-Fahrzeuge waren um 1912 die Baureihen 7/18 PS, 10/24 PS und 10/30 PS mit Vierzylinder-Blockmotoren. Schließlich erschien kurz vor Kriegsausbruch der 12/40-PS-Typ als Lieferwagenmodell. Nach dem Ersten Weltkrieg stellte die Firma Beckmann mit ihren 150 Mitarbeitern auch Lieferwagen her, die auf verstärkten Pkw-Fahrgestellen basierten. Da der eigene Motorenbau unrentabel geworden war, gelangten nun Einbaumotoren von Basse & Selve (B & S) zum Einbau. Der 8/32-PS-Typ besaß einen derartigen Einblockmotor mit stehenden Ventilen und einer Thermosiphonkühlung. 1925 wurde der Lieferwagentyp 8/40 PS mit einem nun 40 PS starken B & S-Motor mit stehenden Ein- und hängenden Auslassventilen ausgestattet.

1926 kam es zur Einstellung des Fahrzeugbaus. Die Opel-Werke übernahmen die Werksanlagen der Firma Beckmann als Verkaufs- und Reparaturwerk für den schlesischen Raum. Das ursprüngliche Eingangstor der weitgehend veränderten Bausubstanz des im Krieg wenig beschädigten Beckmann-Werks ist erhalten geblieben.

Beckmann-Lieferwagen

Typ	Nutzlast in Tonnen	1. Baujahr	Motoren-hersteller	Zyl.	PS	Kühl.	Bohrung x Hub	Hubr. in ccm	Drehz.	Gew. in kg	Besonder-heiten
8/14 PS		1904	Beckmann	2	14						
6 HP	0,75	1905		2	6						
21/40 PS		1906		4	40	W	110x140	5320	1400		bis 1912 gebaut
7/18 PS		1912		4	18	Th	75x100	1768	1800		
8/20 PS		1912		4	20	W	76x110	2072			
10/24 PS		1912		4	24	Th	80x130	2612	1800		
10/30 PS		1912		4	30	W	82x123	2596	1800		
8/32 PS	1,25	1919	Basse & Selve	4	32	Th	81,5x100	2086	2100		
12/40 PS	1,5	1925		4	40	Th	77,8x110	2091	2500		

BEF

Berliner Electromobil- und Akkumulatorenfabrik (BEF), Fiedler & Co. KG, Berlin-Charlottenburg, Windscheidstraße 23; ab 1907 Berlin-Kreuzberg, Askanischer Platz 3 u. Berlin-Kreuzberg, Puttkamerstraße 19 A

1. 1900–1913: **Berliner Electromobil- und Akkumulatorenfertigung (BEF), Fiedler & Co. KG**
2. 1914–1919: **Berliner Electromobil- und Akkumulatorenfabrik GmbH**
3. 1919–1922: **Berliner Elektromobil-Fabrik AG**

Die im Jahre 1900 gegründete Berliner Electromobil- und Akkumulatorenfabrik (BEF) stellte zunächst elektrisch angetriebene Personen- und davon abgeleitete Lieferwagen her. Der 1907 eingetretene Elektro-Ingenieur Victor Harhorn entwickelte einen elektrisch angetriebenen, dreirädrigen Personen- und Lieferwagen. Ein Kastenaufbau mit einer Reling befand sich über der Hinterachse des Transporters. In der ersten Ausführung wurde ein normal 1,1 kW, maximal 2,9 kW leistender Hauptschlussmotor über dem Drehpunkt des Vorderrades angebracht. Mit einem seitlichen Kardan- und Kegelradantrieb wurde das Vorderrad in Bewegung gesetzt.

12,9-kW-BEF Elektro-Dreirad-Lieferwagen (1913).

Diese aufwendige und kostspielige Königswellen-Konstruktion war nötig, um das Antriebsprinzip der »Cyklonette« des Cyklon-Werkes zu umgehen.

Die vor allem bei der Reichspost eingesetzten Fahrzeuge besaßen einen Ladekasten für 225 kg Nutzlast.

1908 verließ Victor Harhorn das Unternehmen, um sich ganz seiner eigenen Elektrofirma unter dem Namen Gebhardt u. Harhorn (Geha) zu widmen. Gemäß Vertrag durfte die BEF die erfolgreiche Harhorn-Konstruktion bis 1913 unverändert weiterbauen. Danach setzte BEF einen Kardan-Hinterradantrieb ein und tauschte das Lenkstangensystem gegen ein schrägstehendes Lenkrad mit einer Kettenübertragung. Die Reichweite des nun 3,7 kW starken Fahrzeugs betrug bei einer Höchstgeschwindigkeit von 20 km/h 70 bis 80 km.

Die Firma, die sich als Lieferantin der Kaiserlichen Reichspost und der Königl. Bayer. Staatspost auswies, hob den »billigen Gebrauch, die leichte Handhabung, die große Betriebssicherheit, die Geruchlosigkeit und die größte Sauberkeit« ihrer Erzeugnisse hervor. 1922 ging der Betrieb in den Elite-Werken auf. Die Berliner Produktionsstätte wurde 1923 aufgelöst.

2,9-kW-BEF Elektro-Dreirad-Lieferwagen mit Verdeck (1914).

Bekamo

Bekamo Vertriebsgesellschaft Donath u. Co. OHG,
Berlin-Moabit, Bremer Straße 148, 1926–1928

Der Spezialist für luftgekühlte Motoren, Hugo Ruppe, gründete nach seinem Weggang von der Zschopauer Motorenfabrik (s. DKW) die Berliner-Kleinmotoren-Aktiengesellschaft (Bekamo), die Zweitaktmotoren mit Ladepumpen herstellten. Infolge der Inflation musste Bekamo 1925 aufgeben; Ruppe zog in die Tschechoslowakei und gründete dort die Firma Kaelert & Ruppe. Aus der Berliner Motorenfabrik ging die Bekamo Vertriebsgesellschaft hervor, die Transportdreiräder mit entweder zwei vorderen Rädern und einem hinteren Antriebsrad oder mit einem vorderen Antriebsrad und einer hinteren Achse fertigte. DKW-Motoren, insbesondere der in Zschopau entwickelte 148-ccm-Motor mit 5,5 PS, kamen zum Einbau.

2,75-PS-Benz »Velo« Kombinations-Lieferwagen (1896).

4-PS-Bekamo Vorderlader (1925).

2,75-PS-Benz»Velo« Kastenwagen (1896).

Benz

Benz u. Cie. Rheinische Gasmotoren-Fabrik OHG,
Mannheim-Neckarau, Waldhofstraße u. Untere Riedstraße
1. 1896–1899: **Benz u. Cie. Rheinische Gasmotoren-Fabrik OHG**
2. 1899–1911: **Benz u. Cie. Rheinische Gasmotoren-Fabrik AG**
3. 1911–1926: **Benz u. Cie. Rheinische Automobil- und Motoren-Fabrik Mannheim AG**

1885 baute Carl Friedrich Benz (1844–1929) sein erstes Fahrzeug, den dreirädrigen »Patent-Motorwagen«, mit Zweitaktmotor. 1886 folgte ein Fahrzeug mit einem schnelllaufenden Viertakter.

1899 wurde die Benz & Cie. Rheinische Gasmotoren-Fabrik OHG in eine Aktiengesellschaft umgewandelt. Beteiligt waren neben Carl Benz die Fabrikanten Julius Gauss und Friedrich v. Fischer, der Kaufmann Max Rose und der Fabrikdirektor Jean Gauss. August Horch, der von 1896 bis 1899 Leiter der Motorwagenabteilung des Unternehmens gewesen war, schied aus und gründete sein eigenes Unternehmen. Nach Differenzen mit dem Vorstand verließ auch Carl Benz im Jahre 1903 seine Gasmotoren- und Automobilfabrik und richtete mit seinen Söhnen in Ladenburg einen neuen Betrieb ein.

Im Jahre 1907 trat der Unternehmer Georg Wiss (1868–1928) in die Direktion der Benz-Werke ein, indem er gleichzeitig diese Firma mit seiner Waggonfabrik Fuchs in Heidelberg mittels einem Austausch der Aktienanteile liierte.

Das neben Gottlieb Daimlers Fabrik älteste Automobilunternehmen der Welt stellte seit 1885/86 verschiedene Automobiltypen her. Erstes Nutzfahrzeug war dabei ein achtsitziger Omnibus, der auf der Strecke Siegen-Netphen-Deuz eingesetzt wurde. Erste Lieferwagen-Modelle erschienen 1896 auf dem Fahrgestell des Benz-»Velo« mit einem 2,75-PS-Einzylindermotor. Das Velo-Modell konnte auch mit einem Wechselkastenaufbau als »Combinations-Lieferungs-Wagen« bestellt werden.

Auch weitere Einzylinder-Personenwagen mit 3,5-, 4,5-, 5-, 5/7- und 6-PS-Motoren wurden mit Ladeflächen für Nutzlasten bis zu 1,25 Tonnen versehen. Der Motor war nun nicht mehr im Heck, sondern über der Vorderachse platziert. Auch der 8/10-PS »Parsival«-Pkw wurde in verschiedenen Versionen als Lieferwagen karossiert.

Eine Erweiterung erfuhr das Programm 1907 nach dem Erwerb der aus den Bergmanns Industriewerken hervorgegangenen Süddeutschen Automobil-Fabrik in Gaggenau.

Während das Mannheimer Werk vornehmlich Personenwagen fertigte, übernahm der neue Betriebsteil als Süddeutsche Automobil-Fabrik bzw. als Benz-Werke Gaggenau GmbH, vorm. Süddeutsche Automobil-Fabrik, die Herstellung von Nutzfahrzeugen, wenn es auch keine eindeutige Abgrenzung der Typenprogramme gab. Nach der vollständigen Eingliederung des Gaggenauer Werkes erschienen im Jahre 1911 wieder Benz-Lieferwagen. Das Modell D 11 besaß einen 20-PS-Motor und war für 500 bis

8/10-PS-Benz Typ Parsival Kleinlaster (1902).

6-PS-Benz »Lieferungswagen« (1900).

8/10-PS-Benz Parsival Fleischereiwagen (1904).

7-PS-Benz 1,25-Tonnen-Lastwagen (1901). (Foto: Daimler-Benz Classic)

700 kg ausgelegt. Mit Nutzlast-Kapazitäten von 750 bis 1100 kg schloss sich das 25-PS-Modell KL 11 an. Kurz vor Ausbruch des Ersten Weltkrieges erschienen die DG-Modelle für Nutzlasten von 500, 750 und 1000 kg. Motoren mit Leistungen von 20, 22, 25 und 28 PS waren erhältlich.

Während des Ersten Weltkrieges fertigte das Werk Heeres-Lastwagen und vereinzelt Heeres-Sanitätswagen mit einem 28/36-PS-Motor. Nach dem Krieg bot Benz den neu entwickelten Typ 1 C beziehungsweise 1 CN (C für »Cardanantrieb«, N für »Niederrahmen«) für 1,0 bis 1,5 Tonnen Nutzlast mit einem großvolumigen 35-PS-Motor an.

Einzufügen ist hier, dass 1922 der »Börsenspekulant« Jakob Schapiro, ein in Odessa geborener Berliner Automobilhändler, 40 Prozent der Aktienanteile an den Benz-Werken erworben hatte. Bis 1926 konnte er seinen Anteil auf 60 Prozent steigern. Neben den Benz-Werken kontrollierte er die Karosseriefabrik Schebera GmbH in Berlin, die Cyklon-Maschinenfabrik in Mylau/Vogtland, die Gothaer Waggonfabrik mit den Dixi-Werken (Fahrzeugfabrik Eisenach), die Neckarsulmer Fahrzeugwerke (NSU) und zeitweise die Hansa-Automobilwerke in Varel. Darüber hinaus war er an zahlreichen in der Automobilindustrie tätigen Unternehmen beteiligt.

18/20-PS-Benz Typ D 11 Kastenwagen (1916).

28-PS-Benz DG 14 Kastenwagen (um 1912) (Foto: Daimler-Benz Classic).

Nachdem 1924 ein Interessenvertrag mit der Daimler-Motoren-Gesellschaft zustande gekommen war, sollte bei Benz der Schwerpunkt auf den Bau von Liefer- und Kleinlastwagen gelegt werden. So erschienen 1925 und 1926 der Vierzylinder 10/30 und der Sechszylinder 30/35; die Nutzlasten betrugen 1,0 bis 1,5 und 0,75 Tonnen.

Mit dem Aufgehen der Benz-Werke in die 1926 gebildete Daimler-Benz AG übernahm das Mannheimer Werk den Karosserie- und Omnibusbau. Die Lieferwagenherstellung erfolgte nun bei Daimler in Stuttgart. Das Benz-Motorenwerk wurde ausgegliedert und bestand bis in die 1980er Jahre als Motoren-Werke Mannheim AG, vorm. Benz, Abt. Stat. Motorenbau (MWM) weiter. 1988 wurde dieses Werk als Teilbetrieb unter dem Namen Deutz-MWM dem ältesten Motorenwerk der Welt, der Klöckner-Humboldt-Deutz AG, angegliedert.

30/35-PS-Benz 1CN Kleinlaster (1926).

Benz-Lieferwagen

Typ	Nutzlast in Tonnen	1. Baujahr	Motoren-hersteller	Zyl.	PS	Kühl.	Bohrung x Hub	Hubr. in ccm	Drehz.	Gew. in kg.	Besonder-heiten
Velo Combinations-Lieferungswagen		1896		1	2,75	Th	110x140	1045	600	450	
Lieferungswagen		1896		1	5	Th	150x150	2650	600	1100	
		1898		1	6	Th	150x165	2915	700	1100	
Combinations-Lieferungswagen		1900		1	3,5	Th	110x110	1045	800	450	
Motor-Lastwagen	1,25	1900		1	5/7	Th	150x150	2650	600/ 800	1100	
Lieferungswagen		1901		1	4,5	Th	115x110	1140	960	450	
Parsifal-Lieferungswagen	0,3	1902	Benz	2	8/10	W	90x120	1527	1000		
D 11	0,5/0,75	1911		4	20		85x115	2610	1200	850 - 1100	
KL 11	0,75/1,1	1911		4	25	W	90x140	3560	1200	1500	
DG 14	0,5	1912		4	20	W	72x120	1950	1800	1100	
DG 14	0,75	1912		4	22	W	85x115	2610	1200	1500	auch 25 und 28 PS
20/25 PS	1	1913		4	25	Th	80x130	2620	1200		
28 PS	1	1913		4	28	Th	90x140	3560			auch 22 PS
28/36 PS		1914		4	36	W					Sanitätswagen
1 C/1 CN	1,5	1919		4	35	W	100x150	4760	1200	1800	
30/35 PS	1/1,5	1925		6	35	Th	72x117	2800	1800		
10/30 PS	0,75	1926		4	30	Th	80x130	2620	1800	1850	

Berga

Akkumulatorenfabrik Berga GmbH,
Rastatt/Baden, Industriestraße 34/36, 1936

Die bekannte Akkumulatorenfabrik stellte 1936 einen Elektrolieferwagen-Prototyp her.

Bergmann

Bergmann Elektricitäts-Werke AG,
Berlin-Rosenthal, Oudenarderstraße 23/32 u. Berlin-Halensee, Joachim-Friedrich-Straße 37/38
1. 1909–1914: **Bergmann Elektricitäts-Werke AG,** Berlin-Rosenthal, Oudenarderstraße 23/32 u. Berlin-Halensee, Joachim-Friedrich-Straße 37/38
2. 1914–1945: **Bergmann Elektricitäts-Werke AG,** Berlin-Rosenthal, Lindenallee und Berlin-Wedding, Seestraße 63–67, ab 1940 Berlin-Wilmersruh
3. 1949–1952: **VEB Bergmann-Borsig, Berlin-Rosenthal,** Oudenarderstraße 23/32

Die Bergmann Elektricitäts-Werke AG gründeten 1905 die Deutsche Métallurgique GmbH, die in Berlin-Rosenthal Automobile nach Konstruktionen der belgischen La Métallurgique S. A. herstellte; eine eigene Entwicklung erwies sich als untauglich. Neben den Personenwagen mit Verbrennungsmotoren erschien in dem ständig vergrößerten Werk ein elektrisch angetriebener Lieferwagen mit der Typenbezeichnung Fulgura (lateinisch für »Blitzschein«) für eine Nutzlast von 350 kg. Hierzu waren die Werkstätten der Aktiengesellschaft für Akkumulatoren- und Automobilbau/A.A.A. in Berlin-Halensee erworben worden.

Um 1911 weitete das Unternehmen das Programm auf Lieferwagen für 0,35, 0,5, 0,75 und 1,0 Tonnen mit 15-, 18-, 20-, 25-, 30- und 45-PS-Motoren aus. Eine Besonderheit der Motorenkonstruktion war die desaxilierte Kurbelwelle.

10/30-PS-PS-Bergmann-Métallurgique Sanitätswagen (1912).

10/30-PS-Bergmann-Métallurgique Lieferwagen mit Verdeck (1914).

10/30-PS-Bergmann »Lieferungswagen« (1921).

Während des Ersten Weltkrieges wurden Militärfahrzeuge, darunter Sanitätswagen, gefertigt. Anschließend nahm das Bergmann-Werk, da der Vertrag mit dem belgischen Lizenzgeber nicht mehr erneuert werden konnte, nur beschränkt den Verbrennungsmotor-Fahrzeugbau wieder auf. Einzig das Modell 10/30 mit der 30-PS-Maschine wurde weiterhin als Lieferwagen angeboten.

3,3-kW-Bergmann BEL 750 Paketpostwagen (1924).

3,3-kW-Bergmann BEL 750 Verkaufswagen (1927).

3,3-kW-Bergmann BEL 750 Lieferwagen (1935).

Nach 1924 stellte das Unternehmen mit neuer Produktionsstätte im Hauptwerk in Berlin-Rosenthal leichte Nutzfahrzeuge mit Elektromotoren her, so den Typ BEL 750 als 0,75-Tonner mit einem 3,3-kW-Hauptschluss-Doppelkollektormotor. Vor allem die Reichspost erwarb diesen mit einem Stabholzaufbau versehenen, bis 1940 gebauten und stets verbesserten Kastenwagen. Daneben fertigte Bergmann Paketpostwagen für 1,5 bis 2,0 Tonnen Nutzlast.

Während des Zweiten Weltkrieges erschienen neue Modelle mit 1,0, 1,5 und 3,0 Tonnen Nutzlast, die wegen ihrer »Verwendung heimischer Energien« nicht unter die Schellplan-Restriktionen fielen.

Aus noch vorhandenen Teilen wurden nach Kriegsende in dem im Osten Berlins gelegenen Werk noch einige Modelle zusammengebaut. Die Firma Walther in Bautzen nutzte später das Modell BEL 750 als Ausgangspunkt für ihre Weiterentwicklung.

Bergmann BEL 1000 Paketpostwagen mit Leichtmetallaufbau (1939).

1991 übernahm die ABB AG, Mannheim (Asea-Brown-Boveri) das traditionsreiche Elektromaschinenwerk von der Berliner Treuhandgesellschaft; seitdem wird es unter dem Namen Bergmann-Borsig GmbH geführt.

Bergmann BEL 750 (1935), Neuaufbau durch Fahrzeugwerk »Ernst Grube« Werdau (1951).

Bergmann BEL 1500 Postwagen von 1929, Neuaufbau durch Fahrzeugwerk »Ernst Grube« Werdau (1956).

Bergmann Elektricitäts-Werke-Lieferwagen

Typ	Nutzlast in Tonnen	1. Baujahr	Motoren-hersteller	Zyl.	PS	Kühl.	Bohrung x Hub	Hubr. in ccm	Drehz.	Gew. in kg.	Besonder-heiten
8/16 PS	0,3		Berg-mann	4	16		75x110	1945	1800		
15 PS	0,35			4	15	W	84x110	2437			
16/20 PS	0,35			4	18	W	90x110	2800			
16/20 PS	0,5			4	20	W	90x110	2800			
24/28 PS	0,5			4	25	W	95x110	3120			
30/35 PS	0,75			4	30	W	108x140	5200			
40/45 PS	1	1908		4	45	W	119x140	6230			
10/30 PS	0,75	1912		4	30	W	80x130	2612			
		1913		4	18	Th	72x96	1560	1800		

Bergmann-Lieferwagen

Typ	Nutzlast in Tonnen	1. Baujahr	Motor	Leistung in kw	Drehzahl	Gewicht in kg	Besonderheiten
Fulgura	0,35	1905					
BEL 750	0,5 - 0,75	1924		3,3		1600	
BEL 1500	1,5	1929				2200	

Bergmanns Industriewerke

Bergmanns Industriewerke GmbH, Gaggenau i. Baden
1. 1889–1905: **Bergmanns Industriewerke GmbH**
2. 1905–1907: **Süddeutsche Automobil-Fabrik GmbH (SAF),** Abt. Kraftwagenbau der Bergmanns Industriewerke
3. 1907–1910: **Süddeutsche Automobil-Fabrik GmbH**
4. 1911: **Benz-Werke Gaggenau GmbH,** vorm. Süddeutsche Automobil-Fabrik

Die Süddeutsche Automobil-Fabrik GmbH (SAF) (auch als SAG abgekürzt) ging 1905 aus der Bergmanns Industriewerke GmbH in Gaggenau hervor. Dieses Werk konnte auf ein Gründungsdatum im Jahre 1680 zurückblicken, als der Markgraf von Baden dort eine Nagel- und Hammerschmiede einrichten ließ. 1873 erwarb der Unternehmer Michael Flürscheim das Werk, der 1879 den Kommerzienrat Theodor Bergmann (1850–1931) als Teilhaber aufnahm. Mit der Umwandlung in eine Aktiengesellschaft im Jahre 1888 erhielt das Unternehmen die Bezeichnung Eisenwerk Gaggenau AG; Michael Flürscheim schied gleichzeitig aus der Gesellschaft aus. 1889 erfolgte die erneute Umbenennung in Murgtaler Eisenwerke AG. Alleiniger Inhaber des Unternehmens wurde nun Theodor Bergmann.

1893 bekam das Werk den Namen Bergmanns Industriewerke GmbH und stellte in den Betriebsteilen Gaggenau und Ortenau Guss- und Schmiedeteile, Jagdwaffen, landwirtschaftliche Geräte, Emailleschilder, Gasgeräte und kleine Dampfmaschinen her. Noch heute existiert ein Teil dieses Werkes als Hersteller anspruchsvoller Haushaltsgeräte unter dem Namen »Gaggenau«.

1894 richtete Theodor Bergmann neben dem Eisenwerk eine Automobilfabrik ein, die nach Konstruktionen von Joseph Vollmer (1871–1955) und Willy Seck (1868–1955) Personen- und »Geschäftswagen« herstellte.

Da die Konkurrenz durch die Mannheimer Benz-Werke sehr groß war, und die eigenen Mittel für eine gewinnbringende Produktion nicht ausreichten, verkaufte Theodor Bergmann im Jahre 1904 den Fahrzeugbau an den Unternehmer Georg Wiss, der zuvor als Direktor die Automobilabteilung geführt hatte. Wiss war gleichzeitig an den Benz-Werken beteiligt und hatte auch die Fuchs-Waggonfabrik in Heidelberg mitbegründet.

Das Unternehmen wurde 1905 in die Süddeutsche Automobil-Fabrik umbenannt, wobei der Schwerpunkt des Fahrzeugprogramms auf die Herstellung von Nutzfahrzeugen verlegt wurde. Die Modelle kamen unter den Bezeichnungen SAF, SAG oder Gaggenauer auf den Markt. 1907 wurde ein Interessenvertrag über das Fahrzeugprogramm mit den

6/16-PS-Gaggenauer D 8 Zeitungswagen (1906).

18/22-PS-Gaggenauer D 12 Post-Paketwagen (1906).

10/18-PS-Benz-Gaggenau Geschäftswagen (1912).

36-PS-Gaggenauer Kastenwagen (1906).

Benz-Werken geschlossen, da es dem Unternehmen schwerfiel, sich gegenüber den Konkurrenzfirmen zu behaupten. Georg Wiss und der stellvertretende Aufsichtsratsvorsitzende der Benz-Werke, Direktor Richard Brosien, beschlossen daher, die Süddeutsche Automobil-Fabrik mit ihren 400 Beschäftigten an Benz zu verkaufen.

Auf der Basis des Bergmann-»Orient«-Pkw entstand 1901 der »Orient-Expreß D II« als kleiner Lieferwagen für 275 kg Nutzlast. Ein Einzylindermotor mit 3 bis 4 PS trieb das Fahrzeug an. Weitere Modelle waren ab 1904 die mit einem Friktionsantrieb ausgestatteten Typen »Liliput« mit 4-PS-Einzylinder- und »Libelle« mit 9-PS-Zweizylindermotor. Der Friktionsantrieb und die Hinterachse waren in einem Hilfsrahmen gelagert, um den Anpressdruck beim Anfahren zu erhöhen.

Schließlich erschien im Jahre 1905 der »Gaggenauer Lieferungswagen« für 600 bis 800 kg mit einem 6/16-PS- oder 18/22-PS-Vierzylindermotor. Im Gegensatz zu den vorherigen Modellen mit einer Thermosiphonkühlung besaßen die Motoren eine Wasserpumpenkühlung sowie ein Schaltgetriebe und eine Kettenübertragung.

1908 folgten die Modelle D 8, D 12 und D 18 für 500 und 750 kg Nutzlast. Zweizylindermotoren mit 8/12 und 12/15 PS sowie ein Vierzylindermotor mit 18/24 PS dienten zum Antrieb. Paarweise zusammengegossene Zylinder und über eine Königswelle angetriebene, hängende Ventile kennzeichneten die SAF-Motorentechnik.

Nachdem 1909 zwei »Spezial-Lieferungswagen« für 300 kg Nutzlast mit 14-PS- und 18-PS-Vierzylindermotoren erschienen waren, bildeten »Waren-Lieferungswagen« mit Belastungen für 500, 750, 1000 und 1500 kg das neue Programm der Süddeutschen Automobil-Fabrik. Großvolumige Motoren mit Leistungen von 20/25, 30/35, 40/45 und 45/50 PS konnten wahlweise eingesetzt werden. Schließlich erschien noch 1911 der Typ D 11 für 500/750 kg Nutzlast mit einem kleinvolumigen 20-PS-Vierzylindermotor.

Ende 1911 lief die Gaggenauer Lieferwagenfertigung, zuletzt unter dem Namen Benz-Gaggenau, aus. Das Werk konzentrierte sich auf den Fahrgestellbau für Lastwagen- und Omnibusse.

Das Gaggenauer Werk fertigt seit Beginn der 1950er Jahre die Unimog-Spezialfahrzeuge sowie (bis 1994) den DB-trac der Daimler-Benz AG beziehungsweise der heutigen Daimler AG.

Bergmanns Industriewerke-Lieferwagen

Typ	Nutzlast in Tonnen	1. Baujahr	Motorenhersteller	Zyl.	PS	Kühl.	Bohrung x Hub	Hubr. in ccm	Drehz.	Gew. in kg.	Besonderheiten
1. Bergmanns											
D II »Orient Expreß«	0,27	1901	Bergmanns	1	3/4	Th	127x152	1924			
Liliput	0,3	1904		1	4	Th	85x100	567	1000		
Libelle	0,4	1904		2	9	Th	85x100	1134			
6/16 PS	0,6 - 0,8	1905		4	16	W	105x115	3981			auch 18/22 PS
2. SAF-Gaggenau											
D 8	0,5	1908	SAF	2	8/12		94x115	1595		700	
D 12	0,75	1908		2	12/15		100x128	2009		900	
D 18	0,75	1908		4	18/24	W	94x115	3190	1200	1100	
D 28	0,75	1908		4	28/36	W	100x128	4019	1000	2250	
3. Benz-Gaggenau											
Spezial-Liefe-rungswagen	0,3	1909	Benz	4	14	Th	70x102	1570		550	
	0,3	1909		4	10/18	W	85x115	2610	1000	560	
10/20 PS	1,25	1909		4	20	W	85x115	2610	1600		
28 PS	1,25	1909		4	28	W	100x128	4019	1000	2250	
10/18 PS	0,5/0,75	1910		4	18	W	85x115	2610	1000		auch 25 PS
20/25 PS	0,5/0,75	1910		4	20/25	W	90x140	3560		700	
30/35 PS	0,5/0,75	1910		4	30/35	W	105x150	5190	1300	720	
30/35 PS	0,75/1,0	1910		4	30/35	W	105x150	5190	1300	800	
40/45 PS	0,75/1,0	1910		4	40/45	W	125x150	7360		820	
40/45 PS	1,2/1,5	1910		4	40/45	W	125x150	7360		1500	
45/50 PS	1,2/1,5	1910		4	45/50	W	135x150	8590		1600	
D 11	0,5/0,75	1911		4	20		85x115	2610	1200	850 - 1100	

Bertsche siehe Ladog

Beuchelt

Beuchelt u. Co., Fabrik für Brückenbau und Eisenkonstruktionen, Grünberg i. Schlesien, Eisenbahnstraße 38, 1925–1926 u. 1936

Die schlesische Waggonfabrik Beuchelt u. Co. rüstete 1925 ihren 6/30-PS-Pkw mit der Markenbezeichnung Sablatnig-Beuchelt auch mit einem Lieferwagenaufbau aus. Das von dem Berliner Konstrukteur Dr. Joseph Sablatnig (1868–1945) entworfene Fahrzeug besaß einen Steudel-Motor mit hängenden Ventilen und einer Thermosiphonkühlung. Die Nutzlast des 950 kg schweren Fahrzeugs betrug 400 kg. Auch mit einer elektrischen Antriebsanlage konnte das Modell ausgestattet werden. Nochmals im Jahre 1936 erschien ein »Beuchelt-Motor-Lieferwagen«.

30-PS-Sablatnig Beuchelt Fahrgestell für Lieferwagen (1926).

Beuchelt-Lieferwagen

Typ	Nutzlast in Tonnen	1. Baujahr	Motoren-hersteller	Zyl.	PS	Kühl.	Bohrung x Hub	Hubr. in ccm	Gew. in kg	Gew.
Sablatnig-Beuchelt 6/30	0,4	1925	Steudel	4	30	Th	71x98	1551	2400	950

Bleichert

Bleichert-Transportanlagen GmbH,
Leipzig N 22, Bleichertstr. 15
1. 1905–1945: **Bleichert-Transportanlagen GmbH,**
Leipzig N 22, Bleichertstraße 15 u. Kaiser-Friedrich-Str. 34
2. 1946–1953: **SAG Bleichert Transportanlagenfabrik (vorm. Bleichert Transportanlagenfabrik GmbH)**
2. 1953–1960: **VEB Schwermaschinenbau, Verlade- und Transportanlagen (VTA)**
3. 1960–1971: **VTA, VEB Transportanlagenfabrik Leipzig**

Die 1874 von Ingenieur Adolf Bleichert (1845–1901) gegründete Transportanlagenfabrik für den Bau und den Vertrieb von mechanischen Förderanlagen stellte ab 1905 auch Elektrokarren her. Ab 1923 erschienen 0,75- und 1,5-Tonner mit 1,7- und 2,3-kW-Elektromotoren. Der Fahrer

1,88-kW-Bleichert Transportkarren (1928).

steuerte das Gefährt zunächst mit einem seitlichen Lenkrad, ab 1928 mit einer patentierten Trittbrettlenkung. Die unter der Marke Eidechse vertriebenen Fahrzeuge erreichten nahezu eine Monopolstellung bei der Reichspost und bei der Reichsbahn.

Nachdem 1936 ein 0,5-Tonnen-Lieferwagen mit dem Batterietrog unter der Vorderhaube erschienen war, erneuerte und erweiterte das Unternehmen 1941 das Straßenfahrzeug-Programm mit Liefer- und Lastwagen sowie mit Zugmaschinen, zumal die Elektrofahrzeugproduktion nicht unter die Reglementierungen des Schell-Programms fiel.

Die für den Nahverkehr ausgelegten Kasten- und Pritschenwagen EL 801/EL 802 besaßen eine Tragkraft von 800 bis 1000 kg und wurden durch einen 3,5–7,3-kW-Hauptschlussmotor mit einer 80-Volt-Einheitsbatterie über ein hinteres Schneckengetriebe angetrieben. Bleichert-»Stromwagen« erreichten eine Geschwindigkeit von 23 bis 27 km/h. Chassis und Antrieb verwendete Bleichert auch für ein 1936 vorgeführtes zweisitziges Cabriolet mit »Schwiegermuttersitz« und Erdmann & Rossi-Karosserie.

Ein weiteres Modell war der Frontlenker EL 1000/1500 mit zwei Motoren an den Hinterrädern. Leistungen von 2x4–8-kW, 2x4,4–8,8-kW und 2x6,6–13-kW standen zur Wahl.

Neben Elektro-Straßenfahrzeugen erschienen in dieser Zeit verschiedene Elektrokarren-Modelle mit oder ohne Trittbrettlenkung, Drahtseilbahnen, Kabelbagger, Schiffsbeladungseinrichtungen, Seilhängebahnen und Kabelkräne.

2,2-kW-Bleichert Eidechse 1,5 t (1925).

Bleichert-Transportkarren (1929).

Das Werk in Leipzig-Gohlis ging nach dem Krieg in den Besitz der Besatzungsmacht über und stellte als Sowjetische Aktiengesellschaft unter der Firmierung SAG Bleichert Transportanlagenfabrik weiterhin Transportanlagen sowie Elektrokarren her. 1953 musste die DDR-Regierung die SAG Bleichert im Rahmen der Reparationsleistungen zurückkaufen. Von 1957 bis 1961 fertigte der VEB Schwermaschinenbau, Verlade- und Transportanlagen das vom VEB Lokomotivbau und Elektrotechnische Werke »Hans Beimler« übernommene Fahrgestell des Transporters EKF 1200 mit vermutlich zwei 4 bis 8 kW starken Motoren in der geteilten Hinterachse.

Bleichert Vorderlader-Postwagen (1933).

Bleichert Paketpostwagen (1935).

Der Alwin Walther, Karosserie- und Fahrzeugbau in Waldheim/Sachsen, komplettierte die Unterbauten mit Aufbauten für die Paketpostzustellung. Die in 450 Exemplaren gebauten 1,2-Tonnen-Rechtslenkerfahrzeuge besaßen auf beiden Seiten zwei Dachrandverglasungen, die für Helligkeit im Frachtbereich sorgten. Neben hinteren Klapptüren erleichterte eine seitliche Schiebetüre den Zugang zum Frachtraum.

Nach der Wende wurde das traditionsreiche Werk aufgelöst.

Bleichert-Elektrolieferwagen 0,5 t (1936).

Bleichert Typ 1500 mit Sonderaufbau für Oberleitungen (1938).

Bleichert-Elektrolieferwagen EL 1500 (1936).

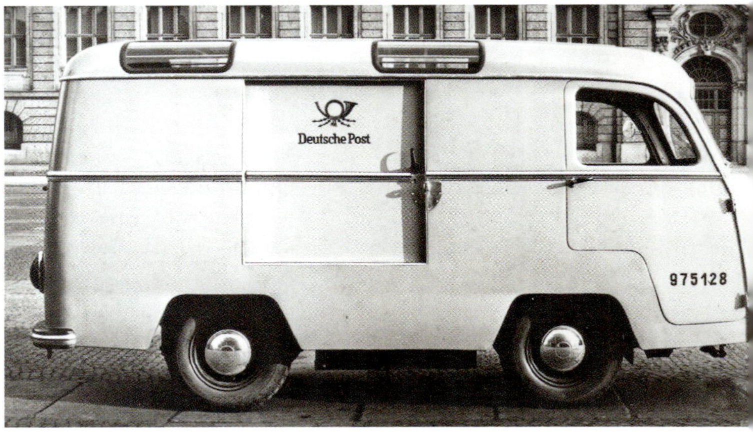

2x4-8-kW-VEB Schwermaschinenbau Paketpostwagen (1957).

2x6,6-kW-Bleichert Pritschenwagen (1938).

4,4/8,8-kW-Bleichert Elektrolieferwagen Typ 800 (1940).

Bleichert-Elektro-Transporter

Typ	Nutzlast in Tonnen	1. Baujahr	Motor	Leistung in kw	Drehzahl	Gewicht in kg	Besonderheiten
Eidechse	0.75	1923		1,7			Gewichte ohne Batterie
Eidechse	1,5	1923		2,28			
Eidechse	0,75	1924		1,65		1000	
Eidechse	1,5	1924		2,2		1100	
Eidechse	0,75	1925		2x0,9		800	
Eidechse	1,5	1925		2		1200	
Eidechse	1,5	1926		2x0,,9		875	
Eidechse	1,5	1926		1,4		1135	
Eidechse	2	1928		2x1,4			
EKH 2000 A	2	1931		3,75		1580	auch 4,7 u. 10,2 kW
EL 2000	2	1931		3,5		1700	auch 4,7, 7,0 u. 9,5 kW
EL 2500	2,5	1931		6,5		1900	auch 8,8, 13,0 u. 17,6 kW
EL 800/801	0,8 - 1,0	1935		4,4		1750	auch 7,22 u. 8.8 kW
EL 802	0,8	1935		7,22		1650	
EL 1000	1 - 1,3	1935		2x4 - 8		1625-1975	auch 2x4,4 - 8,8 u. 2x6 - 13 kW
EL 1500	1,5 - 1,8	1935		2x6 - 13		1825 -2050	
Bleichert Stromwagen	0,5	1936		4,4			

Bleichert »Westdeutschland«

Bleichert Transportanlagen GmbH »Westdeutschland«,
Köln, Brandenburgerstraße 2

1. 1946–1960: **Bleichert Transportanlagen GmbH »Westdeutschland«,**
2. 1960–1980: **Pohlig-Heckel-Bleichert (PHB), Vereinigte Maschinenfabriken AG,** Köln 51, Pohligstraße 1
3. 1980–1981: **PHB-Weserhütte AG (PHW)**
4. 1981–1986: **PHB Transport- und Lagersysteme GmbH (PHB-Gruppe)**

Im 1946 von einem Teil des Bleichert-Ingenieurstabes in Köln neu eingerichteten Transportanlagenwerk wurden wiederum leichte, elektrisch angetriebene Fahrzeuge für innerbetriebliche Zwecke hergestellt.

Im Jahre 1960 entstand durch den Zusammenschluss der drei schon über die Firma Felten & Guilleaume miteinander verbundenen Transportanlagenbau-Unternehmen Pohlig in Köln, Heckel in Rohrbach und Bleichert in Köln die PHB Vereinigte Maschinenfabriken AG. Im August 1980 entstand durch die Fusion der PHB in Köln und der Bagger- und Fördertechnik-Fabrik Weserhütte in Bad Oeynhausen die PHB Weserhütte AG (PHW). 1983 übernahm wiederum die PHB Transport- und Lagersysteme GmbH in Schwieberdingen als Tochterunternehmen der PHW den Produktionsbereich Elektrofahrzeuge, wobei diese jetzt unter dem Namen PHB-Eidechse hergestellt werden. In die 1965 gegründete Schwesterfirma MAFI Transport-Systeme GmbH ging 1987 der Bereich Elektrofahrzeuge der PHB Transport- und Lagersysteme GmbH über.

Elektrisch angetriebene Zugmaschinen mit einer Zugleistung von 4 bis 40 Tonnen, Elektroplattformwagen bis zu 3 Tonnen Traglast, Elektrospezialtransporter und Industriefahrzeuge mit Dieselantrieb, sowie Roll-on-Roll-off-Fahrzeuge stehen heute im Programm der MAFI Transport-Systeme GmbH in Tauberbischofsheim.

Bleichert-Elektrokarren »Eidechse« (1951).

Blitz

Blitz Motor-Fahrzeug-Vertrieb GmbH,
Berlin-Friedrichshain, Doringstraße 2, 1925–1926

Der »Motor-Eildienstwagen Blitz« besaß »ähnlich wie bei den bekannten Elektrokarren den Führerstand mit fahrradähnlichem Sattel am Heck des Fahrzeugs«, wobei der Transportkasten vor dem Fahrersitz angebracht war. Die Konstruktion ging auf eine »Blitzkarren«-Lizenz von Carl F. W. Borgward zurück.

Blitz-Lieferkarren

Typ	Nutzlast in Tonnen	1. Baujahr	Motorenhersteller	Zyl.	PS	Kühl.	Bohrung x Hub	Hubr. in ccm	Drehz.	Gew.	Besonderheiten
Blitz	0,25	1926	DKW	1	2,2	L	50x64	128	3000		auch ILO-Motor

BMF

Berliner Motorwagen-Fabrik GmbH,
Berlin-Tempelhof, Kleine Jägerstraße 61a,
ab1908 Berlin-Reinickendorf, Verlängerte Koloniestraße 1/2
1. 1900–1901: **Berliner Motorwagen-Fabrik, Gottschalk u. Co. KG**
2. 1901–1906: **Berliner Motorwagen-Fabrik GmbH**
3. 1906–1911: **Oryx Motorenwerke AG, vorm. Berliner Motorwagen-Fabrik GmbH**
4. 1911–1913: **Oryx Motorenwerke Berlin, Zweigniederlassung der Bielefelder Maschinenfabrik Dürkopp u. Co. AG**
5. 1913–1914: **Oryx Motorenwerke Berlin, Zweigniederassung der Dürkoppwerke AG**

1898 wurde die Berliner Motorwagen-Fabrik, Gottschalk u. Co. KG gegründet, abgekürzt BMF. Unter den Mitarbeitern waren die Konstrukteure Kurt Bendix und Willy Seck, später Léon Palous, Ernst Valentin und Georg Lehmann.

Das Unternehmen stellte ab 1900 Personen-, Liefer- und Lastwagen her. Unter den ersten Lieferfahrzeugen befanden sich elektrisch angetriebene Modelle sowie Fahrzeuge mit 3-PS-Benzinmotoren sowie dreirädrige Fahrzeuge. Um 1905 erreichte die BMF-»Wertheim«-Type größere Verbreitung. Das 6-PS-Fahrzeug mit einem Stabholzaufbau wurde in 50 Exemplaren an das Kaufhaus Wertheim in Berlin geliefert. Auch die Reichspost erwarb einige dieser Modelle.

Weitere Fahrzeuge waren die »Geschäfts- und Reklamewagen« nach dem System Valentin mit vorneliegendem 12-PS-Motor. Die Fahrzeuge besaßen ein Vorgelege mit einer Riemenübertragung.

2x1,5-kW-BMF Lieferwagen (1902).

Nachdem das 115 Mann starke Unternehmen 1906 in die Oryx-Werke umbenannt worden war, erschienen ein 0,75- und ein 1-Tonnen-Lieferwagen unter der neuen Markenbezeichnung »Eryx« mit 12- und 16-PS-Motoren.

1908 wurden die Oryx-Werke an die Dürkopp-Werke verpachtet. Die Fahrzeugfertigung blieb jedoch selbständig, auch das eigene Konstruktionsbüro und die Verkaufsabteilung wurden beibehalten. Die Fabrikanlagen in Berlin-Tempelhof wurden beträchtlich ausgeweitet und mit modernen Maschinen ausgestattet. Hinzu kam ein Werksteil in Berlin-Reinickendorf.

Nachdem das Unternehmen 1911 von den Dürkopp-Werken erworben und als Zweigbetrieb eingegliedert worden war, erschienen ein 18- und ein 24-PS-Typ in Lieferwagenausführung.

Mit Beginn des Ersten Weltkrieges konzentrierte sich das Unternehmen auf den Lkw-Bau. Nach 1918 wurden in dem ehemaligen Oryx-Werk bis 1922 die Dürkopp-Omnibusse hergestellt. Anschließend übernahm eine englische Schallplattenfirma das Werksgelände.

2,2-kW-BMF Lieferwagen »Royal Mail« (1904).

2x1,5-kW-BMF »Großer Lieferungswagen« (1902).

2,2-kW-BMF Lieferwagen »Wertheim-Type« (1904).

BMF-Lastwagen für 1,5 t Nutzlast (1903).

3-kW-BMF Pritschenwagen (1904).

3-kW-BMF Postwagen (1904).

10-PS-BMF Lieferwagen (1906).

16-PS-BMF 12/16 »Eryx« (1908).

30-PS-BMF 10/30 »Eryx« (1914).

30-PS-BMF 10/30 Oryx Tropen-Lieferungswagen (1913).

Berliner Motorwagen-Fabrik-Lieferwagen

Typ	Nutzlast in Tonnen	1. Baujahr	Motoren-hersteller	Zyl.	PS	Kühl.	Bohrung x Hub	Hubr. in ccm	Drehz.	Gew. in kg.	Besonder-heiten
A.W 15 Wert-heim-Typ		1900		1	3						auch 8 PS
R.W.	0,75 - 1,0	1902		1	15		120x120	1356	800	800	Frontlenker, auch Motor 120x140, 700 U/min
BMF V1	1	1906	Argus	2	16	W	110x130	2469	900	1000	auch Motor 110x125
BMF V2	1,2	1906		2	16	W	110x130	2469	900	2000	
BMF	0,75	1908		4	12	Th	75x88	1555	1600		
Eryx 7/20	0,5	1913	BMF	4	20/22	Th	78x96	1830	2000	1300	
Eryx 10/30	1	1913		4	30	Th	85x115	2610	1800	1400	

BMW

Bayerische Motoren Werke AG,
München 13, Schleißheimer Straße 288
und Zweigniederlassung Eisenach (1928–1945)
1. 1928–1933: **Bayerische Motoren Werke GmbH (BMW), Zweigniederlassung Eisenach**
2. 1956–1957: **Bayerische Motoren Werke AG (BMW)**

Ende 1928 erwarben die durch ihren Flugmotoren- und Motorradbau bekannt gewordenen Bayerischen Motoren Werke (BMW) die Fahrzeugfabrik Eisenach und übernahmen die Konstruktion des dort seit 1927 gebauten 3/15 PS Dixi (Lizenz Austin), von dem einige Exemplare, jetzt BMW 3/15 PS genannt, mit Stabholzaufbau als Servicefahrzeuge und bei ADAC als Pannenhilfsfahrzeuge Dienst taten.

Dixi 3/15 PS »Straßen-Hilfsdienst« (1929).

BMW F 76 Transportdreirad (1932).

12-PS-BMW »Isetta« mit Gepäckkasten (1956).

Im Jahre 1932 erschien neben den kleinen BMW-Limousinen eigener Konstruktion das Vorderlader-Dreirad F 76 mit einem verdeckten Ladekasten für 450 kg Nutzlast. Ein kopfgesteuerter und gebläsegekühlter 6-PS-Einzylindermotor von 200 ccm trieb das zweisitzige Gefährt an. Der Motor-Getriebeblock ruhte mit Gummipuffern auf einem Stahlrohrrahmen; über eine Schwingarm-Kardanwelle wurde wie bei dem klassischen BMW-Motorrad das Hinterrad angetrieben. Es gab auch eine stärkere Version mit 12 PS als Typ F 79. Insgesamt 600 Exemplare wurden gefertigt.

BMW bot 1956/57 für die von der italienischen ISO Spa, Milano übernommene Isetta einen kleinen Pick-up-Aufbau an – letzte Nutzfahrzeugvariante eines Personenfahrzeugs unter dem weiß-blauen Markenzeichen.

BMW-Lieferdreiräder

Typ	Nutzlast in Tonnen	1. Baujahr	Motoren-hersteller	Zyl.	PS	Kühl.	Bohrung x Hub	Hubr. in ccm	Drehz.	Gew. in kg	Besonder-heiten
F 76	0,45	1932	BMW	1	6	L	63x64	198	4000	340	
F 79	0,45	1932		1	11	L	78x84	398	4000		maximal 650 kg
Isetta		1956		1	12	L	68x68	245	5800	360	

BOB

BOB Automobil-Gesellschaft,
Berlin-Kreuzberg, Bergmannstraße 102
1. 1920–1921: **BOB-Automobilgesellschaft Karl Carpzow u. Egon Wachsmann,**
Berlin-Schöneberg. Potsdamer Straße 36 u. 111
2. 1921–1922: **BOB-Automobilgesellschaft mbH Carpzow & Co. Kraftwagen,**
Berlin-Schöneberg, Bülowstraße 111
3. 1922: **BOB Automobil-Gesellschaft,**
Kreuzberg, Bergmannstraße 102
4. 1923–1925: **BOB-Automobil-AG Kleinautofabrik**

Oberingenieur Karl Carpzow, Fritz Polensky und Dipl.-Ing. Egon Wachsmann gründeten 1919 unter der Marke BOB ein Unternehmen, das Kleinwagen herstellen sollte. Mit einem 14-PS-Motor aus dem Hause Siemens & Halske stellte BOB Personen- und Lieferwagen her. Ab 1923 nutzte die Kleinautofabrik ein 20 PS starkes S & H-Aggregat. Das seit 1924 unter Geschäftsaufsicht stehende Unternehmen wurde 1925 nach dem Konkurs aufgelöst.

BOB-Lieferwagen

Typ	Nutzlast in Tonnen	1. Baujahr	Motoren-hersteller	Zyl.	PS	Kühl.	Bohrung x Hub	Hubr. in ccm	Drehz.	Gew. in kg	Besonder-heiten
BOB 4/14 PS		1920	S&H	2	14	Th	70x102	785	2800		
BOB 5/20 PS		1923		4	20	Th	63x102	1268	2800		

Böhme

Dr. Martin Böhme, Berlin-Mitte, Neue Ansbacher Straße 7, und Berlin-Friedrichswerder, Charlottenstraße 2, 1926–1930

Der noch heute bestehende Betrieb für Temperaturmessgeräte stellte ab 1925 Motorräder mit von der Motorenfabrik Paul Baer GmbH in Berlin-Kreuzberg (Köpenickerstraße 52) entwickelten Motoren her. Die Besonderheit der Böhme-Zweitaktmotoren, die auch als transportable Antriebsaggregate geliefert wurden, lag in der Verwendung von Stufenkolben und in der Ausstattung mit einer Thermosiphonkühlung für den liegenden Zylinder. Das unter der Bezeichnung »Böhme-Lastrenner« vertriebene dreirädrige Fahrzeug mit Hinterradantrieb war auf einem gepressten Vorderrahmen und einem gezogenen Profilstahl-Hinterteil aufgebaut. Ein 4,5-PS-Motor mit einem Dreiganggetriebe kam zur Verwendung. Der vordere Transportkasten war für eine Last von 200 bis 250 kg ausgelegt. 1927 erhielt der Lastrenner einen 5-PS- und auf Wunsch einen 6-PS-Motor. Schließlich erschien noch ein Transportkarren mit einer Ladefläche hinter dem Fahrersitz.

3,6-PS-Böhme »Lastenrenner« (1926).

Böhme-Lieferdreiräder

Typ	Nutzlast in Tonnen	1. Baujahr	Motoren-hersteller	Zyl.	PS	Kühl.	Bohrung x Hub	Hubr. in ccm	Drehz.	Gew. in kg	Besonder-heiten
Böhme Last-renner	0,2	1925	Böhme	1	3,5	Th	50,5x65	130		200	max. 0,25 t
	0,2	1927		1	5	Th	58x65	173		250	
Böhme Kraft-dreirad	0,25	1927		1	6	Th		246			

Boes

Jacob Boes u. Co., Berlin-Charlottenburg, Wilmersdorferstraße 76–79 u. Waldemarstraße 55
1. 1903: **Große Berliner Motorwagen-Gesellschaft, vorm. Schaller & Co. GmbH,** Berlin-Charlottenburg, Wilmersdorfer Straße 78–83
2. 1903–1905: **Jacob Boes u. Co.,** Berlin-Charlottenburg, Wilmersdorferstraße 76–79 u. Waldemarstraße 55

Die Firma Boes ging als Nachfolger der Großen Berliner Motorwagen-Gesellschaft, vorm. Schaller & Co. GmbH, als Automobilhandlung und als Reparaturwerkstatt hervor und stellte neben einem Pkw-Modell einen Dreirad-Lieferwagen vor. Dieser besaß ein mit einem Lenkrad gesteuertes Vorderrad und eine hintere Antriebsachse. Hervorgehoben wurde, dass das Fahrzeug auch Verwendung im Paketzustelldienst bei der Kaiserlichen Post fand.

Boes-Lastendreirad (1905).

Borgward siehe Hansa-Lloyd- und Goliath-Werke

Brandenburg

Kraftfahrzeugwerke Brandenburg a. Havel GmbH, Dampfwagenbau System Altmann, Brandenburg a. Havel 1902–1907

Zivilingenieur Adolf Altmann (1850–1905) richtete nach dem Ausscheiden aus der Motor-Fahrzeug- und Motorenfabrik Berlin-Marienfelde in Brandenburg ein neues Unternehmen ein, wo er leichte Nutzfahrzeuge mit kleinen Hochleistungsdampfmaschinen beziehungsweise Dampfmotoren konstruierte. Nach Patenten der englischen Firma Gardner-Serpollet entwickelte er eine liegende, dreizylindrige Dampfmaschine mit einem Zwergkessel, die in einen »Geschäfts-Kastenwagen« mit Kettenantrieb eingebaut wurde. Die nach dem Prinzip des Dampfmotors (mit Ventilen) arbeitende Maschine besaß einen Hubraum von 1,2 Litern (je Zylinder 75 x 90 mm). mit einer Leistung von 25 PS bei 800/min. Die Dampfmaschine und die Kesselanlage lieferte die Waggonfabrik Busch.

Die Dampfmaschinenkonstruktion stammte von dem Lastwagenproduzenten Julius Küster in Berlin. Das Brandenburger Unternehmen, das auch dampfgetriebene Feuerwehr-Fahrzeuge gebaut hatte, wurde 1907 aufgelöst.

28-PS-Brandenburg, System Altmann, »Dampfwagen mit Geschäftskasten« (1906).

Brandenburg-Lieferwagen

Typ	Nutzlast in Tonnen	1. Baujahr	Motoren-hersteller	Zyl.	PS	Kühl.	Bohrung x Hub	Hubr. in ccm	Drehz.	Gew. in kg	Besonder-heiten
Branden-burg	0,5	1902	Branden-burg	3	25		75x90	1192	600/800	1200	Dampf-maschine

Brandt

Friedrich Josef Brandt,
Berlin, Caprivistraße 5, 1900

Neben Elektromobilen fertigte dieses unbekannt gebliebene Unternehmen neben Oberleitungsbussen auch elektrisch angetriebene Lieferwagen nach dem System Lombard-Gérin.

Braun-Premier

Justus Christian Braun-Premier-Werke AG,
Nürnberg-Doos, Wächterstraße 2/16, 1912–1913

Dieses im Fahrzeugbau sehr aktive Unternehmen übernahm 1909 die Einrichtungen und Patente der in Konkurs gegangenen Firma Nürnberger Motorfahrzeug-Fabrik »Union« von Ludwig Maurer. Nachdem die vorhandenen Teile der Maurer-Union-Friktionswagen aufgebraucht worden waren, stellte man eigene Modelle mit Vierzylindermotoren unter dem Namen »Kaiser« her, wobei der Name des Technischen Direktors des Werkes, Ingenieur Gustav Kaiser, Pate stand. Auch Lieferwagen auf den Pkw-Fahrgestellen mit 18 PS wurden hergestellt.

Nach dem Konkurs des Unternehmens erwarb Ingenieur Karl Schmidt, Besitzer der Nürnberger Wagenbau- und Radfabrik Karl Schmidt, das stillgelegte Werk, aus dem während des Ersten Weltkrieges die FAUN-Werke hervorgingen.

18-PS-Braun-Premier Geschäftswagen »Kaiser-Wagen« (1911).

Braunsdorfer Maschinenfabrik

Braunsdorfer Maschinenfabrik,
Chemnitz, Hainstraße 8, 1925

Einen »Geschäfts-Kleinkraftwagen« mit einem 12-PS-Viertakt-Küchen-Motor der Schiele und Bruchsaler Industriewerke AG (Werk Hornbach) stellte diese Maschinenfabrik her. Auch ein gleichstarker Motor der Mammutwerke in Nürnberg kam zur Verwendung.

Braunsdorfer-Lieferwagen

Typ	Nutzlast in Tonnen	1. Baujahr	Motoren-hersteller	Zyl.	PS	Kühl.	Bohrung x Hub	Hubr. in ccm	Drehz.	Gew.
Geschäfts-Kleinkraftwagen		1925	Küchen	1	12	L	79,8x100	499	3100	
1,3/12		1925	Mammut	1	12	Th	70x90	350	3000	

Bremer Rekord

Bremer Rekord Handelsgesellschaft mbH,
Abt Fahrzeugbau
Bremen, Domshaide 6, 1925–1928

Unter der Marke Rekord fertigte diese Bremer Gesellschaft zehn vierrädrige Vorderlader in offener und geschlossener Form mit Nutzlastbereich für 300 kg zwischen des Achsen. Der auf einer hinteren Bank sitzende Fahrer steuerte die Vorderräder über Seilzüge. Außenliegende DKW-Motoren mit 2,5, 4 und 7 PS trieben über einen Keilriemen ein Hinterrad an, so dass das Differential entfallen konnte. Die Konstruktion ging auf Pläne von Carl F. W. Borgward (s. Hansa-Lloyd und Goliath) zurück. Die Auflösung des Unternehmens erfolgte 1928.

4-PS-Bremer Rekord Vorderlader-Lieferwagen (1926).

Brennabor

Brennabor-Werke Gebr. Reichstein OHG, ab 1931 AG
Brandenburg a. Havel, 1901–1933

Die Brennabor-Werke gehörten nach dem Ersten Weltkrieg zu den führenden deutschen Automobilunternehmen. Die Brüder Carl, Adolph und Hermann Reichstein hatten das Unternehmen 1871 zur Fabrikation von Korbwaren und Kinderwagen gegründet. 1880 folgte der Bau von Fahrrädern, dem sich die Montage von Motorrädern kurz nach der Jahrhundertwende anschloss.

Als erstes Lieferwagenmodell brachte Brennabor ein dreirädriges Geschäftsdreirad (»Brennaborette«) mit einem vorderen oder einem hinteren Ladekasten. Ein 2,5- oder ein 3,3-PS-Motor von Fafnir war unter dem Fahrersitz angebracht. Über eine patentierte Vorgelegewelle mit einer Friktionskupplung und einem Kettenantrieb wurde das Hinterrad bzw. die Hinterachse in Bewegung gesetzt; zwei Geschwindigkeiten konnten gewählt werden. Der 3,3-PS-Typ wurde auch in einer vierrädrigen Version gebaut.

1903 stellte das Werk unter der Leitung von Carl Reichstein sen. (1847-1931) ein 8-PS-Vierradfahrzeug mit einem Lizenz-De Dion-Motor und einem Dreiganggetriebe vor. Auch mit Fafnir-, Stoewer- und Breuer-Motoren wurden die Fahrzeuge ausgestattet.

1908 widmete sich Brennabor verstärkt dem Bau von Lieferwagen mit Nutzlasten von 400, 500, 700 und 1000 kg; die Fahrzeuge erhielten seitengesteuerte Motoren mit 12, 18, 22 und 28 PS. Verantwortlich für die Motorenkonstruktionen war Dipl.-Ing. Dr. Fritz Huber (1881–1942), der in den 1920er Jahren den Bulldog-Glühkopfmotor entwickelte.

Wegen der 1914 bis 1918 unterbrochenen Automobilproduktion fiel der Neuanfang schwer, so dass erst 1921 ein 0,75-Tonner als Typ P9 in offener und als Typ P10 in geschlossener Ausführung mit einem 24-PS-Motor angeboten werden konnte. Die mit einer Kulissenschaltung ausgestatteten Fahrzeuge wurden über die Gemeinschaft Deutscher Automobilfabriken (GDA) abgesetzt.

1924 folgte der auf eine Tonne Nutzlast ausgelegte P20. In jener Zeit führte Brennabor als erste deutsche Automobilfabrik die Fließbandfertigung ein, nachdem Eduard Reichstein, Sohn des Firmengründers Carl Reichstein, diese in den USA kennengelernt hatte. 1928 folgten in dem 7500 Mann zählenden Betrieb die Lieferwagenmodelle Z und ZL mit 500

2,5-PS-Brennabor Transportrad (1905).

3,3-PS-Brennabor Transportrad (1905).

8-PS-Brennabor Geschäftswagen (1905).

12/14-PS-Brennabor »Lieferungs-Wagen« (1909).

und 750 kg. Als 55-PS-Sechszylindermodell kam der Eintonnen-Schnelllieferwagen hinzu.

Die Weltwirtschaftskrise der frühen 1930er Jahre führte zur zeitweiligen Einstellung des Baus von Personen- und Lieferwagen, Kleinlastern und Kleinomnibussen. Erst nach einem Vergleichsverfahren im Jahre 1932 konnte die Automobilproduktion wieder aufgenommen werden, wobei als

28-PS-Brennabor Geschäftswagen (1914).

neues Eintonnenmodell der Typ BL mit einem 45-PS-Sechszylindermotor erschien. Eine rentable Fahrzeugproduktion konnte jedoch nicht mehr aufgebaut werden, so dass die Automobilherstellung 1933 aufgegeben wurde.

Bis in die Zeit des Zweiten Weltkrieges fertigte das Unternehmen wieder Kinderwagen, Fahrräder und Kleinmotorräder sowie schließlich nur noch Rüstungsgüter. In den nicht beschädigten, aber vollständig demontierten Anlagen wurde 1948 der Traktoren- und Raupenschlepperbau (dieser nach FAMO-Plänen) eingerichtet, bis das Unternehmen Mitte der 1960er Jahre zum Getriebewerk des IFA Kombinats Ludwigsfelde mit rund 3000 Beschäftigten umgestaltet wurde. Im Sommer 1991 übernahm die Zahnradfabrik Friedrichshafen (ZF) das Werk als ZF Brandenburg GmbH.

8/32-PS-Brennabor P 20 Pritschenwagen (1925). (Foto: Mario Steinbrink)

32-PS-Brennabor P 23 Kastenwagen (1927).

22/25-PS-Brennabor Z 25 Lieferwagen (1928).

45-PS-Brennabor BLX Kastenwagen (1933).

22/25-PS-Brennabor Z 25 mit Harmening-Kombinationsaufbau (1929).

45-PS-Brennabor AS 31 Pritschenwagen (1928).

30-PS-Brennabor NL Express-Lieferwagen (1929).

Brennabor											
Typ	Nutzlast in Tonnen	1. Baujahr	Motoren-hersteller	Zyl.	PS	Kühl.	Bohrung x Hub	Hubr. in ccm	Drehz.	Gew. in kg.	Besonder-heiten
1. Dreirad											
Brenna-borette	0,25	1907	Fafnir	1	3,5	Th	80x90	452	1600		auch 4 und 5,5 PS
2. Vierradfahrzeuge											
A 2	0,2 - 0,3	1908	Fafnir	2	8	Th	80x90	904	1600	550	auch 8 PS
Klein-wagen	0,45 - 0,5	1908		4	12	Th	76x88	1596	1200	853	auch 14 PS
D 7	1	1910		4	24	Th	85x115	2617	1200		
G 10	0,7	1910		4	22	Th	80x102	2025	2000		
C 9	0,6	1911		4	18	Th	70x102	1592	1800		
C 10	0,6	1911		4	18	Th	70x102	1592	1800		
C 12	0,3	1911		4	18	Th	70x102	1592	1800		
B 1	0,5	1911		4	12	Th	70x102	1592	1800		
L 5	0,5	1911		4	18	Th	70x102	1592	1800		
F 10	0,3 - 1	1911		4	28	Th	82x123	2476	1800		
P 9 (P 10) Schnell-lastwagen	0,75	1922		4	24	Th	80x104	2090	2400	1450	
P 20	0,75 - 1	1925		4	24	Th	80x104	2090	2400	1484	auch 32 PS
R 33 (R 34)	0,5	1925	Brenna-bor	4	25	Th	70x102	1569	2800		
AL	0,5	1927		6	45	W	70x111	2562	3300		ZL 34 = Kastenw.
ZL 31 (34) Expreß-Lieferw.	0,5 - 0,75	1928		4	25	Th	70x102	1569	2800	1170	R 34 = Kastenw.
AST 30 (31,33,34)	1,5	1928		6	55	W	70x111	3080	3200	1600	
ASL	1,6	1928		6	55	W	77x111	3080	3200		AT 31-34 = Kastenw.
NL 31 (34, 35)	0,75	1929		4	30	W	74x96	1640	3200	1500	ATZ 31-34 = Kastenw.
AT 30 (31, 33, 34)	1,5	1929		6	45	W	70x111	2562	3300		
BL Juwel (31,32,34)	0,9 - 1	1930		6	45	W	70x111	2562	3200		NL 34, 35 = Kastenw.
ATZ 30 (31,32, 33,34)	2	1930		6	55	W	70x111	3080	3200		AST 31, 33, 34 = Kastenw.
C 33 (34)	0,3	1931		4	20	Th	62x83	995	2800		C 3 = Kstenw.
D 33 (34)	0,3	1933		4	22	Th	62x83	995	3000		D 34 = Kastenw.
B LX	1	1933		6	45	W	74x96	2460	3200		Produktion fraglich

Breuer

Maschinen- und Armaturenfabrik vorm. Breuer u. Cie.,
Abt. Motoren- und Automobilbau (MAB), Höchst a. Main,
ab 1928 Frankfurt a. Main, Kurmainzer Straße 2,
1906 u. 1938

Die Firma Breuer u. Cie. wurde 1874 als Maschinen- und Armaturenfabrik gegründet und um die Jahrhundertwende in eine Aktiengesellschaft umgewandelt.

Das inzwischen auf 1200 Mann angewachsene Unternehmen stellte ab 1905 Motoren verschiedener Leistungen unter der Bezeichnung MAB her. Im Jahre 1906 stellte das Werk ein Lieferwagenchassis her, das mit verschiedenen Vierzylindermotoren (18, 24, 32 und 50 PS) angeboten wurde.

Nochmals im Jahre 1938 stellte das Unternehmen ein Lieferwagenfahrgestell her, bestückt mit einem eigenen 50-PS-Dieselmotor nach dem Oberhänsli-Verbrennungsverfahren. Auch hier blieb es bei einem Einzelstück, das vermutlich die Berliner Firma Weise & Co. (s. d.) für ihren Pritschenwagen nutzte.

Das in den 1920er Jahren mit dem Bau von Lokomotoren und Eisenbahnbedarfsartikeln bekannt gewordene Unternehmen, das auch nach Aufgabe des eigenen Motorenbaus Motorblöcke für verschiedene Automobilproduzenten herstellte, wurde in den 1970er Jahren von den Buderus-Werken in Wetzlar übernommen.

Breuer Lieferwagen

Typ	Nutzlast in Tonnen	1. Baujahr	Motoren-hersteller	Zyl.	PS	Kühl.	Bohrung x Hub	Hubr. in ccm	Drehz.	Gew. in kg.	Besonder-heiten
MAB 12/18		1906	Breuer	4	18	W					nur Fahrgestell
MAB 24/32		1907		4	32	W					
Breuer		1938		4	50	W	75x125	2208	2800		dto., D, Weitergabe an Fa. Weise

BuB

Bohn & Kähler (Inhaber F. Bohn und F. Bündgens), Maschinenfabrik und Metallwarenfabrik,
Kiel, Deliusstraße, 1920–1921

Auf eine 1870 gegründete Gelbgießerei ging die 1870 von dem Gießer und Former Friedrich Bohn und Kaufmann August Kähler eingerichtete Gießerei, Maschinen- und Metallwarenfabrik zurück. Als der Ingenieur Franz Büdigens die Gesellschafteranteile von Kähler erworben hatte, richtete Büdigens das Unternehmen auf den Bau von Torpedos für die Kaiserliche Flotte aus. 1908 erfolgte der Erwerb der Motorenfabrik Kieler Maschinenbau AG vorm. Daevel. Nach dem Ersten Weltkrieg und dem Fortfall der Rüstungsproduktion suchte das auf über 1000 Beschäftigte angewachsene Werk neben dem Motorenbau unter der Marke Bohn & Büdigens (BuB) nach einem weiteren zivilen Produkt.

Von der amerikanischen Firma International Harvester Comp. (IHC) in Chicago bzw. über die deutsche Tochtergesellschaft in Neuss am Rhein erwarb man die Lizenz zum Nachbau des seit 1912 gebauten Kleinlasters vom Typ MA. Im Rahmen des Fahrzeugs lag ein 19 PS starker Boxermotor mit etwa 2,3 Liter Hubraum, der über ein Zweiganggetriebe, einem über eine Kette nachgeschaltetem Differential und über zwei seitlich gelagerte Ketten die achslosen Hinterräder antrieb. Die Holzspeichenräder unterschiedlicher Größe besaßen Gummibandagen.

Das für eine Tonne Nutzlast vorgesehene Fahrzeug konnte mit Pritschen- und Kastenaufbauten versehen werden. Das mehr für den Einsatz auf dem amerikanischen Prärie-Boden vorgesehene und inzwischen völlig veraltete Modell fand nur wenige Käufer; ein Exemplar ist heute in Sammlerhand.

Die Firma Bohn & Kähler wurde 1956 von der Firma Buckau R. Wolf übernommen und produzierte bis zur Auflösung im Jahre 1969 Schiffsmotoren.

19-PS-BuB Pritschenwagen (1921). (Foto: Jürgen Klein)

BuB-Kleinlastwagen

Typ	Nutzlast in Tonnen	1. Baujahr	Motoren-hersteller	Zyl.	PS	Kühl.	Bohrung x Hub	Hubr. in ccm	Drehz.	Gew. in kg.	Besonder-heiten
BuB	1	1920		2	19	W		2300		1250	Boxermotor

Bücker

Franz Bücker, Fahrzeugbau,
Oberursel/Ts., Hainstraße 19, 1927

Die 1922 gegründete Motorradfabrik präsentierte 1927 Lasten-Motorräder mit 12- und 15-PS-Columbus-Motoren der Motorenfabrik Oberursel. Nach Aufgabe des Motorradbaus im Jahre 1955 vertrat der Betrieb bis 1993 verschiedene Pkw-Marken.

12-PS-Bücker-Motorrad mit Lieferbeiwagen (1927).

Bücker

Typ	Nutzlast in Tonnen	1. Baujahr	Motoren-hersteller	Zyl.	PS	Kühl.	Bohrung x Hub	Hubr. in ccm	Drehz.	Gew. in kg	Besonder-heiten
Motor-liefer-dreirad	0,5	1927	Columbus	1	12	L	76x110	498	3500		
	0,5	1927		1	15	L	83x110	595	3500		

Bully

Bully Fahrzeugbau AG,
Berlin-Mitte, Köpenicker Straße74, 1932–1933

Dieses Unternehmen stellte 1932 neben dreirädrigen Personenwagen auch ein Lieferwagenmodell mit wassergekühlten Doppelkolben-Zweitaktmotoren mit 7 und 14,5 PS her. Ein Zentralrohr diente als Unterbau. Die im Heck angebrachten Antriebe stammten von dem Motorenbau Gebr. Baier GmbH in Berlin-Steglitz.

Bully

Typ	Nutzlast in Tonnen	1. Baujahr	Motoren-hersteller	Zyl.	PS	Kühl.	Bohrung x Hub	Hubr. in ccm	Drehz.	Gew. in kg.	Besonder-heiten
220 V		1932	Baier	1	7	W	68x68	246	4000	200	a. 200 ccm-Motor
600 V		1932		2	14,5	W	65x72	478	3500	600	

Bungartz

Bungartz & Peschke GmbH u. Co. KG,
Hornbach/Pfalz, Industriegelände, 1968–1974

Die seit 1934 bestehende Maschinenfabrik Bungartz, ab 1965 mit dem Kranhersteller Peschke vereinigt, befasste sich mit dem Bau von Kleinschleppern. 1968 erweiterte man das Programm mit der »Kommutrac«-Baureihe. Die für die Landschafts- und Sportplatzpflege vorgesehenen Frontlenker besaßen eine hintere Ladepritsche. Ein 40-PS-VW-Vergaser- oder ein 35-PS-Hatz-Dieselmotor trieben die schmalspurigen Fahrzeuge an.

40-PS-Bungartz »Kommutrac 8501« (1968).

Bungartz-Kommunalfahrzeug

Typ	Nutzlast in Tonnen	1. Baujahr	Motoren-hersteller	Zyl.	PS	Kühl.	Bohrung x Hub	Hubr. in ccm	Drehz.	Gew. in kg.	Besonder-heiten
Kommu-trac 8501		1968	VW	4	40	L	85,5x69	1584	2900	1050	auch Allra-dantrieb
Kommu-trac 8509		1970	Hatz	4	35	L	108x110	2014	2200	1220	D

Busse

Busse-Werke AG für Kraftfahrzeuge,
Magdeburg-Buckau, Fährstraße 4–5, 1925
1. 1921 - 1923 **Busse Elektromobil-Bau,**
Magdeburg, Goethestraße 1
2. 1923 - 1924 **Busse-Werke AG für Kraftfahrzeuge**

Das Busse-Werk des Ingenieurs Hermann Busse stellte zunächst unter der Marke BEB elektrisch angetriebene Fahrzeuge her. Von 1922 bis 1924 folgten leichte Motorräder. Auch ein 2,5-PS-Lastendreirad mit 143 ccm-DKW-Motor, abgeleitete vom Motorrad-Typ A 22, stand im Programm. Nach dem Konkurs 1926 wurde das Unternehmen aufgelöst.

Busse											
Typ	Nutzlast in Tonnen	1. Baujahr	Motoren-hersteller	Zyl.	PS	Kühl.	Bohrung x Hub	Hubr. in ccm	Drehz.	Gew. in kg	Besonder-heiten
Lasten-dreirad	0,25	1925	DKW	1	2,5	L	55x62	143			

Cockmobil

Cockerell-Fahrzeug- und Motorenwerke AG,
München, Schwanthalerstraße 5, 1924

Mechaniker Fritz Cockerell (1889–1965), Konstrukteur des Megola-Sessel-Motorrades, stellte 1924 einen 3,5-PS-Dreirad-Lieferwagen mit hinterem Kastenaufbau vor; zu einer Serienproduktion kam es nicht.

Continental

Metallwerke Continental GmbH,
Bielefeld, Jöllenbecker Str. 47a., 1925

Die Metallwerke Continental fertigten ein Transportvierrad mit dem Fahrersitz hinter dem Ladekasten. Der Küchen-Motor war an der Seite angebracht und trieb eines der Hinterräder an. Die Vorderräder wurden über Drahtseile von einem senkrecht stehenden Lenkrad betätigt. Das auf gepressten Längsträgern mit Traversen aufgebaute Fahrzeug konnte eine Last von 150 kg befördern.

Continental-Vierrad-Vorderlader (1926).

Corona

Corona Fahrrad- und Metall-Industrie AG,
Brandenburg a. Havel, Große Gartenstr. 28, 1905–1909

Die Corona Fahrrad- und Metallindustrie AG wurde im Jahre 1892 von Adolf Schmidt gegründet. 1902 nahm das Werk den Motorradbau auf. Ab 1905 wurden die inzwischen auch im Fertigungsprogramm befindlichen 8-PS- und 11-PS-Personenwagen mit Lieferwagenaufbauten versehen. Der 8-PS-Motor besaß ein automatisches Einlassventil (sogenanntes Schnüffelventil); der Antrieb erfolgte über einen Friktionsmechanismus, der auf eine Maurer-Lizenz der Nürnberger Motorfahrzeug-Fabrik »Union« zurückging. Die Motoren wurden von dieser Firma bezogen. Im Jahre 1909 musste der Fahrzeugbau eingestellt werden.

11-PS-Corona Dreirad-Lieferwagen (1913).

Corona-Lieferwagen											
Typ	Nutzlast in Tonnen	1. Baujahr	Motoren-hersteller	Zyl.	PS	Kühl.	Bohrung x Hub	Hubr. in ccm	Drehz.	Gew. in kg	Besonder-heiten
Corona-mobil 6/8 PS	0,5	1905	Maurer	1	8	Th	120x130	8	800		Dreirad
Corona-mobil 5/9 PS		1905		2	11	Th	90x120	1526	1800		Vierrad

Crède

Waggonfabrik Gebr. Credé u. Co., Abt. Fahrzeugbau,
Kassel-Niederzwehren, Aueweg 26, 1951–1954

Vom Hummel-Werk (Ordemann & Hauser, Sittensen) übernahm die Waggon- und Straßenbahnwagenfabrik der Gebrüder Credé die Sitta-Lastenroller-Konstruktion. Ein weiterer Fertigungsbereich der Abteilung Fahrzeugbau war die Herstellung von Gabelstaplern. Im Jahre 1967 musste das 1897 gegründete Unternehmen stillgelegt werden, da nur ein geringer Bedarf für Großraumstraßenbahnwagen bestand.

Cudell

Cudell u. Co. KG Motoren- und Motorfahrzeuge-Fabrik,
Aachen, Am Schlachthof u. Metzgerstraße

1. 1898–1900: **Cudell u. Co. KG Motoren- und Motorfahrzeuge-Fabrik,** Aachen, Roonstraße 3
2. 1900–1902: **AG für Motor- und Fahrzeugbau, vorm. Cudell u. Co.**
Aachen, Am Schlachthof u. Metzgerstraße
3. 1902–1905: **Cudell Motor-Compagnie mbH**
4. 1905–1908: **Cudell Motor-GmbH,**
Berlin-Moabit, Gerhardtstraße, ab 1906 Berlin-Gesundbrunnen, Reinickendorfer Str. 46

8-PS-Cudell »Geschäftswagen« (1903).

Die zu den Pionierfirmen des frühen deutschen Automobilbaus zählende Cudell-Fabrik von Max Cudell (1866 bis ?) war 1897 gegründet worden und stellte zunächst dreirädrige Motorräder mit einem DeDion-Motor über der Hinterachse her. Bekannt wurde dabei ein als »Kriegsfahrzeug« bezeichnetes Modell für Norwegen, auf das eine Lafette »aufgeprotzt« werden konnte.

Nach der Aufnahme des eigenen Motorenbaus nach De Dion-Lizenzen wurden ein-, zwei- und vierzylindrige Personenwagen hergestellt. Um 1903 bot das Unternehmen nun auch Lieferwagen mit Leistungen von 6, 8, 12 und 16 PS an. Konstrukteure der Cudell-Motoren und Fahrzeuge waren die Ingenieure Carl Slevogt und Paul Henze. Die Entwicklungskosten für die Motoren zehrten jedoch die Betriebsmittel auf, und nach Finanzmanipulationen musste Max Cudell 1902 das Unternehmen verlassen. Nach einem Großbrand 1904 im Firmengelände verließ auch sein Bruder das Werk. Bis 1907 wurden in Aachen noch Fahrzeuge aus vorhandenen Teilen angefertigt.

Paul Cudell, ein weiterer Bruder des Firmengründers, hatte 1904 in Berlin mit diesem und mit dem Unternehmer Leo Koelbing ein neues Werk gegründet, das mit einer Belegschaft von 26 Mann vom Brand verschonte Cudell-Fahrzeuge bis 1908 aufarbeitete und verkaufte. Danach verlegte sich dieses Unternehmen auf den Bootsmotoren- und den Vergaserbau.

Cudell-Lieferwagen

Typ	Nutzlast in Tonnen	1. Baujahr	Motoren-hersteller	Zyl.	PS	Kühl.	Bohrung x Hub	Hubr. in ccm	Drehz.	Gew. in kg	Besonder-heiten
Cudell		1900		1	3,5	W	80x80	402	1500		DeDion-Lizenz-Motor
Cudell		1900		1	1,75		66x90	307			
Cudell		1900		2					2000		
Cudell		1902		1	8	W	100x110	863	1500		
Cudell 16/20 PS		1903	Cudell	4	16/20	W	90x100	2554			
Cudell 35/40 PS		1905		4	40	W	110x125	4749	1400		
Cudell		1905		1	6		90x110	699			
Cudell		1905		1	8	W	100x120	942	1500		
Cudell		1905		2	12						
Cudell		1905		4	16	W	90x100	2554			

2,75-PS-Cudell »Kriegsfahrzeug« (1900).

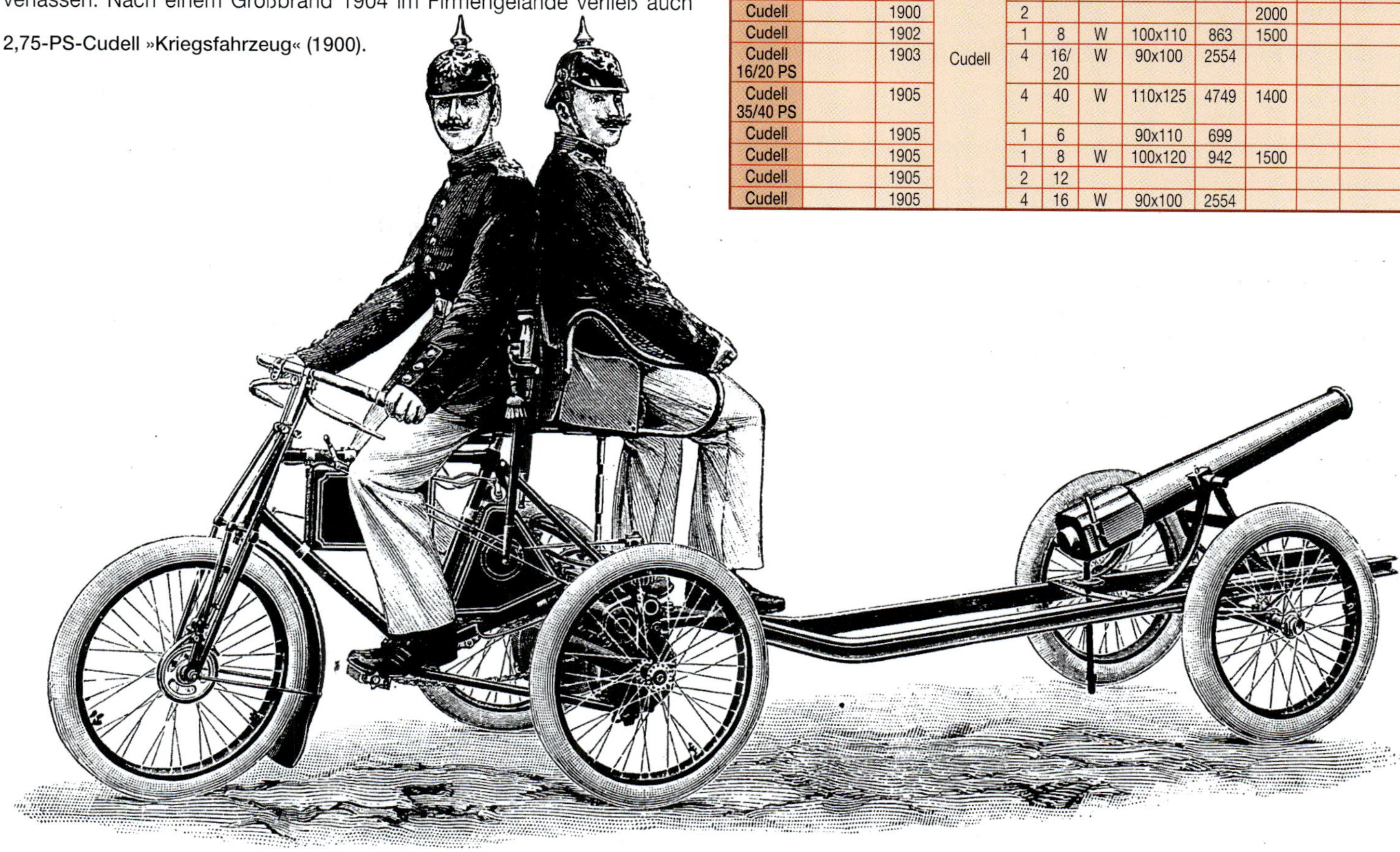

Cyklon

Cyklon Maschinenfabrik GmbH,
Berlin-Lichtenberg, Mainzer Straße 22/23
1. 1901–1905: **Cyklon Motorradbau,**
Berlin-Friedrichshain, Mainzer Str. 22/23
2. 1905–1908: **Cyklon Maschinenfabrik GmbH**
3. 1908–1922: **Cyklon Maschinenfabrik GmbH,**
Berlin-Friedrichshain, Mainzer Str. 22/23 u.
Berlin-Lichtenberg, Alt Boxhagen 17/18;
ab 1919 auch: **Cyklon-Zweigwerk Charlottenburg,**
Salzufer 23 (Cyklon Automobilwerke AG), Mylau i. Sachsen
4. 1922–1923: **Cyklon Automobilwerke AG**

Der Fahrradfabrikant und Ingenieur Franz Louis Hüttel (1862–1919) konstruierte mit dem rumänischen Ingenieur Vasile Sfetescu um 1900 die Cyklon-Motorräder in Erlau im Vogtland, deren Besonderheit der über dem Vorderrad angebrachte Motor mit einem Oberflächenvergaser war.

1901 gründete Hüttel zusammen mit Paul Schauer in Berlin die Cyklon Maschinenfabrik. Unter dem Namen »Cyklonette« fertigte das Unternehmen, das ab 1904 zu den Deutschen Kabelwerken, vorm. Hirschmann u. Co. KG, in Berlin gehörte, dreirädrige Frontantriebsfahrzeuge, bei denen der Motor und das Planetengetriebe ebenfalls über dem Vorderrad angebracht waren. Über eine Lenkstange wurde das Fahrzeug gesteuert. Das zunächst ungefederte Vorderrad wurde später durch eine Spiralfeder im Rahmenkopf und ab 1912 durch Halbelliptikfedern abgestützt. Die Fahrzeuge besaßen einen Stahlrohr-/Stahlblechrahmen, der vorn aufwärtsgezogen und spitz zulaufend war, sodass er an seinem Ende das Lager für die Steuerung aufnahm.

6-PS-Cyklon Cyclonette mit Kofferaufbau (1908).

6-PS-Cyklon Cyclonette mit Eisverkäuferaufbau (1914).

10-PS-Cyklon Cyclonette mit Kastenwagenaufbau (1921).

Seitengesteuerte 3,4-PS-Einzylinder- und 6-PS-Zweizylinder-Reihenmotoren eigener Fertigung kamen zum Einbau. Während der Einzylindermotor mit Riemenübertragung eine Luftkühlung erhielt, besaß der Zweizylindermotor eine patentierte Vakuumkühlung für die Auslassventile. Hierbei waren Metallrohre mit Kühlspiralen über diesen angebracht, wobei die Kühlflüssigkeit durch die große Oberfläche wieder zum Kondensieren gebracht wurde.

Das Getriebe, das direkt auf der Kurbelwelle saß, wirkte durch die Planetenkonstruktion gleichzeitig als ein zweites Schwungrad. Zwei Geschwindigkeiten und ein Leerlauf waren vorhanden. Der Antrieb erfolgte vom Getriebe über eine Kette auf die Vorderradnabe mit einer sich selbsttätig nachspannenden Verbindung. Der Lenkstangengriff diente gleichzeitig zur Lenkung, zur Aufnahme der Schaltung, der Geschwindigkeitsregelung und zum Einlegen des Rückwärtsganges.

Neben ein- und zweisitzigen Cyklonetten erschienen auch »Familien-«, »Gebirgs-« und ab 1908 auch Transport-Cyklonetten für 350 kg, die bei Handwerkern und Gewerbetreibenden recht beliebt waren.

Franz Hüttel, Technischer Leiter nach der Übernahme durch die Kabelwerke, schied 1907 aus dem Unternehmen aus und ging unter Mitnahme seiner Patente zu den Phänomen-Werken in Zittau. Als man dort ein der Cyklonette sehr ähnliches Fahrzeug baute, kam es zu einem Prozess, wobei die Prozessberichte die Fahrzeuge beider Unternehmen gleichermaßen bekannt machten und zu einer Ausweitung der Produktion in den Cyklon- und Phänomen-Werken führten.

Im Jahre 1919 erwarb das Cyklon-Werk die Fabrikationsanlagen der Firma Moritz Merkel in Mylau bei Reichenberg im Vogtland, um dort eine kostengünstigere Produktion einzurichten. 1922 wurde das 380-Mann-Unternehmen in eine Aktiengesellschaft umgewandelt, deren Großaktionär Jakob Schapiro wurde. Er vereinigte das Cyklon-Werk mit den zu seinem Konzern gehörenden Schebera-Karosserie-Werken in Berlin und in Heilbronn (NSU-Werk) und gab die Berliner Werksteile 1923 auf. Jedoch zwei Stützpunkte bestanden weiterhin in Berlin-Charlottenburg, Salzufer 23 und in der Friedrichstraße 82.

Nachdem die Leistung des Zweizylindermotors mit einem Spritzvergaser nach dem Krieg auf 10 oder 12 PS verstärkt worden war, folgten 1919/20 als 0,6-Tonner die Modelle 5/10 und 6/12. Langhubige Zwei- und Vierzylindermotoren trieben diese Fahrzeuge an, die noch immer der Konstruktion von 1908 entsprachen. Die Höchstgeschwindigkeit betrug 50 und 60 km/h. Die Nachkriegsproduktion bis zur Aufgabe des Berliner Werkes belief sich bis zum Abverkauf der letzten Cyklonetten im Jahre 1924 auf 1334 Exemplare.

Da Phänomen inzwischen die Marktführung in der Fertigung dieser Fahrzeuge übernommen hatte, sah das Unternehmen nur eine Chance im Bau von Vier- und Sechszylinderfahrzeugen, die jedoch nur in geringer Stückzahl gefertigt und abgesetzt wurden. Daneben entstanden im Mylauer Werk Karosserien für die Cyklon-Schebera- und für Dixi, zumal die Eisenacher Dixi-Werke über die Gothaer Waggonfabrik zu dieser Zeit von Jakob Schapiro kontrolliert wurden. Als die Bayerischen Motoren-Werke (BMW) die Dixi-Werke übernommen hatten, geriet das Cyklon-Werk trotz Unterstützung durch den Richard-Kahn-Konzern in wirtschaftliche Schwierigkeiten, da die eigenen Fahrzeuge kaum noch abgesetzt werden konnten. 1931 erlosch die Firma und nach dem Krieg erfolgte der Abriss der Fabrikanlagen.

Cyklon Lieferwagen

Typ	Nutzlast in Tonnen	1. Baujahr	Motoren-hersteller	Zyl.	PS	Kühl.	Bohrung x Hub	Hubr. in ccm	Drehz.	Gew. in kg.	Besonder-heiten
Cyklon	0,1	1908	Cyklon	1	3,4	L	80x90	452	1500		
Cyklon	0,25	1908	Cyklon	2	6	V	72x90	732	1600		
1,72/3,5 PS		1913	Cyklon	1	3,5	L	80x90	452			
2,8/6 PS		1913	Cyklon	2	6	L	72x90	732			
5/10 PS	0,6	1919	Cyklon	2	10	L	83x120	1298	1900		
6/12 PS		1919	Cyklon	4	12		64x122	1569			
14/16 PS		1919	Cyklon	4	16						
5/18 PS		1919	Cyklon	4	18	Th	66x90	1230	2000		
Cyklon		1920	Cyklon	2			82x105	1108			
5/10 PS	1,5	1920	Cyklon	2	10	Th	72x90	732			
3/6 PS	0,35	1921	Cyklon	2	6	L	72x90	732			
5/20 PS	0,5	1923	Cyklon	2	20	Th	66x95	1290	3000		

DAAG

Deutsche Last-Automobil-Fabrik AG (DAAG),
Ratingen b. Düsseldorf, Bahnstraße 39, 1913

Aus der 1906 gegründeten Rather Armaturen- und Metallgießerei AG war 1910 die Deutsche Last-Automobil-Fabrik hervorgegangen. Abgeleitet vom 1,5-Tonner bot das Werk 1913 eine 1,25-Tonnen-Version mit einem 30-PS-Motor an.

1929 übernahm die Friedr. Krupp AG das Werk, legte es aber schon ein Jahr später still, um die Konkurrenzmarke auszuschalten. Die Elektrogerätefabrik Calor-Emag erwarb die Fabrikanlagen und fertigt in den alten DAAG-Gebäuden heute unter der Firmenbezeichnung ABB Calor Emag Schaltanlagen AG Flugplatzbefeuerungen.

DAAG-Lieferwagen

Typ	Nutzlast in Tonnen	1. Baujahr	Motoren-hersteller	Zyl.	PS	Kühl.	Bohrung x Hub	Hubr. in ccm	Drehz.	Gew. in kg.	Besonder-heiten
DAAG 9,5/30 PS	1/1,5	1913	DAAG	4	30	Th	75x140	2472	1000	1450	

Daimler-Benz

Daimler-Benz AG, Stuttgart-Untertürkheim, Mercedesstraße
1. 1897–1900: **Gottlieb Daimler-Fabrik,**
Cannstatt, Ludwigstraße
2. 1900–1926: **Daimler-Motoren-Gesellschaft (DMG),**
Cannstatt, ab 1904 Stuttgart-Untertürkheim
3. 1926–1988: **Daimler-Benz AG,**
Stuttgart-Untertürkheim, Mercedesstraße
4. 1989–1998: **Mercedes-Benz AG**
5. 1998–2007: **DaimlerChrysler AG**
6. 2007 bis heute: **Daimler AG**

Gottlieb Daimler (1834–1900) wurde in Schorndorf bei Stuttgart geboren. Mit 19 Jahren ging er zur Lokomotiv- und Werkzeugmaschinenfabrik Grafenstaden bei Straßburg. Weitere Erfahrungen im Maschinenbau sammelte er in England und als Werkstättenleiter der Karlsruher Maschinenbau-Anstalt.

9-PS-Daimler »Geschäftswagen« für 780 kg Nutzlast (1905).

14-PS-Daimler »Briefcourierwagen« (1907).

Mit der Konstruktion von Motoren wurde er als Technischer Direktor der Gasmotorenfabrik Deutz von 1872 bis 1882 bekannt. Er verfolgte den Plan, einen schnelllaufenden Fahrzeugmotor zu konstruieren. 1883 gelang ihm der Bau eines Benzinmotors mit Glührohrzündung. Als erstes Motorfahrzeug stellte er 1885 den »Petroleum-Reitwagen«, ein zweirädriges Fahrzeug mit Stützrädern, her. Es folgte 1886 der »Daimler-Stahlwagen«, das erste vierrädrige Automobil der Welt.

Das mit dem Motoren- und Fahrzeugbau sich rasch ausbreitende Unternehmen wurde 1900 in die Daimler-Motoren-Gesellschaft (DMG) umgewandelt. Gottlieb Daimler war in diesem Jahr gestorben, nachdem Differenzen mit dem Aufsichtsrat der DMG um seine Patente seine Gesundheit stark angegriffen hatten.

Chefkonstrukteure um die Jahrhundertwende waren Wilhelm Maybach (1846–1929) und der Sohn des Firmengründers, Paul Daimler (1869–1945). Nach einem Großbrand wurde der Betrieb von Cannstatt in neue Fabrikanlagen nach Stuttgart-Untertürkheim verlegt.

Nachdem Gottlieb Daimler 1896 seinen ersten Lastwagen konstruiert hatte, entwarf er 1897 Lieferwagen für 500, 800 und 1200 kg mit 3-, 4- und 6-PS-Motoren. Weitere Modelle mit Zweizylindermotoren folgten um die Jahrhundertwende. Ab 1909 wurden Vierzylindermotoren eingebaut. Größere Verbreitung fanden die Typen U 1/2T und U 1T, die mit 22- und 25-PS-Motoren und mit Dreiganggetrieben versehen waren.

16-PS-Daimler 0,5 Tonnen (1909).

Lieferwagen und Kleinlaster nach dem Ersten Weltkrieg

Nachdem man bei Daimler während des Ersten Weltkrieges vor allem Last-, Sanitäts- und Stabswagen sowie Motoren gebaut hatte, folgte als Nachkriegskonstruktion der DC 1a, der mit einem 30-PS-Vierzylindermotor (paarweise gegossene Zylinder) ausgestattet war.

Nach dem Zusammenschluss mit den Benz-Werken im Jahre 1926 erschien unter der Bezeichnung 10/30 PS der in Mannheim gebaute 0,75-Tonner mit einem 32-PS-Motor und Wasserpumpenkühlung im gemeinsamen Programm. Nächstes Modell war der L 1-Kleinlaster (auch mit hinterer Zwillingsbereifung) für eine Tonne Nutzlast. Ein 45-PS-Vierzylinder- und ein 50-PS-Sechszylindermotor mit hängenden Ein- und stehenden Auslassventilen standen zur Wahl. Fast 4000 Exemplare dieses Transporters wurden bis 1932 gebaut.

Große Verbreitung fand der 1929 vorgestellte neue 0,75-Tonner L 1000 Express, der auf dem Fahrgestell des Pkw »Stuttgart« aufgebaut war. Sein Sechszylinder mit stehenden Ventilen leistete 48 PS; die Höchstgeschwindigkeit betrug 65 km/h. Kleinere Modelle auf der Basis des Mercedes-Benz 170 und 200 waren die 0,3- und 0,5-Tonner mit Kasten- und Pritschenaufbauten, die von 32- und 40-PS-Motoren angetrieben wurden. Wenig später folgte der L 300 als neuer 0,5-Tonner mit dem Motor des 170.

Als weiterer Kleinlaster erschien 1931 der 1,1-Tonner L 1100/L 70, der mit einem 45-PS-Sechszylinder-Vergaser- oder mit einem gleichstarken Vierzylinder-Vorkammer-Dieselmotor geliefert wurde. 2228 Exemplare dieses Kleinlasters verließen bis in die Kriegszeit das Werk.

8/22-PS-Daimler U 1/2T (1914).

45-PS-Mercedes-Benz L 1 Pritschenwagen (1927).

50-PS-Mercedes-Benz L 1 Kastenwagen (1929).

32-PS-Mercedes-Benz L 300 Kastenwagen (1934).

48-PS-Mercedes-Benz L 1000 (1927).
(Foto: Daimler-Benz Classic)

45-PS-Mercedes-Benz L 1100 Sanitätswagen (1941).
(Foto: Daimler-Benz Classic)

Pkw-Lieferwagen von 1946 bis 1953

Nach dem Krieg erschien von 1946 bis 1949 der Typ 170 V als 0,75-Tonner in Pritschen-, Kasten- und Krankenwagenausführungen mit seitengesteuertem 38-PS-Motor. 1520 Exemplare wurden in Sindelfingen gefertigt. 1952 folgte der 170 D mit einem 40 PS starken Dieselmotor. 1953 wurde der Bau dieses Lieferwagens eingestellt. Das Daimler-Benz-Unternehmen konzentrierte sich anschließend im Nutzfahrzeugbereich auf Fahrzeuge ab 1,5 Tonnen, abgesehen vom Unimog, dessen Ladefähigkeit darunter lag. Die Firma Lueg in Bochum und ein belgischer Karosseriebauer rüsteten jedoch einige Pkw zu Kasten- und Kombiwagen um.

38-PS-Mercedes-Benz 170 V Pritschenwagen (1947). (Foto: Daimler-Benz Classic)

38-PS-Mercedes-Benz 170 V mit Krankenwagenaufbau (1947).

Neustart mit dem L 319 in der untersten Lkw-Klasse

In den bisher von Borgward, Hanomag und Opel beherrschten Markt der 1,75-Tonner stieg Daimler-Benz 195 mit dem ein Jahr zuvor auf der Frankfurter IAA vorgestellten Kleinlaster L 319 ein. Das kompakte Frontlenkerfahrzeug besaß in der Kastenwagenausführung eine Rahmenbodenanlage für die mittragende Karosserie, in der Pritschen- und Kofferwagen-Version einen Leiterrahmen. Die Vorderachse mit den Radkästen war weit vorgesetzt und gab mit der abgerundeten Frontpartie dem Fahrzeug ein eigenwilliges Aussehen. Die Starrachsen waren an Blattfedern aufgehängt.

50-PS-Daimler-Benz L 319 D Doppelkabiner-Pritschenwagen (1961). (Foto: Daimler-Benz Classic)

50-PS-Daimler-Benz L 319 D Pritschenwagen (1961). (Foto: Daimler-Benz Classic)

Der Motor, das Vollsynchrongetriebe, die Vorderachse und die Lenkung ruhten auf einem Fahrschemel, wie er auch bei den damaligen Stuttgarter Pkw-Typen verwendet wurde. Zum Antrieb diente der 43 PS starke Dieselmotor aus dem Pkw-Modell 180 D, der mit seiner geringen Leistung dieses 1,7-Tonnen-Verteiler- oder Handwerkerfahrzeugs nur eine bescheidene Beschleunigung verleihen konnte. Ab 1957 erhielt der Kleinlaster mit seinen allerdings günstigen Gewichtsverhältnissen auch den auf 65 PS gedrosselten Vergasermotor aus dem Pkw-Programm. 1961 kam der Dieselmotor aus der 200er Pkw-Baureihe zum Einsatz, der 50 PS erzeugte und ab 1965 um weitere 5 PS gesteigert wurde; die Vergaserversion war mit 68 und schließlich mit 80 PS zu haben.

Die Fertigung wurde in diesem Jahr aus dem Sindelfinger und Mannheimer Werk in den von der Auto Union gepachteten Düsseldorfer Zweigbetrieb verlagert. 1963 erfolgte die Umbenennung des L 319 D in L 405, des L 319 in L 407. Bis zur Ablösung durch die L 406-/408- und L 309-Typen im Jahre 1967 wurde dieses äußerst gut verkäufliche Modell als Kasten-, Koffer-, Feuerlösch- und Krankenwagen, als Stahlpritschen- und Pritschenwagen sowie als Doppelkabiner, als kleine Sattelzugmaschine sowie als Kleinbus in 123.234 Exemplaren hergestellt.

Leichtlastwagen aus Hamburg und Bremen

Nachdem Daimler-Benz 1969 teilweise und 1971 vollständig die ehemaligen Tempo-Werke (vormals Vidal & Sohn) der Hanomag-Henschel-Fahrzeugwerke (HHF) in Hamburg-Harburg übernommen hatte, wurden die Kurzhauben-Transporter des Harburger HHF-Betriebsteils mit Mercedes-Benz-Motoren ausgestattet.

Im Auftrag der Bundesregierung wurden 59 Exemplare mit 35/56-kW-Elektromotoren als Typen LE 306 ausgestattet; die Reichweite der 80 km/h schnellen Transporter betrug 50 bis 100 km.

Die konventionellen in Harburg und ab 1976 in Bremen gebauten Hanomag-Henschel-Transporter erhielten ab 1970 im Zeichen des Mercedes-Benz-Sterns DB-Vergaser- und Dieselmotoren. Parallel dazu wurden diese Modelle auch weiterhin unter dem Hanomag-Henschel-Schriftzug gebaut. Als DB-Typen L 206 D, L 207, L 306 D und L 307 wurden von 1970 bis 1978 164.975 Harburger Exemplare mit teilweise verändertem Fahrgestell und Starrachsen gebaut; intern bezeichnete man sie als HHF-Modelle.

60-PS-Mercedes-Benz 206 D Pritschenwagen (1973).

70-PS-Mercedes-Benz 207 Kombiwagen (1973).

Die Generation Transporter Neu (TN)

1977 erschienen die Transporter der neuen Generation TN mit einem Kurzvorbau. Das Hanomag-Henschel-Werk in Hannover hatte diese Baureihe ab 1972 entwickelt. Bei diesen Nutzfahrzeugen wurden die Seitenfenster erstmalig schräg nach vorne heruntergezogen. Ausgestattet wurden diese 0,9-, 1,4- und 1,6-Tonnen-Fahrzeuge mit konventionellem Heckantrieb. Ein U-Profilrahmen, mit der selbstragenden Karosserie verschweißt, diente als Fahrgestell für die Kasten- und Kombifahrzeuge. Die Pritschenwagen hatten einen Kasten-Profilrahmen mit Querträgern als Fahrgestell.

Die Modelle 207 D und 307 D erhielten einen 45-PS-Vorkammer-Dieselmotor, die Modelle 208 und 308 einen 85 PS starken Vergasermotor. Die Triebwerke waren unter der kastenförmigen Haube untergebracht.

Eine weitere Elektro-Version als Typ 307 E bzw. LE 307 wurde von 1972 bis 1978 mit einem 35/56-kW-Motor und elektronischer Kiepe-Steuerung in einer Auflage von 22 Stück für die Bundespost gefertigt. Bei einer Tonne Nutzlast war das Eigengewicht des Fahrzeugs allerdings auf 3,9 Tonnen gestiegen. Der Bau dieser ökonomisch und ökologisch umstrittenen Versuchsreihe wurde wie auch die der Parallelmodelle des Volkswagen-Werkes vom Bundesministerium für Forschung und Technologie unterstützt.

35/56-kW-Mercedes-Benz LE 306 (1972).

Daimler-Benz-Lieferwagen

Typ	Nutzlast in Tonnen	1. Baujahr	Motor	Leistung in kw	Drehzahl	Gewicht in kg	Besonderheiten
LE 306	1	1972		35		2420	Motor über Vorderachse max. 56 kW
307 E	1,4	1978		56		2870	
308 E	1	1994		36		3120	
MB 100 E		1995		36			Prototyp
Vito E-Cell		2010		60/70			Frontantrieb
VeVito		2019		85			
eSprinter	0,89	2020		85		2530	4 Batterien
eSprinter	1	2020		85			3 Batterien

Präsenz im Geländewagenbereich mit Kurzpritsche oder Kastenaufbau

1979 stieg die Daimler-Benz AG in das Geländewagen-Geschäft ein. Neben der Belieferung des Fun-Car-Marktes kam für die Großabnahme der Fahrzeuge die Bundeswehr in Frage, die nach dem wenig überzeugenden VW Iltis-Geländewagen (und dem noch weniger überzeugenden Auto Union-Geländewagen) nun endlich einen handfesten, zuverlässigen und sicheren Militär-Pkw suchte. Es entstand ein Allradwagen, aufgebaut auf einem gekröpften Leiterwagen mit Querträgern. Zunächst konnte das Fahrzeug mit einem Vier- und einem Sechszylinder-Vergasermotor mit 100 und 150 PS sowie einem Vier- und einem Fünfzylinder-Dieselmotor mit 72 und 80 PS bestückt werden. Seit 1992 stehen ein Vierzylinder-Vergaser- und ein Fünfzylinder-Dieselmotor mit 122 und 95 PS zur Verfügung.

Die als G-Baureihe bezeichneten Geländewagen (zivile Ausführung als »Stationwagen«) werden im Grazer Werk der Steyr-Daimler-Puch AG, zunächst in Kooperation, seit 1980 im Lohnauftrag gefertigt. Parallel-Modelle entstehen für das französische Militär bei Peugeot in Frankreich. Als leichte Nutzfahrzeuge werden die Modelle der G-Baureihe mit Kastenwagenaufbau oder in Pick-up-Ausführung auf langem (wahlweise auch auf kurzem) Radstand für 0,8 und 0,9 Tonnen Nutzlast angeboten.

95-PS-Mercedes-Benz 290 GD Pick-up (1992).

122-PS-Mercedes-Benz 230 GE Kastenwagen (1992).

Die TN-Baureihe in der 2. Generation

1982 erfolgte die Umstellung der Dieselmotoren-Verbrennungstechnik von dem Vorkammer- auf das kultiviertere Direkteinspritzverfahren. Während die neuen Kleintransportertypen 207 D und 307 D mit einem 72-PS-Vierzylinder-Dieselmotor angetrieben wurden, erhielten die 209 D- und 309 D-Modelle einen 88-PS-Fünfzylindermotor. Die stärkeren Versionen 210 und 310 waren mit einem 95-PS-Vierzylinder-Vergasermotor ausgestattet.

88-PS-Mercedes-Benz 209 D Doppelkabiner mit Pritsche (1982).

1983 und 1984 verlegte Daimler-Benz die Montage der neuen TN- (Transporter neu oder auch T 1) Baureihen in das Düsseldorfer Transporterwerk, um das ehemalige Borgward-Werk in Bremen für die Pkw- und Kombiwagenproduktion freizubekommen.

Seit 1989 treiben neue 78-PS- und 95-PS-Vierzylinder-Dieselmotoren die Transporter an. Die gut auf dem Markt aufgenommenen und in Details ständig verbesserten Fahrzeuge konnten schon nach zwei Jahren einen Produktionsrekord von über 100.000 Exemplaren aufstellen. Bis 1989 verließen über eine dreiviertel Million derartiger Fahrzeuge die Montagebänder.

Das überaus erfolgreiche Modell fand ab 1976 eine weitere Karriere bei Bajaj Tempo. 2005 nannte sich das Werk in Force Motors mit neuem Sitz in Arkudi/Pune um und produziert den Dauerbrenner T1 mit einer attraktiven Frontgestaltung (ab 2007) bis heute weiter.

In Südamerika führte das Daimler-Benz-Werk in Gonzáles Catán die Produktion fort. Im nordafrikanischen Bereich übernahm die Manufactoring Commercial Vehicles in Kairo sowie mit Montagebetrieben im Sudan und in Algerien den Weiterbau des T1-Modells.

95-PS-Mercedes-Benz 310 4x4 Kastenwagen (1983). (Foto: Daimler-Benz Classic)

Der Transporter MB 100 D

Das spanische DB-Werk (MEVOSA) der ehemaligen Auto Union in Vitoria/ Baskische Provinz produzierte den Lieferwagentyp MB 100 D als Kombi-, Kasten- und Pritschenwagen in der Eintonnen-Klasse, der in der Bundesrepublik mit Erfolg angeboten wurde. Das Fahrzeug basierte mit seiner (damals schon fortschrittlichen) DKW/Auto Union-Fahrwerkstechnik auf einem Rohrrahmenfahrgestell mit vorderer Einzelradaufhängung. Der bewährte 2,4-Liter-Vorkammer-Dieselmotor mit 72, ab 1991 mit 75 PS, trieb die Vorderachse an.

75-PS-Mercedes-Benz MB 100 aus spanischer Produktion (1990).

75-PS-Mercedes-Benz MB 100 D Pritschenwagen (1994).

75-PS-Mercedes-Benz MB 100 D Kombiwagen (1994).

122-PS-Mercedes-Benz Sprinter 312 (1995). (Foto: Daimler-Benz-Classic)

1. Sprinter-Generation (1995–2005)

1995 löste die neue Transporterbaureihe unter der Bezeichnung »Sprinter« die Bremer T 1-Modellserie ab. Um kostengünstig zu produzieren, war zuvor mit dem Volkswagen-Werk eine Kooperation vereinbart worden. Bei VW trug das Modell mit veränderter Hauben- und Scheinwerfergestaltung erneut die Bezeichnung LT.

Der noch heute gebaute, mehrfach modifizierte Großtransporter im Nutzlastbereich von 1 bis 1,5 Tonnen (bei einem Gesamtgewicht von 3,5 Tonnen) erschien mit einer schräg verlaufenden Vorderfront, die dem Fahrzeug einen günstigen cW-Wert verlieh. Die im Gegensatz zur Volkswagen-Edition verwendeten flacheren Scheinwerfer passten sich schräg an den Grill an und liefen mit gleicher Schräge in den Kotflügeln aus. Drei

82-PS-Mercedes-Benz Sprinter 208 CDI Kastenwagen (2003).

79-PS-Mercedes-Benz Sprinter 308 D Pritschenwagen (1995).

129-PS-Mercedes-Benz Sprinter 313 CDI Kastenwagen (2004).

82-PS-Mercedes-Benz Sprinter 308 CDI Kastenwagen (2004).

Radstände und zwei Dachhöhen standen zur Verfügung. Mit 79-PS-Vier- und insbesondere mit Fünfzylindermotoren mit 122 sowie mit 143 PS in der Turboladerversion war das Modell in der Dieselmotoren-Ausstattung überdurchschnittlich kräftig motorisiert. Alternativ stand ein 143 PS starkes Vergaser-Triebwerk zur Verfügung, das auch in dem Volkswagen-Parallelmodell zu finden war. Der Antrieb des Kasten-, Kombi- und Pritschenwagens sowie des Kleinbusses erfolgte auf die Hinterachse; auf Wunsch konnte das Modell auch mit einem Allradantrieb versehen werden.

Die Fertigung des Gemeinschaftstyps erfolgte im Werk Düsseldorf, um im Bremer Werk Platz für die Pkw-Montage zu gewinnen. Im Ausland übernahmen das DB-Werk in Gonzáles Catán/Argentinien und das Montagewerk in Ho-Chi-Minh-Stadt/Vietnam den Bau des »Sprinters«.

Ein erstes Facelift erhielt das überaus erfolgreiche Fahrzeug im Jahre 2000. Der Vorbau war etwas länger ausgeführt und der Chrom-Stern ragte jetzt in die tiefer gezogene Haube herein. Die Scheinwerfer waren schräg an den sich verjüngenden Grill angepasst worden und liefen harmonisch an den Kotflügelkanten aus. Die Diesel-Motorenpalette wurde auf die Common-Rail-Technik umgestellt. Der rechte Kotflügel war mit drei auffallenden Lüftungsstreifen versehen.

Kurzes Intermezzo des Kommunalfahrzeugs UX 100

Als Gegenstück zum auch nach der Wiedervereinigung erfolgreichen »Multicar« präsentierte Daimler-Benz 1996 den Kommunal-Pritschenwagen und Geräteträger UX 100 mit zwei unterschiedlichen Radständen in einer Breite von 1600 mm. Der im Rahmen hinter dem Fahrerhaus untergebrachte Fünfzylinder-Diesel leistete 73 oder 122 PS und trieb über ein Schaltgetriebe oder einen Hydrostaten die Hinterachse und zuschaltbar auch die Vorderräder an. Die korrosionsfreie, extrem leichte, aber widerstandsfähige Kabine war aus Faserverbundstoffen (FVS) aus dem Flugzeugbau hergestellt und auf einem »Space-Frame«-Gerippe aufgebaut. Die Firma Dornier steuerte dieses Bauteil bei. Eine Zweikreishydraulik für das Schnellkoppelsystem »Unilift« war mit einer integrierten Fronthubvorrichtung kombiniert. Auf Wunsch gab es eine Verlagerungsmöglichkeit der Steuerung vor den linken oder rechten Fahrersitz.

Die ungenügende Kühlung und der hohe Kraftstoffverbrauch führten zu entsprechender Kritik an diesem High-Tech-Kompaktfahrzeug in Kundenkreisen. 1998 gab man nach 790 gebauten Exemplaren im Gaggenauer Werk den »Kleinen Unimog« an das Waltershausener Multicar-Werk ab.

73/122-PS-Mercedes-Benz UX 100 Unimog (1996).
(Foto: Daimler-Benz Classic)

Der unverständliche Zusammenschluss mit Chrysler

Im Jahre 1998 beschloss die Daimler-Benz AG unter der Leitung des Vorstandsvorsitzenden Jürgen Schremp eine Fusion »unter Gleichen« mit der amerikanischen Chrysler Corporation in Auburn Hills/Michigan, euphorisch »Hochzeit im Himmel« genannt. Dem Stuttgarter Unternehmen bot diese »Vision von der Welt AG« einen besseren Zugang zum amerikanischen Markt für Pkw-Modelle. Umgekehrt konnte Chrysler seine Fahrzeuge mit den Marken Chrysler, Dodge und Jeep flächendeckender in der Bundesrepublik anbieten, wobei mitunter Mercedes-Benz-Motoren eingesetzt wurden. Die beiden Gesellschaften unter der Firmierung DaimlerChrysler AG blieben zum Glück eigenständig.

Dem »Sprinter« gelang nun auch der Sprung auf den amerikanischen Markt, allerdings über dem Umweg als »Semi-Knocked-Down»-Bausatz (skd). Die in Düsseldorf produzierten Modelle mussten auseinandergenommen, in Teilen in die USA verfrachtet und dort wieder zusammengesetzt werden. Dieses Umgehungsmanöver hat seine Ursache in dem 1963 von der US-Regierung verhängten Strafzoll von 25 Prozent auf den Import leichter Komplett-Nutzfahrzeuge (insbesondere auf den VW T1) in Reaktion auf das deutsche und französische Importverbot von »Chlor-Hühnchen« in Blechdosen. (Auch die deutsche Zollbelastung von bis zu 24 Prozent auf US-Pkw erschwerte den Verkauf der Chrysler-Modelle.) Den Zusammenbau der »Sprinter«-skd-Bausätze übernahmen das seit 1981 zu Daimler-Benz gehörende Freightliner-Werk in Portland/Oregon im Jahre 2001 und drei Jahre später auch das Dodge-Werk North Charleston/South Carolina. Der leicht veränderte Grillbereich der »Frightliner«-Modelle ist chromverziert und trägt in der Mitte den Namen des amerikanischen Herstellers.

Der wenig effiziente Zusammenschluss mit Chrysler konnte nach erheblichen finanziellen Verlusten und einem gewaltigen Imageschaden 2007 rückgängig gemacht werden. Das Unternehmen strich bei der Rückbenennung den Traditionsnahmen »Benz« aus der Firmenbezeichnung und führt seitdem die Bezeichnung Daimler AG. Gleichzeitig ordnete man die Geschäftsfelder neu. Das Geschäftsfeld Transporterbau wurde unter dem Namen Mercedes-Benz Vans (ab 2019 Mercedes-Benz AG) zusammengefasst.

Vom MB 100 zum Vito

Das Modell 100 D-Modell ersetzte Mercedes-Benz ab 1996 durch den neuen Typ Vito. Der Kleintransporter in den Versionen Kasten- und Kombiwagen sowie als Kleinbus besitzt vorne Räder an McPherson-Federbeinen und Querlenkern, hinten an Schräglenkern. Das wiederum in Frontantriebstechnik konzipierte Fahrzeug für 900 kg Nutzlast wurde anfänglich mit dem quer eingebauten auf 79 PS gesteigerten Vorkammer-Diesel sowie mit einem aufgeladenen 98 PS mit Direkteinspritzung versehen; auch stand eine 129 oder 143 PS starke Vergasermaschine zur Verfügung. Die Montage der »Vito«-Kleintransporter findet im zweitgrößten Transporterwerk der Daimler-Benz AG in Vitoria-Gasteiz im Baskenland statt.

Nachdem das Fahrzeug 1999 mit Common-Rail-Dieselmotoren mit 82/102/122 PS ausgestattet wurde, folgte 2003 ein erstes Facelift. Der Grillbereich mit Längsstreifen wich einem dem »Sprinter« ähnlichen abgeflachten Rundgrill mit dem mittig aufgesetzten Stern. Die wieder in Fahrtrichtung eingebauten neuen Dieselmotoren, ein 2,1-Liter-Diesel mit 88, 109 und 150 PS sowie ein V6-Diesel mit 204 und 224 PS und die beiden V6-Vergasermotoren mit 190, 218 und 231 PS setzen über das Getriebe die Hinterachse in Bewegung. Als Super-Triebwerk folgte 2006 ein V6-Motor mit 258 PS, vorgesehen für das Kombiwagen-Modell.

95-PS-Mercedes-Benz Vito 110 CDI Halbkombi (2012).

79-PS-Mercedes-Benz Vito 108 D (1996). (Foto: Daimler-Benz Classic)

Im zweiten Facelift 2010 erhielt das Modell eine LED-Leiste unter den Scheinwerfern und erneut gesteigerte Leistungen mit einem neuen 2,2-Liter-Diesel. Und im Rahmen des Wiederaufgreifens des Elektroantriebs stellte die Daimler AG den »Vito E-Cell« mit 70 kW bei Spitzen- und 60 kW bei Dauerleistung vor. 100 Modelle mit einer Reichweite von 130 km wurden an ausgewählte Kunden zu Testzwecken verkauft. Gleichzeitig nahm die umbenannte Fujian Daimler Automotive in Fuzhou/China (ab 2012 Fujian Benz Automotive), ein Joint Venture-Unternehmen mit der Fujian Motors Group, die Fertigung des »Vito« mit Verbrennungsmotoren auf.

2. Generation des »Sprinters«

Mit neuer Motorenausstattung ging der Großtransporter 2006 an den Start. Der OM 651 mit 2148 ccm gelangte mit Turbolader in die Version 309 CDI mit 88 PS. Ein Turbolader mit verstellbaren Leitschaufeln er-

95-PS-Mercedes-Benz Vito 109 CDI Kastenwagen (2006). (Foto: Daimler-Benz Classic)

156-PS-Mercedes-Benz Sprinter 313 CDI Kastenwagen (2009).

129-PS-Mercedes-Benz 213 CDI Sprinter Doppelkabiner mit Halbpritsche (2013).

116-PS-Mercedes-Benz 311 CDI Sprinter Kofferwagen (2016).

zeugte in den Versionen 313 CDI und 316 CDI bis zu 150 PS. Für noch höhere Leistung kam der V6-Motor OM 642 mit 184 PS in den »Sprinter«. Äußerlich gaben die nach oben spitz auslaufenden Scheinwerfer und der etwas vorgewölbte Grill dem Fahrzeug ein eleganteres Aussehen. Größere Schiebetüren verbesserten das Beladen mit Paletten. Eine Superhochdachversion erweiterte die Typenvielfalt des Marktführers im Großtransporter-Sektor.

Mit dem Anlaufen der 2. Generation des Großtransporters teilte die Mercedes-Benz Vans die Produktion auf: Im Düsseldorfer Werk entstehen seitdem die Kasten- und Kombiwagen im Bereich von 2 bis 5 Tonnen Gesamtgewicht. Das Ludwigsfelder Werk übernahm die »offenen Baumuster«, also die Pritschenwagen mit Normal- und Doppelkabine und die Grundmodelle für Aufbautenhersteller (Ambulanz- und Paketpostwagen).

In China übernahm die Mercedes-Benz Commercial Vehicles und in Argentinien das Werk González Catán die Herstellung des »Sprinters«. Auch in Russland baute die Mercedes-Benz Vans die Produktion des »Sprinters« in Werken in Jaroslawl und Nishi Nowgorod auf.

Mit dem Facelift insbesondere in der Überarbeitung des Frontgrills kamen 2013 vermehrt die auf Euro 6 ausgelegten Dieselmotoren mit 95, 163 und 190 PS zum Einbau in die Nummer 1 der deutschen Großtransporter. 2016 folgte eine Leistungssteigerung des OM 651-Triebwerkes auf 114 und 143 PS.

143-PS-Mercedes-Benz 314 CDI Sprinter Pritschenwagen (2016).

Ein komplettes Programm mit dem Stadtlieferwagen »Citan«

2012 begann die Karriere des Stadtlieferwagens »Citan«, so dass die Daimler AG mit dieser Ergänzung im Portfolio den deutschen Konkurrenten im Verteilerverkehrs-Segment uneingeschränkt Paroli bieten kann. Der Hochdachkombi wird im Badge-Engineering von Renault hergestellt, wo er die zweite Generation des Modells »Kangoo« vertritt. Das Modell läuft im Renault-Werk Maubeuge Construction Automobile in Nordfrankreich vom Band. Während er als Klein-Transporter Neuland im Mercedes-Benz-Bereich betritt, knüpft die Kombiwagen-Ausführung an den glücklosen Typ »Vaneo« an.

80-PS-Mercedes-Benz Citan 108 CDI (2012).

95-PS-Mercedes-Benz Citan 109 CDI (2016).

Der Kastenwagen ist in drei Längen mit Flügeltüren im Heck und Schiebetüren rechts oder links lieferbar. Der aus dem Renault-Motorenbaukasten stammende 1,5-Liter-Dieselmotor für den Frontantrieb leistete anfänglich 75 oder 90 PS. Hinten wird eine Verbundlenkerachse eingebaut. Um die Markenidentität mit dem »Vito« und dem »Sprinter« hervorzuheben, ist die Frontoptik mit dem großen Chrom-Stern und den schwarzen Kunststoffstreifen nahezu identisch gestaltet.

Die anfänglichen Schwachpunkte im Crashtest wurden ein Jahr nach Verkaufsstart behoben. Gleichzeitig ist das Fahrzeug seitdem auch mit einem Renault-Vergasermotor mit 114 PS zu erhalten; der Dieselmotor wurde auf 110 PS gesteigert.

Mit einer dezenten Renovierung 2019 kommen die Dieselaggregate im Mercedes-Benz-Benjamin auf 80, 95 und 116 PS.

3. Generation des »Vito«-Transporters

Mit dem Baujahr 2014 ist der Transporter aus dem Baskenland auch mit Hinterrad- und Allradantrieb zu haben. Der V6-Motor wird seitdem mit 210 PS angeboten. Der 1,6-Liter-Diesel von Renault kommt auf 88 oder 114 PS; die eigenen 2,1-Liter-Triebwerke erreichen 163, 190 und 204 PS. Ebenfalls in diesem Jahr startete die Produktion dieser Baureihe im Werk North Charleston, wo er unter dem Namen »Metris« vom Band läuft. Auch das argentinische Werk nahm die «Vito«-Produktion auf.

114-PS-Mercedes-Benz Vito 114 CDI (2014).

Neben einer leichten äußeren und inneren Renovierung erhielten die Modelle 2019 Leistungssteigerungen durch einen 1,75-Liter-Renault-Motor mit 102 und 136 PS und einem neuen Mercedes-Benz-Triebwerk mit 2 Liter Hubraum und Leistungen von 163, 190 und 239 PS. Ein elektrisch angetriebener »eVito« wird seitdem mit einem 85-kW-Motor erprobt, der eine Reichweite von 150 km besitzt.

3. Generation des »Sprinters« ab 2018

Ohne das Parallelmodell von Volkswagen ging der Verkaufsschlager aus Düsseldorf und Ludwigsfelde 2018 in der dritten Generation ins Rennen. Die Karosserie zeichnet sich durch einen harmonischen Übergang der Konturen von der Oberkante der Haube über die Scheinwerfer und die Sicken in der Seitenfront aus. Der Grill mit dem Stern ist stärker hervorgehoben. Neben dem Hinterradantrieb ist jetzt auch ein Frontantrieb für die kleineren Modelle erhältlich. Der 2,1-Liter-Reihen- und ein 3-Liter-V6-Motor mit 190 PS kommen zum Einsatz.

Die Elektromobilität vertritt der »eSprinter« als Kastenwagen mit Hochdach und einem Gesamtgewicht von 3500 kg. Während die Prototypen mit einem 55-kW-Motor auskommen mussten, erhielt das Serienmodell einen 84-kW-Antrieb. Die Reichweite liegt bei 150 km.

Da sich gezeigt hatte, dass der »Sprinter« auf dem US-amerikanischen Markt mit hohen Absatzzahlen aufwartete, ließ Daimler 2018 eine neue Produktionsstätte in Ladson/South Carolina errichten. Seit 2006 waren 185.000 wieder zusammengesetzte »Vito«- und »Sprinter«-Transporter in den USA und Kanada verkauft worden. Mit Bezug von Teilen amerikanischer Zulieferer werden »Sprinter« unter den Marken »Mercedes-Benz« und »Freightliner« für den amerikanischen und kanadischen Markt produziert, die seitdem nur der relativ niedrigen US-Steuer unterliegen.

143-PS-Mercedes-Benz 214 CDI Sprinter Kastenwagen (2018).

Daimler-/Daimler-Benz-Lieferwagen

Typ	Nutzlast in Tonnen	1. Baujahr	Motoren-hersteller	Zyl.	PS	Kühl.	Bohrung x Hub	Hubr. in ccm	Drehz.	Gew. in kg	Besonderheiten
1. Lieferwagen											
1.1 Pkw-Lieferwagen											
	0,5	1897		1	3					1000	
	0,8	1897		1	4					1350	
	1,2	1897			6					1600	
	0,8	1899		2	4	W	75x120	1060	750	1400	
	1/1,2	1899		2	6	W				2000	
	1,25	1899		2	4	W	75x120	1060	750	1500	
	0,75	1909	Daimler	4	10	W	80x120	2411	800	1400	
	0,5	1912		4	13	W	90x130	3306	800		
10/20 PS	1,2	1912		4	20	W	80x130	2610	1600		
U 1/2 T	0,5/0,75	1912		4	22	W	74x120	2060	1800	1450	
U 1 T	1,25	1912		4	25	W	80x130	2610	1600	1500	
UO 1T	1,5	1919		4	25	W	80x130	2610	1600	1500	
L 1	1,5	1926		4	45	W	95x130	3680	1800	2300	
L 3/4	0,75	1927		4	38	W	65x100	1988	3400		
L 1	1	1927		6	50	W	80x130	3920	1800	2500	
L 1000	1	1928		6	48/50	W	74x100	2562	3400	1500	Typ Express
L 300 Lieferwagen	0,5	1934	DB	6	32	W	65x85	1692	3200	980	
L 1100/ L 70	1,1	1935		6	45	W	75,5x100	2240	2800	1750	
170 Lieferwagen	0,75	1936		4	38	W	73,5x100	1697	3200	1090	
170 Lieferwagen	0,75	1946		4	38	W	73,5x100	1697	3200	1090	
170 D	0,46	1952		4	40	W	73,5x100	1697	2250	1335	D
1.2 Citan-Baureihe											
Citan 108 CDI (BlueEfficiency)	0,42	2012		4	75/80	W	76x80,5	1461	4000	1370	D, TL
Citan 109CDI (BlueEfficiency)	0,42	2012		4	90/95	W	76x80,5	1461	4000	1370	D, TL
Citan 111CDI (BlueEfficiency)	0,42	2013	Renault/DB	4	110	W	76x80,5	1461	4000	1370	D, TL
Citan 112 BlueEfficiency	0,42	2013		4	114	W	72x73,2	1192	4500	1370	
Citan 108 CDI		2019		4	80	W	76x80,5	1461	3750		D, TL
Citan 109 CDI		2019		4	95	W	76x80,5	1461	3750		D, TL
Citan 111 CDI		2019		4	116	W	76x80,5	1461	3750		D, TL
2. Transporter											
2.1 MB 100-Baureihe											
MB 100 D	0,9	1988		4	72	W	90,9x92,4	2399	4400	1665	D, Vorkammer-Motor, Spanische Fertigung, ab 1991
MB 100 D											75 PS, Kastenwagen
MB 100 D	0,9	1988		4	72	W	90,9x92,4	2399	4400	1635	75 PS, Pritschenwagen
MB 100 D	0,86-0,98	1994	DB	4	75	W	90,9x92,4	2399	4400	1480	D, neue Vorderfront
2.2 Vito-Baureihe											
Vito 108 D											
Vito 110 D	0,96	1996	DB	4	79	W	95,5x80,25	2299	3800	1600	D, Vorkammer-Motor
Vito 113	0,89	1996	DB	4	98	W	95,5x80,25	2299	3800	1680	D, TL
Vito 114	0,975	1996	DB	4	129	W	89,9x76,7	1998	5100	1600	
Vito 108 CDI	0,975	1996	DB	4	143	W	90,9x88,4	2295	5000	1600	
Vito 110 CDI	1	1999	DB	4	82	W	88x88,4	2151	3800	1700	D, TL
Vito	0,99	1999	DB	4	102	W	88x88,4	2151	3800	1710	D, TL
112 CDI	0,99	1999	DB	4	122	W	88x88,4	2151	3800	1710	D, TL
Vito 109 CDI	0,98	2003	DB	4	88	W	88x88,3	2148	3800	1790	D, TL
Vito 111 CDI	0,98	2003	DB	4	109	W	88x88,3	2148	3800	1790	D, TL
Vito 115 CDI	0,98	2003	DB	4	150	W	88x88,3	2148	3800	1790	D, TL
Vito 119	0,96	2003	DB	V6	190	W	89,9x84	3199	5600	1810	
Vito 122	0,96	2003	DB	V6	218	W	89,9x84	3199	5600	1810	
Vito 123		2004	DB	V6	231	W	89,9x84	3199	5600		
Vito 109 CDI	0,98	2006	DB	4	95	W	88x88,3	2148	3800	1790	D, TL
Vito 111 CDI (4x4)		2006	DB	4	116	W	88x88,3	2148	3800		D, TL, Allradantrieb
Vito 115 CDI (4x4)		2006	DB	4	150	W	88x88,3	2148	3800		D, TL, Allradantrieb
Vito 120 CDI	1,12	2006	DB	V6	204	W	86x86	2987	3800	1820	D, TL
Vito 126	1,1	2007	DB	V6	258	W	92,9x86	3498	5900	1840	
Vito 110 CDI	0,98	2010	DB	4	95	W	83x99	2143	3800	1790	D, TL
Vito 113 CDI	0,98	2010	DB	4	136	W	83x99	2143	3800	1790	D, TL
Vito 116 CDI	0,98	2010	DB	4	163	W	83x99	2143	3800	1790	D, TL
Vito 122 CDI	0,98	2010	DB	V6	224	W	86x86	2987	3800	1790	D, TL
Vito 109 CDI	1,06	2014	Renault/DB	4	88	W	80x79,5	1598	3800	1740	D, TL
Vito 111 CDI	1,06	2014		4	114	W	80x79,5	1598	3800	1740	D, TL
Vito 114 CDI	1,06	2014		4	136	W	80x79,5	1598	3800	1740	D, TL

Daimler-/Daimler-Benz-Lieferwagen											
Typ	Nutzlast in Tonnen	1. Baujahr	Motoren-hersteller	Zyl.	PS	Kühl.	Bohrung x Hub	Hubr. in ccm	Drehz.	Gew. in kg	Besonderheiten
Vito 116 CDI	1,06	2014	DB	4	163	W	83x99	2143	3800	1740	D, TL
Vito 119 Blue Tec	1,01	2014		4	190	W	83x99	2143	3800	1790	D, TL, auch 204 PS
Vito 119 CDI (4x4)		2015		4	190	W	83x99	2143	3800		D, TL, auch 204 PS, Allradantrieb
Vito 110 CDI (VA)		2019	Renault/DB	4	102	W	83x83	1749	3800		D, TL, Vorderradantrieb
Vito 114 CDI (VA)		2019		4	136	W	83x83	1749	3800		D, TL, Vorderradantrieb
Vito 114 CDI		2019		4	136	W	83x83	1749	3800		D, TL
Vito 116 CDI		2019	DB	4	163	W	82x92,3	1950	4200		D, TL
Vito 116 CDI (4x4)		2019		4	163	W	82x92,3	1950	4200		D, TL, Allradantrieb
Vito 119 CDI		2019		4	190	W	82x92,3	1950	4200		D, TL
Vito 124 CDI		2019		4	239	W	82x92,3	1950	4200		D, TL
Vito 124 CDI (4x4)		2019		4	239	W	82x92,3	1950	4200		D, TL, Allradantrieb
3. Großtransporter-Baureihe											
3.1 HHF-Baureihe											
L 206 D	0.93	1970	DB	4	55	W	87x83,6	1988	4200	1385	D, ab 1972 60 PS
L 306 D	1,5	1970		4	55	W	87x83,6	1998	4200	1410	D, ab 1973 60 PS
L 207	0,9	1973	Austin	4	70	W	80,3x88,9	1798	4800	1430	
L 307	1,49	1973		4	70	W	80,3x88,9	1798	4800	1530	
208	1	1977		4	85	W	93,7x83,6	2307	4800	1550	
307 D	1,5	1977		4	65	W	91x92,4	2404	4200	1650	D
308	1,6	1977		4	85	W	93,7x83,6	2307	4800	1610	
207 D	0,9	1982		4	72	W	90,9x92,4	2399	4400	1660	D, Direkteinspritz-Motor
307 D	1,5	1982		4	72	W	90,9x92,4	2399	4400	1730	D
209 D	0,85	1982	DB	5	88	W	90,9x92,4	2988	4400	1700	D
309 D	1,4	1982		5	88	W	90,9x92,4	2988	4400	1770	D
210	1,1	1982		4	95	W	95,5x80,25	2299	5200	1670	
310	1,5	1982		4	95	W	95,5x80,25	2299	5200	1690	
208 D	0,9	1989		4	79	W	95,5x80,25	2299	3800	1650	D
210 D	1,1	1989		5	95	W	89x92,4	2874	3800	1420	D
308 D	1,5	1989		4	79	W	95,5x80,25	2299	3800	1460	D
310 D	1,6	1989		5	95	W	89x92,4	2874	3800	1500	D
3.2 Sprinter-Baureihe, 1. Generation											
208 D Sprinter	1	1995		4	79	W	89x92,4	2299	3800	1800	D
308 D Sprinter	1,65	1955		4	79	W	89x92,4	2299	3800	1850	D
212 S Sprinter	1	1995		5	122	W	89x92,4	2874	3800	1880	D, TL
312 D Sprinter	1,57	1995		5	122	W	89x92,4	2874	3800	1930	D, TL
214 Sprinter	0,97	1995		4	143	W	90,9x88,4	2295	5000	1830	
314 Sprinter	1,62	1995		4	143	W	90,9x88,4	2295	5000	1880	
210 D Sprinter	0,9	1997		5	102	W	89x92,4	2874	3800	1880	D
310 D Sprinter	1,57	1997	DB	5	102	W	89x92,4	2874	3800	1930	D
208 CDISprinter	0,9	2000		4	82	W	88x88,3	2148	3800	1890	D, T
308 CDI Sprinter	1,53	2000		4	82	W	88x88,3	2148	3800	1930	D, T
211 CDI Sprinter	0,9	2000		4	109	W	88x88,3	2148	3800	1890	D, TL, auch Allradantrieb
311 CDI Sprinter	1,57	2000		4	109	W	88x88,3	2148	3800	1930	D, TL, auch Allradantrieb
213 CDI Sprinter	0 93	2000		4	129	W	88x88,3	2148	3800	1870	D, TL, auch Allradantrieb
313 CDI Sprinter	1,57	2000		4	129	W	88x88,3	2148	3800	1930	D, TL, auch Allradantrieb
216 CDI Sprinter	0,89	2000		5	156	W	88x88,3	2685	3800	1910	D, TL, auch Allradantrieb
316 CDI Sprinter	1,54	2000		5	156	W	88x88,3	2685	3800	1960	D, TL, auch Allradantrieb
3.3 Sprinter-Baureihe, 2. Generation											
209 CDI Sprinter	[illegible]	2006		4	88	W	88x88,3	2148	3800	1930	D, TL
309 CDI Sprinter	1,5	2006		4	88	W	88x88,3	2148	3800	1950	D, TL
211 CDI Sprinter	1	2006		4	109	W	88x88,3	2148	3800	1930	D, TL, auch Allradantrieb
211 CDI Sprinter	1,5	2006		4	109	W	88x88,3	2148	3800	1950	D, TL, auch Allradantrieb
214 CDI	1	2006		4	114	W	83x99	2143	3800		D, TL, auch 143 PS, auch Allradantrieb
314 CDI	1,5	2006		4	114	W	83x99	2143	3800		D, TL, auch 143 PS, auch Allradantrieb
213 CDI Sprinter	1	2006		4	129	W	88x88,3	2148	3800	1930	D, TL, auch Allradantrieb
313 CDI Sprinter	1,5	2006		4	129	W	88x88,3	2148	3800	1950	D, TL, auch Allradantrieb
215 CDI Sprinter	1	2006		4	150	W	88x88,3	2148	3800	1930	D, TL, auch Allradantrieb
315 CDI Sprinter	1,5	2006		4	150	W	88x88,3	2148	3800	1950	D, TL, auch Allradantrieb
218 CDI Sprinter	1	2006	DB	V6	184	W	86x86	2987	3800	1970	D, TL, auch Allradantrieb
318 CDI Sprinter	1,5	2006		V6	184	W	86x86	2987	3800	1990	D, TL, auch Allradantrieb
219 BlueTec Sprinter	1	2006		V6	190	W	86x86	2987	3800		D, TL, auch Allradantrieb
319 BlueTec Sprinter	1,5	2006		V6	190	W	86x86	2987	3800		D, TL, auch Allradantrieb
216 Sprinter	1	2008		4	156	W	83x83	1796	5000	2000	
316 Sprinter	1,4	2008		4	156	W	83x83	1796	5000	2020	
316 NGT Sprinter	1,5	2008		4	156	W	83x83	1796	5000		
210 CDI Sprinter	1,12	2009		4	95	W	83x99	2143	3800	1820	D, TL
310 CDI Sprinter	1,55	2009		4	95	W	83x99	2143	3800	1950	D, TL
213 CDI Sprinter	1,07	2009		4	129	W	83x99	2143	3800	1930	D, TL
313 CDI Sprinter	1,55	2009		4	129	W	83x99	2143	3800	1950	D, TL
216 CDI Sprinter	1,07	2009		4	163	W	83x99	2143	3800	1930	D, TL

Daimler-/Daimler-Benz-Lieferwagen											
Typ	Nutzlast in Tonnen	1. Baujahr	Motoren-hersteller	Zyl.	PS	Kühl.	Bohrung x Hub	Hubr. in ccm	Drehz.	Gew. in kg	Besonderheiten
316 CDI Sprinter	1,55	2009	DB	4	163	W	83x99	2143	3800	1950	D, TL
219 CDI Sprinter	1,03	2009		V6	190	W	86x86	2987	3800	1970	D, Tl
319 CDI Sprinter	1,5	2009		V6	190	W	86x86	2987	3800	1992	D, TL
3.4 Sprinter Baureihe, 3. Generation											
210 BlueTec Sprinter	1,07	2013		4	95	W	83x99	2143	3800	1930	D, TL
310 BlueTec Sprinter	1,55	2013		4	95	W	83x99	2143	3800	1950	D, TL
213 BlueTec Sprinter	1,07	2013		4	129	W	83x99	2143	3800	1930	D, TL
313 BlueTec Sprinter	1,55	2013		4	129	W	83x99	2143	3800	1950	D, TL
216 BlueTec Sprinter	1,07	2013		4	163	W	83x99	2143	3800	1930	D, TL
316 BlueTec Sprinter	1,55	2013	DB	4	163	W	83x99	2143	3800	1950	D, TL
219 BlueTec Sprinter	1,03	2013		V6	190	W	86x86	2987	3800	1970	D, TL
319 BlueTec Sprinter	1,51	2013		V6	190	W	86x86	2987	3800	1990	D, TL
211 CDI Sprinter	1,07	2016		4	116	W	83x99	2143	3800	1930	D, TL
311 CDI Sprinter	1,55	2016		4	116	W	83x99	2143	3800	1950	D, TL
214 CDI Sprinter	1,07	2016		4	143	W	83x99	2143	3800	1930	D, TL
314 CDI Sprinter	1,55	2016		4	143	W	83x99	2143	3800	1950	D, TL
3.5 Sprinter-Baureihe, 4. Generation											
211 CDI Sprinter	1	2018		4	114	W	83x99	2143	3800	1930	D, TL
311 CDI Sprinter	1,5	2018		4	114	W	83x99	2143	3800	1950	D, TL
214 CDI Sprinter	1	2018		4	143	W	83x99	2143	3800	1930	D, TL
314 CDI Sprinter	1,5	2018	DB	4	143	W	83x99	2143	3800	1950	D, TL
216 CDI Sprinter	1	2018		4	163	W	83x99	2143	3800	1930	D, TL
316 CDI Sprinter	1,5	2018		4	163	W	83x99	2143	3800	1950	D, TL
219 CDI Blue Tec Sprinter	1	2018		V6	190	W	86x86	2987	3800	1970	D, TL
319 CDI Blue Tec Sprinter	1,5	2018		V6	190	W	86x86	2987	3800	1990	D, TL
4. Kleinlastwagen											
L 319 D	1,7	1956		4	43	W	75x100	1767	3500	1900	Dieselmotor
L 319	1,7	1957		4	65	W	85x83,6	1897	4500	1900	
L 319 D, ab 1963 L 405	1,7 - 2	1961	MB	4	50	W	87x83,6	1998	4000	1900	Dieselmotor
L 319, ab 11963 L 407	1,7 - 2	1961		4	68	W	85x83,6	1897	4400	1900	
L 406	1,7 - 2	1965		4	55	W	87x83,6	1998	4350	1900	Dieselmotor
L 408	1,7 - 2	1965		4	80	W	85x83,6	1897	5000	1900	
5. Kommunalfahrzeuge											
UX 100 Unimog	1,3 - 2,3	1996	DB	4	73	W	89x92,4	2299	3600	2250	D
UX 100 Unimog	1,3 - 2,3	1996		5	122	W	89x92,4	2874	3800	2200	D, TL

Mercedes-Benz Sprinter der Rostocker Feuerwehr. (Foto: Ralf Weinreich))

Danziger

Felix Danziger, Berlin-Charlottenburg, 1925

Mit einem 740-ccm-Motor der Berliner Rinne Motoren GmbH und einem Hurth-Dreiganggetriebe mit einer Korklamellenkupplung stellte dieser Betrieb ein dreirädriges Transport-Motorrad unter dem Namen »Tritomobil« her. Ein Jahr später nutzte die Motorfahrzeug-Baugesellschaft Hamburg (s. d).) diese Fahrzeugbezeichnung.

De Dietrich

De Dietrich et Cie., Jaegerthal-Niederbronn (Elsass), ab 1904 Lunéville (Lothringen), 1899–1909

Baron Eugène de Dietrich, Besitzer jahrhundertealter Eisengießereien im Elsass und in Lothringen, gründete 1896 eine Fahrzeugfabrik in Reichshoffen (Elsass) und in Lunéville (Lothringen) und ließ dort für einige Jahre neben Personen- und Lastwagen auch Lieferfahrzeuge herstellen.

In Lunéville wurde ab 1899 ein Eintonner mit einem Zweizylinder-9-PS-Motor nach dem »Système Amédée Bollée Fils« mit einer Glührohrzündung gefertigt; wenig später folgte ein 1,5-Tonner.

Nach einem nicht erfolgreichen Zwischenspiel des italienischen Konstrukteurs Ettore Bugatti wurde der Fahrzeugbau in Lunéville konzentriert, wo das Unternehmen nun Fahrzeuge nach einer Turcat-Méry-Lizenz als Lorraine-Dietrich-Wagen fertigte. So erschien 1909 ein 0,77-Tonner mit 24/28- und 30/34-PS-Motoren. Kettenantrieb, eine Lamellenkupplung und eine Vollgummibereifung waren weitere Details dieses Fahrzeugs.

Das später französische Unternehmen bestand als Personenwagenhersteller bis in das Jahr 1935 und fertigte in Lizenz Fahrzeuge verschiedener französischer und tschechischer Marken. 1942 musste das Unternehmen unter der Bezeichnung Dietrich Lorraine den 18-Tonnen-Zugkraftwagen für die Wehrmacht bauen.

Das De Dietrich-Werk ist heute in Niederbronn-les-Bains ansässig und stellt Haushaltsgeräte her.

9-PS-De Dietrich Pritschenwagen (1898).

Dehn

H. C. Dehn Fahrzeug- u. Maschinenfabrik, Hamburg, Angerstraße 30, 1925

Von seinem vierrädrigen »Motorradwagen« abgeleitet, stellte Dehn einen Einfachst-Lieferwagen mit einem eigenen luftgekühltem 8-PS-Motor her. In der Dehn-Werbung tauchte erstmalig die Bezeichnung »Volkswagen« auf.

Dehn-Lieferwagen

Typ	Nutzlast in Tonnen	1. Baujahr	Motoren-hersteller	Zyl.	PS	Kühl.	Bohrung x Hub	Hubr. in ccm	Drehz.	Gew.	Besonder-heiten
Typ 2/8	0,2	1924	Dehn	1	8	L	85x105	596	1800		

Delius

Kleinkraftfahrzeugbau Gottfried Delius, Osnabrück, Sedanstraße, 1950

Außer den von 1949 bis 1953 produzierten Delius-Kleinkrafträdern stellte das Unternehmen das Lieferdreirad »Cityboy« mit einem 2,9-PS-ILO-Motor her.

Delius-Lieferdreirad

Typ	Nutzlast in Tonnen	1. Baujahr	Motoren-hersteller	Zyl.	PS	Kühl.	Bohrung x Hub	Hubr. in ccm	Drehz.	Gew.	Besonder-heiten
Cityboy	0,2	1950	ILO	1	2,9	L	54x54	125	3600		

Dessauer siehe Motor-Werke Dessau

Deutsche Automobil-Industrie

Deutsche Automobil-Industrie Friedrich Hering, Gera-Untermhaus
1. 1903–1904: **Deutsche Automobil-Industrie Friedrich Hering,** Gera-Untermhaus
2. 1904–1908: **Deutsche Automobil-Industrie Hering u. Richard OHG,** Gera-Untermhaus u. Ronneburg S.-A., Brunnenstraße 16
3. 1908–1914: **Automobilwerk Richard u. Hering AG**

Das unter dem Namen »Deutsche Automobil-Industrie« bekanntgewordene Unternehmen ging aus einer im Jahre 1888 von Max Hering gegründeten Fahrradteile- und Räder-Fabrik hervor. Nach der Jahrhundertwende nahm das Werk den Fahrzeugbau mit De Dion- und Fafnir-Motoren auf. Die Mo-

28-PS-Richard & Hering (DAI) Pritschenwagen (1914).

delle wurden unter der Markenbezeichnung »Rex Simplex« (König der Einfachheit) vertrieben. Nachdem die Automobilfertigung größere Maßstäbe erreicht hatte, ging das Werk zum eigenen Motorenbau im Jahre 1907 über.

Ab 1911 übernahm Dr. phil. Ernst Valentin die Rex Simlex-Fahrzeuge. Wegen ihrer Zuverlässigkeit und ihres technischen Standards zählten sie bald zu den geschätzten Erzeugnissen des damaligen deutschen Fahrzeugbaus. Im Jahre 1911 nahm die Deutsche Automobil-Industrie Hering und Richard auch die Herstellung von Lieferwagen auf. Einem Typ 16 PS B folgte 1912 als Eintonner das Modell 10/28 PS.

Auffallend an den Rex Simplex-Motoren waren die paarweise gegossenen Zylinderblöcke, wobei das Schwungrad zugleich der Ventilator war und die Thermosiphonkühlung unterstützte.

Mit Beginn des Krieges wurde der Fahrzeugbau des 600 Mann starken Unternehmens auf die Nutzfahrzeugfertigung konzentriert.

Nachdem schon 1920 die Elite-Werke Aktienanteile an dem Geraer und Ronneburger Unternehmen besaßen, übernahm Elite die Automobilfabrik 1922 ganz und verlegte die Produktion nach Brand-Erbisdorf und nach Berlin. Der Ronneburger Betriebsteil wurde ausgegliedert und von dem Betriebsleiter und Großaktionär Carl Richard als Karosseriefabrik mit einem Zweigbetrieb in Meerane weitergeführt. Max Hering hatte schon die Räderfabrik wieder in eigene Regie übernommen; seine Firma blieb bis zum Zweiten Weltkrieg ein wichtiger Hersteller auf diesem Gebiet. Nach dem Krieg als VEB Fahrzeugzubehörwerk enteignet, stellte es weiterhin Scheibenräder für die Automobilindustrie her und firmiert nach der Wende unter dem Namen MEFRO

Deutsche Automobil-Industrie-Lieferwagen

Typ	Nutzlast in Tonnen	1. Baujahr	Motoren-hersteller	Zyl.	PS	Kühl.	Bohrung x Hub	Hubr. in ccm	Drehz.	Gew. in kg	Besonder-heiten
Rex Simplex	0,75	1905	Fafnir	4	16	Th	75x80	1400	1875		
Rex Simplex	0,5 - 0,6	1907	Fafnir	2	10/12	Th	100x115	1806	1500	750	auch De Dion-Motor
Rex Simplex 17/30 PS	1	1907	DAI	4	30	Th	100x140	4398	1200		
Rex Simplex 8/12	0,75	1908	DAI	4	12	Th	75x85	1500			
Rex Simplex 17/38	1	1908	DAI	4	38	Th	100x140	4398	1300		Schnell-lastwagen
Rex Simplex 9/16 Typ B	0,75	1911	DAI	4	16	Th	75x120	2120	1400		
Rex Simlex 10/20	0,75	1911	DAI	4	20						ab 1913 28 PS
Rex Simplex 17/30 PS	1,25 - 1,5	1911	DAI	4	30	Th	82x120	2535	1350		ab 1913 28 PS

28-PS-Richard & Hering (DAI) »Geschäftswagen« (1914).

Deutsche Elektro-Werke

1. 1919–1920: **A. Behringer, Abt. Autobau,**
Berlin-Charlottenburg, Sophienstraße 19/23
2. 1920–1924: **Slaby & Behringer,**
Berlin-Spandau, Markgrafendamm 28
3. 1924–1927: **Deutsche Elektro-Werke (DEW), Filiale der Zschopauer Motorenwerke J. S. Rasmussen AG, Zschopau,**
Berlin-Spandau-Haselhorst, Freiheit 4–7

Dr.-Ing. Rudolf Slaby (1887–1953), Sohn des Telefunken-Gründers, Professor Adolf Slaby, und sein Vetter, Ingenieur Hermann Behringer, hatten kurz nach dem Ersten Weltkrieg ein Einfachst-Automobil mit einer Holzkarosserie entworfen, das von einem 1,5-kW-Motor der Elektromotorenfabrik Dr. Max Levy angetrieben wurde. Auch Elektrokarren und Kleinstlieferwagen entstanden auf der Basis dieses als Typ SB-Wagen bezeichneten Modells.

Da die Firma Levy nicht in ausreichender Anzahl die Motoren liefern konnte, kam eine Verbindung mit den Zschopauer Motorenwerken (s. Auto Union) mit der Marke DKW zustande. Jetzt wurden in die SB-Wagen auch DKW-3-PS-Zweitaktmotoren eingebaut.

Nach dem Konkurs im Jahre 1924 übernahm Skafte Rasmussen, Besitzer der Zschopauer Motorenwerke, den Betrieb und gliederte ihn als Deutsche Elektro-Werke in den sächsischen Firmenverband ein. Dr. Slaby übernahm die Stelle des Technischen Direktors.

Von 1926 bis 1928 produzierte die Firma einen 0,6-Tonnen-Liefer- und Droschkenwagen vom Typ DEW, der von einem 3,4-kW-Hauptschlussmotor der AEG über Hardy-Scheiben (Gummigewebescheiben) angetrieben wurde. Vier Fahrstufen und der Rückwärtsgang konnten über eine Fußschaltung eingestellt werden. Die Leihbatterie der Akkumulatorenfabrik AG (AFA), für die der Kunde nur das Aufladen an AFA-Stationen bezahlen musste, saß unter der Vorderhaube. Das Fahrzeug besaß eine selbsttragende Sperrholzkarosserie, die mit Kupferblechen beschlagen war.

Als das SB-Werk 1924 in Konkurs geriet, übernahm der Besitzer der Zschopauer Motorenwerke, Jörgen Skafte Rasmussen, den Betrieb und verlagerte ihn in die nahegelegenen Anlagen der Deutschen Industrie-Werke/DIAG (s. d.). Dr. Slaby erhielt dort die Stelle des Technischen Direktors.

Deutsche Elektromobil- u. Motorenwerke

Deutsche Elektromobil- u. Motorenwerke AG (DELUMAG), Hannover, Stader Chaussee 48,
1. 1920 - 1921 **Elektromobilwerk Kaha-Gesellschaft mbH,** Wasseralfingen
2. 1921 - 1925 **Deutsche Elektromobil- und Motorenwerke AG,** Hannover, Stader Chaussee 48

Herstellung eines elektrisch angetriebenen vierrädrigen Lieferwagens der Marke »Omnomobil« mit unbekannt gebliebenen technischen Daten.

DELUMAG Elektrolieferwagen (1922).

3,4-kW-DEW Elektro-Lieferwagen (1926).

Deutsche Industrie-Werke

Deutsche Industrie-Werke AG,
Berlin-Spandau-Haselhorst, Freiheit 4–7, 1925–1930

Die Deutsche Werke AG (DIAG) waren aus den staatlichen Heereswerkstätten hervorgegangen, die 1722 für die Musketenfertigung eingerichtet worden waren. Das 4500 Mann starke Unternehmen war im Bereich der Hüttenindustrie, der Gießerei, der Schrauben-, der Maschinenfabrikation sowie im Karosseriebau tätig. Da die Rüstungsproduktion nach dem Ersten Weltkrieg weggebrochen war, gründete man die Tochtergesellschaft Deutsche Kraftfahrzeugwerke AG. vorm. Werk Haselhorst der Deutschen Werke AG, um in den Fahrzeugbau einzusteigen. 1921 nahm das Werk den Motorradbau nach Konstruktionen von Ingenieur H. F. Günther und von 1924 bis 1926 die Automobilherstellung in dem weiteren Tochterunternehmen Deutsche Karosseriewerkstätten auf.

1926 erschien als erstes Dreirad-Nutzfahrzeugmodell die D-Rad-Feuerspritze mit einem eigenen 11-PS-Motor. Wenig später folgten die D-Räder mit einem Transportseitenwagen in den Versionen Ln und Lh mit niedrigem und mit hohem Transportkasten. In dem Motorradrahmen saß ein 10-PS-Viertaktmotor (ab 1928 12 PS). Auch ein 4,5-PS-DKW-Zweitaktmotor wurde verwendet. Ein Jahr später kam der D-Lieferwagen L7 mit vorderem Transportkasten hinzu. Das 10 oder 12 PS starke, zweisitzige Fahrzeug war an die 80 km/h schnell und wies eine automobilähnliche Lenkung auf. Die Lieferdreiräder-Produktion kam auf 325 Stück.

Das Fahrzeug- und Karosseriewerk wurde von den amerikanischen Marken Hudson Essex und Durant gepachtet, die dort aus angelieferten Baugruppen Automobile zusammensetzen ließen. Ende 1928 pachtete wiederum der Besitzer der Zschopauer Motorenwerke, Jörgen Skafte Rasmussen, die Karosseriebauhalle des Durant-Unternehmens; die 1932 gebildete Auto Union erwarb 1933 das Areal.

Seit Ende 1928 entstanden in Weiterführung der Slaby-Technik die Sperrholzkarosserien für die DKW-Automobile. (Die Motorradabteilung war infolge der Weltwirtschaftskrise 1932 an das NSU-Werk abgegeben worden.) Nachdem die Karosserieproduktion in Holz- und inzwischen auch in Stahltechnik 1942 eingestellt werden musste, erlitt das Werk 1943 erhebliche Bombenschäden. Die erhalten gebliebenen Maschinen wurden 1945 demontiert. Zwischen 1948 und 1950 wurde der Karosseriebau – auch für Lieferwagen – wieder aufgenommen. Die neugebildete Auto Union Berlin GmbH fertigte bis 1965 Elektroteile und Getriebe, bis das Werk an die Robert Bosch GmbH verkauft wurde.

Nach dem Zweiten Weltkrieg betätigten sich die Deutschen Industrie-Werke (DIW), die bis 1968 zum bundeseigenen Salzgitter-Konzern gehörten, im Waggonbau, als Gießerei und als Schiffswerft, bzw. später im Stahl- und im Schiffsbau.

Deutsche Industriewerke-Lieferdreiräder

Typ	Nutzlast in Tonnen	1. Baujahr	Motorenhersteller	Zyl.	PS	Kühl.	Bohrung x Hub	Hubr. in ccm	Drehz.	Gew. in kg	Besonderheiten
D-Wagen 5/25 PS		1924	Nahag	4	25	Th	65x98	1300	3000		
D-Feuerspritze		1926	DIAG	1	11	L	82x94	496	3800		
D-Rad Lu/Lh	0,5	1927	DIAG	1	10	L	82x94	496	3700		ab 1929 11 PS
D-Rad	0,4	1927	DKW	1	4,5	L	61x67	195			
L 7	0,5	1929	DIAG	1	11/12	L	82x94	496	3800	327	auch 12 PS

Deutz

Gasmotoren-Fabrik Deutz AG,
Köln-Deutz, 1909–1912

Die erste und damit älteste Motorenfabrik der Welt, die Gasmotoren-Fabrik Deutz AG in Köln, stellte 1907 Ettore Bugatti (1881–1947) für einen geplanten Automobilbau als Chefkonstrukteur ein. Neben verschiedenen Personenwagenmodellen mit leistungsstarken Motoren rüstete das Unternehmen vor allem den 9c-Typ mit einem 35/40-PS-Motor sowie mit einem Lieferwagenaufbau für 0,5 bis 1,2 Tonnen Nutzlast aus. Der Vierzylinder-Reihenmotor mit einem Deutz-Vergaser war mit hängenden Ventilen und mit kreisbogenförmigen Kipphebeln, sogenannten Bananenstößeln, ausgerüstet. Das Vierganggetriebe besaß eine Lamellenkupplung.

Der Pkw-Bau wurde jedoch bereits 1912 eingestellt. Das Unternehmen versuchte 1916 und nochmals im Jahre 1925 in den Lkw-Bau einzusteigen, um für seine Motoren durch Fahrzeugeinbauten größere Stückzahlen zu erreichen. Dies gelang erst 1936 durch den Erwerb des Fahrzeugherstellers C. D. Magirus in Ulm. Bis zur endgültigen Aufgabe des Fahrzeugbaues 1980 konnten so Deutz-Motoren in großer Stückzahl in Lastkraftwagen, Omnibusse und Feuerwehrfahrzeuge eingebaut werden.

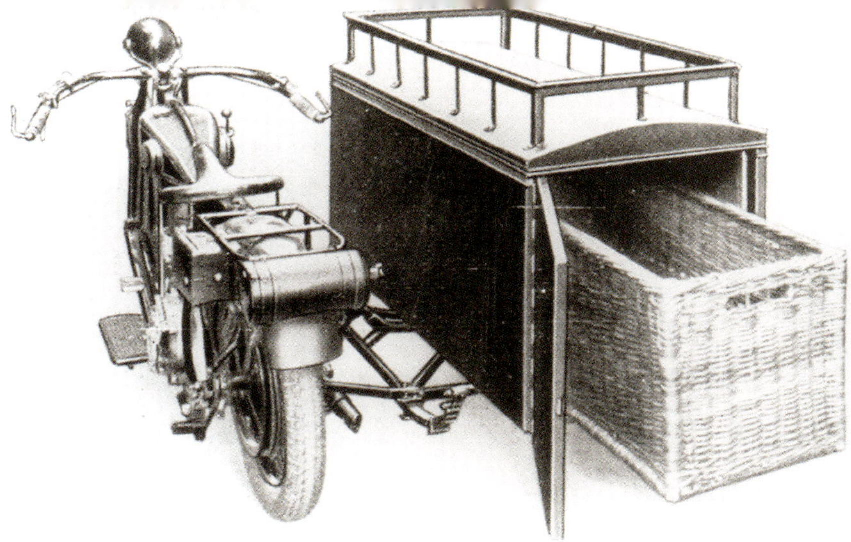

Deutz-Lieferwagen											
Typ	Nutzlast in Tonnen	1. Baujahr	Motoren-hersteller	Zyl.	PS	Kühl.	Bohrung x Hub	Hubr. in ccm	Drehz.	Gew. in kg	Besonder-heiten
Typ 9c	0,5	1909	Deutz	4	35	W	110x130	4960	900		

10-PS-D-Rad Vorderlader L 7 (1928).

10-PS-D-Rad Vorderlader L 7 (1928).

11-PS-D-Rad Feuerspritze mit Aufbau der Feuerwehrgerätefabrik GAF (1929).

Dick

Karl Dick Transportwagenbau,
Frankfurt a. Main, Alt Hausen, 1925–1939

Dieser Frankfurter Kleinbetrieb brachte 1925 den vierrädrigen »Kleinkraft-Transportwagen Rekord« mit 4 PS starkem DKW-Motor auf den Markt. Das bis zu 200 kg Nutzlast ausgelegte Fahrzeug war mit offenem oder mit geschlossenem Aufbau zu bekommen. 1928 wurde dieser Typ durch einen dreirädrigen Lieferwagen mit einem 6,5-PS-DKW-Motor abgelöst, der das Vorderrad antrieb. Ab 1928 setzte Dick den Zweizylinder-DKW-Motor mit 8 PS ein.

Dick-Lieferwagen											
Typ	Nutzlast in Tonnen	1. Baujahr	Motoren-hersteller	Zyl.	PS	Kühl.	Bohrung x Hub	Hubr. in ccm	Drehz.	Gew. in kg	Besonder-heiten
Rekord	0,5	1925	DKW	1	4	L	64x64	206	3500	150	Vierrad, auch 6 PS
Rekord	0,5	1928		1	6,5	L	68x68	248	3500		
Rekord	0,5	1928		2	8	L	64x64	412	3500		

4-PS-Dick Dreirad-Lieferwagen (1926).

Mit Kriegsausbruch wurde die Motorenzuteilung gestoppt, so dass die Produktion nach 47 Stück eingestellt werden musste. Während des Krieges verlagerte der Betrieb die Maschinen nach Oberhessen; ein Neustart war nach 1945 aufgrund der zunächst fehlenden DKW-Motoren nicht mehr möglich. Die Firma existierte noch bis in die 1970er Jahre als Reparaturwerkstatt und als Tankstelle.

4,6- oder 8-PS-Dick überdachter Dreirad-Lieferwagen (1933).

Dittmann

F. G. Dittmann AG,
Berlin-Wittenau, Lübarser Straße 18–22, 1923

Das 1823 gegründete und sich als »Spezialfabrik für jeden Zweck« bezeichnende Unternehmen befasste sich seit 1913 mit dem Anhängerbau. 1923 stellte das Dittmann-Werk, das von 1922 bis 1926 zur Elitewagen AG gehörte, elektrisch angetriebene Transporter her. Details sind bisher nicht bekannt geworden. Der Anhängerbau wurde bis 1956 betrieben.

Dixi siehe Fahrzeugfabrik Eisenach

DKW

Zschopauer Motorenwerke J. S. Rasmussen AG,
Zschopau, Zweigwerk Berlin-Spandau, Freiheit 4–7
1. 1926–1933: **Zschopauer Motorenwerke J. S. Rasmussen AG,**
Zschopau, Zweigwerk Berlin-Spandau, Freiheit 4–7
2. 1933–1940: **Auto Union AG, Zschopau,**
ab 1936 Chemnitz, Scheffelstr. 1, ab 1938 Bernd-Rosemeyer-Str. 1

Der aus Dänemark stammende Ingenieur Jörgen Skafte Rasmussen (1878–1964) gründete nach seinem Studium in Mittweida und in Zwickau 1903 mit seinem Partner Ernst in Zschopau eine Armaturen- und Maschinenfabrik unter dem Namen Rasmussen und Ernst, Inhaber J. S. Rasmussen, Metallwaren und Armaturen. 1912 erhielt das Werk die Bezeichnung Zschopauer Maschinenfabrik J. S. Rasmussen, die bald durch Militäraufträge prosperierte.

Im Jahre 1916 stellte das Unternehmen Versuche mit Dampfkraftwagen an, zumal im Deutschen Reich aufgrund des Treibstoffmangels nach alternativen Energien gesucht wurde. An diese (erfolglosen) Experimente erinnerte später das Markenzeichen des Unternehmens: Eine aus einem grünen (ursprünglich roten) Vulkan keilförmig aufsteigende Dampfwolke. Die Abkürzung DKW sollte auch zunächst für »Dampf-Kraft-Wagen« stehen.

Gegen Ende des Krieges lernte Rasmussen, inzwischen zum Dr. Ing. h. c. ernannt, den Inhaber der Markranstädter Automobil-Fabrik, Hugo Ruppe, kennen, der das Interesse an seinem Unternehmen verloren hatte und nun als einer der führenden deutschen Ingenieure des Kleinmotorbaus einen luftgekühlten Zweitakt-Spielzeugmotor mit 25 ccm Hubraum konstruiert hatte. Die Besonderheit des Motors war der von Ruppe entwickelte Schwungradmagnet zur Erzeugung des Zündstromes. Nach guten Erfahrungen mit diesem Motor schuf Hugo Ruppe weitere Zweitakt-Kleinmotoren, die zunächst als Fahrradhilfsmotoren und ab 1919 als Motorradantrieb Verwendung fanden. Unter dem Markenzeichen DKW (nun für »Das kleine Wunder«) wurden die Motoren und Motorräder vertrieben.

Rasmussen gelang damit der nahezu nahtlose Übergang zur Frie-

Teilnahme eines DKW-Vorderladers an der Görlitzer Heidefahrt 1926.

7-PS-DGW TV 300 »Transportdreiradwagen« mit Pritschenaufbau (1927).

7-PS DGW TV 300 »Transportdreiradwagen« mit halbgeschlossenem Kastenaufbau (1927).

densproduktion. Hugo Ruppe schied jedoch schon 1920 wegen Differenzen über die Konstruktions- und die Geschäftspolitik des Unternehmens aus und gründete die Berliner Kleinmotoren AG (Bekamo), wo er die – allerdings aufwändige – Ladepumpentechnik für den Zweitakter entwickelte. Nach einer weiteren Tätigkeit bei Framo (s. d.) richtete er in Festenberg/Schlesien ein Motoren- und Maschinenbau-Unternehmen ein.

1922 erschien unter Verwendung von Teilen des DKW-Lomos-Sesselrades das dreirädrige 2,5-PS-Lastenmotorrad »DGW« (für »Das große Wunder«), das für Kleingewerbetreibende vorgesehen war. Aufgrund des Einspruchs der Deutschen Kabel-Werke, die die gleiche Abkürzung führten, musste das Gefährt eine Zeitlang die Bezeichnung »DGW« (für »Der Gebrauchswagen«) tragen. Das für 250 kg Nutzlast ausgelegte Modell war von Ernst Eichler konstruiert worden, der in Berlin die Firma Eichler und Bachmann (s. d.) besaß. Motor und Antrieb bildeten eine Einheit, gelenkt über eine Stange.

Die Fertigung dieses Modells wurde 1926/27 zu den Metall-Werken Frankenberg (s. d.) verlegt, die ebenfalls zum Firmenimperium von Rasmussen gehörten. 1923 erfolgte die erneute Umbenennung in Zschopauer Motorenwerke J. S. Rasmussen AG. Im Laufe der Zeit gliederte er seinem Unternehmen Gießereien, Blech-, Stanz- und Ziehwerke ein, ferner elektrotechnische Fabriken, eine Kühlerwerkstatt, eine Gesenkschmiede und ein Getriebewerk. Auch ein Kühlschrankwerk (ehemaliges Moll-Automobilteile-Werk in Scharfenstein) bildete einen Teil dieses Konglomerats.

Neben der Motorradproduktion trachtete Rasmussen nach der Aufnahme der Automobilfertigung. Nach einem missglückten eigenen Entwurf übernahm das Werk die einfache Pkw-Konstruktion der Berliner Firma Slaby & Behringer (S & B) des Dr.-Ing. Rudolf Slaby und seines Vetters, des Kaufmanns Hermann Beringer. 1924 erwarb Rasmussen das S & B-Unternehmen in Berlin-Spandau (Haselhorst) und benannte es 1927 in Deutschen Elektro-Werke um, wo neben Droschken auch Einfachst-Lieferwagen herstellt wurden.

16,5-PS-DKW 15L Lieferwagen (1928).

DKW F8 Pritschenwagen in meisterhafter Restaurierung. (Foto: Ralf Weinreich)

DKW F 7/8 – perfekt in Szene gesetzt im Zwickauer Horch-Museum. (Foto: Ralf Weinreich)

Ein weiteres Transportfahrzeug bildete das 1926 erschienene Vorderlader-Dreirad mit einem 4,5-PS-Motor und angeblocktem Dreiganggetriebe. Ein gepresster Stahlblechrahmen mit Rohrträgern diente als Fahrgestell des »Transportdreiradwagens«. Das 20 bis 30 km/h schnelle Kettenantriebs-Modell konnte 250 kg befördern. Auch zum Behelfs-Krankenwagen eignete sich das DKW-Transportrad. Anstelle der Lenkstange kam ein Trapezlenker zum Einbau. 1928 erhielt es etliche Verbesserungen und eine stärkere Motorisierung durch einen 7-PS-Einzylindermotor; die Höchstgeschwindigkeit stieg auf 40 km/h. Dieses Leichttransport-Dreiradmodell fand bis 1933 seine Käufer. Seine Nachfolge traten die Frankenberger Framo-Modelle LTP 200/300 (s. d.) an.

Als erstes Vierrad-Lieferwagenmodell nach Entwürfen von Dr. Rudolf Slaby präsentierte das inzwischen zum größten europäischen Motorradhersteller aufgestiegene Unternehmen 1929 den DKW 15 L als 0,4-Tonner, der einen 16,5-PS-Zweizylinder-Zweitaktmotor erhielt. Der Antrieb erfolgte über ein Dreiganggetriebe auf die Hinterachse.

Die Herstellung dieses Modells fand in dem aus den Deutschen Elektro-Werken hervorgegangenen Zweigwerk in Berlin-Spandau statt, das von Dr. Slaby geführt wurde. Typisch für dieses und für die folgenden Modelle war die weitgehende Verwendung von Sperrholz und Kunstleder.

Da die Framo-Werke den Lieferwagensektor im Rasmussen-Konzern abdeckten, gab das Werk 1929 nach der Einstellung des Typs DKW 15 L zunächst die Produktion von vierrädrigen Nutzfahrzeugen auf.

Nachdem Rasmussen 1929 auch die Audi-Werke erworben hatte, musste er feststellen, dass er sich finanziell übernommen hatte, zumal die damalige Wirtschaftskrise und die Lizenzproduktion eines anfälligen amerikanischen Achtzylindermotors zu großen Verlusten geführt hatten. Im Jahre 1932 mussten die sächsischen Firmen Audi, DKW, Horch und Wanderer mit ihren 5000 Mitarbeitern durch die Sächsische Staatsbank zur Auto Union AG zusammengeschlossen werden, wobei die einzelnen Marken weitergeführt wurden. Konzernsitz war zunächst das DKW-Verwaltungsgebäude in Zschopau, ab 1936 das repräsentative Gebäude der ehemaligen Presto-Werke in Chemnitz. Dr.-Ing. E. h. Richard Bruhn (1886–1964) übernahm 1934 zusammen mit Dr.-Ing. h. c. Carl Hahn, überzeugter Verfechter der Zweitakt-Technik, und William Werner den Vorstandsvorsitz. Rasmussen schied mit einer erheblichen Abfindung aus dem DKW- und Audi-Werk aus und konzentrierte sich auf die Geschicke der Firma Framo-, seines Kühlschrankwerkes in Scharfenstein (Ursprung des späteren DDR-Foron-Kühlschrankwerkes) sowie seiner weiteren Betriebe im Erzgebirge.

Das Audi-Werk wurde von der neuen Gesellschaft zum Hauptbetrieb ausgebaut. Die Zweitaktantriebe kamen aus dem Zschopauer Motoren- und Motorradwerk, die Karosserien aus Berlin-Spandau.

Jörgen Skafte Rasmussen widmete sich hingegen mit seinem Sohn, Dr. Ove Rasmussen (1909–1995), den Frankenberger Metallwerken (Framo), der Industrie-Verwaltungs- und Treuhand GmbH Marienberg, dem

32-PS-DKW »Schwebeklasse« Lieferwagen (1935).

20-PS-DKW F 7/8 Lieferwagen (1936).

Eisenwerk Erla GmbH sowie später auch den Metallwerken Zöblitz AG in Zöblitz/Erzgebirge.

1936 erschien auf der Basis des DKW-Meisterklasse-Typs der 20-PS-Lieferwagen F 5/F 6, der bis in die Kriegszeit als 0,4-Tonner mit Kasten- und mit Pritschenaufbauten später als Typ F 7/8 hergestellt wurde. Der Zweitaktmotor arbeitete mit Flachkolben nach dem Schnürle-Umkehrprinzip und trieb über ein Dreiganggetriebe mit einer »Krückstockschaltung« die Vorderräder an. Die Lieferwagenmodelle steuerte die Auto Union AG Zschopau, Abt. Horchwerke, Werk Siegmar (Kleinkraftfahrzeuge) bei.

In den Jahren 1933 betrug die Zulassung im Deutschen Reich 57, 1935 schon 269 DKW-Lieferwagen. Der Ausstoß stieg 1936 auf 584, 1937 auf 679, 1938 auf 1264 und 1939 auf 1422 Stück. In den Kriegsjahren konnten 1940 3890, 1941 1758 und bis zur Produktionseinstellung im November 1942 noch 923 Kleinlaster auf Pkw-Basis gefertigt werden. Zerstörungen durch einen Luftangriff 1943 machten eine weitere Produktion unmöglich. Die größte Personalstärke des damals größten sächsischen Industrieunternehmens betrug einschließlich der Zwangsarbeiter in den Kriegsjahren über 25.000 Personen.

Nach dem Krieg wurde die Kleinfahrzeug-Produktion unter der Marke »Framo« (s. d.) weitergeführt. In der Bundesrepublik startete 1949 die neugebildete Auto Union (s. d) unter der Marke DKW erneut die Personen- und Transporterproduktion.

DKW-Lieferwagen

Typ	Nutzlast in Tonnen	1. Baujahr	Motorenhersteller	Zyl.	PS	Kühl.	Bohrung x Hub	Hubr. in ccm	Drehz.	Gew. in kg	Besonderheiten
1. Lieferdreiräder											
Transport-Dreirad (Lomos-Vorderteil)	0,25	1922	DKW	1	2,5	L	55x60	142		150	Zweitakt-Motor und folgende
LR 250	0,25	1926		1	4,5	L	64x64	206	3500	175	
LR 400 (7 PS DGW)	0,4	1928		1	6/7	L	74x68,5	297	3200	198	
LR 750	0,75	1928		2	14	L	68x68	494	3200	240	
TV 300		1931		1	8,5	L	74x68,5	297	3200		
2. Lieferwagen											
15 L	0,4	1929	DKW	2	16,5	Th	74x68	584	3500	600	
F 5	0,4	1936		2	20	Th	76x76	688	3600		
F 7/8	0,4	1936		2	20	Th	76x76	688	3600		

Noch einige Jahre nach Kriegsende setzte die IFA in der DDR die DKW Tradition fort. (Foto: Ralf Weinreich)

Dromos

Dromos-Werk, Richard Stölzel GmbH,
Leipzig, Merseburger Str. 158, 1933–1934

Das 1906 gegründete Dromos-Unternehmen stellte im Werk I Fahrräder, im Werk II Anhänger her. 1933 erschien das Lastendreirad »Kavalier« mit 4-PS-Motor. Mit Aufhebung der Steuervorteile für Dreirad-Fahrzeuge im Jahre 1933 endete die Nachfrage nach diesem Modell. Dromos konzentrierte sich wieder auf den Fahrrad- und Anhängerbau. Als VEB Blechverformungswerk Leipzig war es nach dem Krieg in der Herstellung von Anhängern und Abgasanlagen tätig.

Dromos											
Typ	Nutzlast in Tonnen	1. Baujahr	Motoren-hersteller	Zyl.	PS	Kühl.	Bohrung x Hub	Hubr. in ccm	Drehz.	Gew. in kg	Besonder-heiten
Kavalier		1933	F&S	1	4	L	48x54	98	5000		

Dürkopp

Dürkopp-Werke AG, Bielefeld, Moltkestr. 2 u. (ab 1908)
Berlin-Reinickendorf-Ost, Verlängerte Koloniestraße 1/2
1. 1910–1913: **Bielefelder Maschinenfabrik, vorm. Dürkopp u. Co. AG**
2. 1913–1927: **Dürkopp-Werke AG**

Die 1867 von Nicolaus Dürkopp (1842–1918) gegründeten Dürkopp-Nähmaschinen-Werke nahmen 1894 den Bau von Motorfahrzeugen auf. Die ersten Lieferwagen erschienen 1910 auf Fahrgestellen der Personenwagen; es gab Modelle für 750 und 1000 kg mit 12- und 14-PS-Motoren.

Als die Dürkopp-Werke 1908 die Berliner Motorwagen-Fabrik GmbH mit der Nutzfahrzeugmarke Eryx übernommen hatten, kam 1908 das Programm dieses Tochterunternehmens hinzu.

8/14-PS-Dürkopp »Lieferungswagen« (1910).

6/12-PS-Dürkopp »Lieferungswagen« (1910).

28-PS-Dürkopp L 20 Pritschenwagen (1914).

36-PS-Dürkopp L 30 Kastenwagen (1914).

Nach dem Krieg stellte Dürkopp neben Fahrrädern, Nähmaschinen, Spezialnähmaschinen, Gießereiartikeln, Lastwagen, Omnibussen und Personenwagen auch wieder Lieferwagen mit 750, 1000, 1300 und 1500 kg Nutzlast her. Zunächst kamen langhubige, seitengesteuerte Motoren mit 25, 28 und 33 PS zum Einbau. Hervorgehoben wurde der Typ L 1,5 mit dem 33-PS-Motor und Riesenluftreifen (hinten Zwillingsbereifung).

Das 1924/25 erneuerte Programm umfasste die aus der Pkw-Baureihe hervorgegangenen Lieferwagen L 8a und L 12 mit einem 32-PS-Vierzylinder- und einem 45-PS-Sechszylindermotor mit wiederum stehenden Ventilen. Die Fahrzeuge konnten wahlweise als Pkw oder mit einem entsprechenden Aufsatz als Lieferwagen benutzt werden. Auch das Spitzenmodell P 8c Spezial mit einem 60-PS-ohv-Königswellenmotor wurde als Lieferwagen gebaut. Als Typ D mit Reklame- und Geschäftswagenaufbauten bot Dürkopp den P 8c ferner in einer Standardversion mit 40-PS-Motor (schrägstehende Ventile) an.

36-PS-Dürkopp L 30 Krankenwagen (1915).

10/30-PS-Dürkopp P 10 Lieferwagen (1921).

32-PS-Dürkopp L 8a Lieferwagen (1925).

32-PS-Dürkopp L 8a Pritschenwagen (1925).

40-PS-Dürkopp P8c Lieferwagen (1925).

Dürkopp stellte den Pkw- und Lieferwagenbau 1927, den Lkw-Bau 1929 ein. Kommerzienrat Hermann Barthel, der sich seit 1922 an der Ardie-Motorradfabrik engagiert hatte, hielt ab 1935 die Aktienmehrheit am Dürkopp-Werk und profilierte es zum Rüstungsbetrieb um. Nach dem Krieg standen wieder Nähmaschinen sowie zeitweise Fahrräder, Motorräder und Motorroller im Programm. 1962 übernahm die FAG Kugelfischer AG die Aktienmehrheit und fusionierte das Werk mit dem Nähmaschinenhersteller Kochs Adler AG zur Dürkopp Adler AG. 2005 ging das Unternehmen in chinesischen Besitz über.

Dürkopp-Lieferwagen

Typ	Nutzlast in Tonnen	1. Baujahr	Motorenhersteller	Zyl.	PS	Kühl.	Bohrung x Hub	Hubr. in ccm	Drehz.	Gew. in kg	Besonderheiten
L 15	0,75	1907	Dürkopp	4	16	Th	70,7x100	1560	1600		
6/12 PS	0,75	1910			12						
8/14 PS	1	1910		4	14	Th	70,7x100	1560	1600		
L 8	0,4	1913		4	18	Th	70,7x100	1560	1600		
L 12	0,6	1913		4	22	Th	80x100	2009	1600		
L 20	1	1913		4	28	W	80x130	2612	1600		
L 30	1,5	1913		4	36	W	90x130	3306	1600		
L 10	0,5	1913		4	24	Th	81,5x100	2090	2000		
L 15	0,75	1913		4	30	Th	91x100	2540	2000		
L 3/4	0,75	1919		4	30	Th	91x100	2540	2000		
L 1,5	1,5	1919		4	35	W	90x130	3306	1700		
P 8	0,75	1921	Dürkopp	4	25	Th	81,5x100	2090	2000		a. 28-PS-Motor
L 1,5	1,5	1921		4	28	W	91x100	2540	1900		
P 8a	0,75	1923		4	30	W	81,5x100	2090	2500		
P 10	0,75	1925		4	28	W	91x100	2540	1900	1150	
L 8a	0,75	1925		4	32/33	Th	81,5x100	2090	2700		
P 8c	0,75	1925		4	40	Th	74,5x120	2091	3000		
P 12	0,75	1925		6	45	Th	81,5x100	3130	25oo		
P 8c Spezial	1	1925		4	60	W	79,7x100	1995	4000		Königswellen-Antrieb
L 1,5	1,3	1925		4	28	W	90x130	3306	1400		
L 1,5	1,5	1925		4	33	W	90x130	3306	1700		

Dux siehe Presto

EBS siehe Bauermeister

EcoCraft

Ecocraft-Addinol GmbH, Krumpa/Sachsen-Anhalt
1. 1995: **Ecocraft-Addinol GmbH,** Krumpa/Sachsen-Anhalt
2. 2009–2011: **EcoCraft Automotive GmbH & Co. KG,** Wunstorf

Einen 105 km/h schnellen Elektro-Kleinlaster vom Typ »Expocar« stellte das Entwicklungsteam der Addinol-Chemiefabrik auf der Hannover Messe 1995 vor, angetrieben von einem 9-kW-Drehstrommotor. Der Batteriesatz befand sich in einem Tunnel im Fahrzeugboden und ließ sich mit einer Schnellwechselvorrichtung austauschen. Ein 11-kW-Diesel, der einen Generator antrieb, konnte als »Range-Extender« bei erschöpfter Batterie weiterhelfen. Bodengruppe und Aufbau bestanden aus Aluminium; das Fahrwerk aus Serienkomponenten des Golf III. Für unterschiedliche Bedürfnisse sollte auf das Hybrid-Fahrzeug eine Pritsche, ein Kühlcontainer oder ein Koffer aufgesetzt werden können. Die Nutzlast wurde mit 500 kg angegeben. Der damals niedrige Kraftstoffpreis verhinderte die Aufnahme der Serienproduktion. 11 Jahre später konnten die beiden Entwickler aufgrund des neuen Umfeldes die Firma EcoCraft Automotive in Wunstorf gründen. Von 2009 bis 2011 stellte der Betrieb dann den »Eco Carrier« in zwei Längenversionen für 370 und 700 kg Nutzlast mit Pritschen- und Kastenaufbau in 150 Exemplaren her. Der Drehstrom-Asynchronmotor entwickelte 15 kW; die Batteriekapazität ermöglichte eine Reichweite von 80 km. Hervorgehoben wurde die Recyclebarkeit der verwendeten Materialien. Nach der Insolvenz erfolgte 2012 die Auflösung des Unternehmens.

EcoCraft-Lieferwagen

Typ	Nutzlast in Tonnen	1. Baujahr	Motor	Leistung in kw	Drehzahl	Gewicht in kg	Besonderheiten
Expocar	0,5	1995		9			Prototyp mit 11 PS-Hilfsdiesel
Eco Carrier I	0,37	2009		15			
EcoCarrier II	0,700	2009		15			

15-kW-EcoCraft Pritschenwagen (2009).

Ehrhardt

Heinrich Ehrhardt Automobilwerke AG,
Berlin, Düsseldorf, Zella St. Blasii, 1907–1924

Der Rüstungsindustrielle Heinrich Ehrhardt, Vorstandsvorsitzender der Rheinmetall-Werke, gründete mit seinem Sohn Gustaf Ehrhardt nach dem Ausscheiden aus den Eisenacher Dixi-Werken (s. Fahrzeugfabrik Eisenach) eine neue Automobilfabrik mit Werken in Düsseldorf und im thüringischen Zella St. Blasii. Neben »Kanonenstahl«-Nutzfahrzeugen, so die Werbung des Rüstungsfabrikanten, stellte das Unternehmen auch einige Personenwagen-Modelle her, wobei eine Zusammenarbeit im Motorenbau mit den Dixi-Werken beibehalten wurde.

Um 1907 erschien ein Eintonnen-Lieferwagenmodell mit einem 15-PS-Zweizylindermotor. 1913 wurde dann der Ehrhardt 10/25 PS ebenfalls mit einem Lieferwagenaufbau für 1,25 Tonnen Nutzlast ausgestattet. Für die Militärbehörden wurden während des Ersten Weltkrieges größere Stückzahlen an Sanitätsfahrzeugen mit den 30- und 50-PS-Motoren der Pkw-Typen 31 und 44 gefertigt.

Nach Kriegsende führte das Werk den Pkw- und damit den Lieferwagenbau nur noch im beschränkten Maße weiter. 1923 verband sich das Unternehmen mit der Berliner Karosseriefabrik Szabo & Wechselmann. Als dieser Partner 1924 in Konkurs ging, wurde der Fahrzeugbau eingestellt. Die Berliner Nordflug AG (s. Pluto) übernahm für kurze Zeit das Werk in Zella St. Blasii, inzwischen Zella-Mehlis genannt.

Heinrich Ehrhardt verlor sein ganzes Vermögen durch Fehlspekulation mit Aktien der Bagdad-Bahn und starb völlig verarmt im Jahre 1928.

50-PS-Ehrhardt Lieferwagen (1915).

Ehrhardt-Lieferwagen

Typ	Nutzlast in Tonnen	1. Baujahr	Motoren-hersteller	Zyl.	PS	Kühl.	Bohrung x Hub	Hubr. in ccm	Drehz.	Gew. in kg	Besonder-heiten
10/15 PS	0,8	1907	Ehrhardt	2	12/15	W	110x135	2374	1500		
Typ 45 Eilwagen	1	1913		4	31	W	90x100	2544	1700		20 PS bei 1200 U/min
10/25 PS	1,25	1913		4	25	W	90x100	2544	1500		
Typ 44	1	1914		4	50	W	100x150	4710	1700		dto.

Eichler und Bachmann

Eichler und Bachmann GmbH,
Berlin-Mitte, Am Weidendamm 10
1. 1920–1924: **Eichler & Co.,**
Berlin- Kreuzberg, Bernburger Str. 22/23
2. 1924–1925: **Eichler & Bachmann GmbH,**
Berlin-Mitte, Am Weidendamm 10

Nach seinem Weggang von der Zschopauer Maschinenfabrik (s. DKW), wo er das Lomos-Sesselrad entwickelt hatte, gründete Konstrukteur Ernst Eichler mit einem Kompagnon ein eigenes Werk. Mit den ihm überlassenen Fertigungsrechten am »Lomos«-Sesselrad überarbeitete er zusammen mit Kurt Passow die Dreirad-Lieferwagenkonstruktion. Der Vorderlader erhielt 3,5- und 4-PS-DKW-Motoren. Der Firmeneigentümer Eichler hob in der Werbung die Spezialfederung des »Eibach« hervor, die es erlaube, dass »der Wagen auch auf dem schlechtesten Kopfsteinpflaster und bei grundlosen Wegen« benutzt werden könnte. Ein Spezialzweiganggetriebe mit Leerlauf, Autokupplung und einer Handstarteinrichtung wurden eingebaut. Die Montage der Transporträder fand stets im Betrieb in Berlin-Mitte statt. Kurt Passow gründete 1924 seinen eigenen Dreirad-Lieferwagenbau (s. Per).

3,5-PS-Eibach-Vorderlader (1924).

Eichler und Bachmann-Lieferdreirad

Typ	Nutzlast in Tonnen	1. Baujahr	Motoren-hersteller	Zyl.	PS	Kühl.	Bohrung x Hub	Hubr. in ccm	Drehz.	Gew. in kg	Besonder-heiten
Eibach	0,25	1924	DKW	1	3/4	L	60x69	196	3600	140	

Fahrzeugfabrik Eisenach (Dixi)

Fahrzeugfabrik Eisenach AG, Eisenach, Rennbahn 16
1. 1900–1903: **Fahrzeugfabrik Eisenach AG,** Eisenach, Rennbahn 16
2. 1904–1921: **Dixi-Werke, Fahrzeugfabrik Eisenach**
3. 1921–1928: **Dixi-Werke, Eisenach, Zweigniederlassung der Gothaer Waggonfabrik AG,** Gotha, Kindlebener Straße 77
4. 1928–1945: **Bayerische Motoren-Werke AG – Zweigniederlassung Eisenach (BMW)**
5. 1945–1952: **SAG Awtowelo Werk BMW Eisenach**
6. 1952–1955: **VEB IFA Automobilwerk EMW Eisenach**
7. 1955–1990: **VEB Automobilwerk Eisenach (AWE)**

Die später unter dem Namen Dixi-Werke bekannt gewordene Fahrzeugfabrik wurde 1896 von dem Rüstungsindustriellen Heinrich Ehrhardt (1840–1928), Geheimer Baurat, Aufsichtsratsvorsitzender der Rheinmetall-Werke und Erfinder des rückstoßfreien Geschützes, in Eisenach gegründet, wo er umfangreiches Bauland besaß. Parallel dazu ließ er eine Fabrik für Heeresbedarf errichten. Produziert wurden Militärausrüstungen wie Infanterie-Patronen- und Artillerie-Munitionswagen. Fahrräder und schließlich ab 1898 auch Automobile nach Decauville-Lizenzen wurden in den neuen Betrieben produziert. Ein Zweigwerk in Düsseldorf, die Düsseldorfer Motorfahrzeug AG, unterstützte von 1898 bis 1905 das Eisenacher Unternehmen; vor allem Elektrofahrzeuge wie Droschken entstanden dort. Dieses Werk II der späteren Rheinstahl-Borsig AG wurde im Jahre 1950 von der neugegründeten Auto Union gepachtet und später an die Daimler-Benz AG verkauft.

Nachdem man zunächst Personenwagen und leichte Omnibusse produziert hatte, nahm das Werk 1902 auch den Bau von Liefer- und Lastwagen auf. Der Aufsichtsratsvorsitzende Heinrich Ehrhardt, dessen Lieblingsausdruck »Dixi« – Lateinisch: »Ich habe gesprochen!« – zum Markennamen wurde (seine Biographie trug den passenden Titel »Hammerschläge«), verließ mit seinem Sohn Gustaf aufgrund von Differenzen mit dem Firmenkonsortium 1903 das Werk und gründete die Heinrich Ehrhardt Automobilwerke AG (s. d.) in Zella St. Blasii.

8,5-PS-Fahrzeugfabrik Eisenach »Wartburg« Pritschenwagen (1902).

Die nunmehrigen Dixi-Werke engagierten den Automobiltechniker Willy Seck (1868–1955) als Chefkonstrukteur und als Technischen Direktor. Mitarbeiter wurde Oberingenieur Gustav Schürmann (1872–1962) von der Süddeutschen Automobilfabrik; ab 1908 Leiter der Dux- bzw. Presto-Werke in Leipzig-Wahren.

Der auf 1400 Mitarbeiter angewachsene Betrieb stellte neben den Fahrgestellen und Motoren nahezu sämtliche Teile her. In der Werbung wurde darauf hingewiesen, dass nur »erstklassiges Material, wie man es nur bei einer Firma, die Kriegsmaterial herstellt und nicht anders erwartet wird«, Verwendung fand. Wegen ihrer Qualität und Zuverlässigkeit genossen die Eisenacher Fahrzeuge vor dem Ersten Weltkrieg einen hervorragenden Ruf.

Als erstes Nutzfahrzeug entstand um die Jahrhundertwende ein Elektro-Lieferwagen unter dem Namen Eisenach, über den keine Details mehr erhalten geblieben sind. 1902 folgte der Frontlenkertyp Wartburg als 0,4-Tonner mit einem 8,5-PS-Zweizylindermotor, der vor der Hinterachse angebracht war.

Das zunächst mit wenig Erfolg arbeitende Automobilwerk konnte nach dem Krisenjahr 1907 die Fahrzeugproduktion mit den gut aufgenommenen Dixi-Modellen mit dem Zentaur-Emblem am Kühler steigern.

Vom 8/14-PS-Typ abgeleitet, erschien 1908 ein »Geschäftswagen«, dem 1912 die 0,5- und die 1-Tonnen-Typen RL 8 und RL 12 folgten. Das RL 8-Modell konnte auch mit einer Wechselkarosserie und mit einem Fleischtransportaufbau versehen werden.

Während der Kriegszeit stellte das Unternehmen mit seinen Beschäftigten 2850 Sanitätsfahrzeuge, ferner die Regel-Drei- und Viertonner sowie diverses Rüstungsmaterial her.

14-PS-Dixi R 8 Geschäftswagen (1908).

16-PS-Dixi RL 8 Fleisch-Transportwagen (1912).

16-PS-Dixi RL 8 Krankenwagen (1912).

35-PS-Dixi SL 15 Lieferwagen (1912).

16-PS-Dixi RL 8 (1913).

1921 übernahm die Gothaer Waggonfabrik das nach dem Fortfallen der Rüstungsproduktion in Schwierigkeiten geratene Werk. Neben verschiedenen Pkw-Modellen stellten die Dixi-Werke einen 350-kg-Lieferwagen G 2 mit 24-PS-Motor und einem Aufbau der Gothaer Waggonfabrik her.

Um die Entwicklungskosten für ein leistungsfähiges und technisch ausgereiftes Kleinwagenmodell zu sparen, erwarb das Unternehmen 1927 die Konstruktionsrechte am »Austin-Seven«, der in Deutschland als Dixi 3/15 bekannt wurde. Das Auto erhielt als Lieferwagen einen Holzkastenaufbau für eine Nutzlast von 250 kg. Allerdings verließen nur zehn Exemplare Ende 1927 das Werk.

Inzwischen hatte der Geschäftsmann Jakob Schapiro die Gothaer Waggonfabrik an sein Imperium angegliedert, das bereits die Firmen NSU, Cyklon, Hansa und Benz sowie den Karosseriehersteller Schebera umfasste. Ein Ergebnis der Zusammenarbeit mit den Cyklon-Werken war die Herstellung des 40-PS-Gemeinschaftsmodells für 500 kg Nutzlast. Doch nur wenige dieser überaus preiswerten Sechszylinderfahrzeuge konnten in dieser Krisenzeit abgesetzt werden.

Als Schapiro seinerseits nun in finanzielle Schwierigkeiten geriet, verkaufte er 1928 die überschuldete Eisenacher Fahrzeugfabrik an die Bayerischen Motoren-Werke AG (BMW), die für ihre Motorenproduktion einen geeigneten Betrieb suchten. Die BMW (s. d.) übernahm die Konstruktion des 3/15 PS, von der einige Exemplare mit Stabholzaufbau als Servicefahrzeuge und beim ADAC als Pannenhilfe-Fahrzeuge Dienst verrichteten.

Die Münchener bauten den Betrieb systematisch zur Fertigungsstätte ihres Personenwagenprogramms aus, bis Ende 1939 die Pkw-Herstellung kriegsbedingt eingestellt werden musste. 1945 wurde der Betrieb in den sowjetischen Konzern SAG eingegliedert (Awtowelo Werk BMW Eisenach), bevor er als Volkseigener Betrieb den Bau des Vorkriegstyps BMW 320 (Markenbezeichnung ab 1952 EMW/Eisenacher Motoren Wer-

16-PS-Dixi RL 12 Brotwagen (1913).

20/55-PS-Dixi O1 Lieferwagen (1927).

ke) wieder aufnahm. Auf der Basis dieses 55-PS-Sechszylinders entstanden Kastenwagen mit Stabholzaufbauten. 1952 musste auf Druck des Münchener BMW-Werkes das Markenzeichen sowie der Name in EMW/Eisenacher Motoren Werke umgewandelt werden. Für den Werksverkehr baute man einige Motorräder des Typs R 35 mit einer hinteren Achse für zwei Räder zu Transportfahrzeugen um.

1953 begann in Eisenach die Herstellung des Personenwagens IFA F 9 mit DKW-Dreizylinder-Zweitaktmotor, 1956 folgte der »Wartburg« mit 45 PS, der auch in einer Pick-up-Version gebaut wurde. Den »Wartburg 353« gab es ebenfalls als leichtes Nutzfahrzeug (W/Trans) mit Stahlpritsche, die auch für den Standard-Einachsanhänger verwendet wurde. Der nicht mehr zeitgemäße Zweitakter wurde 1988 durch den VW-Lizenzmotor BM 860 mit 58 PS ersetzt; dieses Modell wurde hier als »Wartburg 1,3 W/Trans« geführt.

Nach der Wende entschied die Berliner Treuhandstelle im Januar 1991, die unrentable Produktion in dem jetzt als Automobilwerk Eisenach GmbH firmierenden Betrieb einzustellen. Am 10. April 1991 lief in Eisenach die letzte Wartburg-Limousine vom Band.

45/50-PS-Wartburg 353 W/trans (1985). (Foto: Automobilwerke Eisenach)

55-PS-EMW 340-3 (1952). (Foto: Automobilwerke Eisenach)

Fahrzeugfabrik Eisenach-Lieferwagen

Typ	Nutzlast in Tonnen	1. Baujahr	Motoren-hersteller	Zyl.	PS	Kühl.	Bohrung x Hub	Hubr. in ccm	Drehz.	Gew. in kg	Besonder-heiten
Modell 25 »Gepäck-wagen«		1900	FE	1	5	W	66x70	479	1300		
Wartburg	0,2 - 0,25	1902		2	5,5		87x95	1100		385	
Wartburg	0,4	1902		2	8,5	W	105x120	2008	1000		
U 35	1,5	1907		4	40	W	120x150	6800	1100	1710	
R 8 6/14 PS	0,5	1908		4	14	W	74,5x90	1569	1000		
RL 8	0,5	1912		4	16	W	74,5x90	1569	1250		
RL 12	1	1912		4	20	W	87x110	2598	1600		
U 1 22/55 PS	1	1923		4	55	W	100x165	5184	1500		
G 2	0,35	1926		4	24	Th	70x102	1568	2200		
Dixi 3/15	0,25	1929		4	15	Th	56x76	748,5	3000		
Dixi 9/4	0,5	1929		6	40	Th	70x102	2350	3200		
BMW AM 1	0,5	1932	BMW	4	20	W	56x80	782	3500	1250	
BMW 315	0,5	1935		4	34	W	58x94	1479	4000	1650	
EMW 340	0,46	1952	EMW	6	55	W	66x96	1971	3750	1350	
Wartburg Pick-up	0,46	1956	IFA	3	37	Th	70x78	900	4000	900	Zweitakt-Motor
Wartburg Pick-up	0,46	1961		3	40	Th	70x78	900	4000	900	
Wartburg Pick-up	0,46	1962		3	45	W	73,5x78	992	4200	900	
Wartburg 353 W/Trans	0,46	1985		3	45	W	73,5x78	992	4250	895	
Wartburg 1,3 W/Trans	0,46	1988		4	58	W	75x72	1263	5400		VW-Lizenz-Motor

40-PS-Wartburg Schnelltransportwagen (1961).

Elite

Elite Werke AG, Brand-Erbisdorf, Amalienstraße
1. 1911–1918: **Elite Werke AG,** Brand-Erbisdorf
2. 1918–1928: **Elitewagen AG,** Berlin-Kreuzberg, Zossener Straße 55 u. Brand-Erbisdorf, Amalienstraße

Kommerzienrat Georg Günther (s. Presto-Werke) und Jörgen Skafte Rasmussen (s. Audi, Auto Union) gründeten vor dem Ersten Weltkrieg die Elite Werke in Brand-Erbisdorf. Hierzu wurde 1911 die Maschinenfabrik für Automobilbau Emile Lüders KG in Berlin-Weißensee als Betrieb eingebracht. Weitere Werke waren 1917 die Firmen Gebhardt und Harhorn (Geha), Elektromobil-Fabrik GmbH, 1917 die Henschel u. Co. Automobilfabrik, Maschinenfabrik und Spezialfabrik für Straßenreinigungsmaschinen sowie ab 1920 die Deutsche Automobil-Industrie mit der Marke Rex Simplex. Schließlich integrierte man 1922 die Berliner Electromobil- & Akkumulatorenfabrik (BEF), Fiedler u. Co. KG.

Die Kolbenring- und Bootsmotoren-Fertigung des Elite-Werkes wurde 1912 nach Brand-Erbisdorf bei Freiberg in Sachsen verlegt, wo nach der Einstellung des dortigen Bergbaus genügend – und damit billiger zu bezahlende – Arbeitskräfte zur Verfügung standen. Technischer Leiter des Werkes war zunächst Emile Lüders. Auf Drängen von Georg Günther wandelte man das Unternehmen zur Kapitalsicherung 1913 in eine Aktiengesellschaft um. Emile Lüders schied 1915 aus, so dass Georg Günther die Gesamtleitung bis 1928 innehatte.

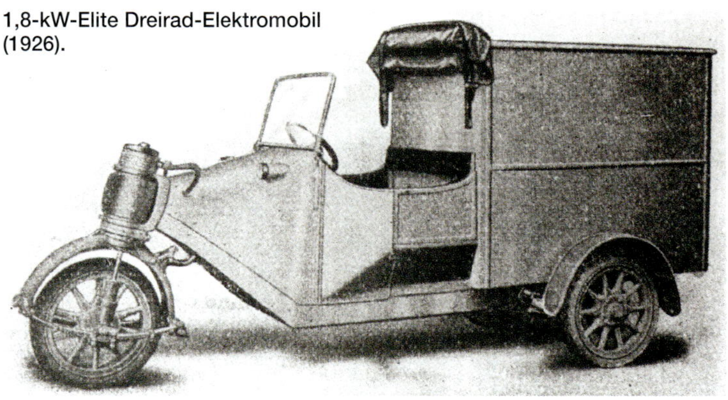

1,8-kW-Elite Dreirad-Elektromobil (1926).

6-12-kW-Elite Pritschenwagen mit Maatz-Karosserie (1926).

50-PS-Elite »Konfektionswagen« (1928).

Generaldirektor des Gesamtunternehmens wurde Paul Muchow, der seine Kommunalfahrzeugfabrik Henschel & Co. eingebracht hatte.

Nach dem anfänglichen Motorenbau – unter anderem auch für die Fahrzeugfabrik Ansbach – und Rüstungsgüter gefertigt worden waren, übernahm das neue Werk in Ronneburg ab 1913 weitgehend (?) die Herstellung des Geha-Dreirads, das bis 1923 im Programm blieb. Der 1,8-kW-Hauptschlussmotor saß im Rahmenkopf und übertrug über eine senkrechte Kardanwelle und einen Kegeltrieb die Kraft auf das Vorderrad. Gleiche Bauart wies der zeitweise angebotene Eintonnen-Geha-Typ mit einem 4,4-kW-Hauptschlussmotor auf.

Im Elite-Personenwagen erschien um 1925 der 40-PS-Typ als Eintonnen-Lieferwagen und als Sanitätsautomobil. Auch gab es einen elektrisch angetriebenen Eintonner mit einem 12-kW-Hauptschlussmotor, Planetengetriebe und ein Differential. Die Maximalgeschwindigkeit des Fahrzeugs lag bei 25 bis 30 km/h bei einer Standard-Reichweite von 80 km. 1928 stellte das Elite-Werk noch den 50-PS-Sechszylinder-Pkw S 12 mit Kastenaufbau als »Konfektionswagen« vor.

Das von Carl Richard geführte Werk mit 7500 Beschäftigten und Fertigungsstätten in Berlin, Brand-Erbisdorf und in Ronneburg musste 1929 den Fahrzeugbau aufgeben. Das Werk in Brand-Erbisdorf erwarb die Adam Opel AG; sie stellte dort für kurze Zeit das Opel-Neander-Motorrad her. Während der Berliner Betriebsteil von dem einstigen Elite-Generaldirektor Paul Muchow für die weitere Herstellung von Elektrofahrzeugen unter dem Namen »Muchow, Fahrzeuge und Geräte aller Art« übernommen wurde, erwarb die Karosseriefabrik Meerane den Ronneburger Teil. Das Brand-Erbisdorfer Werk stellte nach dem Krieg und der anschließenden Enteignung die »Dieselkarre« und die »Diamant«-Fahrräder her.

Elite-Lieferwagen

Typ	Nutzlast in Tonnen	1. Baujahr	Motoren-hersteller	Zyl.	PS	Kühl.	Bohrung x Hub	Hubr. in ccm	Drehz.	Gew. in kg	Besonder-heiten
Elite 12/40 PS	1,1	1925	Elite	4	40	W	84,5x140	3130	2500		
Elite S 12	1,5	1926		6	50/55	W	75x118	3128	2250		

Elite-Lieferwagen

Typ	Nutzlast in Tonnen	1. Baujahr	Motor	Leistung in kw	Drehzahl	Gewicht in kg	Besonderheiten
Elite	0,5	1917		1,8			Dreirad
Elite	1	1917		4,4		2400	
Elite	1	1927		12		2400	

E. M. W.

Motor- und Transportwagen-Werk E. M. W.,
Leipzig W 31, Alte Straße 31
1. 1924 - 1926 **Hubert Schivelbusch & Co., Motorwagenfabrik,** Leipzig, Königsplatz 8
2. 1926 - 1929 **Motor- und Transportwagen-Werk E.M.W.,** Liebigstraße 10, ab 1928 Alte Straße 1
3. 1929 **E.M.W. Motorwagen-Fabrik H. Schivelbusch u. Henkel**

Das Motor- und Transportwagen-Werk E. M. W. stellte 1926 einen dreirädrigen »Expreß-Motor-Transportwagen« mit 2,5- bis 8-PS-DKW-Motoren vor; die Buchstaben E.M.W. standen für »Eildienst-Motortransportwagen«. Die bis zu 500 kg Nutzlast ausgelegten Vorderlader-Fahrzeuge besaßen eine Schwinghebelachse unter dem Ladekasten, um die Kippgefahr zu begrenzen. Der Motor war seitlich, in anderen Versionen vor dem Hinterrad angebracht.

1929 erweiterte der Hersteller das Programm um den Vierrad-»Eilwagen«-Typ 29 H in Pritschen- und Kastenwagenausführung mit 7,5- und 12-PS-Zweitaktmotoren von Villiers; nach insgesamt 30 Modellen war 1929 Schluss.

8-PS-E.M.W. »Eildienst-Motortransportwagen (1927).

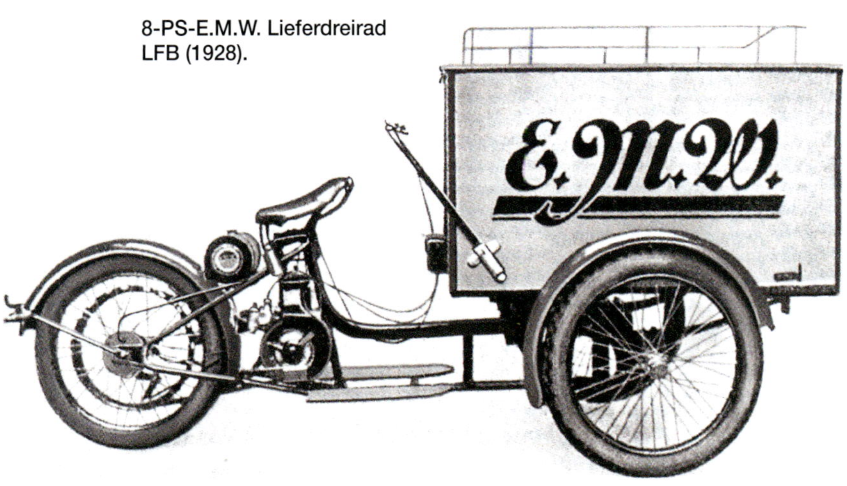

8-PS-E.M.W. Lieferdreirad LFB (1928).

2/12-PS-E.M.W. 29 H »Expreß-Motor-Transportwagen« (1929).

E.M.W.-Lieferdreiräder

Typ	Nutzlast in Tonnen	1. Baujahr	Motoren-hersteller	Zyl.	PS	Kühl.	Bohrung x Hub	Hubr. in ccm	Drehz.	Gew. in kg	Besonder-heiten
E.M.W. Liefer-dreirad	0,5	1926	DKW	1	4,5	L	63x64	198	3000		
E.M.W. Liefer-dreirad	0,5	1926		2	8/10	L	64x64	412	3200		
E.M.W. Liefer-dreirad	0,15	1927		1	2,5	L	50x64	128	3300		
E.M.W. Liefer-dreirad	0,5	1927		1	6	L	60x68,5	192	3500		
E.M.W. Eilwagen	0,5	1928	Villiers	1	7,5	L	79x70	342	3000		Viertakt-motor
E.M.W. Eilwagen	0,5	1928		1	12	L	79x70	342	3500		

Engelhardt

Hermann Engelhardt, Motoren- und Automobilfabrik,
Berlin-Kreuzberg, Gitschinerstraße 108, 1900–1902

Dieses Unternehmen kündigte in Werbeanzeigen an, neben Personenwagen auch einen Lieferwagentyp mit einem 6,5-PS-Motor herausgebracht zu haben.

Erdmann (FEG)

Maschinenfabrik Friedrich Erdmann (FEG), Automobil-Abt., Gera-Reuss, Moltkestraße
1. 1905–1906: **Maschinenfabrik Friedrich Erdmann (FEG), Automobil-Abt.**
2. 1906–1908: **Motorwagenfabrik Friedrich Erdmann**

Die Geraer Maschinenfabrik Friedrich Erdmann (FEG), im Jahre 1865 von Friedrich Erdmann gegründet, begann 1899 mit dem Bau von Fahr- und Motorrädern. Im Jahre 1904 kam die Herstellung von Drei- und Vierradfahrzeugen mit Gebr. Körting AG- (Körtingsdorf b. Hannover), Fafnir- und mit Horch-Motoren hinzu.

18/20-PS-FEG »Zweisitzer für Geschäftsreisende« (1906).

12/14-PS-FEG Geschäftswagen (1906).

Charakteristikum der FEG-Fahrzeuge war der patentierte Erdmann-Reibradantrieb mit einem Schnellgang anstelle eines Wechselgetriebes. Der Motor gab seine Kraft auf eine große Planscheibe ab; auf dieser drehte sich vom Mittelpunkt her nach links oder nach rechts (je nach gewünschter Fahrtrichtung) ein um 90 Grad versetztes, lederbezogenes Rad, an dessen Achsenden Zahnräder saßen, die über Ketten die Hinterräder antrieben. Je schneller der Motor die Planscheibe drehte, umso stärker rückte durch die Zentrifugalkraft das senkrecht zur Fahrtrichtung stehende Reibrad an die Peripherie der Scheibe und wurde durch deren größere Umdrehungsgeschwindigkeit ebenfalls in größere Umdrehungen gebracht. Eine direkte Kardanübertragung, den heute aktuellen Schnellgängen ähnlich, sorgte bei entsprechender Tourenzahl für den Antrieb der Hinterräder, so dass das abnutzungsintensive Reibrad – im Gegensatz zu den Friktionsantrieben anderer Hersteller – nur zum Anfahren und zum Befahren von Steigungen verwendet werden musste.

Die Fahrzeuge wurden auch als Hotelomnibusse, Droschken (damals Taxameter genannt) und als Geschäftswagen für 750 und 1000 kg Nutzlast angeboten.

In der Wirtschaftskrise der Jahre 1907/08 kam die Produktion der technisch einfallsreichen, aber finanziell zu schwachen Firma FEG zum Stillstand. Es gelang, das Reibrad-Patent an die Berliner Motorwagenfabrik (BMF) zu verkaufen, die dieses Antriebssystem bis zum Beginn des Ersten Weltkrieges verwendete und hauptsächlich Droschken damit ausrüstete.

Der FEG-Betrieb blieb weiterhin im Maschinenbau tätig, wurde im Zweiten Weltkrieg zum Teil zerstört und anschließend enteignet. Die Erdmann-Gebäude beherbergten später den VEB Röntgenwerke Dresden, Betriebsteil Gera.

24-PS-FEG Pritschenwagen (1908).

Erdmann-Lieferwagen

Typ	Nutzlast in Tonnen	1. Baujahr	Motorenhersteller	Zyl.	PS	Kühl.	Bohrung x Hub	Hubr. in ccm	Drehz.	Gew. in kg	Besonderheiten
FEG 12/14 PS	1	1906	Körting	2	14	W					
FEG 12/16 PS	0,75	1906	Körting	2	16	W	106x126	2223			
FEG 18/20 PS	0,75	1906	Horch	4	20	W	84x120	2660	1300		
FEG 18/20 PS	0,75	1906	Fafnir	4	20	W	100x120	3770	1200		
FEG 26/28 PS	0,75	1906	Körting	4	28	W					
FEG 35/40 PS	0,75	1906	Horch	4	40	W	115x140	5800	1400		
FEG 24 PS	0,75	1908	Fafnir	4	24	W	100x120	3770	1250		

Excelsior

Excelsior Fahrradwerke, Gebr. Konrad & Patz AG,
Brandenburg/Havel, Wilhelmsdorfer Landstraße 39, 1905

Herstellung eines Gepäck-Dreirades mit 5,5-PS-Fafnir-Motor.

Express

Express-Fahrradwerke AG, vorm. Gebr. Goldschmidt,
Neumarkt b. Nürnberg, Holzgartenstraße 1, 1899–1907

Außer elektrisch angetriebenen Lieferwagen nach Plänen von Oberingenieur Robert Schwenke (1873–1944) stellte das 1882 von Joseph Goldschmidt und Eduard Pirzer gegründete Unternehmen 1901/02 einen »Geschäftswagen« mit einem 10-PS-Fafnir-Motor her.

Für die Fertigung der Elektrofahrzeuge, die sich in Berlin gut verkaufen ließen, war die Vulkan Automobilgesellschaft mbH in Berlin übernommen worden.

Um 1907 wurde der Fahrzeugbau mit Benzin- und mit Elektromotoren jedoch eingestellt. 1926 erschien aber noch einmal ein Vorderlader, »Motor-Transportwagen« genannt, mit einem 5-PS-Antrieb für eine Nutzlast von 500 kg. Im Jahre 1958 ging das Express-Werk mit seiner Fahrrad- und Klein-Motorradproduktion in der Zweirad Union auf.

Express-Lieferwagen

Typ	Nutzlast in Tonnen	1. Baujahr	Motoren-hersteller	Zyl.	PS	Kühl.	Bohrung x Hub	Hubr. in ccm	Drehz.	Gew. in kg	Besonder-heiten
Express		1901	Fafnir	2	10	Th	90x100	1272	1500		

Fafnir

Fafnir-Werke AG, Aachener Stahlwarenfabrik, vorm. Carl Schwanemeyer,
Aachen 22, Jülicher Straße 23- 238 (342-352)
1. 1912–1919: **Carl Schwanemeyer, Aachener Stahlwarenfabrik**
2. 1919–1928: **Fafnir-Werke AG**

Die um 1880 eingerichtete Stahlwarenfabrik von Carl Schwanemeyer baute seit 1906 Motoren, die an verschiedene Automobilfabriken als Einbaumotoren geliefert wurden. Der eigene Fahrzeugbau unter dem Namen des Drachens in der Nibelungensage »Fafnir« wurde im Jahre 1908 auf-

16-PS-Fafnir 8/16 (1911).

35-PS-Fafnir 14/35 (1911).

genommen, nachdem das Unternehmen schon zuvor komplette Automobil-Bausätze angeboten hatte. 1912 präsentierte das Werk verschiedene Lieferwagen für Nutzlasten von 500, 750 und 1000 kg, angetrieben von 20-PS- bzw. 25-PS-Motoren. Zukunftsweisend war die Verlegung des Schalthebels in Fahrzeugmitte. Der Bau von Munitions- und Verwundetenfahrzeugen stand während der Kriegszeit im Vordergrund.

Nach dem Krieg bot das Unternehmen erneut den Eintonner und 1925 ein Fahrgestell für Nutzlasten von 0,75 und 1,5 Tonnen an, bei ihnen kam ein seitengesteuerter 32-PS-Motor zum Einbau, der durch Verringerung der Bohrung aus der 25-PS-Maschine entstanden war.

1928 musste die traditionsreiche Motorenfabrik Konkurs anmelden; die belgische Reifenfabrik Englebert Fils & Cie. zog in die Werksanlagen ein.

20-PS-Fafnir 8/20 Fleischtransportwagen (1911).

25-PS-Fafnir 10/25 »Geschäftswagen« (1914).

20-PS-Fafnir 8/20 Schnelllastwagen (1915).

25-PS-Fafnir 10/25 Militär-Eintonnen-Schnelllastwagen (1915).

36-PS-Fafnir Lieferwagen-Fahrgestell Typ 476 LC (1925).

Fafnir-Lieferwagen

Typ	Nutzlast in Tonnen	1. Baujahr	Motoren-hersteller	Zyl.	PS	Kühl.	Bohrung x Hub	Hubr. in ccm	Drehz.	Gew. in kg	Besonder-heiten
Typ 472	0,5	1911	Fafnir	4	20	Th	70x125	1924	2000		
Typ 384	0,75 - 1	1912	Fafnir	4	25	Th	80x125	2496	1500		
Typ 472	0,6	1913	Fafnir	4	20	W	76x110	1945	1600		
Typ 476 LE	0,75	1920	Fafnir	4	36	Th	76x125	2267	2500		
Typ 476 LC	1 - 1,5	1920	Fafnir	4	36	Th	76x125	2267	2500		

Fahr

Maschinenfabrik Fahr AG,
Gottmadingen, 1959–1965

Landmaschinen- und Schlepperfabrik Fahr präsentierte auf der Landwirtschaftsausstellung 1959 ein geländegängiges Allround-Fahrzeug für 500 kg Nutzlast unter der Bezeichnung Farmobil (für Farm-Mobil) mit dem 20-PS-BMW-Zweizylinder-Boxermotor im Heck. Das für die Land- und Forstwirtschaft vorgesehene Modell war in selbsttragender Bauweise mit zwei zusätzlichen Längsträgern konstruiert; die Räder waren einzeln an Längsschwingen aufgehängt. Ein Vierganggetriebe, eine progressive Federung, ein Kompressor und ein Zapfwellenanschluss waren in dem wannenartigen Fahrzeug vorhanden. Das Modell wurde auch als Jeep-ähnliche Ausführung mit vorklappbarer Scheibe, einem aufsteckbaren Verdeck, Halbtüren und Aufsteckfenstern geplant; 15 Prototypen wurden gefertigt. Der mehrfach angekündigte Serienbau kam jedoch zustande. Lizenz-Konstruktionspläne waren schon 1957 an den griechischen Unternehmer Petros Kontogouris verkauft worden, der inzwischen das Fahr-Zweigwerk in Griechenland übernommen hatte. Sein Farco SA-Unternehmen ging 1963 an die griechische Chrysler-Hellas in Tessaloniki, die rund 1000 bis 1966 Exemplare dann fertigte.

Im Jahre 1962 führte Fahr ein verbessertes, geländegängiges Farmobil mit dem jetzt 30 PS leistenden BMW-Motor vor, das sich in seiner kastenförmigen Bauweise an die Haflinger-Konstruktion der österreichischen Firma Steyr-Daimler-Puch orientiert. Die selbsttragende Ganzstahlkarosserie war hier mit der Bodengruppe verschweißt. Mit der italienischen Firma Sica in Turin wurde ein Produktionsvertrag abgeschlossen. Mit dem Ende der Fahr-Schlepperproduktion im Jahre 1964 endeten erneut diese Versuche, mit kleinen Mehrzweck-Transportern ins Geschäft zu kommen.

Schließlich bot das BMW-Werk als Generalimporteur 1965 den Allzweck-Wagen als BMW-Farmobil in den Ausführungen Standard und Universal mit dem auf 32 PS gesteigerten Boxermotor an, ohne dass es zu einer Serienherstellung kam.

20-PS-Fahr Farmobil (1959).

32-PS-BMW Farmobil (1965).

Fahr-Transporter											
Typ	Nutzlast in Tonnen	1. Baujahr	Motoren-hersteller	Zyl.	PS	Kühl.	Bohrung x Hub	Hubr. in ccm	Drehz.	Gew. in kg	Besonder-heiten
Farmobil	0,5	1959	BMW	2	20	L	74x68	582	4500	500	
Farmobil	0,5	1962		2	30	L	78x73	697	5000		
BMW-Farmobil	0,6	1965		2	32	L	78x73	697	5000	590	

FAKA

Fahrzeugfabrik Kannenberg KG (FAKA),
Salzgitter-Bad, Gittertor 21, 1953–1957

Die Fahrzeugfabrik Kannenberg (FAKA) war 1923 in Danzig von dem Autohändler Kurt Kannenberg (1898–1956) gegründet worden. Später gehörten auch Betriebe in Posen und Stettin dazu. 1946 erfolgte in Salzgitter eine Neugründung im Bereich der einstigen «Reichswerke Hermann Göring« als sogenannter »Flüchtlingsbetrieb«, der Kraftfahrzeuge reparierte und Anhänger herstellte. Der 1950 geplante Lizenzbau des Renault 4 CV kam nicht zustande. 1952 erweiterte FAKA das Programm mit dem Nachbau der Motorroller der Walba-Maschinenfabrik (s. d.). Nach der Einstellung der Walba-Fertigung wurde deren Maschineneinrichtung teilweise nach Salzgitter verlagert.

Das Dreirad »Walba Commodore« hatte 9,3-PS- oder 11-PS-ILO-Motoren; auch gab es einen »Transit« mit 3,9-PS-Motor. Mit einem 6,5-PS-Motor von Fichtel & Sachs kamen die Typen LO für 145 kg und LK für 175 kg

3,9-PS-FAKA Lieferdreirad »Troll« (1950).

6,5-PS-FAKA Lieferdreirad »Transit LO« (1954).

unter dem Namen »Troll« hinzu. Diese Baureihe beruhte auf Konstruktionen der Firma VMO (s. d.).

1954 setzte FAKA Prioritäten im Omnibus- und Karosseriebau. 1958 siedelte das Werk in die Fabrikanlagen der ehemaligen Harmening-Karosseriewerke in Bückeburg über. 1973 übernahm die Ulmer Kögel-Gruppe das FAKA-Werk und legte es im Zuge der Reorganisation 2003 still.

Falke

Fahrrad- und Automobilwerke Albert Falke u. Co.,
München Gladbach (heute Mönchengladbach),
Schillerstraße 12–14

1. 1900–1907: **Fahrrad- und Automobilwerke Albert Falke u. Co.,**
München Gladbach, Schillerstr. 12–14
2. 1903 - 1908 **Falke Fahrrad- und Automobile Albert Falke & Cie.**
3. 1907 - 1908 **Falke-Motorfahrzeuge Albert Falke u. Co.**

Vor der Jahrhundertwende stieg das zunächst im Fahrradbau tätige Unternehmen in die Herstellung von 1,8-PS-Dreirad-Motorrädern mit einachsigen Anhängern für den Personen- und Lastentransport ein. Um 1900 folgten Nachbauten von französischen Decauville-Voituretten, angetrieben von 3- und 4-PS-De Dion-Motoren. Ab 1905 fertigte das Werk Kleinwagen der Marke Falke nach Eigenkonstruktionen, wobei Einbaumotoren von Fafnir und Breuer verwendet wurden.

Das 1905 vorgestellte 6/8-PS-Modell besaß einen Zweizylinder-Fafnir-Motor mit 8 PS. 1906 und 1907 kamen Zwei- und Vierzylindermodelle mit 10- und 12-PS-Breuer-Motoren mit stehenden Ventilen hinzu. Auch ein Vierzylinder-Fafnir-Motor mit 15 PS wurde in die von den Pkw-Modellen abgeleiteten Falke-Lieferwagen eingebaut. Mit Konkurs, Vergleich und erneutem Konkurs im Jahre1908 endete der Fahrzeugbau.

18-PS-Falke Geschäftswagen (1907).

16-PS-Falke Geschäftswagen (1908).

Falke-Lieferwagen

Typ	Nutzlast in Tonnen	1. Baujahr	Motoren-hersteller	Zyl.	PS	Kühl.	Bohrung x Hub	Hubr. in ccm	Drehz.	Gew. in kg	Besonder-heiten
Falke 6/8 PS		1905	Fafnir	2	8	Th	75x80	704	1600		
Falke		1906	Breuer	2	10	W	85x110	1248	1500		
Falke		1907	Breuer	4	12	W	75x85	1500	1500		
Falke		1907	Fafnir	4	15	Th	80x80	1607	1500		

FAUN

FAUN-Werke AG, Nürnberg, Wächterstraße 2/16

1. 1926: **FAUN-Werke AG,** Nürnberg, Wächterstraße 2/16
2. 1926–1930: **FAUN-Werke GmbH, Kommunalfahrzeuge und Lastkraftwagen**
3. 1935–1941: **FAUN-Werke, Kommunalfahrzeuge und Lastkraftwagen Karl Schmidt,** Nürnberg, Höfenerstraße 53
4. 1960–1963: **FAUN-Werke, Kommunalfahrzeuge und Lastkraftwagen Karl Schmidt,** Lauf a. d. Pegnitz
5. 1963–1967: **FAUN-Werke KG, Kommunalfahrzeuge und Lastkraftwagen Karl Schmidt**
6. 1967–1976: **FAUN-Werke GmbH u. Co. KG, Kommunalfahrzeuge und Lastkraftwagen Karl Schmidt**
7. 1976–1980: **FAUN-Werke KG, Kommunalfahrzeuge und Lastkraftwagen Karl Schmidt**

Die FAUN-Werke waren am Ende des Ersten Weltkrieges aus dem Zusammenschluss der Fahrzeugfabrik Ansbach AG und der Nürnberger Feuerlöschgeräte- und Fahrzeugfabrik hervorgegangen. Während der Nürnberger Betriebsteil Lastwagen und Kommunalfahrzeuge herstellte, produzierte man in Ansbach Personenwagen und Omnibusse. Dabei rüstete man den Personenwagen-Typ »Kauz« auch als 500-kg-Lieferwagen K 2 aus. Auch nach Auflösung der Fusion stellte die Fahrzeugfabrik Ansbach seinen Kauz dem FAUN-Programm in Nürnberg zur Verfügung. Ein weiteres Adoptivprodukt im Bereich der Kleinfahrzeuge war der Rex-Lieferwagen von der 1955 übernommenen Willy Ostner Fahrzeugwerke OHG (s. d.). Aus den Ostner-Modellen gingen dann die FAUN-»Eilfrachter« der Zweitonnen-Klasse hervor.

Ein weiteres Spezialgebiet im Osterholzer Werk war der »Kraka« (Kraftkarren) für die Fallschirmjägertruppe der Bundeswehr. Das Fahrzeug war seit 1962 von der Zweirad Union AG (Zusammenschluss der Victoria-, Express- und DKW-Motorradabteilungen) entwickelt worden.

Das teil-zusammenfaltbare, fallschirmabwurffähige Mehrzweckfahrzeug besaß erstmals moderne Niederdruckreifen mit einer Möglichkeit zur Druckverringerung zur Traktionserhöhung; der Antrieb erfolgte skurrilerweise durch Ketten auf die Hinterräder. In dem vorderen Teil des 750-kg-Fahrzeugs saßen der Fahrer und zwei Beifahrer. Auf der hinteren Ladefläche konnten verschiedene Geräte aufgebaut werden. Auch als kleine Zugmaschine für Flugzeuge bis zu 10 Tonnen Startgewicht sowie als Werksfeuerwehrfahrzeug ließ sich der Kraka verwenden.

18-PS-FAUN Kommunal-Lastwagen (1955).

In den ersten Zweirad Union-Ausführungen erhielt der Kraka den 20-PS-Zweizylinder-Zweitaktmotor von Glas. Nach dem Erwerb der Zweirad Union durch FAUN im Jahre 1966 trieb auf Wunsch der Bundeswehr ein 26, später 30 PS leistender BMW-Zweizylinder-Viertakt-Boxermotor den Kraka an. Auch mit dem Citroën-Boxermotor aus der »Dyane« wurden Versuche angestellt, um das Fahrzeug für die französische Armee interessant zu machen. Darüber hinaus wurde der Zweirad Union-Motorenbau beauftragt, einen Kleindieselmotor zu entwickeln. Auch mit einem Deutz-Einzylinder-Dieselmotor erprobte man einige Fahrzeuge.

Der Kraftkarren erreichte eine Höchstgeschwindigkeit von 55 km/h und eine Steigfähigkeit von 55 Prozent. Bis 1975 wurde das Modell im Osterholzer Werk in mehr als 800 Exemplaren für die Bundeswehr und einige zivile Interessenten gefertigt.

FAUN-Fahrzeuge

Typ	Nutzlast in Tonnen	1. Baujahr	Motorenhersteller	Zyl.	PS	Kühl.	Bohrung x Hub	Hubr. in ccm	Drehz.	Gew. in kg	Besonderheiten
K 2 6/28 PS	0,5	1926	Ansbach	4	28	Th	64x110	1441	2800		
K.M. 75		1926	DKW	1	5	L	68x68	249	2500		Motorkehrmaschine
K 3		1935	Ford	4	45/50	W	98,5x108	3240	2800	2200	Dreiradkehrmaschine
K 15 VA (SV 8/II)		1960	BMW	1	10	L	72x73	298	4000		Kehrmaschine, zusätzlich 25-PS-Ford-Motor, 1,5 L
Kraka	0,6	1973	Glas	2	20	L	67x56	400	5000		Zweitakt-Motor
Kraka	0,6	1974	BMW	2	26	L	78x73	697	5000	735	

6/28-PS-FAUN Typ K 2 (1926).

26-PS-FAUN »Kraka«-Flughafen-Feuerwehrfahrzeug (1974). (Foto: H. Pairan)

FMR

Fahrzeug- und Maschinenbau GmbH (FMR),
Regensburg, Prüfeninger Straße 104–132
1. 1949–1952: **Fritz Fend, Technischer Fertigungsbetrieb,** Rosenheim, Max-Josef-Platz 12 (Büro: Fend-Kraftfahrzeugbau GmbH, München, Wilramstraße 1–9)
2. 1952–1954: **Fend-Kraftfahrzeugbau GmbH,** Regensburg, Lilienstr.
3. 1954: **Fahrzeug- und Maschinenbau GmbH,** Regensburg, Lilienstraße
4. 1954–1956: **Regensburger Stahl- und Metallbau GmbH (RSM) (Messerschmittwerk),** Regensburg, Prüfeninger Straße 104–132
5. 1956–1972: **Fahrzeug- und Maschinenbau GmbH (FMR),** Regensburg, Prüfeninger Straße

Der Ingenieur Fritz M. Fend (1922–2000) entwickelte nach Kriegsende verschiedene dreirädrige Behindertenfahrzeuge, aus denen 1953 der Messerschmitt-Kabinenroller entstand. Jedoch schon 1949 konnte er in einer Regensburger Fabrikhalle des einstigen Flugzeugherstellers Willy Messerschmitt den dreirädrigen »Fend Lastenroller« mit einem 4,5-PS-Antrieb der Riedel-Motoren AG in Immenstadt herstellen. Vorne befand sich der Ladekasten, hinten das Antriebsaggregat mit Rad und Sitz.

Die Lastenroller-Serie weitete er mit stärkeren Antrieben und höheren Nutzlasten bis Mitte der 1950er Jahre aus. Als gesetzliche Bestimmungen den Lastenrollerbau erschwerten, entwarf Fend das Lastenmoped vom Typ »Mokuli«. Das mit 130 kg belastbare Fahrzeug besaß als Vorderlader einen 1,6-PS-Motor von F&S.

1956 gründete Fend mit dem Unternehmer Valentin Knott ein eigenes Werk, in welchem sie die Kabinenroller und das Lastenmoped sowie mehr oder minder Getränkeautomaten für Milch und Brausegetränke, Go-Karts, Automatik-Mopeds, Anhängerkupplungen, Reinigungsmaschinen, Kraftstofftanks und einen Geräteträger herstellten. In Wien stellte die F. M. Tarbuk & Co. den »Mokuli« als Typ »Famo 200/4« mit Rotax-Motor in Lizenz her. 1964 schied Fend aus und befasste sich in seinem Entwicklungsinstitut mit dem 150-kg-Lasten-Roller »Glamor«, das für den Export vorgesehen war. Das hochverschuldete FMR-Unternehmen wurde 1972 geschlossen; die Produktionsanlagen gingen nach Marokko.

4,5- oder 6,5-PS-Fend Lastenroller LR 150 (195x).

1,6-PS-FMR »Mokuli« Lasten-Moped (1958).

Fend-Lieferdreiräder

Typ	Nutzlast in Tonnen	1. Baujahr	Motorenhersteller	Zyl.	PS	Kühl.	Bohrung x Hub	Hubr. in ccm	Drehz.	Gew. in kg	Besonderheiten
Fend-Lastenroller LR 150	0,15	1949	Riedel	1	4,5	L	48x54	98	4500		Zweitaktmotor u. folgende
Fend-Lastenroller LR 150	0,15	1952	F&S	1	6,5	L	58x57	147	5000	230	
Fend-Lastenroller LR 200	0,15	1953		1	9	L	62x58	174	5250		
Fend-Lastenroller LR 250	0,15	1953		1	10	L	65x68	191	5250	210	
Mokuli 130	0,13	1954		1	1,6	L	38x42	47	4750		50 L, später a. 2,6 PS
Mokuli 200	0,2	1960		1	2,6	L	38x42	47	3500		50 MB
Mokuli 250	0,25	1967		1	2,6	L	38x42	47	3500	100	

Ford

Ford-Werke AG, Köln-Niehl, Henry-Ford-Straße 1
1. 1926–1931: **Ford Motor Company AG,** Berlin-Westhafen
2. 1931–1939: **Ford-Motor-Company AG,** Köln-Niehl, Henry-Ford-Straße 1
3. 1939 bis heute: **Ford-Werke AG**

Die für eine Versorgung des deutschen Marktes schon 1903 in Berlin als Tochterfirma des amerikanischen Stammunternehmens gegründete Ford Motor Company AG nahm 1926 im Berliner Westhafen-Gebiet die Montage von Personen- und Lieferwagen in Weiterentwicklung des Modells T (»Tin-Lizzy«) auf. Der zwar nur zwei Jahre lang gebaute Typ TT brachte es auf 2262 Exemplare. 1928 kam ein Leicht-Lkw mit der Bezeichnung Ford AA mit einem 40-PS-Vierzylindermotor für 300 bis 400 kg hinzu.

90-PS-Ford »V 8« Kombinationswagen (1938).

40-PS-Ford AA Pritschenwagen (1928).

90-PS-Ford »V 8« Lieferwagen (1938).

40-PS-Ford AA Kleinfeuerwehr (1928) (Foto: Ford-Werke)

34-PS-Ford Taunus (1949). (Foto: Ford-Werke)

Weil das Berliner Werk an seine Leistungsgrenzen gekommen war, wurde 1930 trotz der katastrophalen Wirtschaftsrezession in Köln-Niehl das »Ford-Werk Deutschland« (so die geplante Bezeichnung) für die Pkw- und die Lkw-Fertigung eingerichtet. Oberbürgermeister Dr. Konrad Adenauer weihte im Beisein von Henry Ford das Werk unter der Devise: »Brücken schlagen von Land zu Land« ein. Von den modernen Anlagen lief als erstes Fahrzeug (»Deutsches Erzeugnis«) 1931 ein Ford AA vom Fließband.

Als Nächstes ebenfalls nach amerikanischen Vorlagen gebautes Modell folgte im Jahre 1935 der Ford V8, der sowohl als Personenwagen als auch in Liefer- und als Kleinlastwagen-Ausführungen gebaut wurde. Die Achtzylinder-Maschine leistete zunächst 65, später 75 PS. Die Nutzlast des Lieferwagens betrug 500 kg.

34-PS-Ford Taunus Pick-up (1952). (Foto: Ford-Werke)

38-PS-Ford FK 1000 (1955). (Foto: Ford-Werke)

38-PS-Ford FK 1000 (1955). (Foto: Ford-Werke)

Als hätte er gerade das Werk verlassen – Ford FK 1000 aus Sammlerhand. (Foto: Ralf Weinreich)

Mit Ausbruch des Zweiten Weltkrieges ging die Pkw- und damit die Lieferwagenproduktion rapide zurück, bis sie 1942 zugunsten des Dreitonners für die Wehrmacht ganz eingestellt werden musste.

Ab 1948 ließ das wenig beschädigte Werk den unter dem Namen »Buckel-Taunus« her bekannten Pkw von verschiedenen Karosseriefirmen zum Kasten-Lieferwagen aufbauen. Werksseitig entstanden auch einige Modelle in Pick-up-Ausführung. Die seit 1935 gebaute 34-PS-1,2-Liter-Maschine mit stehenden Ventilen und einer Thermosiphonkühlung kam weiterhin zum Einbau! Auch das nachfolgende 12 M-Pontonform-Modell gab es in einer Pick-up-Version, in 1246 Exemplaren für die US-Besatzungsmacht gebaut. Bis 1963 erschienen die nachfolgenden Pkw-Baureihen in kleinen Serien mit hinterer Blechverkleidung.

1. Transporter-Generation (1953–1965)

1953 stellte das Kölner Unternehmen den neuen Kasten- und Pritschenwagen namens FK 1000 vor. Das gegenüber dem VW-Transporter als Konkurrenzmodell gedachte Fahrzeug mit 100 Kilogramm höherer Nutzlast war von Dr. Alfred Haesner konstruiert worden, der zuvor den VW-Kastenwagen entworfen hatte. (Der ursprüngliche Ford-Kastenwagen-Prototyp mit einer geteilten, schrägstehenden Frontscheibe war durch den weit vorgebauten Motor äußerst vorderlastig geraten. Auch die pummelige Karosserie überzeugte noch nicht, so dass das Modell von dem Drauz-Konstrukteur Edmund Hellriegel entsprechend umgearbeitet wurde.) Im Unterschied zum VW Transporter saß beim Ford FK 1000 der Motor in konventioneller Weise über der starren Vorderachse angebracht. Motor und Getriebe ragten durch diese Anordnung in den Fahrerraum herein; der hintere Bereich konnte aber hier durchgängig für die Unterbringung der Nutzlast verwendet werden. Vorder- und Hinterachse waren an Halbelliptikfedern abgestützt. Kasten- und Pick-up-Modell waren in selbsttragender Bauweise, das Pritschenmodell mit einem Rahmen gebaut. Die Karosserien mit dem charakteristischen Querrippen vor den unteren Seitenkanten erstellten aus Kapazitätsgründen die Karosseriewerke Drauz KG in Heilbronn am Neckar, die zu dieser Zeit auch einen Teil der Ford-Omnibusse fertigten.

Ab 1955 wurde der FK 1000 mit dem neuen 1,5-Liter-55-PS-Motor (ohv) versehen, der jetzt ausgewogen über der Vorderachse platziert war. Eine 1,25-Tonnen-Version (FK 1250) folgte 1958. Zwei Jahre später führte Ford diese »Wirtschaftswunder-Transporter« mit der Bezeichnung »Taunus Transit« (TT) und der Tonnageangabe in Kilogramm. 1962 folgte für Kunden mit Volumengütern auch ein 800-kg-Modell mit 38-PS-Motor. Anstelle der Klapptür auf der Ladeseite war nun auch eine Schiebetür bei allen Modellen erhältlich.

Im Jahre 1963 präsentierte das Werk in der FK-Baureihe einen 1,5-Tonner als Eilfrachter. Ein Pressstahl-Kastenrahmen und eine hintere Dop-

55-PS-Ford FK 1000/1,5 (1955). (Foto: Ford-Werke)

55-PS-Ford Taunus (1957). (Foto: Ford-Werke)

55-PS-Ford 17 M (1960). (Foto: Ford-Werke)

pelbereifung bildeten das Fahrgestell dieser Ausführung; der Motor entstammte dem Pkw-Modell M 17 mit 60 PS.

Bis zum Produktionsende im Jahre 1965 wurden 255.832 Exemplare der als FK- und schließlich als Taunus-Transit-Modelle bezeichneten ersten Generation von Ford-Transportern gebaut.

2. Transporter-Generation (1965–1978)

Inzwischen hatte die US-Zentrale in Dearborn das deutsche und das englische Ford-Werk in Southampton beauftragt, ein Nachfolgemodell zu entwickeln. Da sich die europäischen Ford-Töchter nicht auf ein europäisches Gemeinschaftsmodell einigen konnten, gab die US-Geschäftsleitung die Zeichnungen für einen Kurzhauber vor. Ford-Köln und Ford-Southampton stellten 1965 ihre Gemeinschaftskonstruktion vor. Diese zweite Ford-Transit-Baureihe (FT) startete mit den Modellen FT 900, 1100, 1300, 1500 und 1750. (Die Zahlenangabe gab die Nutzlast in Kilogramm an.) Die barock anmutende Karosserie besaß in der ersten Ausführung einen um die Ecken verlaufenden, weiß abgesetzten Kühlergrill sowie weit vorgezogene Scheinwerfer. Antiquiert war weiterhin die Verwendung einer vorderen Starrachse.

Motortechnisch setzte Ford (heute) unverständlicherweise auf in der Herstellung teure V-Motoren mit 1,2, 1,3 und 1,5 Liter Hubraum. Das Kastenwagenmodell war wiederum mit einer selbsttragenden Karosserie versehen, während der Pritschenwagen einen Pressstahl-Kastenrahmen besaß. Während die Rechtslenker in Southampton gefertigt wurden, erfolgte die Montage der Linkslenker im belgischen Werk in Genk, das 1963 für die zusätzliche 12 M-Pkw-Produktion gegründet worden war und verwaltungsmäßig zur Ford-Werke AG, Köln, gehörte. 1966 wurde noch die Version FT 600 mit einem 50-PS-Motor ins Programm genommen. Diese war für Gewerbetreibende von Interesse, die weniger schwere, dafür aber voluminöse Güter transportieren wollten.

60-PS-Ford 17 M P2 (1959). (Foto: Ford-Werke)

60-PS-Ford Taunus P7 17 M (1968). (Foto: Ford-Werke)

1971 erhielten die Modelle ein Facelift im Bereich des Kühlergrills. Ein schwarzes Grillgitter und schwarz-lackierte Stoßfänger ließen die Vorderfront zeitgemäßer erscheinen. Gleichzeitig wurden die aktuellen Baureihen mit den Typenbezeichnungen in FT 75 (ehemals FT 600), FT 100, FT 125 (ehemals FT 1100), FT 150 und FT 175 unter Fortfall einer Null in der Nutzlastangabe neu geordnet. Der von der Kundschaft gewünschte Einsatz eines Reihen-Dieselmotors, um mitunter den Kraftstoffdiebstahl für Pkw der Mitarbeiter einzudämmen, erforderte jedoch mehr Platz im Frontbereich. Mit einer erkerförmigen Stummelhaube war dieses Problem gelöst, wenn auch jetzt zwei Karosserieversionen notwendig waren.

So konnten ab 1972 die Modelle mit dem im englischen Ford-Werk hergestellten 2,4-Liter-Wirbelkammer-Dieselmotor mit 62 PS (oder gedrosselt mit 51 PS) ausgerüstet werden.

60-PS-Ford Transit 100 L (FT 100/125) (1971). (Foto: Ford-Werke)

60-PS-Ford Transit FT 100/125 (1971). (Foto: Ford-Werke)

60-PS-Ford Transit 100 L (1973). (Foto: Ford-Werke)

75-PS-Ford Transit FT 75 (1973). (Foto: Ford-Werke)

51-PS-Ford Transit FT 125 D (1973). (Foto: Ford-Werke)

1976 kam der Schnellaster FT 190 mit hinterer Zwillingsbereifung als nun größtes Modell dieser Baureihe hinzu.

Bis zum Jahre 1977 erreichte die in Genk produzierte FT-Baureihe die Produktionsmenge von fast einer halben Million. Hinzukamen die nahezu gleichen Modelle der englischen und inzwischen portugiesischen Produktion.

62-PS-Ford Transit FT 100 (1975). (Foto: Ford-Werke)

3. Transporter-Generation (1978–1986)

Mit dem Baujahr 1978 tauschte Ford die V-Motoren gegen Reihenmotoren aus, die preiswerter zu produzieren waren. Gleichzeitig erhielten die Fahrzeuge erneut eine innere und äußere Überarbeitung. Mit längeren und höheren Kotflügeln sowie einer höher angesetzten Motorhaube entstand ein ansprechender Vorbau für den Kurzhauber. Ein schwarzer Kunststoffgrill, der die Scheinwerfer aufnahm, verband die Kotflügelspitzen mit den senkrecht angeordneten Blinkern. Der größere Vorbau ermöglichte den wahlweisen Einbau von Reihen-Diesel- und Vergasermotoren. Das kleinste Modell als Typ FT 80 wurde nun von einem 65-PS-Motor mit 1,6 Litern Hubraum angetrieben. Den nächsten Typ bildete der FT 100, der mit dem 65-PS- und dem neuen 78-PS-Vergaser- sowie mit dem 62-PS-Dieselmotor ausgestattet werden konnte. Danach folgten die FT 120-Modelle mit 65-PS- und 78-PS-Motoren. Die großen Ausführungen FT 130, FT 160 und FT 190 waren mit 78-PS- und 100-PS-Vergaser- oder auch mit dem 62-PS-Dieselmotor bestückt.

Bis 1986 erreichte die Gesamtfertigung der erneuerten FT-Baureihe der zweiten Generation die Marke von 467.486 Exemplaren.

Die Maschinenfabrik Rau GmbH in Kirchheim/Teck rüstete von 1977 bis zum Auslaufen dieser Baureihe die Transit-Modelle mit einem Allradantrieb aus.

62-PS-Ford Transit FT 130 (1978). (Foto: Ford-Werke)

100-PS-Ford Transit Allrad (1981).
(Foto: Ford-Werke)

68-PS-Ford Transit FT 120 (1984). (Foto: Ford-Werke)

4. Transporter-Generation (1986–2000)

Mit dem Modellwechsel im Jahre 1986 bekamen die Ford Transit FT 80 bis 190 in der vierten Generation eine modern gezeichnete Karosserie mit schräger Linienführung über Vorderhaube und Frontscheibe, die einen günstigen cW-Wert erreichte. Eine vordere Einzelradaufhängung sorgte für ein sicheres Fahren der Großtransporter im Bereich von Nutzlasten von 760 bis 1700 kg.

Vergasermotoren mit 63 und 78 PS sowie ein neuer 68 PS starker Diesel, der als Direkteinspritzer arbeitete, trieben diese Modelle an.

1991 erhielten die FT-Modelle weitere äußere Detail- und innere Komfortverbesserungen. Ein breiter Stoßfänger kennzeichnete die überarbeitete Modellreihe. Neben verschiedenen Radständen und höheren Anhängelasten stand jetzt neben dem bisherigen, inzwischen 70 PS leistenden Dieselmotor ein neuer Selbstzünder mit 80 PS in der Saug- und mit 100 PS in aufgeladener Version zur Verfügung; der Vergasermotor erhielt eine Leistungssteigerung auf 98 PS.

Bis zum Spätsommer des Jahres 1991 baute Ford in Europa insgesamt 2,6 Millionen Transit-Modelle; davon steuerte das Werk in Genk/Belgien rund 1,24 Millionen Modelle bei.

Ab Baujahr 1995 zeichneten sich die Transporter durch eine leicht veränderte Frontpartie aus. Der ovalförmige Lufteinlass war den Pkw-Modellen angepasst worden. Drei verschiedene Radstände bot Ford innerhalb dieser Baureihe an.

Die Ford AG in der Bundesrepublik, der das belgische Transporter- und Pkw-Werk in Genk sowie das Testzentrum in Lommel/Belgien verwaltungsmäßig unterstellt ist, besitzt seit 1970 ein weiteres Montagewerk in Saarlouis sowie Teilewerke in Düren und in Wülfrath. In Berlin ist 1981 ebenfalls ein Teilewerk aufgebaut worden. Beschäftigt wurden insgesamt über 50.000 Personen für die Pkw- und Transporter-Teilefertigung in der Bundesrepublik.

68-PS-Ford Transit FT 120 (1985). (Foto: Ford-Werke)

68-PS-Ford Transit FT 120 Kastenwagen (1985). (Foto: Ford-Werke)

78-PS-Ford Transit FT 130 (1986). (Foto: Ford-Werke)

112-PS-Ford Transit FT 100 L Kombiwagen (1994).

112-PS-Ford Transit FT 100 L (1994). (Foto: Ford-Werke)

Wiedereinstieg in den Pkw-Lieferwagenbau

Nachdem um 1970 die letzten Lieferwagen mit Beblechung der hinteren Fensterausschnitte auf Basis des »Taunus 17 M« erschienen waren, stieg das Kölner Ford-Werk 1975 wieder in den Verkauf von Pkw-Lieferwagen ein. Zunächst bot man den aus dem englischen Werk in Dagenham übernommenen »Escort« mit einer Nutzlast von 400 kg an. 1981 folgte der im Design kantig ausgelegte »Escort« der 2. Generation, ausgelegt für 500 kg Nutzlast. Der eigenständige Kastenaufbau mit einer Doppelflügel-Hecktür bot eine wesentlich bessere Raumnutzung; neben einer größeren Dachhöhe ragte der Aufbau nach der B-Säule über die Fahrerkabine heraus.

Während anfänglich 55-PS- und 69-PS-Vergasermotoren zur Verfügung standen, konnte ab 1986 neben einer neuen 60-PS-Vergasermaschine auch ein 54 PS starker Dieselmotor mit 1,6 Litern Hubraum gewählt werden.

Das stets in Details erneuerte Escort Express-Modell erhielt 1989 eine neue Motorenausstattung, darunter einen von Klöckner-Humboldt-Deutz entwickelten 60 PS starken 1,8-Liter-Dieselmotor mit Oxidations-Katalysator.

1990 übernahm der Kleinlieferwagen die Front- und Fahrerkabinengestaltung des »Escort« der dritten Generation im »New Edge-Design« und blieb bis 2002 im Angebot.

Auch der im spanischen Werk in Almussafes bei Valencia gebaute »Fiesta« gesellte sich 1977 eine Stufe tiefer mit hinterer Beblechung hinzu. Das 40 oder 50 PS starke Gefährt der ersten Fiesta-Generation war für eine Nutzlast von 350 kg ausgelegt. Vor allem Kurierdienste erwarben den »Fiesta Courier«. Im Rahmen der 1989 vorgestellten zweiten »Fiesta«-Ge-

44-PS-Ford Escort Courier (1975).

66-PS-Ford Fiesta Courier (1977).

neration erhielt der Stadtlieferwagen eine höher belastbare Hinterachse, so dass die Nutzlast auf über eine halbe Tonne stieg. Auch ein wirtschaftlicher 60-PS-Dieselmotor kam zum Einsatz. Ebenso in der dritten und auch aktuellen »Fiesta«-Generation ist der Klein-Lieferwagen mit Blechverkleidung der hinteren Seitenfenster vertreten.

Nur von kurzer Dauer war der Vertrieb des Mazda-Eintonners. Ford führte Ende der 1980er Jahre dieses Modell als Ford »Econovan in Kombi- und Kastenform ein. Einzig das Ford-Emblem unterschied dieses Modell vom japanischen Original.

55-PS-Ford Escort Express 35 (1981).

60-PS-Ford Fiesta Courier (1992). (Foto: Ford-Werke)

73-PS-Ford Escort Express (1995). (Foto: Ford-Werke)

60-Ford Fiesta Courier (1995).

60-PS-Ford Fiesta Van, 2011. (Foto: Ford-Werke)

5. Transporter-Generation (2000–2006)

Zur Jahrtausendwende startete der Bau des Transporters der fünften Generation, der zunächst wieder im Werk in Genk und in Southampton vom Band lief. Die schräg verlaufende Vorderfront des Vorgängermodells wur-

100-PS-Ford Transit 100 T 300 (2006).

de beibehalten. Eine Sicke in Höhe der Unterkante der Motorhaube zog sich beidseitig zum Heck hin. Die Fenster der Türen waren im vorderen Bereich etwas tiefer gezogen worden, um den Seitenblick zu verbessern. Erstmals konnte der Kunde zwischen einem Front- und dem standardmäßigen Heckantrieb wählen. Vier Radstände und drei Bauhöhen waren beim Kastenwagen im Angebot. Der Pritschenwagen mit Einfach- oder Doppelkabine war wiederum auf einem Kastenrahmen aufgebaut. Der 2,3-Liter-Vergasermotor erzeugte 145 PS, die 2- und 2,4-Liter-Dieselmotoren erzeugten 75 und 137 PS. Die Modellbezeichnung orientierte sich jetzt am zulässigen Gesamtgewicht des Fahrzeugs. Für große Empörung sorgte 2005 die Verlegung der Transporter-Fertigung in das kostengünstiger produzierende Ford-Werk Otosan Kocaeli in Gölcük/Türkei, ein Joint-Venture-Unternehmen von Ford und dem türkischen Investor Koç.

115-PS-Ford Transit 115 T 300 (2006).

125-PS-Ford Transit 125 T 300 (2006).

Einführung der »Connect«-Baureihe

2002 stellte Ford die eigenständige Kleinlieferwagen-Version in der Baureihe »Transit Connect« vor, gefertigt im Werk Kocaeli in Gölcük in der Türkei. Auf die Plattform des »Fiesta« des Baujahres 1996 war der Kleintransporter für 750 kg Nutzlast mit auffallend niedriger Motorhaube und einem hinteren integrierten Kasten aufgesetzt. Die hintere Starrachse war nach Ford-Bauweise an Blattfedern abgestützt. Ein Standard- und eine Langversion sowie ein der Fahrerkabine angepasstes oder ein Hochdach für ein üppiges Ladevolumen konnten gewählt werden. Der Kunde konnte eine Heckklappe oder eine Doppelflügel-Hecktür sowie Schiebetüren auf der rechten Seite ordern. Und im Motorisierungsbereich stand ein 116 PS starker Vergaser- oder ein 75 und 90 PS starker Common-Rail-Dieselmotor anfänglich zur Auswahl. 1990 kam noch ein weiterer europäischer Fertigungsbereich (Ford Romania) in Craiova/Rumänien hinzu. Neben dem Kleinlieferwagen entstand der »Connect« auch in den Ausführungen Kombiwagen und Kleinbus.

75-PS-Ford Connect T 200 (2002).

75-PS-Ford Transit Connect (2010).

120-PS-Ford Transit Connect (2018).

2014 folgte die zweite Generation des »Connect« auf der Plattform des C-Max. Das Design mit großem Kühlergrill und harmonischem Übergang von Haube und Frontscheibe orientierte sich am Stil des Ford »Kuga«. Eine Dachhöhe war nun Standard. Im Trend des »Downsizing« mobilisierte ein aufgeladener 1-Liter-Vergasermotor mit 100 PS, ein 1,6-Liter-Motor mit 150 sowie ein 1,6-Liter-Dieselmotor mit 120 PS den Klein-Transporter.

Ein Facelift im Bereich des unteren Motorgrills folgte im Jahr 2018. Eine weitere Motoren-Alternative bildet der 1,5-Liter-Vergasermotor EcoBlue mit 75, 100 und 120 PS.

6. Transit-Generation (2006–2013)

Mit großem Kühlergrill, der unten in den Stoßfänger überging, und mit nun senkrecht angeordneten Scheinwerfern, die spitz nach außen ausliefen, erschien die sechste »Transit«-Generation. Front- oder Heckantrieb standen weiterhin zur Verfügung. Neben einem Vergasermotor mit 145 PS standen zwei Diesel-Aggregate mit 2,2 und 2,3 Litern zur Verfügung, die 85 und 200 PS entwickelten.

130-PS-Ford Transit 130 T 350 Halbkombi (2010).

»Transit Custom« unterhalb des Transit-Großtransporters

Als Transporter mit einer Tonne Nutzlast erschien 2012 als Gegenstück zum Daimler-Typ »Vito«, zum Opel »Vivaro« und zum VW-Transporter der »Transit Custom« als Kasten- und Kombiwagen sowie als Kleinbus (»Tourneo«) und löste somit das kleine »Transit«-Modell FT 260 ab. Der wiederum im Werk Kocaeli gefertigte »Custom« verfügt über Frontantrieb, zwei Radstände und ist in dem Nutzlastbereich von 600 bis 1400 kg angesiedelt. Der Common-Rail-Diesel mit 2,2 Litern Hubraum leistet 100, 125 und 155 PS. In den Ausführungen Kasten- und Pritschenwagen mit Einzel- und Doppelkabine sowie Heckklappe, Hecktüren und ein- oder beidseitiger Schiebetür ist das Modell zu haben.

Nachdem seit 2013 auch eine Hochdachausführung im Angebot steht, erfolgte ein Facelift im Jahre 2017. Der ein Jahr zuvor eingeführte TDCi-Motor kommt auf 105, 130 und 170 PS. Ab 2019 kann der Kunde auf eine Spitzenleistung von 185 PS zurückgreifen. Der Hochleistungs-Dreizylinder-Vergasermotor 1.0 PHEV mit 126 PS steht als Alternative zur Verfügung.

100-PS-Ford Transit Custom (2015).

125-PS-Ford Transit Custom (2017).

»Transit Courier« als weiterer Kleintransporter

2014 erschien die Baureihe »Transit Courier« auf Basis der Pkw-Modelle »Fiesta« und des B-Max mit einer Nutzlast bis zu 660 kg. Vom »Fiesta« hatten die Ford-Ingenieure die Frontpartie und vom B-Max die Bodenplatte übernommen. Auch hier stehen hintere Klapptüren und seitliche Schiebetüren zur Auswahl. Der Dreizylinder-Vergasermotor und ein 1,5-Liter-Dieselmotor mit 75 PS sowie ein 1,6-Liter-Dieselmotor mit 95, ab 2018 mit 100 PS werden eingebaut. Die Fertigung erfolgt im Werk Kocaeli in der Türkei.

95-PS-Ford Fiesta Courier (2018). (Foto: Ford-Werke)

7. Transit-Generation (ab 2014)

Schon 2012 vorgestellt, aber erst ab 2014 im Serienbau repräsentiert der »Transit« den neuen Großtransporter. Auffälliges Designmerkmal ist der große schwarze Kühlergrill. Das als »Weltauto« beworbene Modell kann mit Front-, Heck- und Allradantrieb geliefert werden. Gegenüber dem Vorgängermodell verfügt der aktuelle »Transit« über eine höhere Nutzlast sowie über ein größeres Ladevolumen. Die Standardmotorisierung bildet der amerikanische 3,2-Liter-Dieselmotor »Power Stroke« mit 200 PS. Das wiederum in Gölcük vom Band laufende Modell erhielt im Jahre 2019 ein dezentes Facelifting in der Gestaltung des mit Chromdekor versehenen Grills. Ebenfalls in diesem Jahr präsentierte Ford den »XL Box«-Transporter mit elektrischem Antrieb. Der Kastenwagen mit im Boden liegenden Hochleistungsbatterien besitzt einen 76-kW-Motor, der kurzzeitig auch auf 90 kW kommt. Das 90 km/h schnelle Fahrzeug mit einem Eigengewicht von 2775 kg und einer Nutzlast von 1175 kg erzielt eine Reichweite von 200 km.

101-PS-Ford Transit 350 Pritschenwagen (2018).

105-PS-Ford Transit 310 CDTi Kastenwagen (2019).

Ford-Lieferwagen

Typ	Nutzlast in Tonnen	1. Baujahr	Motor	Leistung in kw	Drehzahl	Gewicht in kg	Besonderheiten
Transit XL Box	1,175	2019		76/90		2775	Frontantrieb

Ford-Lieferwagen

Typ	Nutzlast in Tonnen	1. Baujahr	Motoren-hersteller	Zyl.	PS	Kühl.	Bohrung x Hub	Hubr. in ccm	Drehz.	Gew. in kg	Besonderheiten
1. Lieferwagen											
1.1 Lieferwagen auf Pkw-Basis bis 1967											
Ford TT	0,5	1926		4	20	Th	92,25x101,6	2884	1800		
Ford AA	0,3	1928		4	40	Th	98,4x108	3285	2200		
Ford AA	0,3	1935		4	40	Th	98,4x108	3285	2200		
Ford V8-18	0,5	1935		V8	65	W	77,8x95,3	3620	3400		
Ford V8-48		1938		V8	75	W	77,8x95,3	3620	3400		auch mit Holzaufbau
Taunus	0,5	1948		4	34	Th	63,5x92,5	1172	4250	1000	
Taunus	0,525	1949	Ford	4	34	Th	63,5x92,5	1172	4250	1000	
Taunus 12 M	0,5	1953		4	38	W	63,5x92,5	1172	4250		
Taunus 12 M Pick-up	0,5	1953		4	38	W	63,5x92,5	1172	4250		
Taunus 15 M	0,4	1954		4	55	W	82x70,9	1498	4250		
Taunus 17 M	0,5	1960		4	55	W	82x70,9	1498	4250		auch 60 PS
Taunus 17 M	0,5	1960		4	55	W	82x70,9	1498	4250		auch 60 PS
Taunus 17 M	0,5	1960		4	55	W	82x70,9	1498	4250		auch 60 PS
Taunus 12 M	0,5	1961		V4	50	W	84x58,8	1305	5000		
1.2 Lieferwagen auf Fiesta-Basis											
Fiesta	0,31	1986		4	45	W	73,9x55,7	935	5750	825	Spanische Fertigung
Fiesta	0,31	1986		4	45	W	73,9x55,7	935	5750	825	
Fiesta Courier	0,56	1991		4	60	W	80x84,5	1296	5000	1060	
Fiesta Courier D	0,53	1991	Ford	4	60	W	82,5x82	1753	4800	1080	D
Fiesta Courier	0,56	1995		4	75	W		1242	5200	1060	
Fiesta Courier D	0,53	1995		4	60	W	82,5x82	1753	4800		D
Fiesta Courier	0,6	1999		4	75	W		1242	5200		
Fiesta Courier D	0,58	1999		4	60	W	82,5x82	1753	4800		D
Fiesta Courier D	0,58	2000		4	75	W	82,5x82	1753	4800		D, TL
1.3 Lieferwagen auf Escort-Basis											
Escort Express	0,4	1976		4	54	W	73,9x75,5	1297	5500		Englische Fertigung
Escort Express 35	0,41	1981		4	55	W	73,9x64,9	1119	6000	910	
Escort Express 55	0,65	1981		4	69	W	79,96x64,52	1295	6000	940	
Escort Express	0,4	1986		4	54	W	80x80	1597	4800	1015	
Escort 35	0,4	1988		4	54	W	79,9x79,5	1597	4800	1015	
Escort 35	0.4	1988		4	60	W	73,9x75,5	1297	5000	940	
Escort Express Laser	0,4	1989		4	54	W		1608	4800		D
Escort 35	0,4	1989		4	73	W	77,2x74,3	1392	5600	950	
Escort 35	0,4	1989	Ford	4	73	W	77,2x74,3	1392	5600	950	
Escort 35 D	0,4	1989		4	60	W	82,5x82	1753	4800	1015	D
Escort 55	0,4	1989		4	63	W	77,2x74,3	1392	5600	1015	
Escort 55 D	0,4	1989		4	60	W	82,5x82	1753	4800	1020	D
Escort Express 40	0,5	1991		4	71	W	82,5x82	1753	5600	1085	
Escort Express 60	0,5	1991		4	60	W	82,5x82	1753	4800	1145	D
Escort Express	0,7	1991		4	71	W	77,2x74,3	1392	5600	1090	
Escort Express	0,7	1991		4	60	W	82,5x82	1753	4800	1150	D
Escort Express	0,5	1995		4	60	W	82,5x82	1753	4800	1140	D
Escort Express	0,7	1995		4	75	W	77,2x74,3	1391	5500	1140	
1.4 Ford Transit Connect											
Ford Transit Connect 2.0	0,75	2002		4	115	W	87,5x83,1	1999	6000	1564	
Ford Transit Connect 1.8 D	0,75	2002		4	75	W	82,5x82	1753	4000		D, TL, auch 90 PS
Ford Transit Connect 1.0 EcoBoost	0,75	2013	Ford	3	100	W	71,9x82	999	6000	1420	
Ford Transit Connect 1,6 EcoBoost	0,75	2014		4	150	W	79x81,4	1596	5700	1470	
Ford Transit Connect 1.6 TDCi	0,75	2014	Ford/ Peugeot	4	75	W	75x88.3	1560	3500	1460	D, TL, auch 95 u. 115 PS
Ford Transit Connect 1.5 TDCi	0,75	2013		4	75	W	75x84,8	1498	3800	1460	D. TL, auch 100 u. 120 PS
Ford Transit Connect 1.0 EcoBoost	0,75	2018	Ford	3	100	W	71,9x82	999	6000	1420	
Ford Transit Connect 1,5 EcoBlue	0,75	2018		4	75	W	75x84,8	1498	3600	1490	D, TL, auch 100 u. 120 PS
1.2 Courier-Baureihe											
Ford Transit Courier 1.0 Eco Boost	0,66	2014		3	100	W	71,9x82	999	6000	1190	
Ford Transit Courier 1,5 TDCi	0,66	2014	Ford	4	75	W	75x84,8	1499	3800	1210	D, TL, ab 2015 95 PS, ab 2018 100 PS
Ford Transit Courier 1,6 TDCi	0,66	2014		4	95	W	79x81,4	1596	3800	1210	D, TL

Ein Sammler aus Österreich ist auch heute noch auf C
fahrten noch locker mithalten. (Foto: Ralf Weinreich)

ent. Das fast 100 Jahre alte T-Modell kann auf Aus-

Typ	Nutzlast in Tonnen	1. Baujahr	Motoren-hersteller	Zyl.	PS	Kühl.	Bohrung x Hub	Hubr. in ccm	Drehz.	Gew. in kg	Besonderheiten
Ford-Lieferwagen											
2. Transporter											
2.1 Ford Transit 1. Generation											
FK 1000	1,1	1953		4	38	W	63,5x92,5	1172	4250	1050	
FK 1000	1	1955		4	38	W	63,5x92,5	1172	4250	1100	
FK 1000/1,5	1,25	1955		4	55	W	82x70,9	1498	4250	1150	ab 1958 Typ FK 1250
FK 1000	1	1961	Ford	4	38	W	63,5x92,5	1172	4250	1100	
FK 1000/1,5	1	1961		4	55	W	82x70,9	1498	4250	1150	auch Typ FK 1250
Transit 800	0,8	1962		4	38	W	63,5x92,5	1172	4250	1100	
Transit 1000	1	1962		4	55	W	82x70,9	1498	4250	1150	auch Typ Transit 1250
Transit 1500	1,5	1963		4	60	W	84x76,6	1698	4250	1370	
2.2 Ford Transit 2. Generation											
Transit 600	0,6	1965		V4	42	W	80x58,8	1183	4500	1250	Kastenwagen
Transit 900	0,9	1965		V4	60	W	90x58,8	1498	4500	1280	
Transit 1000	1	1965	Ford	V4	60	W	90x58,8	1498	4500	1280	
Transit 1100	1,1	1965		V4	60	W	90x58,8	1498	4500	1300	
Transit 1300	1,3	1965		V4	65	W	90x66,8	1699	4800	1485	auch Typ Transit 1500 und Transit 1750
Transit 600	0,6	1966		V4	50	W	84x58,8	1305	5000	1250	Kastenwagen
Überarbeitung 1971											
FT 75	0,75	1971		V4	60	W	90x58,8	1488	4500	1245	
FT 100	1	1971		V4	60	W	90x58,8	1488	4500	1290	
FT 100	1	1971		V4	65	W	90x66,8	1699	4800	1290	
FT 125	1,2	1971		V4	65	W	90x66,8	1699	4800	1335	
FT 125	1,2	1971		V4	75	W	93,7x72,4	1996	4500	1335	
FT 130/FT 150	1,3/1,5	1971		V4	65	W	90x66,8	1699	4800	1500	
FT 130/FT 150	1,3/1,5	1971		V4	75	W	93,7x72,4	1996	4500	1510	
FT 130 D/FT 150 D	1,3/1,5	1971		4	62	W	93,7x85,6	2358	3600	1755	D
FT 75	0,75	1971		V4	60	W	90x58,8	1488	4500	1245	
FT 75	0,75	1971		V4	75	W	93,7x72,4	1996	4500	1260	
FT 75 D	0,75	1971		4	62	W	93,7x85,6	2358	3600	1600	D
FT 75 D	0,75	1972		4	51	W	93,7x85,6	2358	3600	1500	D
FT 100 D	1	1972	Ford	4	51	W	93,7x85,6	2358	3600	1550	D
FT 125 D	1,2	1972		4	51	W	93,7x85,6	2358	3600	1600	D
FT 100	1	1974		V4	60	W	90x58,8	1488	4500	1290	
FT 100	1	1974		V4	65	W	90x66,8	1688	4800	1290	
FT 100	1	1974		V4	75	W	93,7x72,4	1996	4500	1290	
FT 100 D	1	1974		4	62	W	93,7x85,6	2358	3600	1500	D
FT 125	1,25	1974		V4	65	W	90x66,8	1688	4800	1335	
FT 125	1,25	1974		V4	75	W	93,7x72,4	1996	4500	1335	
FT 125	1,25	1974		4	62	W	93,7x85,4	2358	3600	1600	D
FT 100 L	1	1974		V4	65	W	90x66,8	1688	4800	1380	
FT 100 L	1	1974		V4	75	W	93,7x72,4	1996	4500	1380	
FT 100 L	1	1974		4	62	W	93,7x85,6	2358	3600	1600	D
FT 130/FT 150	1,3/1,5	1974		V4	65	W	90x66,8	1688	4800	1500	
FT 130/FT 150	1,3/1,5	1974		V4	75	W	93,7x72,4	1996	4500	1500	
2.3 Ford Transit 3. Generation											
FT 80	0,75	1978		4	65	W	87,7x66	1593	4750	1300	
FT 100	1	1978		4	65	W	87,7x66	1593	4750	1300	
FT 100	1	1978		4	78	W	90,8x76,9	1954	4500	1300	
FT 100 D	1	1978		4	62	W	93,7x85,6	2358	3600	1400	D
FT 120	1,2	1978		4	65	W	87,7x66	1593	4750	1410	
FT 120	1,2	1978		4	78	W	90,8x76,9	1954	4500	1410	
FT 100 L	1	1978	Ford	4	78	W	90,8x76,9	1954	4500	1475	
FT 100 L	1	1978		4	62	W	93,7x85,6	2358	3600	1630	D
FT 130/160	1,3 - 1,6	1978		4	78	W	90,8x76,9	1954	4500	1575	
FT 130/160	1,3 - 1,6	1978		4	62	W	93,7x85,6	2358	3600	1575	D
FT 130/160	1,3 - 1,6	1978		V6	100	W	93,7x72,4	2993	4650	1575	
FT 130/160	1,3 - 1,6	1978		V6	100	W	93,7x72,4	2993	4650	1725	D
FT 80/100	0,8 - 1	1984		4	68	W	93,7x90,5	2496	4000	1480	D
FT 130/160	1,3 - 1,6	1984		4	68	W	93,7x90,5	2496	4000	1720	D
2.4 Ford Transit 4. Generation											
FT 80/100	0,8 - 1	1986		4	63	W	87,6x66	1576	4750	1400	
FT 80/100	0,8 - 1	1986		4	78	W	90,8x76,9	1998	4500	1400	
FT 80/100	0,8 - 1	1986		4	68	W	93,6x90,5	2496	4000	1490	D, Direkteinspritzer
FT 120	1,2	1986	Ford	4	78	W	90,8x76,9	1998	4500	1365	
FT 120 D	1,2	1986		4	68	W	93,6x90,5	2496	4000	1490	D
FT 130/160	1,3 - 1,6	1986		4	78	W	90,8x76,9	1998	4500	1615	
FT 130/160	1,3 - 1,6	1986		4	68	W	93,6x76,9	2496	4000	1750	D
FT 80/100/120	0,8 - 1,2	1987		4	63	W	87,6x66	1576	4750	1367	
FT 80/100/120	0,8 - 1,2	1987		4	78	W	90,8x76,9	1998	4500	1382	

Typ	Nutzlast in Tonnen	1. Baujahr	Motoren-hersteller	Zyl.	PS	Kühl.	Bohrung x Hub	Hubr. in ccm	Drehz.	Gew. in kg	Besonderheiten
Ford-Lieferwagen											
FT 80/100/120	0,8 - 1,2	1987		4	68	W	93,6x90,5	2468	4000	1522	
FT 130/160	1,3 - 1,6	1987		4	78	W	90,8x76,9	1998	4500	1610	
FT 130/160	1,3 - 1,6	1987	Ford	4	68	W	93,6x90,5	2468	4000	1732	D
FT 80/100	0,8 - 1	1989		4	70	W	93,6x90,5	2468	4000	1522	D
FT 80/100	0,8 - 1	1989		4	78	W	90,8x76,9	1998	4500	1394	
FT 130/160	1,3 - 1,6	1989		4	70	W	93,6x90,5	2468	4000	1732	D
FT 130/160	1,2 - 1,6	1989		4	78	W	90,8x76,9	1998	4500	1600	
Überarbeitung 1991											
FT 100 D/120 D/130 D	1,1 - 1,3	1991		4	68	W	93,7x90,5	2496	4000	1473	D, ab 1993 mit TL 100 PS
FT 100/120/130	1,1 - 1,3	1991		4	76	W	90,8x76,9	1998	4500	1349	
FT 160 D	1,6	1991		4	68	W	93,7x90,5	2496	4000	1735	D
FT 160	1,6	1991	Ford	4	76	W	90,8x76,9	1998	4500	1746	
FT 100	1,1	1992		4	70	W	93,7x90,5	2496	4000	1480	D, auch 76 PS
FT 100 TD	1,1	1992		4	85	W	93,7x90,5	2496	4000	1500	D,T
FT 100	1,1	1992		4	114	W	90,8x76,9	1998	5000	1400	
FT 150 D	1,5	1992		4	76	W	93,7x90,5	2496	4000	1739	D
FT 150 TD	1,5	1993		4	85	W	93,7x90,5	2496	4000	1580	D,T, auch 100 PS
Überarbeitung 1996											
FT 80 D	0,81	1996		4	70	W	93,7x90,5	2496	4000	1630	D, auch 76 PS, mit T 86 PS
FT 80 Benzin	0,79	1996		4	114	W	90,8x76,9	1998	5000	1550	
FT 100 D	1	1993		4	70	W	93,7x90,5	2496	4000	1650	D, auch 76 PS, mit T 86 PS
FT 100 Turbo-Diesel	1	1996	Ford	4	86	W	93,7x90,5	2496	4000	1780	D, T
FT 100	1,1	1996		4	114	W	90,8x76,9	1998	5000	1550	
FT 120 D	1,15	1996		4	70	W	93,7x90,5	2496	4000	1650	D, auch 76 PS , mit T 86 PS
FT 120 Benzin	1,16	1996		4	114	W	90,8x76,9	1998	5000	1570	
FT 150 D	1,08	1996		4	76	W	93,7x90,5	2496	4000	1720	D, mit T 86 u. 100 PS
FT 150	1,5	1996		4	114	W	90,8x76,9	1998	5000	1630	
2.5 Ford Transit 5. Generation											
FT 330 2.4 TD	1,39	2000		4	75	W	89,9x94,6	2402	3500	1890	D, T
FT 330 2.4 TD	1,39	2000		4	90	W	89,9x94,6	2402	4000	1890	D, T, auch 120 PS bei 4000 U/min
FT 350 2.4 TD	1,61	2000		4	75	W	89,9x94,6	2402	3500	1890	D, T
FT 350 2.4 TD	1,61	2000		4	90	W	89,9x94,6	2402	4000	1890	D, T, auch 120 PS bei 4000 U/min
FT 330	1,4	2000		4	145	W	89,6x91	2295	5500		
FT 260 2.0 TD	0,82	2001		4	75	W	86x86	1998	3250	1640	D, T
FT 260 2.0 TDE	0,82	2001		4	86	W	86x86	1998	3800	1640	D, TL, auch 101 PS bei 4000 U/min
FT 280 2.0 TD	0,99	2001	Ford	4	75	W	86x86	1998	3250	1650	D, TL
FT 280 2.0 TDE	0,99	2001		4	86	W	86x86	1998	3800	1650	D, TL, auch 101 PS bei 4000 U/min
FT 300 2.0 TD	1,23	2001		4	75	W	86x86	1998	3250	1650	D, TL, auch 101 PS bei 4000 U/min
FT 330 2.4 TDE	1,45	2001		4	75	W	89,9x94,6	2402	3250	1760	D, TL, auch 90 u. 125 PS
FT 330 2.3 16 V	1,5	2002		4	145	W	89,6x91	2295	5500		
FT 280 2.0 TDCi	1	2003		4	125	W	86x86	1998	3800	1700	D, TL
FT 300 2.0 TDCi	1,2	2003		4	125	W	86x86	1998	3800	1700	D, TL
FT 260 2.0 TE	0,8	2004		4	86	W	86x86	1998	3800	1650	D, TL, auch 101 PS bei
FT 260 2.0 TDCi	0,8	2004		4	125	W	86x86	1998	3800	1650	D, TL
FT 330 2.4 TDCi	1,4	2004		4	137	W	89,9x94,6	2402	3500	1800	D, TL
2.6 Ford Transit 6. Generation											
FT 260 2.2 TDCi	0,94	2006		4	86	W	86x94	2198	3500	1660	D, TL, auch 100 u. 125 PS
FT 280 2.2 TDCi	1,14	2006	Ford/ Peugeot	4	86	W	86x94	2198	3500	1660	D, TL, auch 100 u. 125 PS
FT 300 2.2 TDCi	1,34	2006		4	86	W	86x94	2198	3500	1660	D, TL, auch 100 u. 125 PS
FT 330 2.2 TDCi	1,5	2006		4	110	W	86x94	2198	3500	1690	D, TL auch 130 PS
FT 330 2.4 TDCi	1,5	2006	Ford	4	110	W	89,9x94,6	2402	3500	1760	D, TL, auch 115 u. 140 PS
FT 330 2.3 Benzin 16 V	1,57	2006		4	146	W	87,5x94	2261	5500	1730	
FT 350 2.2 TDCi	1,6	2006		4	100	W	86x94	2198	3500	1860	D, TL, auch 125, 140 u. 156 PS
FT 280 M 2.2 TDCi	1,01	2013	Ford/ Peugeot	4	100	W	86x94	2198	3500	1820	D, TL, auch 125 u. 140 PS
FT 300 M 2.2 TDCi	1,21	2013		4	100	W	86x94	2198	3500	1820	D, TL, auch 125 u. 140 PS

Bis nach Skandinavien hat es diesen Ford Transit Pri

lagen. (Foto: Ralf Weinreich)

Ford-Lieferwagen

Typ	Nutzlast in Tonnen	1. Baujahr	Motoren-hersteller	Zyl.	PS	Kühl.	Bohrung x Hub	Hubr. in ccm	Drehz.	Gew. in kg	Besonderheiten
2.7 Ford Transit 7. Generation											
Transit 290 2.2 TDCi	0,86	2014	Ford/ Peugeot	4	101	W	86x94	2198	3500	2040	D, TL, auch 125 u. 155 PS
Transit 310 2.2 TDCi	1,06	2014		4	101	W	86x94	2198	3500	2040	D, TL, auch 125 u. 155 PS
Transit 330 2.2 TDCi	1,25	2014		4	101	W	86x94	2198	3500	2050	D, TL, auch 125 u. 155 PS
Transit 350 2.2 TDCi	1,45	2014		4	101	W	86x94	2198	3500	2050	D, TL, auch 125 u. 155 PS
Transit 290 2.0 TDCi	0,86	2017	Ford	4	105	W	85x88	1997	3500	2040	D, TL, auch 130 PS
Transit 310 2.0 TDCi	1,06	2017		4	105	W	85x88	1997	3500	2040	D, TL, auch 130 u. 170 PS
Transit 330 2.0 TDCi	1,25	2017		4	105	W	85x88	1997	3500	2050	D, TL, auch 130 u. 170 PS
Transit 350 2.0 TDCi	1,45	2017		4	105	W	85x88	1997	3500	2050	D, TL, auch 130 u. 170 PS
Transit 310 2.0 TDCi	0,5 - 0,8	2019		4	105	W	85x88	1997	3500	2231-2510	D, TL, auch 130, 170 u. 185 PS
Transit 330 2.0 TDCi	0,7 - 1	2019		4	105	W	85x88	1997	3500	2257-2258	D, TL, auch 130, 170 u. 185 PS
Transit 350 2.0 TDCi	0,8 - 1,1	2019		4	105	W	85x88	1997	3500	2277-2568	D, TL, auch 130, 170 u. 185 PS
3. Ford Transit Custom											
Ford Transit Custom 2.2 TDCi	1,1	2012	Ford	4	100	W	85x96	2179	3500	1890	D, TL, auch 125 u. 155 PS
Ford Transit Custom 2.0 TDCi	1,1	2016		4	105	W	85x88	1997	3500	2030	D, TL, auch 130 u. 170 PS, ab 2019 auch 185 PS
Ford Transit Custom 1.0	1,1	2019		3	126	W	71,9x82	999	6000		

Ein Sammler aus Mühlheim hat sich dem Thema Ford Transit angenommen und zeigt sie gerne dem interessierten Publikum. (Foto: Ralf Weinreich)

Fram

Deutsche Elektromobil-Gesellschaft »Fram« GmbH,
Düsseldorf, Oberbilker Allee 24, 1908–1909

Mit Patenten der italienischen Muttergesellschaft F.R.A.M./Fabbrica Rotabili Avantreni Motori in Genua baute das Unternehmen Vorspann-Aggregate für Kommunalzwecke. Auch ein elektrisch angetriebener Lieferwagen mit unbekannt gebliebenen technischen Daten gehörte zum Programm.

Framo

Metallwerke Frankenberg GmbH,
Frankenberg/Sachsen, Gottfried Keller Straße 2
1. 1926–1934: **Metall-Werke Frankenberg GmbH,** Frankenberg/Sachsen, Gottfried Keller Str. 2
2. 1934–1936: **Framo-Werke GmbH,** Hainichen i. S.
3. 1936–1946: **FRAMO-Werke GmbH Hainichen**
4. 1946–1949: **Framo-Werke Hainichen GmbH**
5. 1949–1954: **IFA Vereinigung Volkseigener Fahrzeugwerke – Werk FRAMO Hainichen/Sa.**
6. 1954–1957: **VEB Kraftfahrzeugwerk FRAMO Hainichen**
7. 1957–1980: **VEB BARKAS-Werke Hainichen**
8. 1980–1990: **VEB Barkas-Werke, Betrieb des IFA-Kombinats Personenwagen**
7. 1990–1991: **Barkas GmbH**

Nach dem Ersten Weltkrieg musste sich der Unternehmer Jörgen Skafte Rasmussen (s. Auto Union) nach neuen Beschäftigungsfeldern umsehen, weil seine Rüstungsproduktion in Zschopau zum Erliegen gekommen war. Er verlegte sich auf die Motoren- und Motorradproduktion, nachdem er den Ingenieur Hugo Ruppe, Gründer der Markranstädter Automobilfabrik, kennengelernt hatte. Ruppe war der Konstrukteur des ersten Zweitaktmotors unter der Marke DKW. 1923 gründete Rasmussen zusammen mit den Gesellschaftern, Ing. Paul Figura und Ing. Richard Blau, die Metall-Werke Frankenberg GmbH in Frankenberg am Rande des Erzgebirges. In einer Kaserne des ehemaligen Königlich Sächsischen Heeres fabrizierte er für zahlreiche deutsche Zweiradhersteller Motorradteile.

Das Lomos-Sesselrad als Ausgangspunkt der Hinterlader-Dreiräder

Um 1926 beschloss Rasmussen, ein einfaches Nutzfahrzeug zu bauen. Unter Verwendung von Teilen des DKW-Lomos-Sesselrades, im Zschopauer Werk hergestellt, entstanden Prototypen eines Lastendreirades; 1927 begann im Frankenberger der Serienbau des TV 300. Das offene Fahrzeug hatte einen luftgekühlten 7-PS-Einzylinder-DKW-Motor und konnte 500 kg befördern. Die Maschine war liegend über der Vorderradgabel angebracht und trieb über eine Kette das Vorderrad an; der Lenker

7-PS-Framo TV 300 Lieferdreirad (1927).

war trapezartig ausgebildet und trug die Bedienelemente. Ein gebogener Rohrträger diente als Fahrgestell vom Rahmenkopf bis zum Chassisende. Die Hinterräder, die die Hauptlast aufnahmen, waren an einer gekröpften Achse angebracht.

Wahlweise konnte auch ein steuer- und führerscheinfreier 200-ccm-Motor mit 6 PS Leistung eingebaut werden. (Die Hubraumgröße diente bei den Frankenberger Modellen als Typenbezeichnung.)

Die Transportfahrzeuge erschienen in dem inzwischen auf 700 Mann angewachsenen Betrieb zunächst als DKW-Geschäfts- und Transporträder oder als DKE-Eillieferwagen. Auch die Bezeichnung DGW (»Das Große Wunder«) wurde verwendet, da die Deutschen Kabel-Werke in Berlin die Abkürzung DKW für sich reklamierten.

Das gut verkäufliche Einfachstmodell erhielt 1930 unter der Bezeichnung LT 200/300 einen stehend eingebauten Motor, eine Windschutzscheibe und eine seitliche Halbtür in der Stahl-Holz-Pritschen- bzw. Kastenwagenkarosserie. Der Antrieb erfolgte zeitweilig auch über eine Kardanwelle anstelle per Kette.

Mit diesen kostengünstig produzierten, mit hoher Nutzlast ausgewiesenen, einfach zu bedienenden Modellen überstand Rasmussens Unternehmen mit auf 250 Personen geschrumpfter Belegschaft die Wirtschaftskrise.

6-PS-Framo LT 200 Lieferdreirad (1927).

LT 200 mit sperriger Beladung (1927).

Einstieg in den Vierrad-Lieferwagenbau

Als erstes Vierradmodell erschien 1932 ein 12-PS-Tiefpritschenwagen mit der vorderen Karosserie des DKW-Personenwagens Typ 15 PS; die Nutzlast war auf 600 kg gestiegen. Auch mit einem Flader-Kleinfeuerwehr-Aufbau ließ sich das Modell ausstatten.

Das Dreiradfahrzeug erhielt 1933 als Typ LTH 200/300 mit einem festen Fahrerhaus, einer Motorhaube und einer Lenkradsteuerung auf einem verbesserten Zentralrohrrahmen eine erhebliche Verbesserung.

Als 1934 parallel zu den DKW-Personenwagen in kleinen Stückzahlen auch der Einfachst-Pkw »Framo Stromer« hergestellt wurde, widmete man sich in Zuge der eingeleiteten, etappenweisen Produktionsverlagerung nach Hainichen in den Gebäudeanlagen einer aufgelösten Woll-Haar-Kämmerei des zusammengebrochenen Nordwolle-Konzerns auch wieder der Herstellung von Kleinlieferwagen. Gleichzeitig änderte das Unternehmen den Firmennamen in Framo-Werke GmbH.

Neben verbesserten Dreiradmodellen bot Framo nun auch wieder ein eigenes Vierradfahrzeug vom Typ LTV 500 für 0,75 Tonnen Nutzlast an. Technisch entsprach dieses Fahrzeug dem Stromer. Ein thermosiphongekühlter 15-PS-DKW-Motor trieb über ein Dreiganggetriebe die Pendelvorderachse an; hinten gab es eine blattgefederte Starrachse. Das Modell konnte als Pritschen- und als Kastenwagen mit einer Sperrholzkarosserie auf dem Einrohrfahrgestell geliefert werden.

12-PS-Framo Pritschenwagen (DKW-Parallel-Typ) (1932).

14,5-PS-Framo LTH 200 »Eillieferwagen« (1933).

Mit neuen Drei- und Vierradfahrzeugen auf Erfolgskurs

1935 folgte auch das hinterradgetriebene Modell vom Typ HT 600 »Sachsen« für 1000 kg Nutzlast mit einem thermosiphongekühlten 18-PS-DKW-Motor. Der Kardanantrieb war nach dem in Fahrzeugmitte angebrachten Getriebe seitlich versetzt. Fahrgestell und Antriebstechnik dienten zwei Jahre später den für die Reichswehr entwickelten drei Prototypen des Gelände- bzw. Militärwagens vom Typ MW »Sachsen«.

Mit einem 7-PS-Einzylindermotor war zuvor der 400-kg-Typ FPT 300 mit einem Stabholzaufbau ins Programm gekommen. Eine Nachbaulizenz für den größeren Dreiradtyp LTV 500 ging an die Firma Manderbach, die das Modell als Typ »Condor« fertigte.

18-PS-Framo HT 600 Kastenwagen (1934).

7-PS-Framo FPT 300 Stabholz-Kastenwagen (1934).

Ab 1936 erhielten die Drei- und Vierradfahrzeuge in den einzelnen Bauversionen Städtenamen, so zum Beispiel »Berlin«, »Leipzig«, »Hamburg« und »Danzig«.

Die Dreiradmodelle LTP 200/300 waren jetzt mit einer Pendelfederung ausgestattet, ihre Höchstgeschwindigkeit betrug 50 km/h.

Im gleichen Jahr kam es zur Bildung der Familien-GmbH, der Framo-Werke GmbH Hainichen. Die beiden bisherigen Gesellschafter schieden aus; neue Gesellschafter waren Hans, Ove und Arne Rasmussen sowie Ilse Hennig, geborene Rasmussen, später deren Kinder Jörgen und Niels Hennig.

1937 präsentierte das wieder auf 700 Mann angewachsene Werk den 70 km/h schnellen Typ HT 1200 bzw. VT 1200 »München« als 1,0–1,1-Tonner mit einem 34-PS-Vierzylindermotor des Ford »Eifel«. Bis 1938 erschien dieser größte Framo als Pritschen- und als Kastenwagen sowie als Fahrzeug mit diversen Spezialaufbauten.

6-PS-Framo LTP 300 Lieferdreirad (1935).

18-PS-PS-Framo HT »Sachsen« Pritschenwagen (1935).

6-PS-Framo LTG 200 Lieferdreirad (1936).

6-PS-Framo LTP 300 Lieferdreirad (1936).

34-PS-Framo HT V 1200 Pritschenwagen (1937).

15-PS-Framo Lieferdreirad Typ Hamburg (1938).

34-PS-Framo HAT V 1200 Typ München (1938).

Fahrgestelle und Karosserien lieferte das Werk zu dieser Zeit an eine Tochterfirma der Waggonfabrik Talbot in Berlin, die sie mit elektrischem Antrieb ausrüstete.

Das Typenbegrenzungsprogramm des Regierungsbeauftragten Adolf v. Schell teilte dem Framo 1939 die Herstellung von Drei- und Vierrad-Kleinlieferwagen der 650-kg-Nutzlastklasse zu. Für dieses Programm entwickelte Chefkonstrukteur Emil Stiebling die Vierrad-Modelle V 500 und V 501 als (jetzt) 0,75-Tonner mit luft- und wassergekühlten 15-PS-DKW-Motoren, wobei nach DKW-Technik wiederum eine Dynastartanlage zum Einbau kam. Auch einen Zweizylinder-Doppelkolben-Zweitaktmotor konstruierte der DKW-Ingenieur Petersen; wegen des kostengünstiger zu

15-PS-Framo V 500 Kastenwagen (1939).

produzierenden konventionellen DKW-Aggregats musste dieser an einem Puch-Motor orientierte Zweitakter zurückgestellt werden.

Unsynchronisierte Prometheus-Vierganggetriebe kamen mit der DKW-Krückstockschaltung zur Verwendung, die die Kraft auf die Hinterräder abgaben. Der Fahrgestellrahmen bestand aus zwei Längsträgern mit eckigem Hohlprofil, die mit mehreren Querträgern verschweißt waren.

Das als Vierrad-Einheitstyp bezeichnete Modell ging in großen Stückzahlen zunächst in die Sowjetunion, in die Tschechoslowakei und in die Schweiz, nach Bulgarien, Holland, Jugoslawien, Norwegen, Rumänien, Spanien, Schweden, Ungarn und sogar nach Indien und Südamerika.

Rüstungsfertigung und Enteignung

Der Einheitstyp wurde bei Kriegsbeginn von den Firmen Ostner (O.D.) und Manderbach in Lizenz gefertigt; der Bau aller anderen Framo-Typen war mit der Produktionsaufnahme dieses Modells eingestellt worden. Die Herstellung des Dreirad-Einheitstyps übernahmen die Firmen Gutbrod und Vidal & Sohn.

Die größte Fertigungszahl erreichte das Unternehmen 1939 mit 5750 Exemplaren. Zugunsten der Produktion von Rüstungsgütern wie Nebelwerfern, Bordwaffen und Richtmaschinen fiel die Nutzfahrzeugfertigung in dem mit Zwangsarbeitern auf 1100 Mann angewachsenen Betrieb unter der Leitung von Richard Schulz immer stärker zurück, so dass sie 1943 völlig eingestellt werden musste. Insgesamt 23.456 Dreiräder und 12.555 Vierrad-Kleinlaster waren hergestellt worden.

34-PS-Framo V 1200 Pritschenwagen (1939).

15-PS-Framo V 501/I Pritschenwagen (1941).

Nach dem Krieg stellte die Sowjetische Besatzungsmacht das Werk unter Sequester; 1946 wurde es auf Befehl der Sowjetischen Militär-Administration (SMAD) enteignet und in der Rüstungstechnik demontiert. Geschäftsführer Hans Rasmussen wurde verhaftet und starb im Internierungslager Toszek/Polen. Als Volkseigener Betrieb wurde das Werk Framo 1946 der IFA-Vereinigung Volkseigener Fahrzeugwerke angegliedert; 1946 lief die Montage der ersten 65 Framo-Pritschenwagen mit noch vorhandenen Zweizylinder-Doppelkolbenmotoren (17 PS) an. 1950 erfuhr das Fahrzeug eine leichte Überarbeitung. Die Produktion belief sich bis 1952 auf 1215 Modelle. Ab diesem Baujahr erhielt der Framo-Einheitstyp aufgrund des Einbaus des Dreizylinder-(DKW)-Motor des IFA-Pkw-Modells F 9 mit 28 PS die Bezeichnung V 901. Ausführungen als Kasten-, Kranken- und als Kombiwagen folgten.

Schließlich bekam das Modell 1957 unter der Bezeichnung V 901/2 ein vergrößertes Fahrerhaus und in die Kotflügel einbezogene Scheinwerfer. Bis 1961 entstanden 29.455 Fahrzeuge der V 901-Baureihen.

1958 legte die IFA-Verwaltung den VEB Motorenwerk Karl-Marx-Stadt (Chemnitz) und den VEB Fahrzeugwerk Karl-Marx-Stadt, vorm. Framo-Werk zu den Barkas-Werken zusammen; ihre Produkte kamen jetzt unter dem Namen »Barkas« auf den Markt. Das Fertigungsprogramm umfasste neben den Lieferwagen die Montage des P 2-Militärwagens und die Herstellung von Dieseleinspritzpumpen, Fahrzeugmotoren und stationären Anlagen.

Konstruktionszeichnung des Framo-Eintonners von Ove Rasmussen (1951).

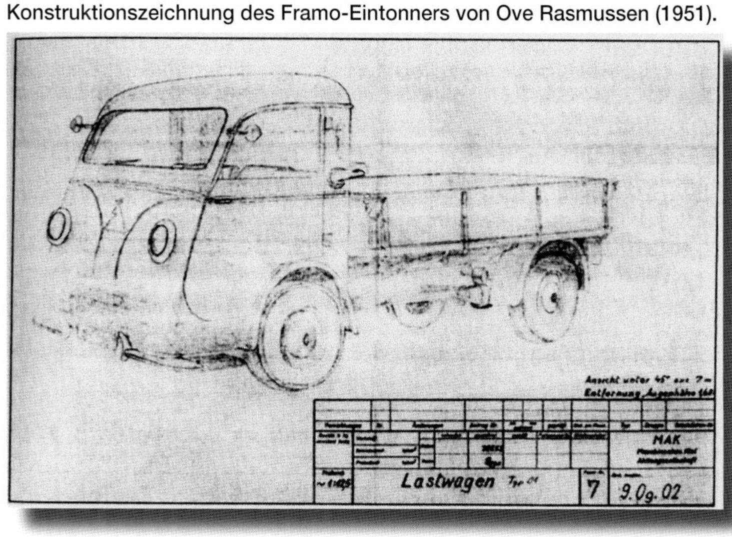

24-PS-IFA Framo V 901 Kombinationswagen (1952).

24-PS-IFA Framo V 901 Pritschenwagen (1952).

28-PS-IFA Framo V 901/2 Krankenwagen (1954).

28-PS-IFA Framo V 901/2 Pritschenwagen (1954).

28-PS-IFA Framo V 901/2 Pritschenwagen (1958).

Ein Exponat des DDR-Museums in Dargen auf Usedom ist dieser Framo V 901/2. (Foto: Ralf Weinreich)

Endlich mit einem Frontlenker auf der Höhe der Zeit

1961 löste der völlig neu gestaltete Frontlenker vom Typ Barkas 1000 den Einheitstyp ab. Das zunächst nur als Kastenwagenmodell lieferbare (und noch bis 1991 gefertigte) Fahrzeug besaß einen Mittelträger mit angesetztem Kastenrahmen als Unterbau; der 42-PS-Dreizylinder-Zweitaktmotor des Pkw »Wartburg« war zwischen den Sitzen angebracht und trieb die Vorderräder an. Die Lenkradschaltung, die jedoch eine äußerst diffizile Einstellung erforderte, wurde 1968 durch eine Knüppelschaltung ersetzt.

Der VEB Fahrzeughydraulik Frankenberg (FHF), das ehemalige Walter Hunger Fahrzeugwerk, wurde 1965 von Barkas übernommen; die Fertigung des Rahmens und der Stanz- und Umformteile wurde dorthin verlagert. Statt der seitlichen Klapptüren gab es ab 1985 auf Wunsch eine Schiebetür.

1965 folgte der Pritschen-, Koffer- und Drehleiterwagen, der einen U-Profil-Hilfsrahmen besaß. Einen Allrad-Barkas hatten die Ingenieure 1961 unter Verwendung des P 3-Geländewagen-Fahrgestells entworfen, ohne dass es zu einem Serienbau kam.

In den 1970er Jahren entwickelten die Barkas-Ingenieure das Nachfolgemodell B 1100 mit modernisierter Karosserie und einem 75-PS-Moskwitsch-Viertakt-Motor. Da jedoch keine Investitionsmittel zur Verfügung standen, verfügte die Staatliche Plankommission den Weiterbau des inzwischen veralteten Barkas-Modells. Versuche, den unwirtschaftlichen,

42-PS-VEB Barkas B 1000 Kofferwagen (1966).

Als Fahrzeug der Volkspolizei weckt der B 1000 nicht nur gute Erinnerungen. (Foto: Ralf Weinreich)

VEB Barkas-Werke
IFA-Kombinat für
Kraftfahrzeugteile

901 Karl-Marx-Stadt
Deutsche
Demokratische Republik

Exporteur:
Transportmaschinen
Export Import
Volkseigener
Außenhandelsbetrieb der DDR
DDR 108 Berlin

Kleinbus Bestell-Nr. 134 24 11 2

(auch zum Ausbau als Arbeits- und Wohnwagen geeignet)

Krankenwagen Bestell-Nr. 134 25 10 0

Dringliche Medizin. Hilfe Bestell-Nr. 134 25 10 0

Verkehrsunfall-Bereitschaftswagen Bestell-Nr. 134 25 10 0

Verkehrskontrollwagen Bestell-Nr. 134 25 10 0

Krankenwagen Bestell-Nr. 134 22 16 0

B 1000-Bus
Behagliche Kabine und Fahrgastraum für insgesamt acht Personen. Platz für umfangreiches Handgepäck zusätzlich. Bequeme Sitze mit viel Beinfreiheit. Wirkungsvolle Benzinheizung für Fahrgastraum, im Sommer als Belüftungsanlage zu nutzen. Gute Sicht nach allen Seiten durch breite Fensterfront.

B 1000-Arbeits- und Wohnwagen
Bus für Spezialausstattung als Unterkunft für 5 Personen. Umrüstzeit durch Schnellspann- und Schnellschraubverschlüsse ohne jedes Werkzeug in 30 Minuten. Dachaufbau und Vorzelt erweitern Lade- und Wohnraum. Geeignet für Arbeitskollektive aller Art, die unabhängig sein wollen und weiten Aktionsradius brauchen.

B 1000-Krankenwagen
Krankenwagen für 6 Personen. Tragengestell für zwei Patienten. Gut beheizter Krankenraum mit Ausstattung für erste Hilfe.

B 1000 Dringliche Medizinische Hilfe
Erweiterte Ausstattung des Krankenraumes mit Instrumenten und Medikamentenschränken. Ärztliche Behandlung bereits auf dem Transport möglich. Blaue Rundumleuchten und Bugaufschrift kennzeichnen das Fahrzeug.

B 1000-Verkehrsunfall-Bereitschaftswagen
Reichhaltige Ausstattung des Bereitschaftsraumes für erste Hilfe, Sicherung des Unfallortes und Beweisaufnahme. Sprechfunk und Fahrtenschreiber dienen der Beweglichkeit im Einsatz. Auf dem Dach befindet sich eine Plattform als Kamerastandpunkt für Aufnahmen am Unfallort.

B 1000-Verkehrskontrollwagen
Weiterentwicklung des Verkehrsunfall-Bereitschaftswagens mit entsprechender Spezialausstattung.

B 1000-Kastenwagen
Mit 6,4 m³ Laderauminhalt und 1 t Tragkraft rentabler Lieferwagen für alle Branchen. Durch breite Türen auch für sperrige Güter leicht zugängig. Große Seitenwände für Werbung gut geeignet.

Kastenwagen Bestell-Nr. 134 22 14 0

Wärme-Isolierwagen Bestell-Nr. 134 22 14 0

Kleiner Paketwagen Bestell-Nr. 134 22 14 0

B 1000-Wärmeisolierwagen
Kastenwagen mit geschäumter Polystyrol-Isolierung. Bodenbelag und Seitenwände sind durch Leisten geschützt. Laderaum von 5,7 m³ zum Transport temperaturempfindlicher Güter, da Isolierung wärme- und kälteabweisend wirkt. Direkte Sonneneinstrahlung hat auf Innenraum keinen Einfluß. Lüftung erfolgt durch Windhuze und Luftschlitze.

B 1000-Kleinlöschwagen
Bereitschaftsfahrzeug für Industriebetriebe und Freiwillige Feuerwehr. Tragkraftspritze, Druckschläuche und Arbeitsgeräte im Innenraum, Saugschläuche auf dem Dach, Schlauchhaspel als Nachläufer.
Fünf Mann Besatzung.

B 1000-Kastenmehrzweckwagen
Einsatzfahrzeug für Reparatur- und Montagetrupps. Platz für Personen und Ladung in verschiedenen Varianten.
Beispiel: 4 Personen (ohne Fahrer) und 630 kg Ladung
oder 1 Person und 960 kg Ladung.

B 1000-Bestattungswagen
Fahrzeug für Bestattungswesen mit Platz für zwei Särge und 5 Sitzplätze für Fahrer und Träger.

B 1000-Post-Kastenmehrzweckwagen
Beispiel für Vielseitigkeit dieser Ausführungsart mit Spezialausstattung. Dachhalterung mit Leiter vervollständigt das Fahrzeug für den vorgesehenen Verwendungszweck.

B 1000-Fahrerhaus-Rahmen
Fahrerhaus mit durch Hilfsrahmen versteifter Bodengruppe. 70 l-Tank für weiten Aktionsradius. Geeignet für Spezialaufbauten verschiedenster Art. Fahrerkabine mit Komfort aller B 1000-Ausführungen.

B 1000-Pritschenwagen
Auf Fahrerhaus-Rahmen aufgebaut. Mit und ohne Plane lieferbar. Bequemes Laden mit und ohne Rampe durch Ladeflächenhöhe von nur 775 mm. Tragkraft 1050 kg.

Kleinlöschwagen Bestell-Nr. 134 22 16 0

Kastenmehrzweckwagen Bestell-Nr. 134 22 14 0

Bestattungswagen Bestell-Nr. 134 22 14 0

Post-Kastenmehrzweckwagen Bestell-Nr. 134 22 14 0

B 1000-Isothermwagen
Laderaum auf Fahrerhaus-Rahmen mit geschäumtem Polystyrol isoliert, mit Folie ausgeschlagen und mit Lattenrosten belegt. Seitliche Holzgitter schützen die Wände. Abfluß zur Säuberung im Fußboden. Besonders gut geeignet zum Transport von Fisch und Fleisch, da über längeren Zeitraum gleichbleibende Temperatur.

B 1000-Kofferwagen
Zum Transport großräumiger Güter besonders vorteilhaft, da im Laderaum keine Rundungen. Volle Ausnutzung des Laderaumes von 5,8 m³. Rücktüren geben zum Beladen gesamte Wagenbreite frei. Der Kofferraum ist auf dem Fahrerhaus-Rahmen montiert.
B 1000-Post-Kofferwagen
Spezialausführung des Kofferwagens, den Erfordernissen der Postzustellung angepaßt.

Fahrerhaus-Rahmen Bestell-Nr. 134 22 13 0

Pritschenwagen ohne Plane Bestell-Nr. 134 22 13 0

Pritschenwagen mit Plane Bestell-Nr. 134 22 13 0

Kofferwagen Bestell-Nr. 134 22 14 0

Isothermwagen Bestell-Nr. 134 22 14 0

Post-Kofferwagen Bestell-Nr. 134 22 14 0

Eine stattliche Variantenvielfalt boten die Barkas-Werke. (Repro: Smlg. Ralf Weinreich)

46-PS-VEB Barkas B 1000 Pritschenwagen (1986).

46-PS-VEB Barkas B 1000 Leichenwagen (1986).

zu schwachen und unkultiviert laufenden Zweitakter durch einen Viertaktmotor aus dem »nichtkapitalistischen Wirtschaftsgebiet« zu ersetzen, scheiterten an technischen Umständen.

1988 erhielt der DDR-Standard-Eintonnen-Transporter eine Motorsteigerung auf 46 PS. Im gleichen Jahr wurde ein Exportauftrag nach Belgien abgeschlossen, diese Fahrzeuge erhielten jedoch 1,8-Liter-Dieselmotor mit 60 PS von Ford.

Kurz nach der politischen Wende konnte der Uralt-Zweitaktmotor durch den im Barkas-Werk gefertigten VW-Lizenzmotor BM 860 mit 58 PS ersetzt werden. Auch vordere Scheibenbremsen und kleine Änderungen im Frontbereich besserten das Fahrzeug auf; aber schon im März 1991 wurde nach der Produktion von 1961 Barkas-Transportern B 1000-1 mit dem Viertaktmotor die Montage eingestellt.

Auch die Entwicklung eines Nachfolgermodells im Werk Frankenberg musste nach einer Handvoll Prototypen aufgegeben werden. Die Fertigungsanlagen sollten zunächst nach Ungarn und schließlich nach Russland verkauft werden, was sich aber an der ungelösten Finanzierung zerschlug. Die Produktionsanlagen wurden daher verschrottet. Von 1961 bis 1991 waren 177.701 Transporter hergestellt worden.

Nachdem Pläne der Unternehmensleitung gescheitert waren, mit dem Volkswagen-Transporter- und mit einem Wohnwagenwerk zusammenzuarbeiten, bemühte sie sich nun um die Auftragsfertigung im Komponentenbereich.

46-PS-VEB Barkas B 1000 Kleintransporter (1987). (Foto: Ralf Weinreich)

Zukunftspläne der Rasmussen-Familie nach 1945

Der Gründer der DKW- und Framo-Werke, Jörgen Skafte Rasmussen, seit 1938 Dr. Ing. h. c., flüchtete kurz vor Kriegsende nach Flensburg und ging 1948 in seine Heimat Dänemark, wo er 1964 starb. Sein Sohn, Dr. Ove Rasmussen, verließ 1948 die Rasmussen-Villa« und ging zunächst nach Wiesbaden. Im Gepäck hatte er die Konstruktionsunterlagen für den Framo-Vierrad-Kleinlaster, für den Doppelkolbenmotor, für ein 125-ccm-Motorrad sowie für eine Hochleistungsdrehbank. Im Rahmen der »Interessengemeinschaft der in der Ostzone enteigneten Betriebe« trat Dr. Ove Rasmussen 1950 in Verhandlungen mit der Kieler Ostufer GmbH (KOG) in Kiel zum Bau des 0,75-Tonners ein. Die KOG war aus der Rüstungsschmiede Deutsche Werke Kiel (DWK) hervorgegangen und suchte händeringend nach einem unverfänglichen Produkt, um die Arbeit wieder aufzunehmen. Die einstigen FRAMO-Mitarbeiter Richard Schulz und Emil Stiebling konnten für die Überarbeitung des V 501-Modells gewonnen werden.

Die Weiterentwicklung des Framo-Modells zu einem Frontlenker, der Ersatz des Zweizylinder-Doppelkolbenmotors durch einen Dreizylinder-Zweitakter der Firma Richard Küchen in Ingolstadt, wenig später durch einen ILO-Zweitakter, verzögerten die Herstellung eines Prototyps. Da inzwischen verschiedene Frontlenker-Transporter auf den Markt gekommen waren, stoppte die inzwischen wieder aktive DWK 1953 das Projekt. Wenn auch die Kopenhagener Dansk Industri Syndikat A/S (DISA) das 125-ccm-Motorrad fertigte, erwies sich eine Produktionsaufnahme im KOG-Werk als aussichtslos, da der Motorradtrend in der jungen Bundesrepublik zu schwereren Maschinen ging. Dr. Ove Rasmussen gründete in Maintal bei Frankfurt am Main die Kfz-Zubehör-Firma NORMA, die bis heute erfolgreich in der Herstellung von Verbindungselementen tätig ist.

58-PS-Barkas B 1000 Pritschenwagen mit Viertaktmotor (1990). (Foto: Ralf Weinreich)

Framo/Barkas-Lieferwagen

Typ	Nutzlast in Tonnen	1. Baujahr	Motoren-hersteller	Zyl.	PS	Kühl.	Bohrung x Hub	Hubr. in ccm	Drehz.	Gew. in kg	Besonder-heiten
1. Dreiräder											
TV 200	0,4	1927		1	6	L	60x68,5	194	3500	275	
TV 300	0,5	1927		1	7	L	74x68,5	295	3200		
LT 200	0,4 - 0,5	1931		1	6	L	60x68,5	194	3500	340	
LT 300	0,4 - 0,5	1931		1	7	L	74x68,5	297	3200		
Framo 12 PS	0,6	1932		2	12	Th	74x68,5	589	3000	800	
FPT 300 Essen	0,4	1934		1	7	L	74x68,5	295	3200		
LTH 200/300	0,65	1934	DKW	2	4,5	Th	74x68,5	589	3200		
LTP 200 Dresden	0,3	1935		1	6	L	60x68,5	194	3500	390	
LTP 300	0,4	1936		1	9	L	74x68,5	295	3300		
LTG 500 Hamburg	0,75	1936		2	15	L	68x69	493	3300	765	
LTG 500	0,6	1936		1	5	L	60x68,5	192	3500	735	
LTG 200 Leipzig	0,6	1936		1	6	L	60x68,5	194	3600		
2. Vierradfahrzeuge											
VL	0,5	1932		2	16	Th	74x68,5	589	3200		
Stromer	0,3	1934		1	5,6	L	60x68,5	194	3500		
Stromer	0,3	1934	DKW	1	8	L	74x68,5	295	3300		
HT 600 Sachsen	1	1935		2	18	Th	74x68,5	589	3500		
LTV 500 Berlin	0,75	1936		2	15	Th	68x68	493	3300		
HT 1200 München	1	1937	Ford	4	34	Th	63,5x92,5	1172	4250	1050	
V 500 Chemnitz	0,75	1938	DKW	2	15	Th	68x68	493	3300		
V 1200	1,2	1939	Ford	4	34	Th	63,5x92,5	1172	4250	1070	
LTV 501 Danzig	0,75	1940	DKW	2	15	Th	68x68	493	3300	780	
V 501/2	0,75	1949		2	17	Th	2x45x78	496	3400	790	
V 901	0,95	1952		3	24	Th	70x78	900	3600	950	
V 901/2	1	1954	IFA	3	28	Th	70x78	900	3600	1000	
Barkas B 1000	1	1961		3	42	W	73,5x78	992	4000	1240	
Barkas B 1000	1	1972		3	45	W	73,5x78	992	4000	1240	
Barkas B 1000	1	1986		3	46	W	73,5x78	992	4000	1240	
Barkas B 1000	1	1988	Ford	4	60	W	82,5x82	1753	4800		D, Export-modell für Belgien
Barkas B 1000-1	1	1990	IFA	4	58	W	75x72	1263	5400	1324	VW-Lizenz-Motor

Freund

Draisinenbau Freund GmbH,
Hamburg-Hammerbrok, Wendenstraße 151
1. 1933–1940 **Draisinenbau Freund GmbH**
2. 1940–1948 **Draisinenbau Dr. Adolf Alpers**
3. 1948–1951 **Wendax Fahrzeugbau GmbH**

Ein leichtes Motor-Lieferdreirad unter dem Namen »Freund 98 Eilrad« fertigte dieses seit 1900 bestehende Draisinenbau-Unternehmen. Ein 2,4 PS starker Fichtel & Sachs-Motor trieb über ein Dreiganggetriebe das für 150 kg ausgelegte Fahrzeug in Vorderladertechnik an. Das 40 km/h schnelle Modell besaß einen Stahlrohrrahmen mit Drahtspeichenrädern. Über der Schwingachse war der Ladekasten des steuer- und führerscheinfreien Fahrzeugs aufgesetzt. Auch eine Version für 250 kg Nutzlast wurde hergestellt.

2,4-PS-Freund »Eilrad« (1933).

7,4-PS-Freund WL 120 »Eilrad« (1937).

5,5-PS-Wendax WL 200 Vorderlader (1949).

Als zweiter Typ kam 1937 der Wendax WL 120 mit Vollscheibenrädern, geschlossenem Lieferkasten und geschwungenen Kotflügeln hinzu. Eine Hinterachsschwinge, Torsionsfedern und eine Ross-Lenkung waren weitere technische Details. Ein 7,4-PS-ILO-Motor trieb das 225-kg-Fahrzeug an. Auch ein 0,5- und ein Eintonner in Hinterlader-Bauart bot das Unternehmen mit ILO-Motoren an. Die Produktion dieser Fahrzeuge erreichte bis 1938 171 Stück.

Kurz nach Kriegsbeginn übernahm Dr. Adolf Alpers das 160 Personen zählende Unternehmen. Da nach dem Krieg der Bau von Draisinen unbedeutend geworden war, verlegte sich das Unternehmen auf den Bau von Stahlmöbeln. Auch der Lieferwagenbau lebte in bescheidenem Maße wieder auf. Das Dreirad-Vorkriegsmodell erschien 1948 als verbesserter Typ unter den Bezeichnungen »Wendax WL 200«, »Wendax WL 250« und »Wendax WL 300«; die Zahlenangabe stand für die Nutzlast in Kilogramm. ILO-Motoren mit 6,5 und 7 PS trieben die Transporträder an. Ein Lenkrad löste bei diesem mit langen, geschwungenen Kotflügeln ausgestatteten Fahrzeug den bisher verwendeten Motorradlenker ab. Für den Bau und Vertrieb der Fahrzeuge sorgte die Wendax Fahrzeugbau GmbH.

Letzte Lieferwagen-Schöpfung von Dr. Alpers und seinem Konstrukteur Heinrich Paartz wurde der Wendax 1,25-Tonner. Das mit einer Fahrerkabine ausgestattete Vierradfahrzeug war auf einem Rohrrahmen-Chassis aufgebaut. Als Antrieb waren VW-Motoren, die für den Draisinenbau vorgesehen waren. Das 25-PS-Aggregat, hinter dem Fahrersitz platziert, trieb über ein Vierganggetriebe die Vorderräder an, wobei ein selbst entwickelter Vorderradantrieb zur Kraftübertragung angewendet wurde. Die Hamburger Karosseriefabrik Gebr. Ehlers stellte das aus Holz konstruierte Fahrerhaus her, das von dem Wendax-Fahrzeugbau noch mit Blech verkleidet wurde. Da das Volkswagen-Werk zu dieser Zeit seinen eigenen Transporter entwickelte, gab es Rechtsstreitigkeiten (über die in der Wendax-Werbung hervorgehobenen, aber vertragswidrig verwendeten VW-Motoren), so dass der Lieferwagenbau eingestellt wurde. Etwa 20 Lieferdreiräder und etwa zehn Frontlenker-Transporter waren die Bilanz der Wendax-Nachkriegsfertigung.

25-PS-Wendax 1,5 t Pritschenwagen (1949).

Neben den leichten Nutzfahrzeugen baute das inzwischen auf 300 Beschäftigte angewachsene Werk verschiedene Einfachst-Pkw unter der Marke Aero. Aufgrund der ungenügenden Kapitalausstattung und den beträchtlichen Reklamationen musste der Konkurs des Wendax Fahrzeugbaus im Jahre 1951 angemeldet werden. Der Automobilbau lief 1952 aus; das Unternehmen konzentrierte sich noch eine Zeitlang auf den Stahlmöbel- und Draisinenbau mit dem Typ Klv 12 für die deutsche Bundesbahn. 1966 wurde das Alpers-Unternehmen im Firmenregister gelöscht.

Freund-Lieferwagen

Typ	Nutzlast in Tonnen	1. Baujahr	Motoren-hersteller	Zyl.	PS	Kühl.	Bohrung x Hub	Hubr. in ccm	Drehz.	Gew. in kg	Besonder-heiten
Freund-Eilrad	0,125	1932	F&S	1	2,4	L	48x54	98	5000		
Freund-Eilrad	0,2	1935	F&S	1	3	L	54x54	123	3000		
Wendax	0,15	1937	F&S	1	2,4	L	48x54	98	5000		
Wendax WL 120	0,225	1937	ILO	1	7,4	L	61x68	199	3400		
Wendax	0,5										
Wendax	0,75										
Wendax	1										
Wendax WL 200	0,2	1948	ILO	1	5,5	L	63x68	212	3000		
Wendax Front 1,5 t WL 1200	0,75	1949	VW	B4	25	L	75x64	1131	3000	1250	Motor hinter Fahrersitz
Wendax WL 250	0,25	1950	ILO	1	6,7	L	57x58	147	4700		
Wendax WL 300	0,3	1950	ILO	1	6,7	L	57x58	147	4700		

Fuldamobil

Elektro-Maschinenbau Fulda GmbH,
Fulda, Rangstraße 39, 1957–1962

Nach 1950 richtete der Elektro-Maschinenbau Fulda des Dipl.- Ing. Karl Schmitt, der Notstromaggregate, Elektrogeräte und Dia-Projektoren fertigte sowie als Bosch-Vertretung tätig war, eine Automobilfabrikation ein. Dreirädrige »Fuldamobile« verließen bis etwa 1969 das Werk, wobei ein Lizenzvertrag mit dem Nordwestdeutschen Fahrzeugbau GmbH (NWF) in

Fuldamobil-Lieferwagen

Typ	Nutzlast in Tonnen	1. Baujahr	Motoren-hersteller	Zyl.	PS	Kühl.	Bohrung x Hub	Hubr. in ccm	Drehz.	Besonder-heiten
Fuldamobil-Vierrad-Transporter		1956 (?)	Lloyd	2	13	L	62x64	386	3750	Prototyp

Wilhelmshaven zustande kam. 1962 entstand in acht Prototypen ein Kleinlieferwagen in Frontlenkerbauart mit Pritsche. Der 13-PS-Lloyd-Zweitakter mit 400 ccm trieb die Modelle an.

13-PS-Fuldamobil Stahlpritschenwagen (1962). (Foto: J. Krotil)

Funke & Hueck

Funke & Hueck,
Hagen, Plessenstraße 14, 1937–1939

Die Schraubenfabrik Funke & Hueck versuchte Mitte der 1930er Jahre auch in den Fahrzeugbau einzudringen. Zunächst stellte das Werk die von dem Landwirt Wilhelm Grams in Sydowswiese an der Oder (gegenüber Küstrin) entwickeltes Mehrzweckfahrzeug, »Lastkraftbodenfräse« genannt, für die Landwirtschaft her. Das Fahrzeug besaß im Heck einen 12,5 PS starken Junkers-Gegenkolbenmotor.

Gaubschat

H. Gaubschat Elektrowagen GmbH,
Berlin-Britz, 1951–1955

Gaubschat Elektro-Paketwagen (1953).

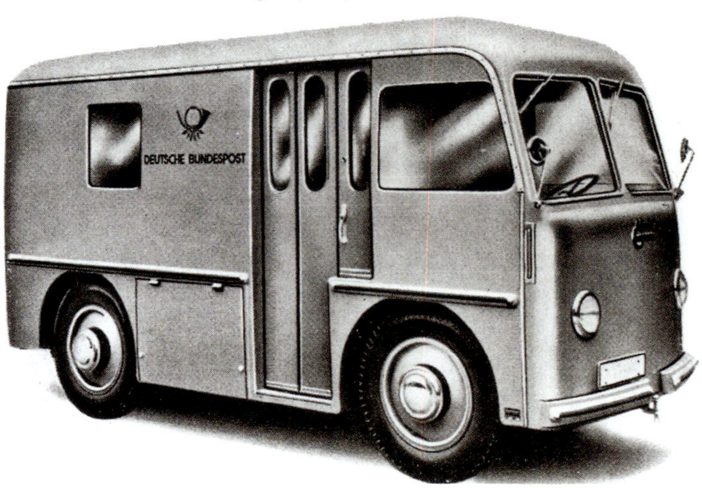

Nach den Plänen des früheren Bergmann-Oberingenieurs Krüger fertigte das zu den Gaubschat-Fahrzeug-Werken gehörende Unternehmen Elektro-Nutzfahrzeuge, darunter auch in 100 Exemplaren einen Eintonnen-Frontlenker für die Deutsche Bundespost Berlin.

Gebhardt u. Harhorn (Geha)

Gebhardt & Harhorn GmbH, Elektromobilfabrik,
Berlin-Schöneberg, Bahnstraße 19/20
1. 1908–1917: **Gebhardt & Harhorn GmbH, Elektromobilfabrik,**
Berlin-Schöneberg, Bahnstr. 19/20,
ab 1915 auch Berlin-Mitte, Chausseestraße 117
2. 1917–1923: **Elitewagen AG, Zweigwerk Berlin-Kreuzberg,**
Zossener Str. 55

Der Kaufmann Emil Rudolf Gebhardt, der eine 1858 gegründete Maschinenfabrik in der Berliner Chausseestraße 18 besaß, gründete um 1908 mit dem Elektro-Ingenieur Victor Harhorn eine Fahrzeugfabrik, die elektrisch angetriebene Dreirad-Fahrzeuge herstellte.

Harhorn, zeitweise Geschäftsführer des Unternehmens, der zudem eine Automobil-Zubehörhandlung betrieb, war zuvor der Konstrukteur der Berliner Electromobil- und Akkumulatorenfabrik (BEF).

Neben Personenwagen bildeten Dreirad-Lieferwagen mit einem hinteren Ladekasten (Nutzlast bis 600 kg) das über Jahrzehnte gepflegte Standardprogramm der Firma Gebhardt & Harhorn (Geha). Ihre Fahrzeuge wiesen gepresste, vorne hochgezogene und zu einem spitzen Winkel zusammengebogene Längsträger auf; ein 1,8 kW (maximal 3,7 kW) leistender Hauptschlussmotor in der Radnabe trieb das Vorderrad an. Bei einer Höchstgeschwindigkeit von 25 bis 30 km/h konnten 80 bis 100 km zurückgelegt werden.

Geha-Fahrzeuge fanden eine Verwendung als Kommunal- und als Briefpostautomobile. In geringer Zahl entstanden Vierrad-Fahrzeuge mit 4,4-kW-Hauptschlussmotor und Hinterachs-Planetenantrieb für eine Tonne Nutzlast.

3,7-kW-Gebhardt und Harhorn Lieferdreirad (1913).

In der Bahnstraße 22 war ab 1912 die Automobilzubehörhandlung Harhorn & Co. GmbH untergebracht.

Die Fertigung des Geha-Dreirades erfolgte ab 1913 auch in Brand-Erbisdorf. Das Unternehmen ging 1917 in den Elite-Werken auf; Victor Harhorn konstruierte dort die Elite-Elektrofahrzeuge.

3,7-kW-Gebhardt und Harhorn Lieferdreirad (1914).

Geha							
Typ	Nutzlast in Tonnen	1. Baujahr	Motor	Leistung in kw	Drehzahl	Gewicht in kg	Besonderheiten
Geha	0,400						
Geha	0,75						

Geier »Motor-Liefer-Dreirad« 100/S 3 RT (1941).

4,8-PS-Geier Motordreirad »Motrix 145« (1950).

Geier-Lieferdreiräder											
Typ	Nutzlast in Tonnen	1. Baujahr	Motoren-hersteller	Zyl.	PS	Kühl.	Bohrung x Hub	Hubr. in ccm	Drehz.	Gew. in kg.	Besonder-heiten
FM 120	0,25	1935	DKW	1	3,3	L	52x58	123		in kg	
100/SB RT	0,25	1939	DKW	1	2,6	L	50x50	98	3000		
Motri 145	0,25	1950	ILO	1	4,8	L	57x56	145	4000	193	

Geier

Geier-Fahrradwerk Ernst Upmeier u. Söhne,
Lengerich i. Westfalen, 1932–1953

Aus einem Betrieb für Fahrradteile und für Fahrradreparaturen gingen die Geier-Werke hervor, die 1932 in den Bau von Leicht-Motorrädern einstiegen. 1935 wurde das Modell FM 120 mit einem 3,3-PS-ILO-Motor auch als »Lastmotorrad« für 250 kg angeboten werden. Während des Krieges folgte der Bau von Lasten-Dreirädern des Typs 100/SB RT, der für 200 kg ausgelegte Hinterlader besaß einen DKW-Motor. Die Firma pries während der ersten Kriegsjahre das Geier-Transportrad als »bezugsscheinfreies« Modell an. Die Produktion kam auf 994 Exemplare.

Das 1953 vorgestellte Transportfahrzeug vom Typ »Motri 145« war als 250-kg-Modell mit einem 4,8-PS-ILO-Motor ausgestattet und wurde als »wirtschaftlicher Kleinlieferwagen« beworben. Im gleichen Jahr musste der Bau der eigenen Modelle eingestellt werden, doch für die Torpedo-Werke und für das Versandhaus Neckermann, beide in Frankfurt am Main, produzierte Geier weiterhin Kleinkrafträder. 1968 meldete das inzwischen im Heizkesselbau tätige Werk Konkurs an.

Geißler

Alfred Geißler, Motoren- und Fahrzeugfabrik,
Knautheim b. Leipzig, Hauptstraße 69d
(heute Seumestraße 134)
1. 1927–1928: **Alfred Geißler, Motoren- und Fahrzeugfabrik**
2. 1928–1930: **Fahrzeugfabrik Alfred Geißler**

Der Schlossermeister Alfred Geißler richtete 1902 eine Werkstatt und einen Laden für Waren des täglichen Bedarfs in Knautheim bei Leipzig ein. 1925 ging er zum Bau von Motorrädern mit englischen Villiers-Motoren über. Zwei Jahre später stellte er unter der Bezeichnung »Alge« einen steuer- und führerscheinfreien dreirädrigen Transportwagen mit einem 3-PS-ILO-Motor und einer Dreigangschaltung her. Das mit einem hinteren offenen Transportkasten für 250 kg Nutzlast ausgelegte Fahrzeug konnte auf der Sitzbank zwei Personen befördern. Den hier überforderten Motor ersetzte er schon rasch durch einen 5-PS-ILO- und einen 6-PS-Villiers-Zweitakter. Auch ein 11-PS-starker Küchen-Motor konnte gewählt werden. 1929 erhielt das Modell das auf 350 kg verstärkte Modell einen 10-PS-Villiers-Zweitaktmotor. Alternativ gab es den 11 PS starken Viertakt-Motor der Deutschen Industriewerke. Der Erwerb patentierter Konstruktionsunterlagen zum Aufbau einer eigenen Motorenfertigung ruinierte fast das Unternehmen, da sich die Konstruktion als untauglich erwies. Auch an den Bau eines Dreirad-Personenwagens wagte sich Alfred Geißler; jedoch nur ein Exemplar kam zustande. Mit dem Unfalltod von Alfred Geißler endete die Montage der Lieferdreiräder nach etwa 75 Exemplaren. Reststücke wurden von seinem Sohn Oswald bis 1932 abverkauft. Dieser konzentrierte sich wieder auf die Schlosserei und auf das Landkaufhaus.

Geissler Werbeanzeige von 1930.

10-PS-Geissler »Alge« Lieferdreirad (1927).

Geißler-Lieferdreiräder

Typ	Nutzlast in Tonnen	1. Baujahr	Motoren-hersteller	Zyl.	PS	Kühl.	Bohrung x Hub	Hubr. in ccm	Drehz.	Gew. in kg	Besonder-heiten
Alge		1927	ILO	1	3	L	51x60	123	3600		
Alge Transport-wagen	0,25	1927	Villiers	1	6	L		172			
Alge Transport-wagen	0,25	1927	ILO	1	5	L	65x75	246	3000		mit Lenkstan-ge
Alge Transport wagen K11	0,35	1927	Küchen	1	11		79,8x100	499	3000		mit Lenkrad
Alge Transport-wagen	0,35	1929	Villiers	1	10	L	79x70	342	3000		
Alge Transport-wagen	0,35	1929	D-Rad	1	11	L	82x94	496	3800		

Ge-Ma-Hi

Gemehl, Marquardt & Hillmann AG (GE-MA-HI),
Magdeburg-Buckau, Inslebenerstr. 18, 1925–1926

Die Motorradfabrik der Fabrikanten Karl Heinrich, Max Marquardt sowie Hermann Hillmann entwickelten Leichtmotorräder; abgeleitet davon entstand das Ge-Ma-Hi-»Geschäfts-Dreirad« mit 2,5-PS-Keni-Motor für eine Nutzlast von 200 kg. Der von der Berliner Motorenbau Gesellschaft Kempff & Nimtz zugekaufte Antrieb war in einem Doppelbügel direkt hinter dem Vorderrad eingebaut und trieb über einen Riemen das Rad an. Im Kastenrahmen war der Kraftstoffbehälter untergebracht. Nach dem Konkurs 1926 wurde das Unternehmen aufgelöst; der Motorenhersteller hatte schon ein Jahr zuvor aufgeben müssen.

2,5-PS-GeMaHi-Lasten-Dreirad (1925).

Germania

Germania Aktiengesellschaft Seidel & Naumann,
Dresden, Hamburgerstraße 19, 1905–1907

Die 1868 gegründete und einst größte deutsche Näh- und Schreibmaschinenfabrik Seidel & Naumann baute nach Laurin & Klement-Lizenzen Motorräder, darunter auch Transportdreiräder in Vorderladerbauart. Ein- und Zweizylinder-V-Motoren mit Leistungen von 2,5 und 6 PS trieben die »Gepäck-Motor-Dreiräder« für 250 kg Nutzlast an. Infolge des frühen Todes von Karl Naumann im Jahre 1903 lief der Motorfahrzeugbau aus. Das sich auf Schreib- und Buchungsmaschinen konzentrierende Werk wurde 1945/46 enteignet und gehörte später zum VEB Kombinat Robotron.

Gesellschaft für Automobilwagenbau

Gesellschaft für Automobilwagenbau, System Loutzky,
Berlin-Mitte, Französische Straße 49, 1899–1900

Die Gesellschaft für Automobilwagenbau wurde 1899 zur Herstellung, zum Vertrieb und zum Betrieb von Elektrofahrzeugen nach Patenten der Columbia-Automobile Co., Hartford Connecticut (USA) gegründet. Unter den verschiedenen Teilhabern war die Motorfahrzeug- und Motoren fabrik Marienfelde als führender Gesellschafter. Die Konstruktion der Fahrzeuge stammte von dem russischen Dipl.-Ing. Boris Loutzky (1865–1925).

Neben einem Omnibusmodell entstanden auch Lieferwagen mit 2,5-PS-Motoren für 500 und 1000 kg Nutzlast. Auch ein Postwagen auf einem vierrädrigen Fahrgestell mit einem wassergekühlten 5-PS-Zweizylinder-Benzinmotor unter dem rückwärtigen Fahrersitz stellte das Unternehmen um die Jahrhundertwende her. Auf der spitz zulaufenden Frontpartie war ein in Messing gegossener Reichsadler angebracht. Mit diesem Modell für 350 kg Nutzlast unternahm die Kaiserliche Post erste Versuche zur Expressgutzustellung in Berlin.

5-PS-GfA Postwagen (System Loutzky) (1899).

Gesellschaft für Verkehrsunternehmungen

Gesellschaft für Verkehrsunternehmungen,
Berlin, Unter den Linden 43, 1899–1901

Die Gesellschaft für Verkehrsunternehmungen (GfV) wurde 1899 wie die zuvorige Firma zur Herstellung, zum Vertrieb und zum Betrieb von Elektro-Omnibussen und Lieferwagen nach Patenten der US-Firma Columbia in Hartford/Connecticut gegründet.

Teilhaber der Gesellschaft waren folgende Firmen: Siemens & Halske, Berlin; die Elektrizitäts-Aktiengesellschaft, vorm. Lahmeyer, Frankfurt a. Main; die Union Elektrizitäts-Gesellschaft, Berlin; die Gesellschaft für elektrische Unternehmungen, Berlin; die Wagenbauanstalt-Waggonfabrik für elektrische Bahnen von W. C. F. Busch, Hamburg; die Motorfahrzeug- und Motorenfabrik, Berlin-Marienfelde; die Deutsche Gesellschaft für elektrische Unternehmungen, Frankfurt a. Main; die Akkumulatorenwerke System Pollack, Frankfurt a. Main sowie die Kommerz- und Diskontobank in Frankfurt a. Main.

Die auf einem Rohrrahmenfahrgestell aufgebauten »Geschäftswagen« mit einem Kastenaufbau besaßen hintere Antriebsräder, an die je ein 4,8-kW-Hauptstrommotor mit 650 Umdrehungen und einem Stirnradantrieb angebracht waren. Die Vorderachse war pendelnd mit einer Achsschenkellenkung angebracht. Eine senkrecht stehende Kurbel diente der Lenkung. Die Batterien für eine Reichweite von 20 km waren unter der Sitzbank verstaut.

1901 ist das Unternehmen in der Motorfahrzeug- und Motoren-Fabrik AG, Berlin-Marienfelde aufgegangen.

2x4,8-kW-GfV »Lieferungswagen« (1900).

Gieren

Dr. Ing. Gieren u. Co., Frankfurt a. Main, Gärtnerweg 13
1. 1925–1927: **Heinrich Kaiser-Werke, Maschinen- und Transportgerätefabrik,** Offenbach, Biebererstraße 5
2. 1927–1935: **Dr. Ing. Gieren u. Co.,** Frankfurt a. Main, Gärtnerweg 13

Unter dem Namen »Leila« brachten die Heinrich Kaiser-Werke in Offenbach zur Berliner Automobilausstellung von 1925 einen von Dr. Ing. Gieren konstruierten Leichtlastwagen »als Ersatz für Einspännerfuhrwerke oder für schwere Handwagen« auf den Markt. Das 500-kg-Vierradmodell in einfachster Frontlenkerausführung wurde von einem Breuer-Boxermotor im Heck angetrieben. Das ein wenig später erschienene 750-kg-Modell wurde als Typ I/A mit einem 8-PS-Zweizylinder-Zweitaktmotor, als Typ I/B mit einem 16-PS-Zweizylinder-Viertaktmotor von Breuer geliefert. Das 20 km/h schnelle Fahrzeug besaß eine Zweigangschaltung und gummibereifte Drahtspeichenräder. Den Vertrieb des in offener oder in geschlossener Ausführung lieferbaren Leila besorgte die Firma Wagner, Kerckhoff u. Co. in Berlin-Mitte, Louisenstraße 21.

1926 änderte Dr. Gieren den Frontlenker grundlegend. Er versetzte den Motor zwischen die Achsen. Diese Konstruktion ergab eine große, allerdings hoch angesetzte Ladefläche hinter dem Fahrersitz; die Last konnte gleichmäßiger auf die Stahlscheibenräder verteilt werden. Angetrieben wurde dieser Leila II-Typ entweder von dem 16-PS-Breuer-, einem 10-PS-ILO- oder einem 12-PS-Küchen-Motor. Über ein ZF-Getriebe und eine Kette oder einen Kardanantrieb wurden die Hinterräder bewegt; Nutzlasten von 500, 600 und 1000 kg konnten befördert werden.

Schließlich erschien 1927 der Leila-Eintonnen-Lieferwagen mit einem 32-PS-Motor der Kieling & Co. GmbH Maschinenbauanstalt in Frankfurt am Main. Die 550-kg-Version erhielt einen 14- oder 20-PS-Motosacoche-Motor, wobei der Antrieb über eine Kardanwelle mit einem Differential in der Hinterachse erfolgte.

16-PS-Leila Typ II (1926).

Gieren Leichtlastwagen »Leila« (1927).

Gieren-Leichtlastwagen mit Kastenaufbau (1930).

Auch mit einem primitiven 1,5-Tonnen-»Benzinmotorkarren« mit 8-PS-Breuer-Motor versuchte Dr. Gieren ins Geschäft zu kommen.

Hergestellt wurden die Leila-Fahrzeuge mit Pritschen- und Kastenaufbauten bis in die Mitte der 1930er Jahre; der Serienbau dürfte die 100-Stück-Marke jedoch kaum überschritten haben.

<table>
<tr><th colspan="12">Gieren-Lieferwagen</th></tr>
<tr><th>Typ</th><th>Nutzlast in Tonnen</th><th>1. Bauj.</th><th>Motoren-hersteller</th><th>Zyl.</th><th>PS</th><th>Kühl.</th><th>Bohrung x Hub</th><th>Hubr. in ccm</th><th>Drehz.</th><th>Gew. in kg</th><th>Besonder-heiten</th></tr>
<tr><td>Typ I/A</td><td>0,75</td><td>1925</td><td rowspan="3">Breuer</td><td>B2</td><td>8</td><td>W</td><td>68x68</td><td>493</td><td>2400</td><td>460</td><td>Boxermotor</td></tr>
<tr><td>Typ I/B</td><td>0,75</td><td>1925</td><td>V2</td><td>16</td><td>W</td><td></td><td>1100</td><td>3000</td><td></td><td></td></tr>
<tr><td>E 2</td><td>0,6</td><td>1925</td><td>B2</td><td>8</td><td>W</td><td>68x68</td><td>493</td><td>2400</td><td></td><td>Boxer-Motor, als »Motorkarren« 1,5 t Nutzlast</td></tr>
<tr><td rowspan="3">Leila Eillast-Lieferungs-wagen</td><td>0,6</td><td>1925</td><td>Küchen</td><td>1</td><td>12</td><td>L</td><td>85x90</td><td>510</td><td>3000</td><td>490</td><td></td></tr>
<tr><td></td><td>1925</td><td>Breuer</td><td>B2</td><td>14</td><td></td><td></td><td>750</td><td></td><td></td><td></td></tr>
<tr><td>0,5</td><td>1926</td><td>Ilo</td><td>1</td><td>10</td><td>Th</td><td>74,5x80</td><td>349</td><td>3000</td><td></td><td></td></tr>
<tr><td>Leila II</td><td>1</td><td>1926</td><td>Breuer</td><td>2</td><td>16</td><td>W</td><td></td><td>1100</td><td>3200</td><td></td><td></td></tr>
<tr><td rowspan="3">Leila Schnell-lieferwagen</td><td>0,55</td><td>1927</td><td rowspan="2">Moto-sacoche</td><td>1</td><td>14</td><td>L</td><td>85x90</td><td>510</td><td></td><td></td><td>auch 20 PS-Motor</td></tr>
<tr><td>1 - 1,5</td><td></td><td></td><td>30</td><td></td><td></td><td></td><td></td><td></td><td></td></tr>
<tr><td>1,5</td><td>1927</td><td>Kieling</td><td>4</td><td>32</td><td>W</td><td>110x120</td><td>2280</td><td>1000</td><td></td><td>Motor zw. d. Achsen</td></tr>
</table>

Glas

Hans Glas GmbH, Isaria Maschinenfabrik,
Dingolfing, Landshuter Straße 56, 1953–1965

Die 1860 von Maurus Glas in Freising gegründete und 1908 in Dingolfing ansässige Landmaschinenfabrik stellte 1953 unter Verwendung des Glas-Motorrollers »Goggo« einen dreirädrigen »Lastenroller« für 250 kg Nutzlast her. Ein 10-PS-ILO-Zweitakter fand hier Verwendung. Um alle Kapazitäten für die Automobilfertigung zu nutzen, wurde der Rollerbau 1955 eingestellt; 485 Lastenroller waren gebaut worden.

Als Kleintransporter in Kasten- und in halbüberdeckter Pritschenausführung (Pick-up) erschienen 1957/58 die Glas-TL-Modelle 250, 300 und 400 mit 13,6, 14,8 oder 20 PS. Das auf reine Zweckmäßigkeit ausgelegte Fahrzeug basierte auf der Bodengruppe des Goggomobil-Kleinstwagens. Die kastenförmige Karosserie zeichnete sich durch auffallend eingepresste Sicken sowie durch das eingeprägte »G« auf der Vorderfront aus. Da die Schiebetüren unbewegliche Fensterscheiben enthielten, musste gegebenenfalls die während der Fahrt offene Tür zur Luftzirkulation dienen! Eine Heizung gab es gegen Aufpreis. Ein Ziehkeilgetriebe mit elektromagnetischer Vorwählschaltung am Armaturenbrett war mit dem Zweitakt-Twin-Motor verblockt. Später folgte eine zuverlässigere H-Schaltung. Bis

20-PS-Glas TL 400 (1968). (Foto: Ralf Weinreich)

10-PS-Glas »Goggo« Lastenroller (1954).

30-PS-Glas »Isar« Lieferwagen (1960).

13,6-PS-Glas TL 250 (1957).

1964 wurden 3667 Kleintransporter hergestellt, die unter anderem (2000 Exemplare) bei der Bundespost als Ersatz für den Tempo »Boy« und bei Straßenmeistereien Verwendung fanden.

Auch Isar-Kombiwagen erhielten eine hintere Blechverkleidung und wurden als »Behördenwagen« geliefert. Hier sorgten 20 und 30 PS starke Boxermotoren für den Frontantrieb. Im November 1966 übernahm die BMW AG das nicht mehr wettbewerbsfähige Glas-Werk.

Glas-Lieferwagen

Typ	Nutzlast in Tonnen	1. Baujahr	Motoren-hersteller	Zyl.	PS	Kühl.	Bohrung x Hub	Hubr. in ccm	Drehz.	Gew. in kg	Besonder-heiten
Goggo	0,25	1953	ILO	1	4,2	L	55x50	118	4500		Dreirad
Goggo	0,25	1953		1	4,8	L	57x56	145	4000		
Goggo	0,25	1953		1	10	L	62x66	197	4500		
TL 250	0,3	1957	Glas	2	13,6	L	53x56	247	5400	600	
TL 300	0,3	1957		2	14,8	L	58x56	296	5000	600	
TL 400	0,3	1958		2	20	L	67x56	395	5000	600	
Isar T 600	0,475	1958		B2	20	L	72x72	584	5000	705	Boxer-Motor
Isar T 700	0,475	1959		B2	30	L	78x72	688	4900	720	

Göricke

Göricke-Fahrrad- und Maschinenfabrik, Nippel & Co.,
Bielfeld, Paulusstraße 29, um 1914 und 1950

Die seit 1874 bestehende Fahrradfabrik stellte vor 1914 mit 5-PS-Fafnir-Motor versehene Dreiräder für 200 kg Nutzlast her. 1950 folgten nochmals Lastendreiräder in Vorderladerbauart mit 1,5- und 3-PS-Fichtel & Sachs-Motoren.

Göwo

Göwo Kleinautobau Görke & Wolff GmbH,
Leipzig, Waldstraße 47 u. Wettinerstraße 15–17, 1925–1927

Flugzeug-Ingenieur Fritz Görke entwickelte zunächst den Kleinwagen »Mollmobil« für die Moll-Werke AG in Chemnitz-Ebersdorf und ging 1925 nach dem Zusammenbruch dieses Unternehmens zum eigenen Bau eines Dreirad-Vorderladers mit 198-ccm-NSU-Motor über.

Nach der Fertigstellung von zehn Exemplaren des »Kraftradwagens« wechselte er zur im Aufbau befindlichen Monos-Fahrzeugfabrik in Berlin-Lichtenfeld, wo er seine Konstruktion weiterentwickelte. 1932 trat er in die Fahrzeugfabrik Framo GmbH in Hainichen ein, wo er an der Entwicklung des Dreirad-Lieferwagens LT 200 und seiner Nachfolge-Modelle beteiligt war. Auch der Vierrad-Kleinwagen »Piccolo« ging auf seine Entwicklungsarbeit zurück. Nach dem Krieg arbeitete Görke im Zentralen Entwicklungsbüro der Auto Union GmbH in Ingolstadt, wo er einen vierrädrigen Kabinenroller entwarf, der jedoch nicht in die Serie ging. In 46.750 Exemplaren wurde jedoch der DKW/Auto Union-Geländewagen für die Bundeswehr und weitere NATO-Armeen gebaut, der unter dem Entwicklungsauftrag VZ 1000 weitgehend von Fritz Görke konstruiert wurde.

Goliath

Goliath-Werk GmbH, Bremen-Hastedt,
Föhrenstraße und Osterdeich 222, 1949–1961

1948 richtete Borgward das während des Krieges nahezu total zerstörte Hansa-Lloyd-Werk wieder ein, das Personen- und Lieferwagen mit Zweizylinder-Zweitaktmotoren eigener Herstellung baute und damit an die Kleinwagentradition der Hansa-Lloyd-Marke Goliath anknüpfte.

Der von anfänglich 300 rasch auf 3000 Mitarbeiter angewachsene Goliath-Betrieb stellte bereits 1949 auf der Exportmesse in Hannover das aus dem Vorkriegstyp Borgward FW 400 weiterentwickelte Dreiradfahrzeug GD 750 vor. Das 750-kg-Modell war auf einer U-Profil-Dreieckskonstruktion mit hinterer Kröpfung aufgebaut. Die Hinterachse wurde an Halbelliptikfedern geführt, das Vorderrad war an einem waagerechten Schwingarm mit einer Viertelelliptikfeder befestigt. Ein vorn angebrachter 14-PS-Motor mit Flachkolben sowie mit einer Thermosiphonkühlung trieb über eine Kardanwelle die Kardanwelle an. 1954 erhielt der Motor durch eine leichte Aufbohrung eine Steigerung um 1 PS. Anstelle der Dynastartanlage waren diese ersten Nachkriegsfahrzeuge mit einer Lichtmaschine und einem elektrischen Anlasser versehen.

Das GD 750-Modell wurde mit verschiedenen Aufbauten und sogar als Klein-Sattelschlepper für einen Eintonnen-Auflieger in 29.314 Exemplaren bis 1955 gebaut.

14/15-PS-Goliath GD 750 mit Holz-Kastenaufbau (1953).

14/15-PS-Goliath GD 750 mit Kastenaufbau (1953).

16-PS-Goliath GV 800 (1951).

29-PS-Goliath Expreß (1953).

16/17-PS-Goliath »Goli« Kastenwagen (1955).

Um auch in der Klasse des VW-Transporters ein Fahrzeug anbieten zu können, entwickelte man bei Goliath einen Frontlenker mit einem 16-PS-Motor, der liegend unter der Sitzbank platziert war und an das Vorkriegsmodell »Atlas« anknüpfte. Das 1951 vorgestellte Fahrzeug hatte einen Kastenrahmen mit Querverbindungen. 1952 hob das Werk die Leistung der Maschine auf 21 PS an, wobei anstelle der Thermosiphon- jetzt eine Wasserpumpenkühlung kam, zumal der Motor nicht im Luftstrom des fahrenden Wagens lag. Der etwas unbeholfen wirkende und in der Motorleistung zu schwache 850-kg-Kasten- oder Pritschenwagen (Typ GV 800) konnte bis 1953 nur in einer Stückzahl von nur3878 Exemplaren abgesetzt werden, da sich konstruktive Schwächen herausgestellt hatten.

Unter Anknüpfung an den Hansa-Lloyd-Traditionsnamen »Expreß« folgte 1953 ein neuer 0,9-Tonner mit einem modern wirkenden, abgerundeten und größeren Fahrerhaus. Ein 29 PS starker Zweizylindermotor mit einer Bosch-Einspritzanlage und einem vollsynchronisierten Vierganggetriebe kam zum Einsatz, der die Vorderräder antrieb. Der Motor zeichnete sich zwar durch einen niedrigen Treibstoffverbrauch aus; aber im Dauergebrauch erwies sich das Einspritz-Aggregat als störanfällig.

16/17-PS-Goliath »Goli« Pritschenwagen (1955).

Mit der Vorstellung des neuen Leichtmetall-Vierzylinder-Boxermotors, der im Viertakt arbeitete, gelangte ein endlich überzeugendes Triebwerk zum Einsatz. Die Nutzlast des reichlich mit Chrom verzierten Lieferwagens wurde 1959 auf fast eine Tonne gesteigert. Als Sattelzug konnte das Fahrzeug mit einem Bunge-Auflieger kombiniert werden. Im Zuge der Sanierungsmaßnahmen des Borgward-Konzerns erhielten die letzten, ab 1960 gebauten Modelle die Bezeichnung Borgward 1100. Nur 3850 Viertakt-Eintonner verließen das Goliath-Werk in der fünfjährigen Bauzeit.

Das Dreiradmodell wurde 1955 durch eine überaus gefällige und die Scheinwerfer integrierende Karosserie als Typ »Goli« erneuert. Auch der Innenraum war neu gestaltet worden. Ein 16 PS starker luftgekühlter Motor kam zum Einsatz, der jedoch wegen seiner thermischen Probleme 1957 aber durch ein wassergekühltes 15-PS-Aggregat ersetzt wurde.

1957 zeichnete sich bei der Dreiradfertigung ein starker Rückgang ab, wenn auch die Fertigung bis 1961 mit insgesamt 9904 produzierten Goli-Modellen aufrechterhalten wurde.

29-PS-Goliath Express mit Stahlpritsche (1955).

40-PS-Goliath Express 1100 Pritschenwagen (1958).

40-PS-Goliath Express 1100 Krankenwagen (1958).

Der Goliath-Personenwagen GP 700 wurde mit dem 24-PS-Vergaser- sowie mit 29- und 40-PS-Einspritzmotoren in 297 Exemplaren als 350-kg-Kastenwagen gebaut. 1320 Exemplare des nachfolgenden Viertaktmodells gingen mit einer Nutzlast von 450 kg in den Export.

Ein Montagewerk für die Goliath-Fahrzeuge war 1959 in Buenos Aires/Argentinien eingerichtet worden, das noch bis 1980 Borgward-Dieselmotoren fertigte. Mit dem Konkurs der Borgward-Gruppe wurden die Fertigungsmaschinen von Bremen nach Argentinien versandt; die Achsenfabrik Otto Sauer übernahm die moderne Gesenkschmiede. Die restlichen, veralteten Maschinen konnten nur noch verschrottet werden. In die Gebäude der Goliath-Werke zogen die Büromöbelfabrik Martin Vaupel und die AEG ein, letztere erweiterte dort die inzwischen erworbenen Lloyd-Dynamowerke. Ein Restbetrieb fertigte noch bis 1963 Ersatzteile. Das 1957 eingerichtete Aluminiumwerk in Uphusen, das die Motorblöcke der 1,1-Liter-Maschine herstellte, wurde von der Alcan-Gesellschaft erworben.

Goliath-Lieferwagen

Typ	Nutzlast in Tonnen	1. Baujahr	Motorenhersteller	Zyl.	PS	Kühl.	Bohrung x Hub	Hubr. in ccm	Drehz.	Gew. in kg	Besonderheiten
1. Dreiräder											
GD 750	0,75	1949	Goliath	2	14	Th	60x70	396	4000	750	Zweitakter u. folg.
GD 750	0,75	1953		2	15	Th	67x70	493	3800	760	
Goli	0,75	1955		2	16/17	L	67x70	493	4000	730	
Goli	0,75	1957		2	15	Th	65x70	461	4000	730	
2. Vierradfahrzeuge											
GV 800	0,87	1951	Goliath	2	16	Th	65x70	465	4000	845	
GV 800 A	0,86	1952		2	21	W	68x80	586	4000	860	
GP 700	0,5	1952		2	24	Th	74x80	688	4000	940	
GP 700	0,35	1952		2	29	Th	74x80	688	4000	940	Einspritz-Motor
Express (700 E)	0,9	1953		2	29	Th	74x80	688	4000	1080	
Express (900 E)	0,9	1955		2	40	W	84x80	886	4000	1080	
GP 900	0,4	1955		2	38	W	84x80	886	4000		
Goliath 900 V	0,9	1956		2	38	W	84x80	886	4000	1080	
Express 1100	0,95	1957		B4	40	W	74x64	1093	4250	1195	Viertakter, ab 1960 Borgward 1100

24-PS-Goliath GP 700 »Geschäftswagen« (1953).

Güldner

Gesellschaft für Linde's Eismaschinen AG, Zweigniederlassung Güldner-Motoren-Werke Aschaffenburg,
Aschaffenburg, Schweinheimerstraße 34

1. 1955–1965: **Gesellschaft für Linde's Eismaschinen AG, Zweigniederlassung Güldner-Motoren-Werke Aschaffenburg**
2. 1965–1971: **Gesellschaft für Linde's Eismaschinen AG, Werksgruppe Güldner-Motoren-Werke Aschaffenburg**

Die Schlepper- und Motorenfabrik Güldner stellte in den 1950er Jahren einen Plattformwagen mit Zentralrohrrahmen her, genannt »Hydrocar TK«, bei dem ein 6 PS leistender, luftgekühlter Einzylinder-Dieselmotor im Frontbereich angebracht war. Die Besonderheit des bis zu zwei Tonnen belastbaren Transportkarrens (TK) bestand in der stufenlosen, hydraulisch arbeitenden Kraftübertragung. Der Rohrrahmen diente als Ölkühler. Der Fahrer saß über dem Motor und steuerte das Fahrzeug über zwei Hebel (für Lenkung und für Fahren/Bremsen) in Frontrichtung oder (als Vorderlader) in rückwärtiger Richtung. Auch mit einem 17-PS-Zwei- und einem 24-PS-Dreizylindermotor ließ sich der bis 1971 gebaute »vollhydraulische Diesel-Transportkarren« ausstatten. Bei entsprechender Bereifung konnten bis zu vier Tonnen befördert werden.

6-PS-Güldner Hydrocar Diesel-Transportwagen (1960).

13-PS-Güldner Hydrocar Diesel-Transportwagen T2KN (1970).

Die Fahrzeuge der T2- und T3-Baureihen besaßen ein Lenkrad, Fußpedale sowie eine vordere Halbverkleidung. Hier waren zwei Sitze rechts und links neben dem Motor vorhanden. Die StVZO-tauglichen Hydrocar-Fahrzeuge fanden in Werksanlagen und auf Flughäfen sowie im Kommunaldienst Verbreitung.

Nach der Einstellung des Motoren-, Schlepper- und Hydrocar-Baus konzentriert sich das Aschaffenburger Werk auf die Gabelstapler- und Hydraulikherstellung.

Güldner-Motorkarren

Typ	Nutzlast in Tonnen	1. Baujahr	Motoren-hersteller	Zyl.	PS	Kühl.	Bohrung x Hub	Hubr. in ccm	Drehz.	Gew. in kg	Besonder-heiten
Hydrocar Typ TK	2	1955	Güldner	1	6	W	75x100	442	2000		
Hydrocar Typ T2K	2,5/3	1960		2	13	L	75x100	885	2200	1200	
Hydrocar	2	1969		2	17	L	100x100	1570	2000		
Hydrocar Typ TKA	2	1963		1	7	L	80x100	502	2200	1000	
Hydrocar T2KN	2,5/3	1963		2	13	L	75x100	885	2200	1500	
Hydrocar T3K	4	1963		3	24	L	80x100	1500	2200	1550	

Gutbrod

Wilhelm Gutbrod, Motorenbau GmbH,
Plochingen a. Neckar, Fabrikstraße 42,
ab 1949 Zweigwerk Calw
1. 1933–1938: **Standard Fahrzeugfabrik GmbH,**
Stuttgart-Feuerbach, Talstraße 5/9
2. 1938–1954: **Gutbrod Motorenbau GmbH,**
Plochingen a. Neckar, Fabrikstraße 42, ab 1949 Zweigwerk Calw
3. 1975–1990: **Gutbrod-Werke GmbH,**
Bübingen b. Saarbrücken

Maschinenbauingenieur Wilhelm Gutbrod (1890–1948) trat seine erste Stelle als Betriebsleiter bei der Firma Carl Kaelble in Backnang an und schuf dort den ersten Kaelble-Rohölmotor für eine Straßenwalze. Ab 1923 arbeitete er als Technischer Leiter für die Maschinenfabrik Klotz in Stuttgart und konstruierte den Klotz-Lastkarren sowie Motorradmotoren. Nach dem Konkurs des Klotz-Werkes machte er sich mit seinem Kompagnon Gustav Rau in Ludwigsburg selbständig. 1933/34 verlegte er – nun als alleiniger Besitzer – das Unternehmen nach Stuttgart-Feuerbach und nach 1938 in ein neu eingerichtetes Werk nach Plochingen am Neckar. (Gustav Rau eröffnete die noch heute bestehende Maschinenfabrik Rau in Stuttgart, die später die Allradtechnik der Ford-Transporter entwickelte.)

Als wichtiger Mitarbeiter ist hier Dipl.-Ing. Josef Ganz (1898–1967) zu nennen, der die Fachzeitschrift »Motor Kritik« herausgab. Er konstruierte den Standard-Gutbrod-Kleinwagen, der die volkstümliche Bezeichnung »Maikäfer« bekam und einen Zentralrohrrahmen hatte; der Motor saß im Heck. Diese Bauweise führte zu einem Prozess mit den Tatra-Werken, die ihr Ledwinka-Patent verletzt sahen. Erst 1941 endete der Rechtsstreit vor dem Reichsgericht zugunsten von Wilhelm Gutbrod, zumal auch andere Hersteller, so auch das (damalige) KdF-Werk, die Zentralrohr-Bauweise verwandten, und die CSR zu dieser Zeit vom Deutschen Reich besetzt war.

Drei- und Vierrad-Lieferwagen mit eigenen Motoren

Unter dem Markennamen Standard erschien 1933 ein erster 500-kg-Dreirad-Lieferwagen vom Typ P 203 »Progress« mit schräger Frontpartie. Ein eigener »pressluftgekühlter« 7-PS-Zweitaktmotor im Heck trieb die dif-

7-PS-Standard H 204 Progreß (Prototyp von 1933).

5,5- oder 7-PS-Gutbrod Standard Pritschenwagen (1938).

14-PS-Gutbrod Merkur HV 504 (1938).

ferentiallose Hinterachse an. Der »Merkur« als Vierrad-Modell besaß einen Zweitakt-Boxermotor mit Thermosiphonkühlung im Heck, verblockt mit dem Getriebe. (Die Motorhaube war als Attrappe ausgebildet.) Auf Wunsch konnte ein 400-ccm-Aggregat eingesetzt werden, so dass der Fahrer nur den Führerschein der Klasse IV benötigte.

Ein stabiles, verwindungssteifes Stahlrohr mit Traversen diente als Fahrgestell. Die Hinterräder waren an Pendelachsen befestigt. Auch die vordere Achse hatte Josef Ganz in moderner Schwingachsentechnik ausgeführt. Als steuer- und führerscheinfreies Modell konnte jeweils die 200-Version mit dem 198-ccm-Mctor geliefert werden.

1934 lieferte das Standard-Werk 359 Modelle an deutsche Kunden aus; 1935 waren es 359 Fahrzeuge. Ab diesem Jahr erhielten die Fahrzeuge erneut leichte Karosserieänderungen und ein Differential in der Hinterachse. Der Boxermotor bekam eine »Pressluftkühlung«, teilweise trugen die Vierradfahrzeuge die Zusatzbezeichnung »Hermes«. Unter der Bezeichnung HV 504 »Merkur« erstarkte der Vierradwagen auf die Nutzlast von einer Tonne.

Im Jahre 1937 rüstete das Unternehmen den Vierrad-Kleinlaster als 0,5-Tonner in der preiswerten Version H 254 mit einem 5,5-PS-Einzylindermotor aus.

Die Zulassung von Standard-Lieferwagen war 1936 auf 394, 1937 auf 450, 1938 auf 672 und 1939 auf über 2000 Fahrzeuge gestiegen. Selbst nach Mexiko wurden Standard-Lieferwagen verkauft. Nach Intervention der Standard-Oil-Company musste auf den Namen »Standard« im Export verzichten werden, so dass der Name »Moto-Standard« (der Schwesterfirma in Bübingen) für kurze Zeit und nach dem Krieg für Exportmodelle verwendet wurde.

Das Schell-Programm sah für das Unternehmen, jetzt unter der Leitung des Sohnes Walter Gutbrod, die Produktion der Einheits-Drei- und Vierrad-Lieferwagen vor. Während des Krieges musste das Werk dann die Fertigung der eigenen Typen einstellen und das 12-PS-Tempo-Modell A 400 unter der Bezeichnung Standard E 1 in Lizenz fertigen; das Tempo-Modell erforderte einen geringeren Zeit- und Bauaufwand. Ein doppelter Standard-Schriftzug zierte die Motorhaube dieser bis 1942 5950-mal gebauten Dreiradfahrzeuge. Die vorherigen Dreirad-Fahrzeuge hatten es auf 2695 Exemplare gebracht. Die Produktion der Vierradlieferwagen erreichte bis 1940 3117 Stück. Neben der Fertigung des Einheitsdreirades war das Werk mit der Herstellung von Motormähern und Flugzeugteilen ausgelastet.

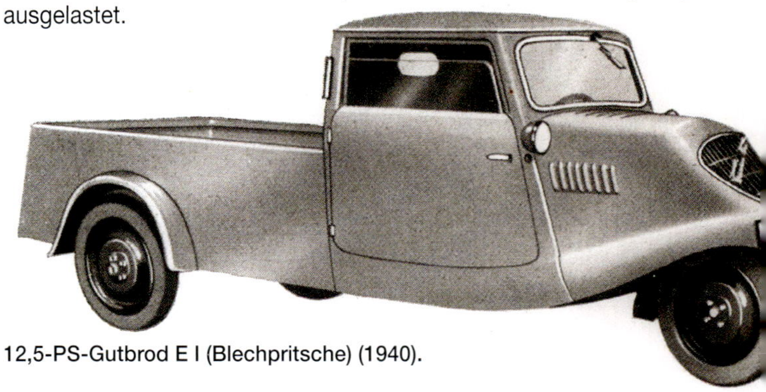

12,5-PS-Gutbrod E I (Blechpritsche) (1940).

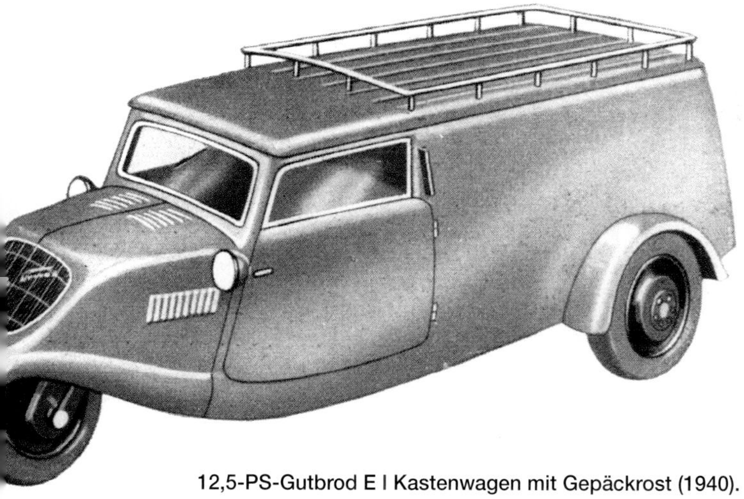

12,5-PS-Gutbrod E I Kastenwagen mit Gepäckrost (1940).

Schwieriger Neuanfang nach dem Krieg

Nach dem Krieg ließ die englische Militärverwaltung vom Harburger Tempo-Werk aus die Montageeinrichtungen für das Einheits-Modell im Standard-Werk teilweise demontieren, um die Produktion in Harburg steigern zu können. Weitere Maschinen wurden von der französischen Besatzungsmacht demontiert. Die nachfolgende amerikanische Besatzungsmacht genehmigte neben der Waggonreparatur in Plochingen die Herstellung von Lieferwagen und so entstanden aus noch vorhandenen und neuen Teilen wieder Vierradmodelle vom Typ Merkur mit 16-PS-Vierzylinder-Zweitakt-Boxermotor. Die für den Fahrzeugantrieb mit häufigem Drehzahlwechsel völlig ungeeignete Maschine war von Willi Krauter vom ehemaligen Institut für Kraftfahrwesen in Stuttgart als Hilfsmotor für Motorsegler konstruiert worden. Die Kleinmotorenfabrik Hirth in Benningen baute diesen Motor für das jetzt als Gutbrod-Werk bezeichnete Unternehmen.

1947 konnten 202, 1948 schon 759 und 1949 954 Modelle ausgeliefert werden. In diesem Zeitraum richtete Gutbrod ein neues Werk für Motormäher mit Gutbrod-Motoren in Bübingen im französisch besetzten Saarland ein; die Motormäher wurden in Lizenz der Schweizer Firma Rapid gefertigt, konstruiert von Josef Ganz. Auch die Produktion von Ackerschleppern nahm Gutbrod in Bübingen auf.

Im Jahre 1948 engagierte das Unternehmen, da der unausgereifte Vierzylindermotor thermische Probleme aufwies, den ehemaligen Technischen Direktor der Klöckner-Humboldt-Deutz AG, Dr.-Ing. Adolf Schnürle, der nun einen luftgekühlten Zweizylinder-Zweitakt-Reihenmotor mit Umkehrspülung konstruierte. Das 16 PS leistende Aggregat wurde zunächst noch in den als Typ Heck 604 bezeichneten Vierrad-Kleinlaster eingebaut. Die Hinterachse erhielt zur besseren Führung einen Dreieckslenker sowie zusätzliche Schraubenfedern.

14-PS-Gutbrod H 504 (1946).

Der »Atlas 800«, erster deutscher Nachkriegs-Frontlenker-Lieferwagen

Das Programm seiner Hauben-Lieferwagen löste Gutbrod 1949 durch den modernen Frontlenkertyp Atlas 800 ab. Das Fahrzeug war unter Mitarbeit des ehemaligen Daimler-Benz-Flugmotorenkonstrukteurs, Dr.-Ing. Hans Scherenberg, der als Rüstungstechniker nicht mehr bei der Daimler-Benz AG arbeiten durfte, in traditioneller Gutbrod-Technik (Zentralrohrrahmen) mit dem neuen Schnürle-Zweitakter und einem Hurth-Getriebe entworfen worden. Die zunächst geteilte Vorderscheibe und der auffallende senkrechte Knick in der Vorderfront des Fahrerhauses, das von der Firma Karosseriefirma Vischer in Stuttgart-Vaihingen beigesteuert wurde, ersetzte Gutbrod schon rasch durch eine durchgehende Scheibe und eine plane Vorderfront, wobei jetzt die Karosserien von Binz in Lorch und Mayer-Hagen kamen. Für die Montage des Frontlenkers hatte Gutbrod ein weiteres Werk (Waldlager Althengstedt der ehemaligen Rüstungsfirma Lufag) in Calw im Schwarzwald eingerichtet.

1951 erhielt der Leichtmetallmotor eine Steigerung auf 19 PS; die Nutzlast konnte von 750 auf 1000 kg angehoben werden. In wenigen Exemplaren erschienen 1953 noch die Atlas-Typen 700 mit dem auf 18 PS gedros-

16/18-PS-Gutbrod Atlas 800 (Prototyp) (1950).

16/18-PS-Gutbrod Atlas 800 Pritschenwagen (1950).

16/18-PS-Gutbrod Atlas 800 Kastenwagen (1950).

28-PS-Gutbrod Atlas 1000/3 Doppelkabine (1953).

selten Zweizylinder- und die Atlas-Typen 1000/3 mit dem neuen, 28 PS starken Dreizylindermotor.

Nach 3760 Nachkriegs-Haubenmodellen konnten zwischen 1949 und 1954 11.056 Frontlenkerausführungen (2,2 Prozent deutscher Marktanteil) als Pritschen-, Kasten-, Viehtransport-, Verkaufs-, Möbel-, Milchverkaufs-, Kranken- und als Kombinationswagen sowie als Kleinbus gefertigt werden; jedoch wurde kaum Gewinn erwirtschaftet. Da die mit großen Erwartungen aufgezogene, aber extrem kostspielige, zusätzliche Kleinwagenfertigung die wirtschaftliche Basis ruiniert hatte, musste 1954 auch die Lieferwagen- und Kleinwagenproduktion eingestellt werden. Unter treuhänderischer Verwaltung waren zuvor noch die Restbestände an Lieferwagen aufgearbeitet worden. Das Zweigwerk in Calw verkaufte man an den Haushaltsgerätehersteller Bauknecht. In Bübingen führte das Unternehmen die Bodenbearbeitungsgeräte-Fertigung, ausgehend von dem einstigen Rapid-Modell, und die Kleintraktoren- sowie die Reinigungsgeräteherstellung, jetzt unter der Leitung von Wolfgang Gutbrod, weiter.

Mit Spezialfahrzeugen nochmals im Transporterbau präsent

Noch einmal bot das Unternehmen Transporter an. 1975 erschienen Spezialtransporter und Geräteträger der »Kommutrac«-Baureihen mit 34- und 45-PS-VW-Motoren. Die Fahrzeuge waren mit einer kleinen Ladepritsche versehen und waren vor allem für den Sportplatz- und Kommunaldienst gedacht. Auf Wunsch konnte ein Allradantrieb eingebaut werden.

Weitere Fahrzeuge waren das Kommunalmobil Typ 5000, im Prinzip ein verkleideter Kleinschlepper mit hinterer Pritsche, sowie das Großflächen-Pflegegerät Typ 3000. Hier handelte es sich um ein Mittelmotorfahrzeug mit vorderer Kabine und hinterer Lademulde. Der 26-PS-Motor gab seine Kraft über ein Zehngang-Getriebe auf die vier Räder mit großvolumigen Reifen ab. Die niedrigste Arbeitsgeschwindigkeit lag bei 2,3, die Höchstgeschwindigkeit bei 42 km/h. Ein hydraulischer Kraftheber sowie drei Zapfwellen waren vorhanden.

Das Gutbrod-Unternehmen gelangte 1988 zum Teil zur Gebr. Rothenberger-Gruppe und wurde in eine Aktiengesellschaft umgewandelt. Gutbrod verfügte über Werke in Saarbrücken-Bübingen, Hornbach, in Frankreich (Gutbrod France S. A.), in den USA (Ingersoll Equipment Company Inc.) sowie in Ungarn. 1996 übernahm die amerikanische MTD Motorgeräte GmbH 95 Prozent des Kapitals; heute werden unter dem Namen Gutbrod Geräte zur Garten- und Kulturenpflege hergestellt.

Gutbrod-Lieferwagen

Typ	Nutzlast in Tonnen	1. Baujahr	Motorenhersteller	Zyl.	PS	Kühl.	Bohrung x Hub	Hubr. in ccm	Drehz.	Gew. in kg	Besonderheiten
1. Dreiräder											
Progress 200	0,5	1933		1	7	L	60x70	198	3800		
Progress	0,5	1934	Standard	1	7	L	60x70	198	3800		neue Karosserie
P 203	0,5	1935		1	6,5/7	L	60x70	198	3800		
P 503	0,75	1935		2	14	L	67x70	494	3200		
E 1	0,65	1939	ILO	2	12/12,5	Th	61x68	398	3500	760	Dreirad, Tempo-Lizenz
2. Vierradfahrzeuge											
Hermes	0,5	1933		1	7	L	60x70	198	3800		
Merkur	0,6	1934		1	16	L	67x70	494	3600		
H 204 Hermes	0,5	1936		1	7	L	60x70	198	3800		neues Fahrerhaus
H 504 Hermes	0,75	1936		2	14	L	60x70	396	3200	590	
Merkur 20	0,6	1935	Standard	2	16	L (Th)	67x70	494	3000		auch mit 396 ccm-Motor mit 10 PS, Th
HV 504 Merkur	1	1936		2	16	L	67x70	494	3600	595	Kastenw. 675 kg
H 254	0,5	1937		1	5,5	L	67x70	247	3000		auch 7 und 9 PS
Merkur 15	0,5	1939		2	16	Th	67x70	494	3000		
Heck 504	0,5	1946	Hirth	B4	12/14	L	52x58	492	4000	650	
Heck 604	0,75	1949		2	14/16	L	70x75	576	3500	895	
Atlas 800	0,75	1949/50		2	16	L	70x75	576	3500	795	
Atlas 1000	1	1951	Gutbrod	2	18/19	L	75x75	662	3500	895	ab 1953 Atlas1000/2
Atlas 700	0,7	1953		2	18	L	75x75	662	3500		
Atlas 800	0,75	1953		2	18	L	75x75	662	3500	850	
Atlas 1000/3	1	1953		3	28	L	75x75	987	4000	985	
2. Kommunalfahrzeuge											
Kommutrac 34	1,39	1975	VW	B4	34	L	77x64	1192	3800	1330	
Kommutrac 34/34 A	0,66	1975	Renault	4	26	W	70x72	1108	3000	1310	auch Allrad
Gutbrod Typ 3000	0,5	1975		4	26	W	70x72	1108	3000	1330	Allrad-Ausführung
Kommutrac 25		1975		B4	42	L	85,5x69	1584	3000	1220	
Kommutrac 40		1975	VW	B4	43	L	85,5x69	1584	3300	1240	
Kommutrac 45	1,07			B4	45	L					auch Allrad
Kommunalmobil Typ 5000											

34-PS-Gutbrod »Kommutrac 34« (1975).

Gutbrod »Kommutrac 3000« (um 1980).

Habag

Habag, Hamburger Auto-Bau-Gesellschaft mbH,
Hamburg, 1924

Der nur kurzzeitig existierende Automobilhersteller bot einen Kleinwagen mit einem 18-PS-Atos-Motor an; abgeleitet davon gab es auch einen Lieferwagen für 500 kg Nutzlast.

Habag-Lieferwagen

Typ	Nutzlast in Tonnen	1. Baujahr	Motoren-hersteller	Zyl.	PS	Kühl.	Bohrung x Hub	Hubr. in ccm	Drehz.	Gew. in kg	Besonder-heiten
Habag 6/18	0,5	1924	Atos	4	18	Th	68x98	1423			

Hagen, Gottfried

Kölner Akkumulatoren-Werke Gottfried Hagen u. Cie. GmbH, Abt. Automobilwerk,
Köln-Kalk, Rolshoverstraße 114/115
1. 1902–1908: **Kölner Akkulatoren-Werke Gottfried Hagen u. Cie. GmbH, Abt. Automobilwerk**
2. 1908: **Gottfried Hagen AG, Abt. Kölner Akkumulatoren-Werke**

Die Kölner Akkumulatoren-Werke des Ingenieurs und Chemikers Gottfried Hagen (1829–1900) gingen aus einer 1827 gegründeten Bleirohrfabrik hervor, die später nach holländischen Patenten Akkumulatoren fertigte und bis 1984 bestand. In den Jahren 1902 bis 1908 stellte das von den Brüdern Franz und Gottfried Hagen jun. geführte Unternehmen neben Luxus-Wagen vom Typ »Mylord« auch Eintonnen-Lieferwagen her, deren Vorderräder über ein Vorgelege durch zwei 2,9-kW-Motoren angetrieben wurden. Hervorgehoben wurde bei den unter der Bezeichnung KAW vertriebenen Fahrzeugen, dass »die vordere Haube den Gedanken an die fehlenden Pferde nicht aufkommen« lässt. Die als »Reklamewagen für Damentoiletten« angebotenen Fahrzeuge erreichten eine Geschwindigkeit von 25 km/h bei einem Fahrbereich von 80 km. Bei einem Eigengewicht von 1,4 Tonnen betrug das Gewicht der Batterie 400 kg.

2x1,8-kW-Gottfried Hagen Elektro-Geschäftswagen (1905).

2x1,8-kW-Gottfried Hagen Elektro-Plateauwagen (1905).

Auch bot das Unternehmen einen 500-kg-Pritschenwagen als »Plateauwagen« an. Hier trieben die beiden 1,8-kW-Radnabenmotoren ebenfalls die Vorderräder an. Schließlich ist noch die Hagen-Straßenwaschmaschine mit zwei 2,9-kW-Motoren zu erwähnen, deren Aufbau Hentschel u. Co. in Berlin lieferte.

2x1,8-kW-Gottfried Hagen Elektro-Geschäftswagen (1907).

2x1,8-kW-Gottfried Hagen Elektro-Geschäftswagen »Urbanus« (1907).

2x1,8-kW-Gottfried Hagen Krankenwagen »Urbanus« (1905).

2x1,8-kW-Gottfried Hagen Lieferwagen mit Aufbau der Königlich bayerischen Hofwagenfabrik F. G. Gmelch, München (1906).

Hagen, Rudolf

Motor-Lastwagen-Fabrik Rudolf Hagen u. Cie. GmbH,
Köln-Müngersdorf, Aachenerstraße u. Köln-Lindenthal, Stadtwaldgürtel und Hohenstaufenstraße 32, 1901–1905

Elektrisch angetriebene Lieferwagen stellte auch ein von Ingenieur Rudolf Hagen (1872–1957) gegründetes Unternehmen her, das durch Nutzfahrzeuge mit einem Schwinghebelantrieb bekannt geworden war. Rudolf Hagen, Sohn des Unternehmers Gottfried Hagen (s. d.), verkaufte seinen Betrieb 1903 an die Kölner Helios Electricitäts-AG, die ihn bis zum konkursbedingten Ende der Motorwagenfabrik als Geschäftsführer einsetzte. Danach war er als Vertreter verschiedener Automobilmarken, als Erfinder und schließlich als Psychologe tätig.

Hako

Hako-Werke GmbH u. Co. KG,
Bad Oldesloe, Hamburger Straße 209–239
1. 1951: Maschinenfabrik Hans Koch u. Sohn KG,
Pinneberg
2. 1973–1988: **Hako-Werke GmbH u. Co. KG,**
Bad Oldesloe, Hamburger Straße 209–239

Die Kleintraktoren- und Bodenbearbeitungsgerätefabrik Hako stellte 1951 das einfache Transportfahrzeug »Lastenkuli« her. 1973 erschien der Frontlenker »Hakomobil 4000«, abgelöst 1982 durch das Modell 4800 D. Die Arbeitsmaschine besaß einen hydrostatischen Antrieb auf die Hinter- oder auf alle Räder. Durch die günstige Schwerpunktlage – der Motor saß zwischen den Achsen – und aufgrund der Pendelvorderachse ließen sich Bordsteine und Bodenwellen problemlos überfahren. Die Transport- und

Geräteträgerfahrzeuge mit Hydraulikanschlüssen besaßen eine kleine, nach drei Seiten kippbare Ladefläche und waren für den Kommunaldienst vorgesehen. Zur Wahl standen ein 32-PS-Vergasermotor von Renault und ein 41-PS-Dieselmotor von Volkswagen. 2005 übernahm Hako die Multicar Spezialfahrzeuge GmbH in Waltershausen.

32-PS-Hako »Hakomobil 4000« (1973).

41-PS-Hako »Hakomobil 4800 D Hydrostatic« (1982) (Foto: Hako-Werk).

Hako-Kommunalfahrzeuge

Typ	Nutzlast in Tonnen	1. Baujahr	Motorenhersteller	Zyl.	PS	Kühl.	Bohrung x Hub	Hubr. in ccm	Drehz.	Gew. in kg	Besonderheiten
Hako 4000	0,35	1973	Renault	4	32	W	70x72	1108	3000	975	
Hako 6000 D	0,35	1981	Peugeot	4	55	W	94x90	2498	3000	1638	D
Hako 4800 D	1,25	1982	VW	4	41	W	76,5x86,4	1588	3200	1450	D

Hamor

Hamor, Hanseatische Motorrad-Bau-Gesellschaft mbH,
Hamburg, 1933

Herstellung eines Lieferdreirades unter einer Tonne Nutzlast mit unbekannten technischen Daten.

Hanomag

Hannoversche Maschinenbau AG (Hanomag), vorm. Georg Egestorff,
Hannover-Linden, Hanomagstraße 8, 1926–1946

Die Hanomag-Werke hatten 1905 den Bau von Dampflastwagen nach dem System Stoltz aufgenommen, aber schon 1908 wieder eingestellt. Als nach dem Ersten Weltkrieg die Lokomotivproduktion rückläufig war, erwarb das Unternehmen eine von den Ingenieuren Fidelis Böhler und Carl Pollich (1897–1972) entwickelte Konstruktion für einen Kleinwagen, der unter dem Namen »Kommißbrot« populär wurde. Sein im Heck liegend untergebrachter 10-PS-Einzylindermotor trieb über ein Dreiganggetriebe und über eine Rollenkette die Hinterachse an. Bei der Lieferwagenversion kam ein abnehmbarer Kasten für 100 kg, später ein fester Kasten für 150 kg Nutzlast auf die Karosserie. Das Fahrzeug wurde als Pkw, Kleindroschke und als Kleinstlieferwagen auf dem Fließband gefertigt.

Von diesem Kleinwagen abgewandelt, baute das Werk ab 1927 einen kleinen 750-kg-Lastwagen in Frontlenkerbauweise. Das Dreiganggetriebe war gegenüber dem Pkw-Modell verändert worden. Der vorne zwischen den beiden Sitzen angebrachte Motor trieb über eine Kardanwelle die differentiallose Hinterachse an. Die Höchstgeschwindigkeit des mit einem

2/10-PS-Hanomag »Kommißbrot« Lieferwagen (1927).

2/10-PS-Hanomag Werkskarren als Pritschenwagen (1927). (Foto: Thomas Ulrich)

2/10-PS-Hanomag Werkskarren als Kipper (1928). (Foto: Daimler-Benz Classic)

Kickstarter ausgerüsteten Fahrzeugs betrug 30 km/h. Der Kleinlaster wurde als Pritschen- und als Kastenwagen, als Kipper, als Kleinfeuerwehr und als Kleinbus mit offenem oder mit geschlossenem Fahrerhaus angeboten. Die geringen Anschaffungskosten und die Zuverlässigkeit ließen diesen Transporter für einige Jahre zu einem Verkaufsschlager der Hanomag-Werke werden.

22-PS-Hanomag »Garant« Lieferwagen (1935).

Unter den ab 1929 gebauten Nachfolgern des Kommißbrot 2/10 PS wurde 1930 der 4/20-PS-Typ als 0,5-Tonner angeboten. Ab 1931 figurierte dieses Modell als Typ »Kurier« mit einem auf 23 PS gesteigerten Motor, Dreiganggetriebe und mit einem Holz/Stahlblechaufbau.

Als neues Modell erschien 1935 der 500-kg-Lieferwagen »Garant« mit dem nun auf 22 PS gedrosselten Motor. Mit 35- und 50-PS-Maschinen mit hängenden Ventilen folgten die Lieferwagenversionen »Sturm« und »Rekord« in kleiner Stückzahl.

Nach dem Krieg stellte das Hanomag-Werk unter Verwendung der Kleinzugmaschine, einem verlängerten Fahrgestell und noch vorhandener Vorkammer-Kleindieselmotoren aus der ehemaligen Diesel-Pkw-Baureihe Rekord einen Eintonnen-Lieferwagen her. Nach dem Aufbrauchen dieser Motoren wurde der Bau dieser Zugmaschinen-Kleinlaster eingestellt. Das Hanomag-Werk konzentrierte sich nun neben der traditionellen Traktoren- und Raupenschlepperfertigung auf die äußerst erfolgreiche Herstellung eines modernen 1,5-Tonnen-Diesel-Schnelllasters, den Carl Pollich entwickelt hatte.

20-PS-Hanomag ST 20 Diesel-Eintonner (1946). (Foto: Daimler-Benz Classic)

Hanomag-Lieferwagen

Typ	Nutzlast in Tonnen	1. Baujahr	Motorenhersteller	Zyl.	PS	Kühl.	Bohrung x Hub	Hubr. in ccm	Drehz.	Gew. in kg	Besonderheiten
2/10 PS Motorlastkarren	0,75	1927		1	10	Th	80x100	499	2500	700	mit Kastenaufbau 0,6 t Nutzlast
2/10 PS	0,25	1929	Hanomag	1	10	Th	80x100	499	2600		»Kommißbrot-Typ«
4/20 PS	0,5	1930		4	20	Th	63x88	1089	3000		
Kurier	0,95	1931		4	23	Th	63x88	1089	3500	990	
Garant	0,5	1935		4	22	Th	63x88	1089	3000	890	
Sturm	0,5	1935		6	50	W	71x95	2252	3200		
Rekord	0,5	1937		4	35	W	71x95	1504	3500		
ST 20	1	1949		4	20	W	80x95	1900	2000	1575	D

Hansa-Automobil

Hansa-Automobil Werke GmbH,
Varel i. Oldenburg, Teichgartenstraße
1. 1905–1913: **Hansa-Automobil Werke GmbH,**
Varel i. Oldenburg, Teichgartenstraße, ab 1912 Neumühlenstraße
2. 1913–1914: **Hansa-Lloyd-Aktiengesellschaft**
3. 1928: **Hansa-Automobil Werke AG**

24-PS-Hansa Typ C (1914). (Foto: Harro Neumann)

36-PS-Hansa Typ P (Buhne-Aufbau) (1929).

Der Druckereibesitzer und Verleger Dr. Robert Allmers (1872–1951) und der Ingenieur August Sporkhorst (1870–1940) sowie der Allmers` Schwiegervater, der Ingenieur und Bankier Franz Koppen, gründeten im Jahre 1904 die Hansa-Automobil-Gesellschaft (HAG) in Varel. Die ersten Automobile wurden in einem Holzschuppen der Druckerei in der Teichgartenstraße gebaut. Mit den Möglichkeiten des Bankiers Franz Koppen konnte das sich rasch entwickelnde Unternehmen von 1907 bis 1913 sämtliche Liegenschaften der 1843 gegründeten Vareler Aktiengesellschaft für Maschinenbau und Eisenindustrie in der Neumühlenstraße in der Nähe des Bahnhofs erwerben. In dem modern ausgestatteten Betrieb gab es ein eigenes Kraftwerk, eine Gießerei für Messing und Aluminium, ein Hammer- und ein Walzwerk, eine Abteilung für die Blechbearbeitung und eigene Einfahrbahnen. Ab 1911 stellte die inzwischen in Hansa-Automobil Werke GmbH umbenannte HAG als eine der wenigen deutschen Fahrzeugfabriken eigene Karosserien her.

16-PS-Hansa Typ A 16 Lieferwagen (1909).

24-PS-Hansa Typ C (1914).

Als die Fabrikationsmöglichkeiten des inzwischen 600 Mann starken Unternehmens in Varel nicht mehr ausreichten, wurde im Frühjahr 1913 das Werk in Bielefeld der Westfalia-Werke Ramesohl u. Schmidt erworben. Dipl.-Ing. Nathan Sally Stern (1879–1976), der von 1903 bis 1910 bei Adler in Frankfurt am Main Fahrzeuge gearbeitet hatte, übernahm die Leitung des Bielefelder Zweigwerkes.

1913 wurde die Firma in eine Aktiengesellschaft umgewandelt, schloss ein Jahr später mit der Norddeutschen Automobil- und Motoren AG (NAMAG) in Bremen, die ebenfalls hervorragend ausgestattet war, aber seit Jahren mit Verlust arbeitete, einen Vertrag, nach dem das Vermögen des Bremer Betriebes unter Ausschluss der Liquidation an die Hansa-Automobil Werke überging. Der Firmensitz wurde nach Bremen verlegt, der Name in Hansa-Lloyd-Aktiengesellschaft umgeändert. Technischer Direktor beider Werke wurde nun der Ingenieur Hans Sigismund Meyer.

Nachdem zunächst Fahrzeuge mit Fremdmotoren ausgestattet worden waren, folgten ab 1907 Hansa-Modelle mit eigenen Antrieben. Konstrukteure der Fahrzeuge waren in der Anfangszeit der Technische Direktor des Werkes, August Sporkhorst, und der Ingenieur Friedrich Kübler.

1905 entstanden 0,5- bis 1,2-Tonnen-Lieferwagen mit 14-, 18-, 22-, 24-, 30-, 36- und 45-PS-Motoren. Alle Antriebe waren mit einer Thermosiphonkühlung versehen. Der Antrieb erfolgte über eine Kardanwelle. Die Fahrzeuge hatten eine Kulissenschaltung und patentierte Lamellenkupplungen mit einem Gummi/Eisenbelag.

Während des Ersten Weltkrieges baute das Hansa-Werk einige Sanitätsfahrzeuge und Teile für die Hansa-Lloyd-Lastwagen der NAMAG, die inzwischen auch in die Hansa-Lloyd-Werke umbenannt worden war. Das Bielefelder Werk wurde im Jahre 1916 an den Fabrikanten Eduard Benteler verkauft.

Nach dem Krieg entstanden unter der Leitung von August Sporkhorst und Ingenieur Otto Garbe in dem seit 1921 wieder selbständigen und zeitweise in Liquidation befindlichen Werk vor allem noch einige sportliche Personenwagen. Die Modelle wurden im Rahmen der Gemeinschaft Deutscher Automobilfabriken (DAK) angeboten. Schließlich folgte im Hansa-Programm 1928 noch ein Lieferwagenmodell auf der Basis des Typs P 8/36.

Aufgrund der schlechten Geschäftsentwicklung während der Weltwirtschaftskrise wurde das Hansa-Werk erneut in die Hansa-Lloyd-Werke eingegliedert. Anfang 1930 musste das Vareler Automobilwerk dann endgültig geschlossen werden. Die Gebäudeanlagen in der Neumühlenstraße übernahm die Standortverwaltung, die noch heute darin zuhause ist. Nachzutragen ist noch, dass der spätere Geheime Kommerzienrat Dr. Robert Allmers Präsident des Reichsverbandes der Deutschen Automobilindustrie von 1926 bis 1945 war.

Hansa-Lieferwagen

Typ	Nutzlast in Tonnen	1. Baujahr	Motorenhersteller	Zyl.	PS	Kühl.	Bohrung x Hub	Hubr. in ccm	Drehz.	Gew. in kg
Hansa A 9	0,5	1907	DeDion	1	8	Th	96x100	720	1200	700
Hansa	0,5	1907		2	10	Th	85x120	1360		700
4/14 PS	0,5	1909	Hansa	4	14	Th	76x88	1550	1200	935
4/18 PS	1,2	1909		4	18	Th	85x100	2268	1200	1642
Typ B		1910		4	22	Th	80x90	1796	2000	
Typ C 8/24		1911		4	24	Th	80x104	2080	2000	
Typ D 10/30		1911		4	30	Th	88x104	2515	2000	
Typ A 6/18		1912		4	18	Th	74x90	1560	2000	
Typ E 15/45		1913		4	45	Th	96x130	3815	2000	
Typ G		1913		4	36	Th	88x130	3140	2000	
Typ P 8/36		1928		4	36	Th	77,8x110	2090	3000	

Hansa-Lloyd- und Goliath-Werke

Hansa-Lloyd- und Goliath-Werke, Borgward und Tecklenborg OHG,
Bremen 11, Föhrenstraße 81/83 u. Hastedter Osterdeich
1. 1924–1928: **Bremer Kühlerfabrik Borgward u. Co.,**
Bremen, Steinstraße 28
2. 1928–1929: **Borgward & Co. GmbH,**
Bremen Steinstraße 28 und Industriestraße
3. 1929–1931: **Goliath-Werke Borgward u. Co. GmbH**
4. 1931–1936: **Hansa-Lloyd- und Goliath-Werke, Borgward und Tecklenborg OHG,**
Bremen 11, Föhrenstraße 81/83 u. Hastedter Osterdeich
5. 1936–1938: **Hansa-Lloyd-Goliath-Werke AG**
6. 1938–1949: **Carl F. W. Borgward Automobil- und Motorenwerke GmbH,**
Bremen-Osterdeich-Scharmbeck, Bremer Straße 28–30
7. 1949–1953: **Carl F. W. Borgward, Automobil- u. Motorenwerke**

Oberingenieur Carl F. W. Borgward (1890–1963), Teilhaber einer während des Ersten Weltkrieges gegründeten Bremer Reifenfirma, rüstete 1920 seine Produktionsanlagen auf die Kühler- und Kotflügelherstellung um. Der neue Betrieb unter der Bezeichnung Bremer Kühlerfabrik Borgward u. Co. stellte dabei Teile für die renommierten Hansa-Lloyd-Werke her.

Vom Kühlerhersteller zum Fahrzeugbauer

Um die Transportprobleme auf dem Firmenareal in der Bremer Steinstraße zu meistern, kamen Borgward und sein Obermeister Dietrich Klie auf die Idee, einen einfachen Motorwagen zu bauen, den man auch an Gewerbetreibende zu verkaufen gedachte. Es entstand ein dreirädriger Vorderlader mit einer Transportwanne für 250 kg und einem vorne über Drahtzüge gelenktem Rad. Der Fahrer saß hinter der rückwärtigen Achse auf einem Sattel und steuerte über ein senkrecht stehendes Lenkrad oder über einen Motorradlenker das mit Drahtspeichen ausgestattete Fahrzeug, das unter dem Namen »Blitzkarren« als »das ideale Kleintransportmittel mit einfach fabelhafter Leistung« angeboten wurde. Ein 2,2-PS-DKW-Motor vor dem linken Hinterrad trieb es über einen Keilriemen oder über eine Kette an. Es gab weder ein Getriebe noch einen Anlasser: Der Fahrer musste den Lieferwagen anschieben, um den Motor starten zu können.

1926 kam ein 4-PS-DKW-Motor in das nun für 500 kg ausgelegte Fahrzeug; wenig später wurde ein 6,5-PS-ILO-Motor eingesetzt. Innerhalb kurzer Zeit konnte C. F. W. Borgward 500 Exemplare seiner Fahrzeuge verkaufen. Ein neues Werksgelände kam in dieser Zeit in der Bremer Industriestraße hinzu, um die Montage besser bewältigen zu können.

Schließlich wurde das Fahrzeug 1926 auch als vierrädriger »Blitz« mit einem 7-PS-ILO-Motor angeboten. Jedoch ließen sich nur 100 Exemplare dieses kettengetriebenen Wagens absetzen. Lizenzen zum Nachbau des außerordentlich gut aufgenommenen Blitzkarrens wurden an die Aufbau-Industrie Bremen GmbH, die Blitz Motorfahrzeugvertriebs-GmbH und an die Bremer Rekord Handelsgesellschaft mbH vergeben.

Bis 1927 konnten Borgward und seine Lizenznehmer mehr als 10.000 Blitzkarren verkaufen, die auch teilweise unter dem Namen »Goliath« angeboten wurden. Auch die Reichsbahn erwarb ebenfalls eine größere Stückzahl des Vorderladers, der inzwischen mit einer Dynastartanlage zu bekommen war. Die Firma Kurt Schöne in Dresden-Hellerau versah den Dreirad-Vorderlader unter der Bezeichnung »Nixe« mit einem Feuerspritzenaufbau.

2,2-PS-Borgward »Blitzkarren« (1924).

Der Vierradwagen »Goliath« erweitert das Programm

Ein neu konstruiertes Vierradmodell folgte 1928 als Typ »Goliath« für 600 kg Nutzlast; jedoch wegen schwacher Nachfrage wurde diese Konstruktion bald wieder aufgegeben. Erfolgreicher war der vierrädrige »Express« für 500 kg, der von einem 14-PS-Zweizylinder-ILO-Motor angetrieben wurde. Die Hinterachse besaß Schneckenantrieb und ein Differential. Eine Fronttür war in dem 45 km/h schnellen Transporter vorhanden.

Ein Dreiradfahrzeug mit Fahrerkabine und einer spitzen Motorhaube folgte 1928 als Goliath für 500 kg; der 14-PS-Motor trieb über eine Kardanwelle die Hinterachse an. Dieses Antriebsprinzip wurde bis zur Einstellung der Dreiradfertigung beim späteren Tochterunternehmen Goliath im Jahre 1961 beibehalten. Im Gegensatz zum Tempo-Vorderrad-Antriebskonzept neigte jedoch das Hinterradantriebsfahrzeug zum Kentern, sofern der Fahrer den Wagen zu rasant in die Kurve lenkte.

1928 konnte C. F. W. Borgward infolge guter Umsätze den Goliath-Typen die Karosseriefabrik vorm. Louis Gärtner in der Bremer Föhrenstraße/Ecke Osterdeich gegenüber den Hansa-Werken größtenteils übernehmen.

Als neue Dreirad-Vorderlader folgten die Modelle »Rapid« für 250 kg und »Standard« für 600 kg Nutzlast, wobei der steuerfreie 7-PS- und auch der nun steuerpflichtige 14-PS-Motor eingebaut wurden. Die Modelle hatten gepresste, durchgehende Rahmen und Dreiganggetriebe zunächst fremder, später eigener Herstellung. Charakteristisch für die Goliath-Typen bis 1939 waren die stark durchbrochenen Felgen.

Den Erfolg des Blitzkarrens und der Nachfolgerkonstruktionen kennzeichnete die Tatsache, dass Borgward um 1928/29 ein Viertel des deutschen Kleinlieferwagen-Absatzes abdeckte.

7,5-PS-Goliath »Standard« (1928).

Goliath »Standard« mit Schöne-Feuerspritzenaufbau »Nixe« (1928).

36/37-PS-Goliath »Superior« Pritschenwagen (1930).

36/37-PS-Goliath »Superior« Kastenwagen (1930).

40-PS-Goliath »Columbus« Kastenwagen (1931).

Der 0,75-Tonner Goliath-»Express« von 1929 war ein weiteres Vierradmodell, das mit dem 14-PS-ILO-Motor. Der luftgekühlte Motor befand sich unter der Sitzbank. Federn und Achsen waren gegenüber dem Vorgängermodell verstärkt worden. Der gleiche Typ wurde von der Firma Magirus in ihrem Tempelhofer Zweigwerk gebaut.

Ein anspruchsvolleres Dreiradmodell mit Fahrerkabine war der F 400 bzw. F 600 als Halbtonner. Als kleiner vierrädriger Lieferwagen kam der »Atlas I/II« mit einem 12/18-PS-ILO-Goliath-Motor ebenfalls als Halbtonner hinzu; inzwischen war eine eigene Motorenfertigung (ILO-Lizenzen) eingerichtet worden.

5,5-PS-Goliath »Rapid« (1932).

6,5-PS-Goliath »Standard K« (1933).

Übernahme der Hansa-Lloyd-Werke

Carl. F. W. Borgward hatte mittlerweile mit seinem Partner Wilhelm Fritz Tecklenborg (1882–1948) Aktienanteile der benachbarten Hansa-Lloyd-Werke (s. NAMAG) gekauft die aufgrund der amerikanischen Konkurrenz und der desolaten Wirtschaftslage einen Niedergang zu verzeichnen hatten. Als ihnen 1931 die Banken, darunter die Schröder-Bank, keine Kredite mehr bewilligten, erwarb Borgward die restlichen Anteile der Hansa-Lloyd-Werke. Dieses Werk und das bisherige Borgward-Unternehmen wurden unter der neuen Bezeichnung Hansa-Lloyd- und Goliath-Werke, Borgward & Tecklenborg weitergeführt. Moderne Fließbandanlagen standen in dem neuen Firmenareal zur Verfügung.

Einen festen Betriebsteil bildete die von den Hansa-Lloyd-Werken übernommene Elektro-Fahrzeugfertigung. Neben Lastern, Omnibussen, und Zugmaschinen führte man auch den traditionellen Bau von Elektrokarren für die Reichsbahn, die Reichspost, für Brauereien und Lagerhäuser fort. Bekannteste Typen waren der EK 1,5 und der EK 2, die von 1929 bis 1940 gebaut wurden. Hauptschlussmotoren mit 2,2 oder 3,3 und 2,3 oder 3,7 kW wurden verwendet. Die Lenkung erfolgte über einen seitlichen Hebel am Führerstand. Mit einer Pedalplatte im Führerstandsboden konnte gebremst werden.

Der »Atlas« stieg inzwischen zum Eintonner, der »Rapid« mit einer Dynastartanlage zum 450- und der »Standard K« zum 750-kg-Lieferwagen auf, die jetzt den Namen »Goliath« trugen.

Aus dem Hansa-Lloyd-Erbe wurde der »Columbus« als 1,25-Tonner übernommen, der einen 36-PS-Sechszylindermotor besaß. Der »Express« erhielt 1935 einen 28 PS starken Vierzylinder-Hansa-Lloyd-Motor mit hängenden Ventilen.

Modernstes Automobilwerk in Bremen-Sebaldsbrück

1936 begannen die Bauarbeiten für ein neues Montagewerk am Stadtrand in Sebaldsbrück. Carl F. W. Borgward war inzwischen Alleineigentümer geworden, nachdem er seinen Kompagnon Tecklenborg mit einer

14/18-PS-Goliath »Atlas I« Pritschenwagen (1933).

5,5-PS-Goliath F 200 (1934).

14-PS-Goliath L 500 (1933).

14/18-PS-Goliath »Atlas II« Pritschenwagen (1934).

18-PS-PS-Goliath L 600 »Atlas« (1934).

36-PS-Hansa-Lloyd »Columbus« (1935).

reichlich bemessenen Abfindung zum Ausscheiden veranlasst hatte. 1938 konnte Borgward den neuen Betrieb in Bremen-Sebaldsbrück beziehen, er galt als modernste deutsche Automobilfabrik. Das Unternehmen erhielt nun die Bezeichnung C. F. W. Borgward Automobil- und Motorenwerke GmbH, da ein Erlass der Reichsregierung zu dieser Zeit verlangte, dass bei einer Privatfirma der Name des Eigentümers in der Firmenbezeichnung zu erscheinen habe. Die Personen- und Lastwagen trugen jetzt einen großen Rhombus auf der Kühlermaske. Die Lieferwagen, abgesehen von den Dreirädern FW 200 und FW 400 (W für Wasserkühlung), trugen weiterhin den Goliath-Schriftzug. Der 1,5-Tonnen-Kleinlaster entstand im neuen Werk; die kleineren Fahrzeuge im ehemaligen Hansa-Lloyd-Werk in der Föhrenstraße bzw. am Osterdeich.

Mit der Nutzfahrzeugproduktion stand das Borgward-Unternehmen nun an vierter, mit der Pkw-Fertigung an achter Stelle im Deutschen Reich, als das Schell-Programm dem Werk die ausschließliche Fertigung eines Eintonners neben einem 1,5- und einem Dreitonner zuwies.

Die Borgward-Ingenieure modifizierten den 1,25-Tonner zum neuen Eintonner mit einem neuen 30-PS-Vierzylindermotor und Vierganggetriebe. Der schon als Kleinlaster zu bezeichnende 1,5-Tonner konnte mit einem 55-PS-Sechszylinder- oder mit einem 42/45-PS-Dieselmotor geliefert werden; nur 450 bzw. 50 Exemplare konnten noch montiert werden.

Während die Produktion der Dreirad- und der kleinen Vierradtypen 1938/39 schon eingestellt werden musste, baute das Werk den Eintonner unter den Bezeichnungen B 1000 und L 1400 in großen Stückzahlen bis Kriegsende. Die Lkw-Fertigungskapazität war 1944 zugunsten der Rüstungsfabrikation umgestellt worden. Insgesamt 80.000 Fahrzeuge sollen von 1924 bis 1939 bzw.1943 hergestellt worden sein, darunter 51.983 Dreiräder und bis 1945 42399 Vierradlieferwagen.

12-PS-Goliath F 400 (1938).

28-PS-Hansa-Lloyd Eintonner »Express« (1938).

6,2-PS Goliath F 200 (1938).

Das Bremer Kraftfahrzeugunternehmen des inzwischen zum Wehrwirtschaftsführer ernannten Carl F. W. Borgward baute nun vor allem Krauss-Maffei-Zugmaschinen in Lizenz, ferner Torpedos, Bombenabwurfgeräte und Goliath-Sprengpanzer. Das Werk wurde 1944 und 1945 zu 80 Prozent zerstört, darunter auch der bekannte Hansa-Lloyd-Turm im Werksgelände. Allerdings konnte die Fertigung aufgrund der Zulieferung durch die ungefährdeten Auslagerungsbetriebe im geminderten Umfang aufrechterhalten werden, da die moderne Shedbauweise die tatsächlichen Zerstörungen erheblich verhindern konnte.

30-PS-Borgward B 1000/L 1400 (1941).

42-PS-Borgward 1,5 Diesel mit Langeisen-Pritsche (1939).

47-PS-Borgward L 2000 Pritschenwagen (1939).

Neuanfang nach dem Zweiten Weltkrieg

Nachdem schon Ende 1945 unter der Leitung des von der Stadt Bremen und den Amerikanern eingesetzten Treuhänders, des ehemaligen Borgward-Verkaufsdirektors, Dr. Wilhelm Schindelhauer (1887–1959) die Montage der ehemaligen Wehrmachts-Dreitonner mit Genehmigung der US-Besatzungsoffiziere angelaufen war – Carl F. C. Borgward befand sich in Ludwigsburg im »automatic arrest« –, konnte Ende 1947 auch die Fertigung des B 1000 wieder aufgenommen werden. Gegenüber dem Vorkriegsmodell wurde die Kühlermaske ein wenig verändert, wobei seitlich zwei lange anstelle der senkrechten Kühlrippen in die Haube eingestanzt wurden. Aufgrund der damaligen Mangelsituation erhielt der B 1000 nur eine einfache Hinterradbereifung.

1948 konnte auch die Montage der Elektrokarren wieder in Gang gesetzt werden. Als kleinstes Modell bot Borgward den EK 1000 mit 2,2 kW an, gefolgt vom EK 1500 mit 3,3 kW. Als Zweitonner kam der EK 2 mit 3,7 kW hinzu. Mit der Einrichtung der Lloyd-Werke übernahmen diese die gesamte Elektro-Fahrzeugfertigung.

1948 unternahm die Konstruktionsabteilung im Borgward-Werk und in den Tochterunternehmen Goliath und Lloyd große Anstrengungen, um die Programme zu aktualisieren und um sie auszuweiten. (Carl F. W. Borgward

33-PS-Borgward B 1000 1948.

48-PS-Borgward B 1250 (1952). (Foto: Peter Michels)

60-PS-Borgward B 1500 (1953).

60-PS-Borgward B 1500/B 511 Möbelwagen (1958). (Foto: Jürgen Klein)

60-PS-Borgward B 1500/B 511 Pritschenwagen (1958).

hatte die Zeit in Ludwigsburg nutzen können, sich mittels amerikanischer Automobilzeitschriften über die fortgeschrittene US-Automobiltechnik zu informieren.) Den Kleinlaster stattete das Werk ab 1949 als Typ B 1250 mit dem auf 48 PS gebrachten Vierzylindermotor und mit teilsynchronisierten Getriebe aus. Hydraulische Bremsen und eine hintere Doppelbereifung kamen in diesem nun wieder für 1,25 Tonnen ausgelegten Kleinlaster zum Einsatz. Die Karosserie besaß einen aufwendigen Chrom-Zierrat; selbst verchromte Radkappen gehörten zur Ausstattung. Schließlich erhielt das Modell 1951 eine breitere Haube, die das Aussehen der Fahrzeuge dem

Hansa-Lloyd-Goliath-Lieferwagen

Typ	Nutzlast in Tonnen	1. Baujahr	Motoren-hersteller	Zyl.	PS	Kühl.	Bohrung x Hub	Hubr. in ccm	Drehz.	Gew. in kg	Besonder-heiten
1. Goliath-Dreiräder											
Blitz	0,25	1924	DKW	1	2,2	L	50x64	128	3000	150	auch ILO-Motor
Goliath Blitz	0,5	1925		1	4	L	63x64	198	3000	150	
Goliath Blitz	0,5	1925	ILO	1	6,5	L	68x68	246	3000		
Goliath Blitz	0,6	1926		1	7	L	74,5x80	349	2500		
Standard K	0,6	1928		1	7	L	74,5x80	349	2600		Ketten-antrieb
Standard C	0,6	1928		2	10/12	L	61x68	398	3000		Kardan-antrieb
Rapid-Blitz	0,25	1929		1	4	L	63x64	198	3000	300	ab 1930 5,5 PS
F 400	0,55	1930	Goliath	2	11	L	61x68	398	3600	600	
F 600	0,55	1930		2	11	L	61x68	398	3600	600	
Pionier	0,3	1932		1	5,5	L	61x68	198	3200	348	
Rapid 32	0,45	1932		1	5,5	L	61x68	198	3200		
Standard K	0,75	1932		1	5,5	L	61x68	198	3200		
Standard C	0,75	1932	ILO	1	6,5	L	74,5x80	349	2600		
F 200	0,5	1932		1	5,5	L	61x68	198	3000	345	ab 1936 6,2 PS
F 400	0,6	1932	Goliath	2	10/11	L	61x68	398	3000	420	Kardan-antrieb, ab 1936 12 PS
FW 600	0,75	1933		2	14/17	Th	75x68	598	3500	930	ab 1935 18 PS
L 400	0,6	1934		2	14	L	68x68	494	3600		
FW 200	0,5	1938		1	6,5	Th	61x68	198	3000	520	7,3 PS bei 4000 U/min
FW 400	0,6	1938		2	13/14,6	Th	61x68	398	3600	520	
2. Goliath-Vierradfahrzeuge											
Goliath	0,6	1927	ILO	1	7	L	74,5x80	349	2500		
Goliath	0,75	1927		11	7	L	74,5x80	349	2500	295	
Express	0,5 - 0,75	1929	Goliath	2	12/14	Th	75x68	598	2600		
Colum-bus	1,25 - 1,5	1929	Hansa Lloyd	4	50	W	94x118	3275	2100		Kleinlaster ab 1931 35/40 PS
Superior	1,5	1930	Basse &Selve	4	37	W	82,5x110	2350	2400		
Colum-bus II	1,25	1931	Hansa-Lloyd	6	36	W	65x82	1632	3600		
Atlas	1	1932	Goliath	2	12	Th	75x68	598	2500	790	
L 500	0,5 - 0,75	1934		2	14	L	68x68	494	3600		
L 600	0,75	1934		2	18	Th	75x68	598	3500		
Atlas II	1	1934	Hansa-Lloyd	4	27	W	65x82	1088	3600	890	
L 400	0,5	1935	Goliath	2	11	L	61x68	398	3000		
Rekord	0,75	1935		2	14	L	68x68	494	3600		
Express	1	1937	Hansa-Lloyd	4	27	W	65x82	1088	3600		
Rekord	1	1936		4	27	W	65x82	1088	3600		
3. Borgward-Lieferwagen											
L 2000 S	1,5	1937	Borgward	6	47	W	70x85	1962	3800		Kleinlaster
L 1400	1,2	1938		4	33	W	72x85	1384	3250	1300	
1,5 to Diesel	1,5	1939		4	42/45	W	85x130	2950	2000/2200		
L 2300	1,5	1939		6	55	W	72x92	2247	3800		Kleinlaster
B 1000	1,07	1947		4	30	W	72x85	1384	3250	1260	
B 1000	1,1	1948		4	33	W	72x85	1384	3500	1325	
B 1250	1,25	1949		4	48	W	72x92	1498	4000	1295	
Hansa 1800	0,36	1950		4	60	W	78x92	1758	4200	1620	
Hansa 1800 D	0,36	1950		4	42	W	78x92	1758	3700	1720	D
Hansa 1500	0,44	1953		4	52	W	75x84,5	1498	4000	1090	

der großen Borgward-Laster anglich. 1952 trat der 1,5-Tonner mit der »Alligatorhaube« an die Stelle des B 1250.

1950 kam das Borgward-Pkw-Modell Hansa 1800 Kastenwagen für 360 kg mit dem 60-PS-Vergaser- und dem 42-PS-Dieselmotor ins Programm. 1953 motorisierte die 52-PS-Maschine der späteren Isabella-Limousine das Modell; gleichzeitig stieg die Nutzlast auf 440 kg.

Zusammenbruch in der Wirtschaftswunderzeit

Borgward-Montagewerke entstanden in Argentinien, Brasilien – dieses Werk fertigte Borgward-Laster noch bis in die 1970er Jahre –, Indien, Spanien und in Südafrika.

Der verlustreiche Anlauf der Lloyd-Arabella-Produktion und die aufwendige Hubschrauberentwicklung, die ungeschickte Finanzpolitik des Unternehmens, das mit eigenen Finanzmitteln auskommen wollte, sowie falsche wirtschaftspolitische Entscheidungen des Bremer Senats bereitetem dem Borgward-Unternehmen mit den Tochtergesellschaften im Jahre 1961 das Aus. (Letztlich hätte ein Überbrückungskredit in Höhe von 10 Millionen durch den Bremer Senat das Automobilwerk retten können; das Land Bremen hatte jedoch kurz zuvor durch den Zusammenbruch der Schlieker-Werft hohe Verluste einstecken müssen und war zu dieser Sanierung nicht mehr willens oder in der Lage.) Eine Zusammenarbeit und damit eine Produktionsaufteilung mit dem Hamburg-Harburger Tempo-Werk, was eine weitere Rettungsmöglichkeit bedeutet hätte, hatte der eigenwillige Carl F. W. Borgward zuvor abgelehnt.

Ein Teil der Borgward-Fabrikationsanlagen wurde nach Mexiko verfrachtet, wo die Pkw-Produktion neu aufgebaut werden sollte. Der größere Teil der Anlagen wurde verschrottet oder an andere Unternehmen abgegeben. Namhafte deutsche Unternehmen wie Hanomag (später Daimler-Benz), Büssing (später FAUN), Krupp-Atlas und Siemens übernahmen die Borgward-Gebäudekomplexe.

52-PS-Borgward Hansa (1954).

Hansa-Lloyd-Elektrokarren							
Typ	Nutzlast in Tonnen	1. Baujahr	Motor	Leistung in kw	Drehzahl	Gewicht in kg	Besonderheiten
Hansa-Lloyd	1	1923	Lloyd	3,7		1150	Gewichte ohne Batterie
Hansa-Lloyd	1	1924		3,7		1100	
Hansa-lloyd	1	1925		3,7		1100	
Hansa-lloyd	1	1927		4,4		1100	
EL 3		1935		3,3	1250		
EK 1000	1	1948		2,2			
EK 1500	1,5	1948		03. Mrz			
EK 2	2	1948		03. Jul			

Hansa-Maschinenbau

HANSA-Maschinenbau, Vertriebs- und Fertigungs-GmbH, Kommunalfahrzeuge und Friedhofsbagger,
Selsingen, Raiffeisenstraße 1
1. 1968–1981: **HANSA-Maschinenbau GmbH, August Prüß**
2. 1981 bis heute: **HANSA-Maschinenbau, Vertriebs- und Fertigungs-GmbH, Kommunalfahrzeuge und Friedhofsbagger**

Seit seiner Gründung im Jahre 1909 durch den Schmiedemeister August Prüß hat sich der HANSA-Maschinenbau von einer Reparaturwerkstatt für landwirtschaftliche Maschinen zu einem Spezialwerk für die Herstellung von Friedhofsbaggern und Kommunalfahrzeugen entwickelt. Mit seinen 70 Mitarbeitern konstruiert, fertigt und vertreibt die Firma ihr Programm in Deutschland und im europäischen Ausland.

1984 verlegte man das Unternehmen von Zeven nach Selsingen bei Bremervörde. Durch den Zusammenschluss der Firma HANSA-Maschinenbau GmbH und der Ernst Stapel Maschinenbau GmbH im Jahre 1991 wurde die Firma HANSA-Maschinenbau Vertriebs- und Fertigungs-GmbH gegründet.

Hansa APZ 700 Schüttgutkipper (1980). (Foto: HANSA-Maschinenbau)

Hansa APZ 700 Pritschenwagen (1980). (Foto: HANSA-Maschinenbau)

Hansa APZ 1003 G (1980). (Foto: HANSA-Maschinenbau)

48-PS-Hansa APZ 1003 H (1985). (Foto: HANSA Maschinenbau)

Ausgangspunkt der Kommunalfahrzeug-Herstellung waren die Mitte der 1960er Jahre gefertigten HANSA-Hydro-Mehrzweckfahrzeuge vom Typ APZ 1500 und APZ 1800 (APZ für August Prüß, Zeven). Hier handelte es sich um einen Dumper, der mit einem hydraulischen Kleinbagger kombiniert werden konnte. Verschiedene Aufbaugeräte ließen sich hier verwenden. Weitere technische Raffinessen waren ein Allradantrieb, eine Allradlenkung und Niederdruck-Geländereifen. Ein 24-PS-Hatz- oder ein 28-PS-Deutz-Diesel kamen zum Einbau.

Anfang der 1970er Jahre erschien der vielfältig mit Pritsche oder mit Kommunalgeräten kombinierbare Mehrzwecktransporter APZ 1003 S, anfänglich mit 35-PS-VW-Golf- oder einem 48-PS-, bzw. 53-PS-Daimler-Benz-Motor. Schließlich kam ein 70-PS-Mercedes-Benz-Dieselmotor zum Einsatz in dem 1370 mm breiten Allrad-Speziallaster und Geräteträger. Die Motoren sind quer im Fahrgestellrahmen hinter der Fahrerkabine eingebaut und treiben bei den H-Typen den Hydrostat und bei den G-Typen bzw. S-Typen das Schaltgetriebe an. Auf Wunsch ließ sich auch eine Allradlenkung einbauen.

70-PS-HANSA APZ 1003 H (1985). (Foto: HANSA Maschinenbau)

70-PS-HANSA APZ 1003 H (2007). (Foto: HANSA Maschinenbau)

150-PS-HANSA APZ 1003 H (2014).

Mit überarbeitetem Fahrerhaus und gewölbter Panoramascheibe erneuerte HANSA mit dem APZ 1003 (1140 mm Spurbreite) und dem APZ 1004 (1280 mm Spurbreite) im Jahre 1995 das Spezialtransporter-Programm.

Das APZ-Fahrzeug lässt sich als Transporter und als Träger für zahlreiche An- und Aufbaugeräte in der Front-, Rahmen- und Heckmontage einsetzen; der Geräteantrieb erfolgt über eine Hydraulikanlage.

Dem HANSA-Maschinenbau, der inzwischen über einen weiteren Betrieb in Chemnitz verfügt, gelang es 1994, mit 50 APZ-Fahrzeugen die Moskauer Straßenreinigung auszurüsten.

Hansa-Kommunalfahrzeuge

Typ	Nutzlast in Tonnen	1. Baujahr	Motoren-hersteller	Zyl	PS	Kühl.	Bohrung x Hub	Hubr. in ccm	Drehz.	Gew. in kg	Besonder-heiten
1. Baustellen-Transporter											
Hydro-Mehr-zweck-gerät	4	1968	Hatz	2	30	L	100x110	1727	2600	2300	
	5	1968	Deutz	2	24	L	100x120	1884	2100	2500	
2. Kommunalfahrzeuge											
APZ 700		1971									
APZ 1500		1981	Hatz	2	24	L	95x105	1488	3000	2300	
APZ 1800		1981	Deutz	2	28	L	100x120	1885	2500	2500	
APZ 1003 H	1,4 - 3	1983	VW	B4	35	W	76,5x80	1471	2500	2050	
APZ 1003 H	1,4 - 3	1983	MB	4	48	W	91x92,4	2404	3000		
APZ 1003 H	1,5	1983	VW	B4	53	W	76,5x86,4	1588	4000		
APZ 1003 H	2,5	1994		4	70	W	89x92,4	2299	3300	2500	auch 83 PS
APZ 1003 H	2,7	1995		4	70	W	89x92,4	2299	3300	2500	
APZ 1003 H	2,7	1995	MB	4	70	W	89x92,4	2299	3300	2500	Version APZ 1004 mit Fahrzeugbreite 1520 mm
APZ 1003 H	2,7	1996		5	122	W	89x92,4	2874	3600	2500	D, TL
APZ 1003 K	4,15	2014	FPT	4	150	W	95,8x104	2998	3500	2350	

Hanseatische Wagenfabrik

Hanseatische Wagenfabrik GmbH,
Hamburg, Speckstraße 82
1. 1926: **Hanseatische Wagenfabrik GmbH,**
Hamburg, Speckstraße 82
2. 1927: **Roland Krug & Co. GmbH,**
Hamburg, Dammtorbahnhof

Einjährige Herstellung des dreirädrigen Vorderladers namens »Eillieferwagen Hanseat« mit 2,2-, 3,2 und 6-PS-Motoren und Riemenübertragung.

Hanseat-Lieferdreiräder

Typ	Nutzlast in Tonnen	1. Baujahr	Motoren-hersteller	Zyl	PS	Kühl.	Bohrung x Hub	Hubr. in ccm	Drehz.	Gew. in kg	Besonder-heiten
Hanseat		1926		1	2,2	L	51x60	122	3600		
Hanseat		1926	ILO	1	3,2	L	60x60	169	3600		
Hanseat		1926		1	6	Th	74,5x80	349	2500		

Eillieferwagen »Hanseat« Werbeanzeige (1927).

Die Verkaufsorganisation Roland Krug & Co. bot noch für ein Jahr Restmodelle an.

Harhorn

Victor Harhorn,
Weißensee b. Berlin, 1907–1908

Nach seinem Weggang von der Berliner Elektromobil-Fabrik (s. BEF) machte sich Ingenieur Victor Harhorn in Weißensee bei Berlin selbständig und präsentierte dreirädrige Personen- und Transportfahrzeuge mit elektrischem Antrieb. Der Elektromotor war über dem Steuerkopf des Vorderrades angebracht und trieb über eine Welle dieses an. Schon 1908 gab er die Fertigungsstätte in Weißensee auf und gründete mit einem Kompagnon die Firma Gebhardt & Harhorn (s. d.) in Berlin-Schöneberg, die seine Elektromobil-Konstruktion weiterbaute. Weiterhin bestand die Harhorn & Co. GmbH Autozubehörhandlung in Berlin-Kreuzberg, Königgrätzer Straße 28.

Harhorn Werbeanzeige (1907).

HAWA

Hannoversche Waggonfabrik AG,
Hannover-Linden, Göttinger Chaussee, 1923–1925

Die Hannoversche Waggonfabrik AG mit dem Telegraphenkürzel HAWA wurde 1898 als Hannoversche Holzbearbeitungs- und Waggonfabriken (vorm. Max Menzel und Buschmann und Holland AG) in Hannover-Linden gegründet. Während des Ersten Weltkrieges war das Werk im Flugzeugbau tätig In den 1920er Jahren stellte das 2000 Mann starke Unternehmen Eisenbahn- und Straßenbahnwagen sowie Karosserien, Landmaschinen und Motoren her. Von 1923 bis 1927 produzierte das Werk ein elektrisch angetriebenes Kleinstauto mit einer Sperrholzkarosserie. Das Fahrzeug wurde auch als einsitziger Kleinstlieferwagen unter der Marke HAWA für 100 kg Nutzlast hergestellt. Der 0,73-kW-Hauptschlussmotor trieb über ein Ritzelsystem die schmale, differentiallose Hinterachse an. Drei Vorwärtsgänge und ein Rückwärtsgang waren vorhanden. Die Geschwindigkeit betrug maximal 18 bis 22 km/h; die Reichweite des Ultra-Leichtbau-Fahrzeugs lag bei 70 km. Über die Gemeinschaft Deutscher Automobilfabriken (GDA) sollten die Modelle vertrieben werden. 1933 wurde das Werk nach dem Konkurs geschlossen.

0,73-kW-HAWA Elektrowagen (1923).

Heim

Heim u. Cie., Badische Automobil-Fabrik,
Mannheim, Lindenhofstraße 24/26, 1925

Der Mechanikermeister Franz Heim, der Maschinentechniker Oskar Eberle und der Ingenieur Jacob Stengel fertigten in ihrem Unternehmen von 1920 bis 1925 verschiedene Personenwagentypen, die mit Vier- und Sechszylindermotoren von Basse & Selve versehen wurden. Das 8/40-PS-Modell mit Königswellen-Motor wurde 1925 auch mit einer Blechausschlagung als Metzgerei- und »Industriewagen« angeboten. Mit dem Konkurs im Jahre 1927 endete der Heim-Automobilbau.

40-PS-Heim »Industriewagen« (1925).

Heim-Lieferwagen

Typ	Nutzlast in Tonnen	1. Baujahr	Motoren-hersteller	Zyl.	PS	Kühl.	Bohrung x Hub	Hubr. in ccm	Drehz.	Gew. in kg	Besonder-heiten
Heim 8/40	0,5	1925	Basse & Selve	4	40	Th	81,5x100	2086	2800		
Heim 9/60	0,5	1925		4	60	W	79,7x100	1995	2000		

Helios

Helios Automobil-Bau AG,
Köln-Ehrenfeld, Venloerstraße 379–389, 1924–1926

Nachdem die Helios-Elektrofabrik von 1903 bis 1906 verschiedene elektrisch angetriebene Lastwagen nach Patenten der Firma Rudolf Hagen hergestellt hatte, nahm sie 1924 kurzzeitig den Pkw-Bau auf, wobei die 8- und 12-PS-Modelle auch als Lieferwagen gebaut wurden. Der Vertrieb erfolgte über die Gemeinschaft Deutscher Automobilfabriken (GDA). Von 1924 bis zum Konkurs 1926 besaß der Stinnes-Konzern das Werk; die Delfosse Motorenfabrik GmbH führte den Automobilbau mit einem 20-PS-Motor noch zwei Jahre weiter. Ein Relikt des Unternehmens ist der noch heute stehende Helios-Turm in Köln-Ehrenfeld.

Helios-Lieferwagen

Typ	Nutzlast in Tonnen	1. Baujahr	Motoren-hersteller	Zyl.	PS	Kühl.	Bohrung x Hub	Hubr. in ccm	Drehz.	Gew. in kg	Besonder-heiten
Helios		1924		2	9	Th	65x90	597	2800		
Helios		1924		B2	20	Th	72x120	976	2800		

Hellmann

Heinrich W. Hellmann, Maschinen- u. Apparatebau,
Berlin-Mitte, Bernauerstraße 78, 1901–1905

Ingenieur Heinrich Wilhelm Hellmann richtete 1901 nach dem Ausscheiden der Vulkan Automobilgesellschaft mbH (s. Vulkan I) in Berlin eine Maschinenfabrik für Elektromotoren und Fahrzeug-Untergestelle ein. Ein Jahr später erschien erneut sein elektrisch angetriebenes Transportdrei-

3,3-kW-Hellmann Elektro-Lieferwagen (1905).

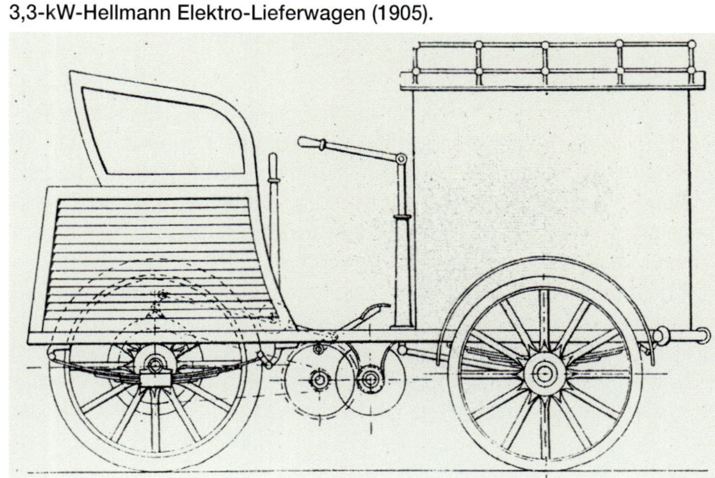

rad für 200 kg Nutzlast, dessen hinteres Rad über eine Kette von dem 0,73-kW-Elektromotor angetrieben wurde. Mit der 48-Volt-Batterie ergab sich angeblich ein Aktionsradius von 75 km.

Im Jahre 1905 stellte die Firma ein neues Elektro-Dreirad vor, bei dem der 150-kg-Ladekasten oder zwei Sitze über den lenkbaren Vorderrädern angebracht waren. Das hintere Einzelrad wurde von dem 0,73-kW-Motor durch eine Zahnrad-/Kettenübertragung in Bewegung gesetzt. Über den Kontroller konnten vier Vorwärts- und eine Rückwärts-Fahrstufe eingestellt werden. Die in zwei Holztrögen untergebrachte Akkumulatorenanlage befand sich über dem gummibereiften Hinterrad. Das nur 375 kg schwere Modell erreichte eine Geschwindigkeit von 18 km/h.

Seine Erfahrungen und Erkenntnisse fasste Hellmann in einem Buch über Elektrofahrzeuge zusammen, das 1905 erschien.

HELO

Herrmann & Lommatzsch Kraftfahrzeugbau,
Berlin-Kreuzberg, Köpenickerstraße 5, 1922–1923

Herstellung eines dreirädrigen »Leichtkraftwagens« mit 3-PS-DKW-Motor über dem Vorderrad.

Henschel

Berliner Maschinenfabrik Henschel & Co. GmbH,
Berlin-Charlottenburg, Schillerstraße 97
1. 1899–1906: **Berliner Maschinenfabrik Henschel & Co. GmbH,** Berlin-Kreuzberg, Neuenburgerstraße 32
2. 1906–1913: **Henschel & Co. Elektromobil- und Maschinenfabrik Henschel & Co. Berlin-Kreuzberg,** Neuenburger Straße 32, ab 1912 Berlin-Kreuzberg, Zossener Straße 55
3. 1913–1917: **Henschel & Co., Inh. Paul Muchow und Rudolf Thiemer, Automobilfabrik, Maschinenfabrik, Spezialfabrik für Straßenreinigungsmaschinen**

Der Buchbinder August Henschel (auch Schreibweise Hentschel) richtete 1875 in der Lindenstraße in Berlin-Kreuzberg eine Pressanstalt für Samtstoffe ein, aus der 1899 eine Gaufrier-Anstalt (Stoffdruckerei) und ein Straßen-Spülwagenbau in Berlin-Kreuzberg, Neuenburgerstraße 32 hervorgingen. Neben August Henschel leitete der Elektroingenieur Wilhelm Heinrich Hellmann (s. Hellmann u. Vulkan I) das Unternehmen. Das Verkaufsbüro befand sich in der Berlin-Charlottenburger Schillerstraße 97.

Zusätzlich zu den Kommunalfahrzeugen entstanden um die Jahrhundertwende in Zusammenarbeit mit der Firma Gottfried Hagen auch Personen-, Liefer- und Lastwagen. Elektromotoren trieben über biegsame Wellen mit einem Vorgelege die beiden Vorderräder an. Patente der Frankfurter Firma Dürr-Motoren wurden verwendet. Weitere Spezialitäten der Firma waren das Umrüsten von Kutschen auf den elektrischen oder auf den »Benzin-, Petroleum- oder Spiritus-Betrieb« sowie der angebliche Bau von Motorrädern und Motorbooten. 1905 traten die Kaufleute Paul Muchow und Rudolf Thiemer neben August Henschel in die Geschäftsleitung ein; 1913 führten sie das Fahrzeugbau- sowie das Gaufrier-Unternehmen. 1918 ging der Betrieb unter der alleinigen Leitung von Paul Muchow in den Elite-Werken auf.

2x4,8-kW-Henschel Kleinlastwagen (1900).

Hercules

Nürnberger Hercules-Werke AG,
Nürnberg, Fürther Straße 191/193
1. 1908–1910: **Last-Automobilfabrik Hercules-Werke, vorm. Velociped-Fabrik Carl Marschütz u. Co.**
2. 1910–1928 u. 1933–1937: **Nürnberger Hercules-Werke AG**

Im Jahre 1896 gründeten der Unternehmer Carl Marschütz (1863–1957) und seine Brüder Heinrich und Ernst die Nürnberger Hercules-Werke als »erste Nürnberger Velociped-Fabrik«, nachdem sie schon 1892 an der Gründung der ersten bayerischen Fahrradfabrik Schmidt & Pirzer in

20-PS-Hercules Brotwagen (1912).

Neumarkt/Opf. beteiligt gewesen waren. 1897 richteten sie neben der Fahrradfabrik auch eine Fabrik für Elektroartikel ein, die 1899 den Lastwagenbau mit einem zunächst elektrischen Antrieb aufnahm. Neben verschiedenen Nutzfahrzeugen erschien 1908 ein 1,2-Tonner mit einem eigenen 20-PS-Vierzylindermotor. 1912 folgte noch ein gleichstarkes 0,6-Tonnen-Modell.

Die Nutzfahrzeugabteilung konnte in dieser Zeit nur geringe Gewinne erwirtschaften, so dass der Fahrzeugbau nur als ein Nebenzweig geführt wurde. Während der Kriegszeit bildete der Regeldreitonner den Schwerpunkt der Hercules-Fertigung. Ab 1921 bot Hercules einen 1,5-Tonner in Lkw-Bauweise mit 20-PS-Motor, ab 1924 in der Version B mit 45-PS-Motor an. Die Verkaufszahlen waren extrem niedrig. 1928 stellte das im Motorradbau weiterhin erfolgreiche Unternehmen nochmals einen 0,75-Tonner vor. In den frühen 1930er Jahren baute Hercules Dreiradfahrzeuge mit 5,5-PS-ILO-Antrieb auf das Hinterrad für Lieferzwecke.

1938 musste Carl Marschütz Deutschland verlassen; 1957 starb er in Los Angeles. Nach 1945 gelang der Neuanfang mit Kleinkrafträdern und Fahrrädern; 1966 wechselte das Unternehmen in die Räumlichkeiten der Zweirad Union AG über.

20-PS-Hercules Typ B 1,5-Tonner (1920).

Hercules-Lieferwagen

Typ	Nutzlast in Tonnen	1. Baujahr	Motoren-hersteller	Zyl.	PS	Kühl.	Bohrung x Hub	Hubr. in ccm	Drehz.	Gew. in kg	Besonder-heiten
Hercules	0,8	1908	Fafnir	2	14	Th	110x130	2470	1500		
Hercules	1,2	1908		2	14	Th	110x130	2470	1500		
Hercules	0,6	1912	Hercules	4	20	W	85x115	2608	900		
Hercules	1,5	1916		4	22	W	85x115	2608	1000		
Hercules	1,5	1920		4	20	W	82x123	2597			auch 80x130 mm
Hercules	0,75	1928		4	28	Th	64x110	1414	2800		

Herkules

Herkules-Motorfahrzeug-Ges. Illig und Meyer,
Hamburg, 36, Neuer Wall 72, 1929

Herstellung eines Dreirad-Vorderladers für 500 oder 750 kg Nutzlast.

Heß

Johann Heß,
Berlin-Tiergarten, Ludendorffstraße 66 (heute Pohlstraße), 1939

1939 bot dieser Betrieb einen Lieferwagen mit unbekannt gebliebenen technischen Daten an.

Hiller

Hiller Automobil AG,
Berlin-Kreuzberg, Treptower Straße 36–43, 1925

Das vom Merkur-Flugzeugbau 1921 gegründete Ego-Automobilwerk wurde 1925 von der Hiller AG übernommen und bis 1927 weitergeführt. Den dort gebauten MKC 5/25 PS erhielt man auch mit einem Kastenaufbau, wobei es darum ging, die vorhandenen Fahrgestelle aufzubrauchen. Der moderne ohv-Motor leistete 25 PS.

Hiller-Lieferwagen

Typ	Nutzlast in Tonnen	1. Baujahr	Motoren-hersteller	Zyl.	PS	Kühl.	Bohrung x Hub	Hubr. in ccm	Drehz.	Gew. in kg	Besonder-heiten
Ego MKC	0,4	1925	Mercur/ Ego	4	25	Th	68x90	1320	3000		

Horch

August Horch & Cie., Motorenwerke AG,
Zwickau i. Sachsen, Horchstraße 21,
Crimmitschauerstraße 49 u. Lessingstraße 31
1. 1909–1917: **August Horch u. Cie., Motorenwerke AG**
2. 1917–1923 u. 1935–1942: **Horch-Werke AG**

August Horch (1868–1951) betätigte sich als Maschinenbauingenieur bei Carl Benz, ehe er 1899 sein erstes eigenes Automobilunternehmen in Köln-Ehrenfeld gründete, das er 1902 nach Reichenbach im Vogtland und 1903 nach Zwickau verlegte. Nach Differenzen mit dem Aufsichtsrat über die Geschäftspolitik trat August Horch aus dem – weiterhin seinen Namen tragenden – Unternehmen aus und gründete 1910 die Audi-Werke.

Die Horch-Personenwagen wurden teilweise auch als Lieferwagen abgewandelt. Nachdem 1909 ein 40 PS starkes Eintonnenmodell vom Typ Horch 23/40 erschienen war, folgten 1910 neben einem 24-PS- und einem 30-PS-Wagen auch ein 35-PS-Wagen als Kranken- und als Kadaverwagen. Die Nutzlast der auf den verstärkten Pkw-Fahrgestellen aufgebauten Modelle betrug gleichfalls eine Tonne.

1918 und 1921 baute man bei Horch Lieferwagen mit 20- und 35-PS-Motoren und Viergang-Kulissenschaltung. Im Vordergrund der

40-PS-Horch 23/40 Leicht-Lastwagen (1910).

Horch-Nachkriegsproduktion standen aufwendig konstruierte Luxusautomobile, die zwar auf dem In- und Auslandsmarkt Anerkennung fanden, aber hohe Verluste einfuhren. In den späten 1930er Jahren karossierte man bei Horch – seit 1932 zum Auto-Union-Konzern gehörend – Krankenwagen auf Achtzylinder-Fahrgestellen. Nach dem Zweiten Weltkrieg baute eine Restmannschaft einige Horch-Militärfahrzeuge (Sonder-Kfz 15) zu Postwagen um.

24-PS-Horch 8/24 Geschäftswagen (1910).

10/30-PS-Horch Krankenwagen (1915).

Nach dem »Volksentscheid über die entschädigungslose Enteignung der sequestrierten Betriebe der Kriegsverbrecher und aktiven Faschisten« vom 30. Juni 1946 wurde das Automobilwerk enteignet und (teilweise) demontiert. Für einige Jahre stellte das Werk Lastwagen und Schlepper her. In den 1950er Jahren wurde das Unternehmen unter dem Namen »Sachsenring-Werke« auf die Pkw-Fertigung umgerüstet und produzierte nach verschiedenen Zwischenmodellen den Kleinwagen »Trabant«. Im Frühjahr 1991 musste die Fahrzeugfertigung in dem vollkommen heruntergewirtschafteten Betrieb auf Entscheidung der Berliner Treuhandgesellschaft eingestellt werden.

75/82-PS-Horch 930 V Krankenwagen (um 1940).

90-PS-Horch 901 Typ 40, Umbau zum Postwagen (um 1946).
(Foto: Karlheinz Hesse)

Horch-Lieferwagen

Typ	Nutzlast in Tonnen	1. Baujahr	Motorenhersteller	Zyl.	PS	Kühl.	Bohrung x Hub	Hubr. in ccm	Drehz.	Gew. in kg	Besonderheiten
16/30 PS	1	1907	Horch	4	30	W	80x130	2612	1800	1700	
23/40 PS	1	1909		4	40	W	115x140	5800	1400		
8/24 PS	1	1910		4	24	Th	74,5x120	2080	1800		
10/30 PS	1	1910		4	30	W	85x115	2608	1600		
13/35 PS	1	1910		4	35	W	85x140	3775	1600		
N 10/30 PS	1,5	1919		4	30	W	80x130	2612	2000		
O 14/40 PS	1,5	1919		4	40	W	90x140	3560			
P 18/50 PS	1,5	1919		4	50	W	100x150	4714	1800		

Horex

Horex-Columbus AG,
Bad Homburg v. d. H., Industriestraße 1, 1936

Die bekannte Motorradfabrik stellte 1936 unter dem Chefkonstrukteur Hermann Reeb (1901–1990) einen Dreiradlieferwagen auf der Basis eines Horex-Motorrades her. Zu einem Serienbau ist es nicht gekommen. 1960 übernahm die Daimler-Benz AG das Werk und richtete dort eine Fertigung für Motorteile ein. Mercedes-Benz gab das Werk in den 1990er Jahren auf; heute hat dort ein japanischer Automobilhersteller einen Stützpunkt.

Hüttis und Hardebeck

Hüttis und Hardebeck, Motorwagenfabrik,
Aachen, 1906–1907

Diese kleine Automobilfabrik stellte ihre 24- und 28-PS-Modelle auch in Lieferwagenausführungen her. 1907 wurde die Fabrik von der dortigen Nutzfahrzeugfabrik Scheibler übernommen.

Hummel

Hummel-Werk, Ordemann u. Hauser,
Sittensen, Bezirk Bremen, 1951–1954

Einen von ihrem »Sitta«-Roller abgeleiteten Lastenroller für 150 oder 200 kg Nutzlast mit 6,2, 6,7 oder 9,5 PS starkem ILO-Motor fertigte das Hummel-Werk. Eine Lizenz zum Nachbau erwarb die Firma Créde.

Hunger

Alfred Hunger,
Dresden, 1926

Der vierrädrige »Rekord«-Lieferwagen dieses Herstellers erschien 1926 mit einem 3,5 PS starken DKW-Motor.

Huy

Huy Motorenwerke,
Dresden-Mickten, Kötzschenbroderstraße 76
1. 1925–1926: **Huy Motorenwerk,**
Dresden-Mickten, Kötzschenbroderstraße 76
2. 1926–1929: **Huy Fahrzeug- u. Motorenbau Walter Huy,**
Dresden-N, Moritzburger Straße 19

In den Räumlichkeiten der F. Louis Huy Fleischereiwerkzeuge- und Maschinenfabrik richtete Walter Huy einen Motorenbau ein, der Dreirad-Lieferwagen mit 3,5-PS-Alba-Motor und hinterem Ladekasten für 200 kg Nutzlast herstellte. Ob Huy oder die Hansa-Präzisionswerke AG in Bielefeld die Alba-Motoren herstellte, bleibt im Dunkeln.

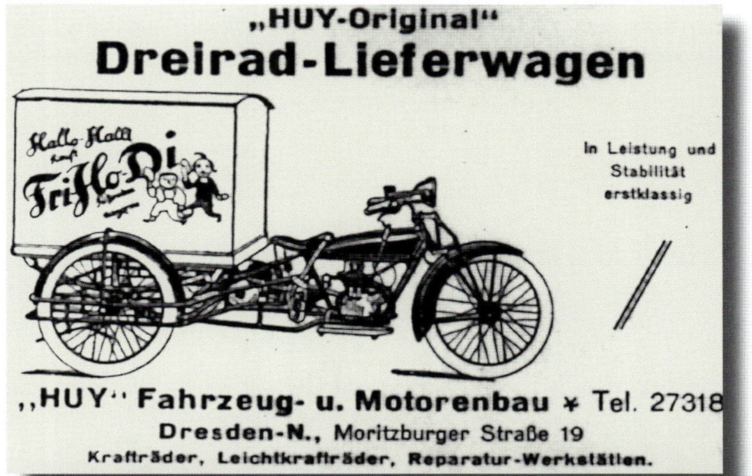

Huy-Werbeanzeige (1926).

Huy-Lieferdreirad											
Typ	Nutzlast in Tonnen	1. Baujahr	Motoren-hersteller	Zyl.	PS	Kühl.	Bohrung x Hub	Hubr. in ccm	Drehz.	Gew. in kg	Besonder-heiten
Huy-Original	0,2	1925	Huy	1	3,5	L	60x69,4	195	2500		Viertakt-motor

ILO-Werke

ILO-Werke GmbH,
Pinneberg, In der Mühlenau 12, 1933

Für kurze Zeit stellte die 1911 gegründete Maschinen- und Zweitaktmotorenfabrik mit der Marke ILO (auch IJO geschrieben, wobei dieses Esperanto-Wort »gutes Werkzeug« bedeutet) auch einen Lieferwagen-Prototyp mit einer Nutzlast unter einer Tonne her.

Das Werk rüstete in den 1930er bis 1950er Jahren verschiedene Fahrzeughersteller, darunter auch das Vidal (Tempo) mit Zweitakt-Vergasermotoren aus. Von 1957 bis 1977 gehörte das Unternehmen zur amerikanischen Rockwell-Gruppe und wurde anschließend von der Tecumseh Products Company in Tecumseh/Michigan übernommen. 1990 musste das Werk aufgrund der zu geringen Nachfrage nach deutschen Kleinmotoren geschlossen werden.

Imperia

Imperia Fahrzeugwerk mbH,
Bad Godesberg, Friesdorfer Straße 155, 1927–1929

Diese Firma der Familie Schroedter stellte unter dem Chefkonstrukteur Dr. Rolf Schroedter rund 20 Exemplare eines dreirädrigen Lastenfahrzeugs mit hinterem Antriebsrad her. Neben einem eigenen Motor wurden Einzylinder-Viertaktmotoren von Motosacoche mit 7,3, 13 und 14 PS verwendet. Mitte der 1930er Jahre fertigte das Imperia Werk einen dreirädrigen Stromlinien-Pkw der Marke Imperia mit einem Trilok-Strömungsgetriebe.

Imperia-Lieferdreiräder

Typ	Nutzlast in Tonnen	1. Baujahr	Motorenhersteller	Zyl.	PS	Kühl.	Bohrung x Hub	Hubr. in ccm	Drehz.	Gew. in kg	Besonderheiten
Imperia	0,3/0,4	1927	Motosacoche	1	7,3-14	L	64x72	231	3400		Seitenwagen
Imperia	0,5	1927		1	12	L	64x72	231	3400		Vorderlader
Imperia	0,5	1928	Küchen	1	14	L	85x90	510	3400		

7,3-PS-Imperia Lieferdreirad (1927).

Imperia Motorrad-Gespann ohne Aufbau (1927).

Induhag

Industrie- und Handelsgesellschaft mbH,
Düsseldorf, 1922–1924

Unter dem Kürzel Induhag stellte dieses Unternehmen ab 1922 drei- und vierrädrige Kleinstfahrzeuge mit 1,1-kW-Elektro- oder mit 4-PS-Motor her, darunter einen Hinterlader mit dem Benzinmotor. Der Kettenantrieb erfolgte auf das rechte Hinterrad, so dass das Differential entfallen konnte.

IPE

IPE Auto-Gesellschaft mbH,
Berlin-Mitte, Französische Str. 48, 1919–1920

Mit einem 12-PS-Steudel-Motor erschien 1919 der IPE-»Lieferungswagen«, der seine Bezeichnung dem Akronym für die Vornamen des Gründers der Firma, Ingenieur Johann Paul Emil Mehling verdankte. Nachdem die Montage aufgrund der Insolvenz 1921 endete, ging die Konstruktion an die Firma Lindcar in Berlin-Lichtenrade über.

IPE-Werbeanzeige (1919).

IPE-Lieferwagen											
Typ	Nutzlast in Tonnen	1. Baujahr	Motoren-hersteller	Zyl.	PS	Kühl.	Bohrung x Hub	Hubr. in ccm	Drehz.	Gew. in kg	Besonder-heiten
IPE-Liefer-wagen		1919	Steudel	4	12	Th	61x90	1060	2200		

Kaiser

Kaiser Fahrzeugbau,
Oschersleben/Bode, Neindorferstraße 22, 1936–1939

Das dreirädrige Transportfahrzeug »Kaiser« in Form eines Zeppelins mit einem über eine Kette angetriebenen Hinterrad stellte die Firma des Flugzeugingenieurs Theodor Kaiser (1906–1950) her. Motoren der Marken DKW und NSU kamen zum Einbau. Die Personenwagen-Version war in gleicher Konzeption wie der spätere Messerschmitt-Kabinenroller hergestellt. Ein weiteres Produkt waren »Wochenendanhänger«.

Kaiser-Lieferdreirad											
Typ	Nutzlast in Tonnen	1. Baujahr	Motoren-hersteller	Zyl.	PS	Kühl.	Bohrung x Hub	Hubr. in ccm	Drehz.	Gew. in kg	Besonder-heiten
Kaiser		1936	NSU	1	3,8	L	56,5x80	198	3500		
Kaiser				1	6,5	L	71x88	350	4000		
Kaiser			DKW	1	12	L	80x99	498	3800		
Kaiser				2	18	Th	74x68	584	3500		

Kiefer

Kiefer GmbH,
Dorfen, Further Straße 1
1. 1986–2014: **Kiefer GmbH**
2. 2014 bis heute: **Kiefer GmbH Maschinenbau, Fahrzeugbau und Vertrieb**

Unter der Bezeichnung »Bokimobil« stellt dieses Unternehmen in seinem 1975 gegründeten Werk neben Friedhofsbaggern und Kommunalfahrzeugen auch Spezialtransporter her. 1987 führte man das »Bokimobil HY 1200« mit Allradantrieb und Allradlenkung ein. Die Modelle HY 1250, HY 1300 und HY 1350 besitzen – wie in der Bezeichnung zu erkennen – unterschiedliche Spurweiten und wurden je nach Kundenwunsch von einem VW-Diesel mit 56 oder 70 PS, einem Mercedes-Benz-Diesel mit 70 PS und einem Peugeot-Diesel mit 90 PS und hydrostatischem Allradantrieb versehen. Auch die Vorderrad- oder die optionale Allradlenkung mit Rund- und Hundegang wurden hydraulisch gesteuert.

Das Modell HY 1350 erhielt 1994 eine verbesserte Kabine mit reichhaltiger Verglasung und einen aufgeladenen 90-PS-Peugeot-Diesel, der sich wie bei allen Bokimobil-Versionen quer hinter dem kippbaren Fahrerhaus befindet. 1995 folgte das »Bokimobil 1150« mit Schaltgetriebe. Anlässlich des 20-jährigen Firmenjubiläums stellte man das »Bokimobil XX51« mit Joysticksteuerung vor, die anschließend in allen Modellen zu finden war. Mit dem 2010 vorgestellten 24-PS-Pritschentransporter »Boki mini 2« mit hydrostatischem Antrieb und dem 6-kw-Elektrotransporter »Bokimobil miniE« mit einer Breite von 1110 mm rundete Kiefer das Angebot nach unten ab.

90-PS-Boki HY 1350 Schmalspur-Transporter (1993). (Foto: Kiefer GmbH)

56-PS-Boki HY 1250 Schmalspurtransporter (1995). (Foto: Kiefer GmbH)

122-PS-Boki HY 1351 Schmalspur-Transporter (2000).

2014 ging das Unternehmen in der österreichischen Reform-Gruppe in Wels/Tirol auf; unter der Bezeichnung »Boki REFORM« werden die Produkte seitdem vertrieben. In der Motorenbestückung ging Kiefer auf Triebwerke von VM über. 2017 und 2018 erweiterte Kiefer das Programm um die dreiachsigen Modelle »Boki 1152 T« und »Boki 1352 T«, angetrieben von 150 PS starken FPT-Motoren. Die Produktionskapazität liegt bei rund 100 Fahrzeugen jährlich.

Kiefer-Kommunalfahrzeuge

Typ	Nutzlast in Tonnen	1. Baujahr	Motoren-hersteller	Zyl.	PS	Kühl.	Bohrung x Hub	Hubr. in ccm	Drehz.	Gew. in kg	Besonder-heiten
Bokimobil HY 1250	1,1	1987	VW	4	45	W	79,5x95,5	1896	3200	1750	D, auch 54 u. 70 PS
Bokimobil HY 1300		1987	MB	4	70	W	89x92,5	2299	3300		D
Bokimobil HY 1300	2	1987	Peugeot	4	90	W	94x90	2498	3300	2050	D, T
Boki 1150	1,2	1995	Fiat	4	53	W	82,6x79,2	1697	4500		D, 10-Gang-getriebe
Boki 1100	1,2	1996	Fiat	4	53	W	82,6x79,2	1697	4500	1470	D, 5-Gang-getriebe
Boki HY 1250	1,1	1996	VW	4	56	W	79,5x95,5	1896	3200	1750	D, mit T 70 PS
Boki HY 1250	1,65	1996	Peugeot	4	65	W	83x88	1905		2300	D, auch DB-Motor, 70 PS
Boki HY 1151		2010	FPT	4	109	W	95,8x104	2998	2800		D
Boki HY 1251	1,2	2010	FPT	4	109	W	95,8x104	2998	2800	2350	D, TL
Boki HY 1351	2,5	2010	FPT	4	122	W	95,8x104	2998	2800	2500	D, TL
Boki mini 2	2,5	2010	Kubota	3	24	W	72x73,6	898	2800	1440	D
Boki mini 2	2,5	2010	Kubota	4	36	W	78x78,4	1498	3000	1440	D, mit T 44 PS
Boki mini E	1,7	2017			6 kW					1300	
Boki HY 1152	3,9	2017	VM	4	114	W	94x107	2968	3500	2600	D, TL, a. 146 PS mit FPT-Motor
Boki HY 1252	4	2018	VM	4	114	W	94x107	2968	3500	2500	D, TL,
Boki HY 1352	3,8	2018	VM	4	114	W	94x107	2968	3500	2700	D, TL
Boki 1152 T (Reform)	3,9	2018	FPT	4	150	W	95,8x104	2998	3500	3500	D, TL, 6x4/6x6
Boki 1352 T (Reform)	3,9	2018	FPT	4	150	W	95,8x104	2998	3500	3600	D, TL, 6x4/6x6

Kliemt

C. Kliemt Wagenfabrik,
Berlin-Mitte, Neue Königstraße 74 (heute Otto-Braun-Straße), 1899–1901

Neben elektrisch angetriebenen Lastwagen stellte dieses 1868 zum Bau von Pferdefuhrwerken gegründete Unternehmen auch Lieferwagen mit elektrischem Vorderradantrieb her. Die Konstruktionen gingen auf Pläne des Elektroingenieurs Robert Schwenke zurück, der zunächst an der Entwicklung der Siemens & Halske-Oberleitungsomnibusse beteiligt war und gleichzeitig für die Firmen Kühlstein Wagenbau-Gesellschaft, Express-Fahrradwerke und Vulkan Automobilgesellschaft arbeitete.

Die Wagen- und Automobilfabrik C. Kliemt bestand als Karosseriefabrik in Berlin bis zum Ende der 1920er Jahre fort.

1,8-kW-Kliemt »Geschäftswagen« (1900).

1,8-kW-Kliemt »Geschäftswagen« (1903).

Klotz

Eugen Klotz Maschinenfabrik,
Stuttgart, Bahnhofstraße 129, 1923–1926

Die 1882 gegründete Maschinenfabrik stellte Güllepumpen, Transmissionen, Dampfkessel und Dampfmaschinen für die Landwirtschaft her. Zu Anfang der 1920er Jahre traten der Maschinenbau-Ingenieur Wilhelm Gutbrod als Technischer und Gustav Rau als Kaufmännischer Leiter in das Werk ein, wo Gutbrod vierrädrige Lastkarren für 1 bis 1,5 Tonnen Nutzlast mit einem ebenfalls von ihm entworfenen 5,5-PS-Motor mit 250 ccm Hubraum konstruierte. Seine erste Kraftwagenkonstruktion besaß zunächst einen Zentral-, dann einen Doppelrahmen; 63 Fahrzeuge konnten gebaut werden. Auch Motorräder entstanden in diesem Unternehmen, das 1926 jedoch in Konkurs ging. Wilhelm Gutbrod und Gustav Rau bauten anschließend die Standard-Fahrzeugfabrik GmbH (s. Gutbrod) auf.

Klotz-Lastkarren (1926).

Knöllner

Märkische Kraftfahrzeugfabrik Carl Knöllner,
Ravensbrück bei Fürstenberg/Mecklenburg, 1924

Knöllner stellte in Einzelstücken das »Carolette«-Lieferdreirad mit wassergekühltem 3,5-PS-DKW-Motor her. Ebenso wenig erfolgreich war der Dreirad-Zweisitzer mit 18-PS-Helios- und der Vierrad-Kleinwagen mit 5/12-PS-Helios-Motor.

Knöllner-Liefer-Dreiräder

Typ	Nutzlast in Tonnen	1. Baujahr	Motoren-hersteller	Zyl.	PS	Kühl.	Bohrung x Hub	Hubr. in ccm	Drehz.	Gew. in kg	Besonder-heiten
1. Lieferdreiräder											
Carolette	0,15	1924	DKW	1	3,5	L	60x60	173			
Carolette		1924	Helios	2	18						
2. Vierrad-Lieferwagen											
		1924	Helios	4	12			1250			

Kober

Alois Kober GmbH,
Kötz b. Günzburg, Ichenhauserstraße 14,1987

Das 1931 gegründete Alois Kober-Unternehmen ist mit einer Belegschaft von 3000 Personen in sechs Werken in Deutschland, Österreich und Spanien seit Jahrzehnten einer der führenden europäischen Hersteller von Fahrzeug- und Ausrüstungsteilen für Kraftfahrzeuge, Anhänger und fahrbare Maschinen.

1987 präsentierte das Unternehmen einen dreirädrigen, batteriebetriebenen Kleintransporter vom Typ »Elestra« für eine Nutzlast von 450 kg. Zwei Batteriereihen mit je vier Akkumulatoren versorgten über eine Steuerungselektronik den 9-kW-Motor mit Energie. Ein über einen Zahnriemen nachgeschalteter Variator diente als Drehmomentwandler vor dem Differential mit den Pendelachsen. Elektrische Energie konnte im Schub- und im Bremsbetrieb zurückgewonnen werden. Der bis zu 60 km/h schnelle Transporter hatte einen Fahrbereich von 80 km/h.

Sechs Exemplare mit verschiedenen Aufbauten wurden gebaut. Wegen zu hoher Fertigungskosten und der doch zu geringen Reichweite wurde der vorbereitete Serienbau nicht aufgenommen.

9-kW-Kober Elektro-Dreiradlieferwagen »Elestra« (1987). (Foto: Alois Kober GmbH)

Kober-Elektro-Dreirad-Lieferwagen

Typ	Nutzlast in Tonnen	1. Baujahr	Motor	Leistung in kw	Drehzahl	Gewicht in kg	Besonderheiten
AL-KO Elestra	0,45	1987		9	5500	1000	

Köln-Lindenthaler Metallwerke

Köln-Lindenthaler Metallwerke AG,
Köln-Lindenthal, Neuenhöfer Allee 90, 1908–1925

Die Köln-Lindenthaler Metallwerke gingen aus den Allright Fahrradwerken AG hervor und nahmen im Jahre 1900 den neuen Firmennamen an. Gleichzeitig begann das Unternehmen mit dem Bau von Motorrädern; 1908 folgte der Kleinwagen »Allright-Mobil« (ab 1909 Allreit). Ein luftgekühlter Zweizylinder-V-Motor mit 5 oder 7 PS trieb dieses Fahrzeug an, das von 1909 bis 1910 auch als Kleinlieferwagen mit Dreiganggetriebe, Segmentschaltung, Ketten- oder Kardanübertragung angeboten wurde.

In den 1920er Jahren baute das Unternehmen eine Dreirad-Baureihe für Lasten von 150, 250, 350, 400 und 500 kg Nutzlast auf.

7-PS-Köln-Lindenthaler Lieferwagen (1909).

Köln-Lindenthaler-Lieferwagen

Typ	Nutzlast in Tonnen	1. Baujahr	Motorenhersteller	Zyl.	PS	Kühl.	Bohrung x Hub	Hubr. in ccm	Drehz.	Gew. in kg	Besonderheiten
Allright	0,25	1909	Fafnir	V2	5	L	80x94	945	1300		auch 7 PS
Allreit	0,15	1925	DKW	1	2,5	L	55x62	142			
Allreit	0,25	1925		1	3,5	L	64,5x76	248			
Allreit	0,35	1925		1	5,5	L	70x90	346			
Allreit	0,4	1925		1	12	L	74x80	308			
Allreit	0,5	1925		1	10	L	85,5x85	488			auch 12 PS

Komnick

Franz Komnick, Automobilfabrik,
Elbing/Westpreußen, Herrenstraße 52
1. 1912–1913: **Franz Komnick, Automobilfabrik,**
Elbing/Westpreußen, Herrenstraße 52
2. 1926–1927: **Automobilfabrik Komnick AG**

Die von Kommerzienrat Dr. Ing. h. c. Franz Komnick (1857–1938) gegründete Automobilfabrik entwickelte sich zu einem der größten Unternehmen im Osten des Deutschen Reiches. Das Werk stellte Personenwagen und Tragpflüge sowie ab 1914 auch Lastwagen, Omnibusse und Traktoren her.

Außer Personenwagen gab es 1912 einen Lieferwagen als Typ 10/34-für 750 kg Nutzlast. Der 34-PS-Motor besaß hängende Ein- und stehende Auslassventile sowie (nach Renault-Bauart) den Kühler hinter dem Motorblock.

Von 1924 bis 1926 bot Komnick den vom Ingenieurbüro Joseph Vollmer konstruierten C 2 mit 32 PS und Spitzkühler in einer Lieferwagenversion an. 1926 folgte noch der ebenfalls von Vollmer entworfene Lieferwagen T 1 für 1000 bis 1500 kg Nutzlast. Der aufwendige Königswellenmotor leistete hier 40 PS.

1927 stellte Komnick die unrentable Pkw-Produktion ein und konzentrierte sich auf die Lkw- und Straßenschlepperfertigung, bis das Werk 1930 von Büssing für die Zugmaschinen- und Omnibus-Karosserie-Fertigung übernommen wurde.

Nach dem Krieg wurden die Werksanlagen von den Russen demontiert. 1947 richteten die Polen in den restlichen Hallen der Automobilfabrik ein

34-PS-Komnick 10/34 (1913).

40-PS-Komnick Type 1 T Krankenwagen (1926).

34-PS-Komnick Type 1 T (1927).

Reparaturwerk für Lkw ein, aus dem sich das zentrale polnische Autobus-Reparaturwerk Elblaski Zaklady Naprawy Samochodow (EZNS) entwickelte. Nach dem politischen Umbruch geriet das Werk in Schwierigkeiten, da die Anlieferung defekter Omnibusse nach Elbing in den meisten Fällen zu kostspielig war; in der Planwirtschaft wurde darüber nicht nachgedacht. Die Gebäude wurden zugunsten von Wohnanlagen abgerissen.

Komnick-Lieferwagen

Typ	Nutzlast in Tonnen	1. Baujahr	Motoren-hersteller	Zyl.	PS	Kühl.	Bohrung x Hub	Hubr. in ccm	Drehz.	Gew. in kg	Besonder-heiten
10/30 PS	0,75	1912	Komnick	4	34	Th	80x130	2612	1900	1400	ab 1912 34 PS
Typ C 2	1	1924	Komnick	4	32	W	78x108	2063	2100		max. 35 PS
Typ T 1	1/1,5	1926	Komnick	4	40	W	78x108	2063	2400	1900	

Kondor

Kondor AG für Kraftfahrzeuge,
Berlin-Mitte, Schiffbauerdamm, 1924–1925

Die Kondor-Lastendreiräder für 300 kg Nutzlast besaßen 3,5-PS-Motoren mit 249 ccm-Hubraum der Firma Vis-AG, Fahrzeug- und Motorenbau in München.

Ko-Wu

Ko-Wu-Fahrzeugbau GmbH,
Hamburg, Grindelallee 110, 1926–1929

Die Motorradvertretung Hermann Koch richtete 1926 die Abteilung KoWu-Kleinlieferwagen ein, die dreirädrige Vorderlader mit 2,5- und 4-PS-Motoren herstellte. Der Vorderlader besaß ein stehendes Lenkrad, das per Kette die Vorderräder des »stabilen Kleinlieferwagens« für 250 oder 400 kg Nutzlast steuerte.

KoWu-Werbeanzeige (1926).

Kruse

Gebr. Kruse Wagenfabrik,
Hamburg-Winterhude, Dorotheenstraße 66, 1898–1902

Die 1837 gegründete Kutsch-Wagenfabrik stellte um die Jahrhundertwende elektrische Motorwagen, darunter auch Last- und Lieferwagen her.

Kühlstein

Kühlstein Wagenbau-Gesellschaft OHG,
Berlin-Charlottenburg, Salzufer 4;
Berlin-Mitte, Schiffbauerdamm 23, 1901

Die 1883 von Eduard Kühlstein (1833–1900) in Berlin-Charlottenburg gegründete Kutschen-Bauanstalt fertigte Luxus-Kutschen, Transportwagen und Anhänger. Um die Jahrhundertwende nahm das Werk auch den Bau von Vorsteckwagen, Personen-, Last- und Lieferwagen sowie von einem Omnibus mit Elektromotoren auf. Während elektrische Antriebe von Oberingenieur Robert Schwenke (siehe C. Kliemt Wagenfabrik) konstruiert wurden, zeichnete für die wagentechnischen Teile und die Verbrennungsmotoren Ingenieur Joseph Vollmer verantwortlich. So gab es auch einen von Vollmer konstruierten »Postcarriol« für die Reichspost, der von einem

Vorsteckwagen angetrieben wurde. Mit einem 4 PS starken Zweizylinder-Boxermotor mit 4 PS erreichte das Fahrzeug eine Geschwindigkeit von 25 km/h. Nach dem Tod von Eduard Kühlstein wurde das kapitalmäßig zu gering ausgestattete Unternehmen von der AEG (s. Nationale Automobil AG) übernommen. Joseph Vollmer wechselte zu dieser Firma als Chefkonstrukteur über.

Der Kühlstein-Karosseriebauvon Max Leuschner & Söhne existierte bis zum Konkurs im Jahre 1926; die Liquidation zog sich bis in die Mitte der 1930er Jahre hin.

14-PS-Kühlstein »Postcarriol« (1899).

LADOG

LADOG-Fahrzeugbau- u. Vertriebsgesellschaft GmbH,
Zell am Harmersbach, Am Galgenfeld 11
1. 1948 – 2007: **Ladog Maschinenbau (ab 1950 Fahrzeugbau),** Nordrach/Baden
2. 2007 bis heute: **LADOG Fahrzeugbau- und Vertriebsgesellschaft GmbH,**
Zell am Harmersbach, Am Galgenfeld 11

Das 1920 gegründete Maschinenbauunternehmen stellte kurz nach dem Zweiten Weltkrieg unter der Leitung von Willi Guggenbühler (1918–1987) erste Dreirad-Transporter für die Land- und Forstwirtschaft her. Die Transport- und Mehrzweckgeräte erhielten Einzylinder-Motoren von Berning, Farymann und Hirth mit Leistungen von anfänglich 6 bis 8 PS. Die bis in die 1970er Jahre angebotenen Modelle waren schließlich mit 12-PS-Vergaser- und 12-, 16- und 22-PS-Dieselmotoren lieferbar.

Um 1960 erschienen erste Vierrad-»Mehrzweckgeräte« auf einem robusten Leiterrahmen mit 14-, 16 und 22-PS-Motor und Heckantrieb als offenes oder geschlossenes Fahrzeug mit Blechkabine. 1967 folgten

LADOG-Dreirad-Kipper Typ Di-123 (1950). (Foto: Bertsche)

Schmalspur-Kommunalfahrzeuge (Breite 1250 mm) unter der Marke »LADOG K 124«. Der luftgekühlte 40-PS-VW-Motor und das Getriebe waren zwischen den Achsen des Fahrzeugs unterflurmäßig untergebracht. Der Frontlenker mit kleinem Vorbau war mit Reifen unterschiedlicher Größen vorne und hinten versehen. Hydraulikanschlüsse waren vorhanden. Auch mit einem Allradantrieb wurden die Modelle ab 1963 ausgerüstet. Mit verschiedenen Aufbaugeräten für den Sommer- und den Winterdienst ließen sich diese Fahrzeuge kostengünstig im ganzjährigen Bereich einsetzen. 1970 konnte auch eine Vierradlenkung gewählt werden.

40-PS-LADOG K 124 All (1970). (Foto: Bertsche)

65-PS-LADOG G 129 D All (1974). (Foto: Bertsche)

Das Kunstwort LADOG der Markenbezeichnung stand dabei für »Leichte Arbeit durch ordentliches Gerät«. Den Vertrieb der Fahrzeuge übernahm die Firma Albrecht Bertsche Kommunalgeräte in Bräunlingen.

1974 wurde das Fahrzeug mit einer schrägstehenden Front in der Formgestaltung überarbeitet, so dass der vordere Vorbau entfallen konnte. Gleichzeitig versah man das Fahrzeug auch mit einem Citroën-Boxermotor oder mit stärkerem VW-Vergaser- sowie VW-Dieselmotor; eine einheitliche Rädergröße kam zur Verwendung. 1978 konnte anstelle des Schaltgetriebes ein hydrostatischer Antrieb gewählt werden, der wenig später auch auf die Allrad-Fahrzeuge übertragen wurde.

Die nächste LADOG-Generation im Kommunalbereich bildeten zu Beginn der 1980er Jahre die G 127-Modelle, wiederum mit VW-Vergaser- und Dieselantrieben. Zur verbesserten Sicht auf die Vorbaugeräte war im Fußbereich eine weitere Scheibe angebracht; die Möglichkeit, das Fahrerhaus vor- und den Aufbau nach hinten zu kippen, verbesserte den Zugang zum Motor. Die gegenüber Kommunalaufbauten wahlweise verwendbare Pritsche besaß eine Tragkraft von 1100 bis 1800 kg.

Als reine Transportfahrzeuge für Gärtnereien und Steinmetzbetriebe auf Friedhöfen entstand die Allrad-Baureihe ALL 28 mit Kipppritsche und auf Wunsch einer Krananlage. Die Hundegang-Technik ermöglichte den Einsatz auf schmalem Fahrbereich.

65-PS-LADOG G 129 S (1986).

Nachdem die Rahmenfertigung 1986 in eine neue Halle in Zell am Harmersbach verlagert worden war, zog das Unternehmen 2007 vollständig dorthin.

Gegen Ende der 1980er Jahre löste die G 129-Baureihe mit 80-PS-VW-Motoren die bisherige Ausführung ab; Fahrzeugbreiten von 1160 bis 1500 mm konnten gewählt werden.

1991 präsentierte man den »Öko-Ladog« mit dem »umweltverträglichen« 82-PS-Motor. Ein hydrostatischer Antrieb für den Arbeitsbereich und ein mechanischer Antrieb für den Fahrbereich wurden hier verwendet. Ab 1996 konnten auch Mercedes-Benz-Motoren mit 85 PS eingebaut

65-PS-LADOG G 129 S (1994).

85-PS-LADOG G 129 S (1997).

werden. 1998 erweiterte der Dreiseitenkipper LAK 1250 mit Allradantrieb das LADOG-Programm. Der jährliche Absatz der Fahrzeuge lag bei 150 Exemplaren.

Nach der Jahrtausendwende erschien die T-Baureihe mit den Modellen T 1250, T 1400 und T 1550, wobei die Zahlenangabe die Fahrzeugbreite in Millimetern angibt. Ein Vierzylinder-VM-Dieselmotor mit 101 bis 122 PS bildet seitdem das Standardtriebwerk der LADOG-Spezialfahrzeuge.

Das überarbeitete Design der Aluminium-Verbundstoff-Kabine wies große Glastüren auf.

Der 2009 erschienene G 129 S »MiniDOG« mit 35,2-PS-Lombardini-Motor und einer Breite von 1150 mm erweiterte das Fahrzeugspektrum nach unten ab. Der 2014 präsentierte T 1700 mit 133 PS und einer Breite von 1700 mm für drei Sitzplätze krönt seitdem das LADOG-Angebot. Der hydrostatische Antrieb wurde jetzt Standard.

Erneut wurde die Vorderfront in mehreren Stufen optimiert; seit 2016 zieht sich die Scheibe einteilig, abgesehen von den Scheinwerferausbuchtungen, fast bis zum Fahrzeugboden herab.

Kompakte Hatz-Dieselmotoren mit 75 und 101 PS kommen seit 2018 in die extrem schmalspurigen Modelle T 1150, T 1250 und (auf Wunsch) T 1400.

Die Jahresfertigung des 60 Mitarbeiter starken Spezialisten für Schmalspurfahrzeuge lag im Jahre 2020 bei 200 Exemplaren.

101-PS-LADOG T 1400 (2007).

114-PS-LADOG T 1550 TransFlex (2018).

LADOG-Kommunalfahrzeuge

Typ	Nutzlast in Tonnen	1. Baujahr	Motorenhersteller	Zyl.	PS	Kühl.	Bohrung x Hub	Hubr. in ccm	Drehz.	Gew. in kg	Besonderheiten
K 124 All.	1,3	1968	VW	B4	40	L	83x69	1493	3800	1600	
K 124 All.	1,8	1970		B4	40	L	85,5x69	1584	3200	1670	
K 125 All.	1,4	1970		B4	40	L	85,5x69	1584	3200	1670	
K 126 All.	1,4	1974	Citroen	4	48	L	77x65,6	1220	4000	1550	
K 129 All.	1,5	1974		4	54	L	74x59	1051	6500	1670	
G 129.	1,1	1974		B4	65	L	93x66	1795	4100	1700	
G 129 D	1,1	1974		4	49	W	76,5x80	1471	4500	1700	D
G 129	1,1	1978		B4	62	L	93x66	1795	4000	1700	
G 129 D	1,1	1978		4	43	W	76,5x86,4	1588	4000	1700	D
G 129 Hy.	1,1	1984		4	49	W	76,5x80	1471	4500	1700	D
G 129 Hy.	1,1	1984		B4	65	W	76,5x86,4	1588	4000		
G 127 All.	1,5	1986	VW	4	75	W	76,5x86,4	1588	4500	2000	D
G 127 All.	1,1	1986		B4	50	L	85,5x69	1584	4000	1100	
G 129 All.	2,4	1986		4	65	W	76,5x86,4	1588	4000	1800	D
G 128 Hy.	1,1	1988		4	68	W	76,5x86,4	1588	4100	1700	D
G 129 All.	1,8	1988		4	69	W	76,5x86,4	1588	4200	1700	D
Öko-LADOG		1994		4	75	W	79,5x95,5	1896	4200		D,T
G 129 H		1996		4	55	W	79,5x95,5	1896	3200		D
G 129 H	2,05	1996	MB	4	85	W	89x92,4	2299	3800	2000	D,T
G 129 H		1996	Audi	4	110	W	79,5x86,9	1896	4150		D, TL
LAK 1250		1998	VW	4							
G 129 N 20		2005		4	125	W	92x94	2499	4000	2200	D, T
T 1400		2007	VM	4	125	W	92x94	2499	4000		D, T
T 1550 TransFlex		2007		4	125	W	92x94	2499	4000		D, T
G 1219 S MiniDOG		2009	Lombardini		35,2						
T 1550	3,8	2011		4	122	W	95,8x104	2998	3500	2700	D, TL, a. 145 PS
T 1650	3,7	2011	FPT	4	122	W	95,8x104	2998	3500	2800	D, TL, a. 145 PS
T 1700		2014		4	133	W	95,8x104	2998	3500		D, TL, ab 2018 135 PS
T 1150		2018	Hatz		75	W					
T 1250		2018			75	W					
T 1400		2018			101	W					
T 1550		2018	VM	4	80	W	94x107	2968	3500		D, mit TL 114 PS

Landgrebe, siehe Loebel

Lanz

Hermann Lanz, Landmaschinen- und Eggenfabrik,
Aulendorf/Württ., Schillerstraße 27, 1925

Die ehemalige Landmaschinen- und spätere Schlepperfabrik Hermann Lanz (Hela) stellte einen vierrädrigen Transportkarren der Marke Ideal her. Nach der Einstellung des Schlepperbaus Ende der 1970er Jahre fertigte das Unternehmen Baumaschinen und Friedhofsbagger unter verschiedenen Eigentümern. 1995 wurde das Werk aufgelöst; die Gebäudeanlagen wurden abgerissen. Die Baumaschinenabteilung wird nach verschiedenen Zwischenbesitzern seit 1995 von der Lanz Baumaschinen GmbH in Hutthurm bei Passau weitergeführt, wo Forstgeräte, Friedhofs- und Kommunalbagger entstehen.

Lanz-Eichhoff

Lanz-Eichhoff,
1937

Herstellung eines Transportwagens bis 1000 kg Nutzlast mit unbekannt gebliebenen technischen Details.

Leeser

Ing. Otto Leeser u. Co. GmbH,
Berlin-Mitte, Unter den Linden 56, 1925

In repräsentativer Lage bot Ingenieur Leeser seine einfachst konstruierten Lieferwagen mit Vorderradantrieb und 4,5- oder 6-PS-DKW-Motor unter der Bezeichnung »Leeser-Transporette« an.

Leiber

Maschinenfabrik Leiber GdR, ab 1970 OHG, **Bereich Fahrzeugbau-Werk 1,** Emmingen-Liptingen, Schulstraße 17–22, ab 2002 Rudolf-Diesel-Straße 1–3
1. 1960–2007: **Maschinenfabrik Leiber, GdR,** ab 1970 OHG
2. 2007–2008: **Leiber GmbH & Co. KG**
3. 2008 bis heute: **Leiber Fahrzeugtechnik,** Engen, Industriestraße 6

Die Maschinenfabrik Leiber wurde 1928 von Valentin Leiber ursprünglich als »Mechanische Werkstatt für die Reparatur von Land- und Hauswirtschaftlichen Maschinen und Geräten« gegründet. Anfang der 1950er Jahre entwickelte man ein eigenes Fertigungsprogramm von motorbetriebenen Transportgeräten. Das zunächst für die Bauindustrie vorgesehene Angebot von handgeführten »Allzweck-Transportern« wurde schließlich auch auf Fahrzeuge für den kommunalen und für den gärtnerischen Bereich sowie für die Betonindustrie ausgedehnt.

Erstes Straßen-Transportmodell war 1960 der Typ LAT mit 10-PS-Einzylindermotor von Güldner, der zwanzig Jahre lang unverändert gebaut wurde. Auch Hatz-Einzylindermotoren wurden verwendet. 1965 stieg das Unternehmen in die Umformtechnik mit einer Gesenkschmiede und in die Bearbeitung von Aluminiumteilen ein. Im gleichen Jahr kam das LKT-Modell mit einem 12-PS-Lombardini-Motor hinzu. Mit einem 23-PS-Zweizylinderantrieb erschien 1975 das Modell LBB 4/D-4.

Ab 1988 wurde das Programm der Leiber-Schmalspurfahrzeuge durch den Typ »Wiesel II« mit einem 13,6-PS-Kohler-Vergaser- oder mit einem gleichstarken Kubota-Diesel erneuert. Hinzu kam das Modell »Panther« mit dem Kubota-Motor.

10-PS-Leiber LAT (1962).

Die mit einem Kastenrahmen versehenen Mehrzweckfahrzeuge mit Dreiseiten-Kippsystem besitzen Räder unterschiedlicher Größe und sind für den Einsatz in Gärtnereien, Friedhöfen und im Kommunaldienst vorgesehen. Teilweise stattete der 22 Personen umfassende Betrieb die Modelle mit einem Zapfwellenanschluss für den Pumpenbetrieb aus.

Ein zweiter Produktionsstandort wurde 1995 mit der LEIBER-Poland in Ruda Slaska (Ruda/Oberschlesien) für die Fertigung von Kommunal-Kleinfahrzeugen der Baureihen »Mustang«, »Puma« und »Tiger« sowie Komponenten und Geräte für die Automobilindustrie gegründet. Als man 2007 erkennen musste, dass der Fahrzeugbau nur noch zehn Prozent des Umsatzes ausmachte und schon länger erhebliche Verluste einfuhr, verkaufte man die Sparte Fahrzeugbau an die Holder GmbH in Metzingen. Die Leiber Group GmbH & Co. KG konzentriert sich seitdem vollständig auf die Aluminium-Umform- und Zerspannungstechnik.

Aufgrund der Insolvenz von Holder im Jahre 2008 übernahm Joachim Leiber den Service der Leiber-Fahrzeuge. Gleichzeitig verlagerte er die Produktionseinrichtungen in das Industriegelände in Engen. Neben der Herstellung von Klein-Containern konnte Leiber 2010 den ersten Prototyp DH 614 HTA nach vorhandenen Konstruktionsplänen vorstellen. Auf der Basis dieses Spezialfahrzeugs mit 23,5-PS-Kubota-Diesel und hydrostatischem Antrieb sind inzwischen kleine Absetzgeräte für Friedhofs-Container, Mulden- und Dreiseitenkipper entstanden.

13,6-PS-Leiber Wiesel II (1988). (Foto: Leiber OHG)

13,6-PS-Leiber Wiesel II (1995).

Leiber P 3 (2018).

Leiber-Transporter												
Typ	Nutzlast in Tonnen	1. Baujahr	Motoren-hersteller	Zyl.	PS	Kühl.	Bohrung x Hub	Hubr. in ccm	Drehz.	Gew. in kg	Besonder-heiten
LAT	1	1960	Güldner	1	10	L	75x100	885	3000	540	D, auch Hatz-Motor
LAT	1	1965	Lom-bardini	1	12	L	88x80	490	3000	540	D
LBB 4/D-4	2,4	1975	Deutz	2	23	L	100x105	1650	3000	2200	D
Panther II	1	1987	Kubota	3	19	W	72x70	855	3000	800	D
Wiesel II	1	1988	Kohler	2	13,6	W	79x69,8	690	3000	550	D
Wiesel II	1	1988	Kubota	2	13,6	W	72x70	570	3000	550	D
DH 614 HTA			Kubota	3	23,5	W	78x78,4	1120	3000		

Leich

Oskar Leich Motorfahrzeuge,
Stuttgart, Friedrichstraße
1. 1927–1931: **Oskar Leich,** Stuttgart
2. 1931: **Hermann Ullrich**

Oskar Leich, Vertreter der Ulmer Fahrzeugfabrik A. Mattes u. Co. (s. d.), stellte einen dreirädrigen »Handkraftwagen« her, der von einer Deichsel mit allen Bedieneinrichtungen oder von einem vorderen Fahrersitz aus geführt werden konnte. Das Fahrzeug ließ sich mit einer Pritsche für 1500 kg Nutzlast, mit Baggereinrichtungen und mit Teerkochern versehen. 1931 wurde das Fahrzeug kurzzeitig von der Firma Hermann Ullrich weitergebaut; 1932 erwarb die Firma A. Mattes u. Co. die Konstruktionsunterlagen.

3,5-PS-Leich »Handkraftwagen« (1927).

3,5-PS-Leich Dreirad-Motorkarren mit Baggereinrichtung (1925).

Leifa

Leifa Automobil-GmbH,
Berlin-Charlottenburg, Tegeler Weg 104,1924–1925

Nachdem das Berlin-Wernigeroder Fahrzeugwerk die Karosseriefabrik Metallwerke Borsdorf AG, ein Karosseriehersteller in Borsdorf bei Leipzig übernommen hatte, gründete sie die Leifa-Automobil Gesellschaft zum Bau von Fahrzeugen mit Stromlinien-Karosserien. Der vom Pkw abgewandelte 18-PS-Lieferwagen besaß einen Zweizylinder-Zweitakt-Rohölmotor der Königsberger Motorenfabrik Julius Loewy (Albertus Motoren-Werk). Die Maschine wurde zunächst durch einen Glühkopf mit Benzin gestartet und bei genügender Erwärmung auf den Rohölbetrieb umgestellt. Schon nach kurzer Zeit endete der Ausflug in den Automobilbau.

Leifa-Transporter										
Typ	Nutzlast in Tonnen	1. Baujahr	Motoren-hersteller	Zyl.	PS	Kühl.	Bohrung x Hub	Hubr. in ccm	Drehz.	Besonderheiten
Leifa		1924	Albertus	2	18	L	85x85	960	2000	Zweitakt-Rohöl-motor

Leila siehe Gieren

Lenz

Lenz
1926

Dieses weitgehend unbekannt gebliebene Unternehmen stellte ein Lastendreirad für 200 kg Nutzlast mit einem 3-PS-Motor mit Verdampfungskühlung mit Rückflusskondensator für 200 kg Nutzlast her, den Lenz von der Rinne-Motoren-GmbH in Berlin-Lichtenberg bezog.

Lenz-Transporter

Typ	Nutzlast in Tonnen	1. Baujahr	Motoren-hersteller	Zyl.	PS	Kühl.	Bohrung x Hub	Hubr. in ccm	Drehz.	Gew. in kg	Besonder-heiten
Lenz	0,2	1926	Rinne	1	3	L	50,5x65	131	3500		

Lesshaft

Lesshaft & Co.,
Berlin-Wedding, Chausseestraße 72

Ein Motordreirad für Lieferzwecke mit einem 3-PS-Rinne-Zweitaktmotor (s. d.) stellte diese Firma her. Der Motor befand sich unter dem Fahrersitz auf dem Trittbrett und trieb über einen Keilriemen das linke Hinterrad an. Das Vorderrad des auf einem Rohrrahmen aufgebauten 0,25-Tonnen-Fahrzeugs ließ sich über einen Fahrradlenker steuern. 1931 wurde das 1906 gegründete und schließlich in Berlin-Mitte, Niederwallstraße 17 ansässige Unternehmen aufgelöst, etablierte sich 1934 nochmals in Berlin-Mitte, Kleine Hamburger Straße 20.

Lesshaft-Lieferdreirad

Typ	Nutzlast in Tonnen	1. Baujahr	Motoren-hersteller	Zyl.	PS	Kühl.	Bohrung x Hub	Hubr. in ccm	Drehz.	Gew. in kg	Besonder-heiten
Lesshaft	0,25	1925	Rinne	1	3	L	50,5x65	131	3500		ab 1926 3,5 PS

3-PS-Lesshaft Motordreirad mit Gitterkastenaufbau (1925).

Levering

M. L. Levering Verkaufszentrale, Leipzig
1. 1926 –1927: **Bruno v. Festenberg-Pakisch,** Hamburg, Ifflandstraße 81
2. 1927–1930: **M. L. Levering Verkaufszentrale,** Leipzig

Die in Hamburg ansässige »Spezialgroßhandlung für Motorrad-Zubehör« von Bruno v. Festenberg-Pakisch († 1961) ließ zunächst bei der Motorfahrzeug-Baugesellschaft Kurt Weber & Co. in Hamburg verschiedene Transportfahrzeuge einfachster Ausführung mit Nutzlasten bis zu 500 kg nach Entwürfen des Grossisten v. Festenberg-Pakisch produzieren. Bei den als »Tritomobile« vermarkteten Modellen war der Ladekasten vor dem Fahrersitz angebracht. Motoren mit 1,0, 2,5 und 3 PS trieben über ein Zweiganggetriebe per Riemen oder Kette das Hinterrad an. Beim Dreirad »Tritomobil 3 W« war der Motor unter der Ladefläche platziert und trieb das linke Rad an, was das Differential ersparte. Das Hinterrad, über dem sich der Fahrersitz befand, wurde über ein senkrecht stehendes Lenkrad per Kette und Seilzügen gelenkt.

1927 folgte in der nach Leipzig verlegten Produktion ein Modell, bei dem der Fahrer wiederum hinter dem Transportkasten saß. Der 6-PS-Antrieb erfolgte ungewöhnlicherweise auf das (feststehende) Vorderrad; hier wurden die beiden Hinterräder gelenkt.

V. Festenberg-Pakisch entwarf und baute um 1933 leichte Flugmotoren auf der Basis von Motorrad-Antrieben. Seine Motorrad-Zubehör-Handlung existierte bis in die Kriegszeit.

Tritomobil-Dreiräder

Typ	Nutzlast in Tonnen	1. Baujahr	Motoren-hersteller	Zyl.	PS	Kühl.	Bohrung x Hub	Hubr. in ccm	Drehz.	Gew. in kg	Besonder-heiten
Tritomobil Typ 0	0,1	1926	ILO	1	1	L	50x60	118	2500		Antrieb auf linkes Hinterrad
Tritomobil Typ 1	0,25	1926		1	2,5	L	56x60	148	3000		
Tritomobil Typ 2	0,25	1926		1	3	L	60x60	169	3500		
Tritomobil Typ 3 W	0,6	1927		1	6	Th	74,5x80	349	2500		Antrieb auf Vorderrad

3-PS-Levering »Tritomobil« (1924).

Ley

Rudolf Ley Maschinenfabrik AG,
Arnstadt/Thüringen, Wagnergasse 18,
Automobilwerk Loreleystraße, 1909–1928

8/24-PS-Ley H 4 »Lieferungswagen« (1912). (Foto: Deutsches Museum)

10/28-PS-Ley 10/28 (1912). (Foto: Deutsches Museum)

Die 1856 gegründete Maschinenfabrik Rudolf Ley entwickelte sich mit ihrer Produktion von Schuh- und Spezialnähmaschinen sowie mit Elektromotoren zum größten Betrieb Arnstadts. Hinzu kam ein Gleichstrom-Kraftwerk, das den Betrieb und die umliegenden Anwesen mit Strom versorgte. Als Rudolf Ley (1840–1901) im Alter von 61 Jahren starb, übernahmen die vier Söhne, von denen drei als Ingenieure und der jüngste Sohn als Kaufmann ausgebildet waren, die Firma und führten diese weiter. Alfred Ley als ältester Sohn übernahm die Leitung der Firma, Hugo Ley die elektrische Abteilung, Robert Ley die Installations- und die Schuhmaschinenabteilung, während Hermann Ley die kaufmännische Abteilung unterstand. Der Erlös durch den Verkauf des E-Werkes und der gewinnbringende Absatz der Nagelmaschinen versetzten den Betrieb in die Lage, in den Jahren 1903 und 1904 neue Gebäude zu errichten.

Unter dem damals aktuellen Namen »Loreley« brachte man nach Entwürfen des leitenden Direktors, Kommerzienrat Alfred Ley (1873–1945), Personenwagen heraus, wenig später sogar mit Sechszylindermotoren. Von der Elektromotoren- und Dynamofertigung stammte das Ley-Firmenzeichen, ein dreipoliger Anker. Das Unternehmen wurde 1909 in eine Aktiengesellschaft umgewandelt.

Auf der Basis der Personenwagen folgten auch Kastenwagen für Lieferzwecke. Bekannt wurden der L4 mit einem 18-PS- und der H4 mit einem 24-PS-Motor. Auch die Sechszylindermodelle 10/18 PS und 17/40 PS wurden in Lieferwagenausführung angeboten. Während der Kriegszeit fertigte das Ley-Automobilwerk Minenwerfer und Sanitätskraftwagen.

Nach 1918 nahm man unter der Marke Ley erneut den Pkw-Bau auf. Auch Lieferwagen auf den Fahrgestellen der Modelle U12C, M8 und V12 mit 45-PS-, 36-PS- und 50-PS-Motoren wurden hergestellt. Hinzu kam die von 1925 bis 1931 betriebene Fertigung leichter Lastwagen und kleiner Omnibusse.

6/18-PS-Ley L 4 »Lieferungswagen« (1912). (Foto: Deutsches Museum)

Nach einer Sanierung im Jahre 1926 musste 1931 aufgrund der damaligen wirtschaftlichen Situation die Nutzfahrzeugfertigung aufgegeben werden, nachdem bereits 1928 der Pkw-Bau eingestellt worden war. Die Verwertungsgesellschaft Polte in Magdeburg erwarb die stillgelegte Fahrzeugfabrik und richtete dort nach 1933 einen Rüstungsbetrieb ein. In das nach 1945 demontierte Werk in der Loreleystraße zog das Volkspolizei-Kreisamt ein. Das ehemalige Hauptwerk in der Wagnergasse wurde nach dem Krieg enteignet und stellte als VEB Metallbau Fördergeräte her. – Alfred Ley wurde 1945 in die Sowjetunion verschleppt, wo sich seine Spur verliert.

Ley-Lieferwagen

Typ	Nutzlast in Tonnen	1. Baujahr	Motoren-hersteller	Zyl.	PS	Kühl.	Bohrung x Hub	Hubr. in ccm	Drehz.	Gew. in kg	Besonder-heiten
Typ J 10/25 PS		1909		6	25	Th	70x113	2599	1500		
Typ L 4 6/18 PS	0,5	1911		4	18	Th	70x102	1569	1800	900	ab 1913 20 PS
Typ H 4 8/24 PS	0,65	1911		4	24	Th	76x115	2068	1800	1050	
Typ K 10/28 PS	0,75	1911	Ley	6	28	Th	70x113	2599	1700		
Typ 17/40 PS		1911		6	40			4370			
Typ H 4 8/20 PS	0,9	1913		4	21	Th	76x115	2068	1700	1050	
Typ U 12 C	1,5	1924		4	45	W	87x130	3091	2200	2000	
Typ M 8		1925		4	36	W	80x100	2010	2400		
Typ V 12		1928		6	50	W	75x120	3180	2800		

Lieferwagenbau

Lieferwagenbau GmbH Fabrik für Motor-Kleinlastwagen,
Hamburg-Altona, Gutenbergstraße 58–64, 1930–1931

Unter dem Namen »Liwaba« produzierte dieses Unternehmen einen dreirädrigen Vorderlader mit 7,5-PS-ILO-Motor und zwei Tandemsitzen. In den Ausführungen als offener, als Kasten- und als Haubenwagen bot man das Fahrzeug an.

Lieferwagenbau-Transportkarren

Typ	Nutzlast in Tonnen	1. Baujahr	Motoren-hersteller	Zyl.	PS	Kühl.	Bohrung x Hub	Hubr. in ccm	Drehz.	Gew. in kg	Besonder-heiten
Liwaba		1930	ILO	1	7,5	Th	74,5x80	349	2500	515 - 550	

Lipsia

Lipsia-Automobil-Fabrik GmbH,
Leipzig-Schleußig, Jahnstraße 5, 1924

Aus der Mercur-Fahrzeugbau GmbH in Berlin ging 1921 das Ego-Automobilwerk hervor. Nach dessen raschem Ende übernahm die Lipsia GmbH die Ego-Pkw-Konstruktion. Diese rüstete einige mit 20- und 30-PS-Steudel-Motoren ausgestattete Personenwagen zu offenen und geschlossenen Lieferwagen um. Der Konkurs beendete das Schicksal dieser Firma.

Lipsia-Lieferwagen

Typ	Nutzlast in Tonnen	1. Baujahr	Motoren-hersteller	Zyl.	PS	Kühl.	Bohrung x Hub	Hubr. in ccm	Drehz.	Gew. in kg	Besonder-heiten
Lipsia 6/20		1924	Steudel	4	20	Th	65x118	1565	2400		
Lipsia 6/30		1924		4	30	Th	71x98	1551	2800		

Lloyd

Lloyd Motoren Werke GmbH, Bremen, R. Dunkel Straße
1. 1950–1951: **Lloyd Maschinenfabrik GmbH,**
Bremen-Hastedt, Osterdeich 222
2. 1951–1961: **Lloyd Motoren Werke GmbH,**
Bremen, R. Dunkel Straße

Mit der Neugliederung des Borgward-Unternehmens (s. Hansa-Lloyd und Goliath) im Jahre 1951 wurde der Kleinwagenbau der Traditionsmarke Lloyd zugeteilt. Das ehemalige Werksgelände des im Krieg schwer zerstörten Goliath-Werkes am Hastedter Osterdeich sah die Muttergesellschaft für die Kleinwagenproduktion vor, wo seit 1949 elektrisch angetriebene Hubstapler, Last- und Paket-Postwagen hergestellt wurden. Das zunächst

13-PS-Lloyd Transporter LTK 400 (1953).

10-PS-PS-Lloyd Lieferwagen LK 300 (1951).

als Lloyd-Maschinenfabrik bezeichnete Unternehmen knüpfte an die Elektromaschinenfertigung der einstigen Lloyd-Dynamo-Werke AG an.

Ehemalige DKW-Ingenieure entwickelten unter Oberingenieur August Momberger (1905–1969) ein 293-ccm-Zweizylinder-Zweitakt-Aggregat mit angeblocktem, unsynchronisiertem Dreiganggetriebe. Kurz nach dem Beginn der Serienfertigung der vorwiegend mit Holz und einer Kunstlederbespannung auf einem Stahlblechrahmen mit Zentralrohr ausgeführten Lloyd 300-Pkw erschien ein Lieferwagen unter der Bezeichnung LK 300.

Diesem Modell (volkstümlichen Bezeichnung »Leukoplastbomber«) folgte 1952 der Kleintransporter LTK, dessen Karosserie aus einem Holzgerippe mit Sperrholzbeplankung bestand; lediglich die Motorpartie des Frontantriebsfahrzeugs war mit Blech verkleidet. Der mit dem luftgekühlten, quer eingebauten 13-PS-Triebwerk versehene Kleinwagen konnte 400 kg transportieren. Nachdem das Modell auch als Kombiwagen – Vorläufer der heutigen Großraum-Pkw – erschienen war, folgte 1953 der LT 500 als Pritsche und als Pick-up. 1954 führte man eine Stahlkarosserie ein, nur das Dach bestand weiterhin aus einer Holz-Kunstleder-Konstruktion.

Ab Baujahr 1955 trieb ein 19-PS-Zweizylinder-Viertakter den Transporter an. Schließlich erhielt die Baureihe 1957 eine Ganzstahlkarosserie und ein synchronisiertes Vierganggetriebe. Die LTK-Modelle wurden bis zum Ende des Borgward-Konzerns im Jahre 1961 geliefert; insgesamt waren es 4731 Exemplare. Der Pkw-Typ LT 300 in der geschlossenen Version brachte es bis zum Auslaufen der Produktion im Jahre 1962 auf nur 412 Stück.

Das Werksgelände erwarb die Westdeutsche Werkzeugmaschinen GmbH (Wewag) in Düsseldorf, die als Zweigniederlassung die neuen Lloyd Dynamowerke GmbH & Co. KG gründete. Dieser Betrieb fertigte in einer Werkhalle bis 1985 Lloyd- und Borgward-Motoren sowie Ersatzteile.

Auch in Freizeit- und Industrieversionen konnte der Lloyd-Motor weiterhin angeboten werden. Darüber hinaus stellte dieser Betrieb die Ersatzteilversorgung für die Glas-Fahrzeuge sicher; darunter erfolgte auch der Weiterbau der Glas-Zweitaktmotoren. Nach der Insolvenz im Sommer 2015 sind ein Siemens-Werk und ein Großhandelshaus dort ansässig.

19-PS-Lloyd Transporter LTK 600 (1956).

Lloyd-Lieferwagen

Typ	Nutzlast in Tonnen	1. Baujahr	Motorenhersteller	Zyl.	PS	Kühl.	Bohrung x Hub	Hubr. in ccm	Drehz.	Gew. in kg	Besonderheiten
1. Lieferwagen											
LK 300	0,25	1950	Lloyd	2	10	L	54x64	293	4000	480	Zweitakt-Motor
2 Transporter											
LTK 500	0,5	1952	Lloyd	2	13	L	62x64	386	3750	685	Zweitakt-Motor
LTK 400	0,4	1953	Lloyd	2	13	L	62x64	386	3750	520	
LTK 600	0,5	1955	Lloyd	2	19	L	77x64	596	4500	745	Viertakt-motor

Loeb

Ludwig Loeb u. Co. (LUC) Automobilfabrik GmbH, Berlin-Charlottenburg, Fritschestraße 27/28 und Berlin-Hohenschönhausen, Goeckestraße

1. 1912–1914: **Ludwig Loeb u. Co. (LUC) Automobilfabrik GmbH,** Berlin-Charlottenburg, Fritschestr. 27/28 und Berlin-Hohenschönhausen, Goeckestraße
2. 1914–1920: **Loeb-Werke AG, Personen- u. Lastwagen-Fabrik (Automobilfabrik der Kraftfahrzeug Aktiengesellschaft) KAG**
3. 1920–1924: **Dinos Automobilwerk AG,** Berlin-Hohenschönhausen, Goeckestraße.; Berlin-Tempelhof, Oberlandstraße 36–40; Berlin-Schöneberg, Potsdamer Straße 75

16/40-PS-Loeb »Ventillos« Krankenwagen (1914).

16/40-PS-Loeb »Ventillos« Geschäftswagen (1914).

Das von Ludwig Loeb (1873–1938), einst Geschäftsführer der Vulkan Automobil-Gesellschaft (s. d.), im Jahre 1906 gegründete und seinerzeit größte und modernste Reparaturwerk in Berlin mit einer angegliederten Automobilhandlung renommierter Marken wurde im gleichen Jahr in die Kraftfahrzeug Aktiengesellschaft KAG umgewandelt, die alle Aktienanteile der Ludwig Loeb u. Co. übernahm. Im Jahre 1909 konnten eine Fahrzeugfertigung und ein Motorenbau eingerichtet werden. Zum einen wurden von Oberingenieur Reissig entwickelte Motoren in die aufwendig konstruierten Fahrzeuge eingebaut, andererseits verwendete man ventillose Kolbenschieber-Motoren nach dem englischen Knight-Patent. Die Modelle wurden unter der Abkürzung LUC vertrieben.

Unter den fortschrittlichen, in kleinen Stückzahlen hergestellten Modellen, an deren Konstruktion auch Joseph Vollmer beteiligt war, entstanden 1912 auch Lieferwagentypen mit 16-PS- und 26-PS-Motoren mit Ventilsteuerung sowie mit 22-PS-Knight-Motoren. Die Nutzlasten lagen bei 500, 750 und 1250 kg.

Nachdem 1913 ein zweites Werk in Hohenschönhausen bei Berlin errichtet worden war, wurde das Unternehmen 1914 zum Teil und 1917 vollständig in eine Aktiengesellschaft mit Ludwig Loeb als Vorstandsvorsitzendem umgewandelt. Während des Krieges fertigte das Werk den Regeldreitonner sowie Flugmotoren.

Die Weigerung der k.u.k.-Heeresverwaltung 1918, fertiggestellte Triebwerke vertragsgemäß abzunehmen, ruinierte die Loeb-Werke. 1920 erwarb der Großindustrielle Hugo Stinnes die nahezu wertlosen Aktienanteile und führte das Werk unter der Bezeichnung »Dinos« weiter. Schließlich gliederte er 1922 die Dinos-Werke vollständig in sein Industrie- und Handelsimperium ein. Ludwig Loeb schied aus dem Unternehmen aus und gründete die Vulkan Automobil-Gesellschaft (s. d).

Den 1921 von Joseph Vollmer konstruierten 8/35-PS Dinos gab es auch als Lieferwagen; der Motor besaß hängende Ventile. 1924 wurden die Dinos-Werke mit den AGA-Werken (s. d.) zusammengelegt, für die der Dinos-Teil nach der Einstellung des dortigen eigenen Fahrzeugbaus nur noch Einzelteile fabrizierte.

30-PS-Loeb »Ventillos« Telegrafenwagen (1917).

Loeb-Lieferwagen

Typ	Nutzlast in Tonnen	1. Baujahr	Motorenhersteller	Zyl.	PS	Kühl.	Bohrung x Hub	Hubr. in ccm	Drehz.	Gew. in kg	Besonderheiten
Loeb 8/22 PS		1912	Loeb	4	22	W	75x114	2025	1800		Knight-Schiebermotor
Loeb 16/26 PS	0,75	1913		4	26	W	90x114	3052	1500	950	
Loeb 12/36 PS	1,25	1913		4	36	W	90x120	3052	1800		
Dinos 8/35 PS	0,5	1921	Dinos	4	35	W	78x108	2064	2200		ab 1925 42 PS bei 2800 U/min

Loebel

Walter Loebel Maschinenfabrik,
Leipzig-Schleußig, Könneritzstraße 43
1. 1919–1920: **Walter Loebel, Maschinenfabrik,**
Leipzig-Schleußig, Könneritzstraße 43
2. 1920–1921: **Carl Otto Landgrebe,**
Dresden, Lindenauplatz 4
3. 1921: **Werkzeugmaschinen- u. Autobau A.G.,**
Leipzig und Berlin-Tiergarten, Köthener Str. 46

Ingenieur Walter Loebel hatte ein Verfahren zur Herstellung von Metallfolien entwickelt; der finanzielle Erfolg ermöglichte ihm den Aufbau einer Maschinenfabrik in Leipzig-Schleußig. Nach dem Krieg konstruierte er mit dem Oberingenieur Carl Otto Landgrebe das einsitzige »Walmobil« nach Vorbild der »Cyklonette« als Personen- und mit einem Ladekasten als Lieferwagen. Der V2-Motor mit 6,5 PS war über dem Vorderrad angebracht und setzte über eine Kardanwelle mit Kegeltrieb dieses Rad in Bewegung. Einerseits verletzte man dadurch nicht das Antriebspatent der Marken Cyklon und Phänomen, andererseits war dadurch eine leichte Demontage möglich. Zur besseren Vermarktung wurde in Berlin-Tiergarten die Zentrale seines Unternehmens eingerichtet.

1920 verlagerte Loebel die Montage aus seiner Folienfabrik nach Dresden-Albertstadt in sein zweites Werk, das Werkzeugmaschinen wie Schnelldrehbänke herstellte. Die Gründung einer Aktiengesellschaft sollte mehr Kapital in das Unternehmen bringen, was aber misslang; Loebel musste seine Werke verkaufen, um die Schulden zu begleichen. 1921 vertrieb Landgrebe unter seinem Namen schon fertiggestellte Modelle. Ende 1921 übernahm die Werkzeugmaschinen- und Autobau AG in Leipzig die Fertigung; Loebel arbeitete dort als technischer Leiter. Landgrebe, Inhaber mehrerer Patente zur Ventiltechnik, ging zur Cigarettenmaschinenfabrik J. C. Müller & Co., wo er das Motorrad- und Lieferdreirad »Universelle« (s. d.) konstruierte.

Lüders

Maschinenfabrik Emile Lüders,
Berlin-Weißensee, Streustraße 30/31
1. 1905–1911: **Maschinenfabrik Emile Lüders**
2. 1911–1912: **Maschinenfabrik für Automobilbau Emile Lüders**

Die Bootsmotorenfabrik von Emile Lüders, der zuvor den Automobilbau der Firma Otto Weiss & Co. (s. d.) geleitet hatte, stellte zeitweise auch Lieferwagenmodelle her. Das 1912 von einer sächsischen Unternehmensgruppe übernommene und nach Brand-Erbisdorf verlagerte Werk wurde in die Elite-Werke eingegliedert.

Lüders-Lieferwagen

Typ	Nutzlast in Tonnen	1. Baujahr	Motorenhersteller	Zyl.	PS	Kühl.	Bohrung x Hub	Hubr. in ccm	Drehz.	Gew. in kg	Besonderheiten
Trumpf	0,5	1927	Schüttoff	1	12	L	72x85	346	4500	250	auch 10 PS
Trumpf	0,5	1927	Motosacoche	1	14	L	85x90	510			
Express	1,5	1927		V2	22	L	82x94	996	3800		

Lüders Werft

Lüders Werft GmbH,
Bremen, Gröpelinger Heerstraße 253
1. 1927–1928: **Lüders Werft GmbH**
2. 1929: **Lüderswerk GmbH**

Diese im Boots- und Yachtbau tätige Firma mit der Abteilung I für Karosseriebau, Abteilung II für Automobil-Großreparatur und Abteilung II für den Bau von Lieferwagen stellte 1927 einen vierrädrigen Vorderlader-»Schnellieferwagen« Typ »Lüders Trumpf« vor. Das Fahrzeug war auf

14-PS-Lüders-Werft Vorderlader-Pritschenwagen »Trumpf« (1927).

einer Stahlblechwanne mit sechs starken Querträgern und Halbelliptikfedern aufgebaut. Ein 12-PS-Einzylinder-Schüttoff-Viertaktmotor (s. d.), wenig später ein 14-PS-Motosacoche-Motor gleicher Bauart trieben über ein Zwei- bzw. Dreiganggetriebe mit einer Rollenkette eines der Hinterräder an. Das über ein Lenkrad zu steuernde Fahrzeug besaß eine hintere Sitzbank für zwei Personen.

Der 1929 erschienene »Express« war mit dem 22 PS starken Zweizylinder-Motosacoche-Motor, einem ZF-Getriebe, Kardanwelle und einem Differential ausgestattet, vorgesehen für eine Tonne Nutzlast. Auch ein elektrischer Anlasser und eine Vierradbremse waren vorhanden. 40 Exemplare sollen gefertigt worden sein. Für das Hansa-Lloyd-Werk erstellte das Lüderswerk die Anhänger. Mit Beginn der Weltwirtschaftskrise musste der Konkurs angemeldet werden.

14-PS-Lüders-Werft Vorderlader-Kastenwagen »Trumpf« (1928).

Luther und Heyer

Fahrzeugbau Luther und Heyer GmbH,
Berlin-Mitte, Michaelkirchstraße 15
und Berlin-Wilmersdorf, Seesener Str. 6,
1932–1939

Nachdem der Fahrzeugbau Luther & Heyer (FLH) Mitte der 1920er Jahre in der Wilmersdorfer Seesenerstr. 7 erfolglos einfachst konstruierte Personenwagen hergestellt hatte, präsentierte er 1932 im neuen Domizil einen dreirädrigen Kleinlieferwagen mit einem 6,5-PS-DKW-Motor, aufgebaut auf einer selbstragenden Stahlblechwanne. Der Verkauf der Transporter sowie der FLH-Seiten-, Reise- und Wohnwagen erfolgte über die Firma Scheunchen & Kurth, Kraftfahrzeuge GmbH in Berlin-Mitte, Schicklerstr. 6, teilweise auch unter dem S & K-Schriftzug. FLH wurde im Schell-Plan nicht berücksichtigt und musste daher die Fahrzeugfertigung nach etwa 106 Modellen aufgeben. Von 1941 bis 1943 war FLH in Berlin-Lichtenrade, Frankfurter Str. 85 als Reparaturbetrieb ansässig.

6-PS-Luther und Heyer Dreirad-Lieferwagen (1933).

6-PS-Luther und Heyer Dreirad-Lieferwagen (1933).

Luther und Heyer-Lieferdreirad

Typ	Nutzlast in Tonnen	1. Baujahr	Motoren-hersteller	Zyl.	PS	Kühl.	Bohrung x Hub	Hubr. in ccm	Drehz.	Gew. in kg	Besonder-heiten
FLH	0,5	1935	DKW	1	6	L	63x64	192	3500		
FLH	0,5	1935		1	9	L	74x68,5	297	3300		
FLH	0,5	1935		1	11	L	76x76	346	3600		

Lutzmann

Anhaltische Motorwagenfabrik Friedrich Lutzmann,
Dessau/Anhalt, 1895–1899

Der Hofschlossermeister Friedrich Lutzmann (1859–1930) konstruierte 1893 sein erstes dreirädriges Motorfahrzeug, das ein lenkbares Hinterrad mit darüber angebrachtem Fahrersitz und einem 5-PS-Einzylindermotor mit 2,54 Litern Hubraum über der Vorderachse besaß. Darüber war entweder eine Sitzgelegenheit oder ein Ladekasten montiert.

Die Herstellung dieses Fahrzeugs und eines vierrädrigen Automobils zehrte das Kapital des kleinen Unternehmens auf. 1898 übernahm Opel (s. d.) die Fertigungseinrichtung von Lutzmann und richtete damit in Rüsselsheim den Automobilbau ein; Lutzmann wurde als Chefingenieur verpflichtet. Wegen Differenzen über die Modellpolitik schied Lutzmann aus und versuchte sich als Mineralwasserfabrikant und später als Handelsreisender in Südamerika eine neue Existenz aufzubauen. Danach bemühte er sich als Hersteller von Türschlössern und ging schließlich hausieren, bis er völlig verarmt 1930 starb.

5-PS-Lutzmann Geschäftswagen (1896).

Lux´sche Industriewerke AG

Lux'sche Industriewerke AG,
Ludwigshafen a. Rhein, Westendstraße, 1900–1902

Die 1898 gegründeten Lux´schen Industriewerke nahmen um 1900 den Fahrzeugbau auf, wobei auch Lieferwagen mit Benzin- und Elektromotoren hergestellt wurden. Trotz mehrfacher Kapitalerhöhungen und der Übernahme der Motorwerke Ludwigshafen gelang es nicht, eine wirtschaftliche Fertigung aufzuziehen, so dass der Fahrzeugbau 1903 wieder eingestellt wurde.

Machoy siehe Weise

Mabeco

Mabeco-Werke GmbH,
Berlin-Prenzlauer Berg, Prenzlauer Allee 36
1. 1925–1926: **Max Bernhardt & Co. GmbH,**
Berlin-Prenzlauer Berg, Prenzlauer Allee 36
2. 1926–1927: **Mabeco-Werke GmbH & Co.**

Professor Max Bernhardt gründete 1923 die Motorradfabrik Mabeco, die schwere Zweiräder mit Viertakt-V-Motoren von Siemens & Halske ausstattete. Der Grundtyp orientierte sich an der amerikanischen Indian Scout-Maschine, was folglich zu Prozessstreitigkeiten führte. Unter Verwendung der Vordergabel und des 16-PS-V-Motors sowie einem Profil-Stahlblechrahmen entstand das »Mabeco-Kraftrad« mit Kastenaufbau. Mit Kleinpritschenaufbau nannte er das Gefährt »Mabeco-Last«. Der Antrieb erfolgte über eine Kette auf das Vorgelege, von dort über eine weitere Kette auf das Differential. Der vordere Antriebsteil ließ sich von dem Hinterwagen trennen. Das für eine Nutzlast von 550 kg vorgesehene Modell erhielt schließlich einen auf 19,5 PS gesteigerten Motor.

Der Kapitalgeber, die Siemens & Halske AG, entließ 1926 Max Bernhardt als Geschäftsführer, als man den Prozess mit der deutschen Indian Scout-Vertretung verloren hatte. Unter neuer Firmierung existierte das Unternehmen noch zwei Jahre weiter. Mit der Einstellung des Siemens & Halske-Kleinmotorenbaus wurde das Werk geschlossen.

18-PS-Bernhardt »Mabeco-Kraftrad« (1926).

Mabeco-Lieferdreiräder

Typ	Nutzlast in Tonnen	1. Baujahr	Motoren-hersteller	Zyl.	PS	Kühl.	Bohrung x Hub	Hubr. in ccm	Drehz.	Gew. in kg	Besonder-heiten
Mabeco-Last	0,25	1925		1	3,5	L		129			
	0,55	1925	S&H	V2	16	L	78x78	746			Viertakt-motor, ab 1929 19,5 PS
	0,55	1925	S&H	V2	18	L	72x93	749			

MAF

Markranstädter Automobil-Fabrik Hugo Ruppe GmbH,
Markranstädt b. Leipzig, Ziegelstraße 12/14, 1913–1923

Ingenieur Hugo Ruppe (1879–1948), einer der großen deutschen Automobil- und Motorenpioniere, schied 1908 aus den väterlichen Apollo-Werken in Apolda aus und gründete in Markranstädt, einem Vorort von Leipzig, eine Automobilfabrik zur »Herstellung und zum Verkauf von Kraftfahrzeugen und Kraftmaschinen für das Kleingewerbe«.

Nachdem 1909 erste luftgekühlte MAF-Fahrzeuge erschienen waren, stellte man ab 1913 auch Lieferwagen mit Wechselaufbauten auf der Basis der 14-, 18- und 22-PS-Personenwagen her. Die Einlassventile waren bei den MAF-Motoren stehend, die Auslassventile hängend angeordnet. Zwei seitlich angebrachte, durch Keilriemen angetriebene Ventilatoren kühlten die paarweise zusammengegossenen und verrippten Zylinder. Ein Dreiganggetriebe mit einem direkten Gang und ein Kardanantrieb übertrugen die Kraft. Um die Laufkultur des luftgekühlten Motors zu verbessern, verwendete Hugo Ruppe Gleitlager für die Kurbelwelle. Das Ingangsetzen der Fahrzeuge geschah durch eine Kurbel oder durch eine Druckluftanlage.

Das stets mit finanziellen Schwierigkeiten kämpfende, 250 Mann starke Unternehmen wurde 1911 von einer Finanzgruppe erworben; Hugo Ruppe erhielt den Titel eines Technischen Direktors.

6/16-PS-MAF »Transportwagen« (1913).

7/22-PS-MAF Typ G »Lieferungswagen« (1914).

14/38-PS-MAF Kleinlastwagen ohne Bereifung (1914). (Foto: Heinrich Lauser)

Kurz vor Ausbruch des Ersten Weltkrieges erschienen die F- und die G-Modelle für 850 und 1000 kg Nutzlast. Von 1914 bis 1918 baute das Sanitäts- und Feldpostwagen sowie einen Zweitonnen-Lkw und einen Schlepper. In der Nachkriegszeit wurde das F-Modell wieder aufgelegt, wobei der Motor im Hubraum reduziert worden war.

1921 wurde die Fertigung der MAF-Typen in das Apoldaer Werk verlegt, nachdem die Apollo-Werke Eigentümer des Markranstädter Werkes geworden waren. MAF stellte bis 1923 den Apollo-Kleinwagen her und fertigte Teile für das Apollo-Werk.

Hugo Ruppe, der zum Militär eingezogen worden war, kehrte nach Kriegsende nicht mehr nach Markranstädt, konstruierte als freier Ingenieur die Bekamo- und die ersten DKW-Zweitaktmotoren sowie den Schwungradmagneten für den Motorradbau. Nach der Vertreibung aus Schlesien starb Hugo Ruppe, ein Pionier der Luftkühlungstechnik, verarmt 1948 in Zschopau.

Das umfangreiche Betriebsgelände mit den Werkhallen übernahm nach der Einstellung des Automobilbaus zunächst die Maschinenfabrik Paul Trommer; nach dem Krieg quartierte sich die Betriebsabteilung des VEB Standard vorm. Dr. Gaspary u. Co. ein. Heute ist ein Getränkehandel in den Fachwerk-Gebäudeanlagen ansässig.

5/14-PS-MAF Typ D mit Wechselaufbau (1919).

MAF-Lieferwagen

Typ	Nutzlast in Tonnen	1. Baujahr	Motoren-hersteller	Zyl.	PS	Kühl.	Bohrung x Hub	Hubr. in ccm	Drehz.	Gew. in kg	Besonder-heiten
F 5/14 PS D Li	0,4 - 0,5	1913	MAF	4	14	L	68x90	1375	2200		auch 0,5 - 0,75 t Nutzlast
F 6/18 PS G	0,85	1913		4	18	L	72x96	1620	2400		auch mit 16 PS
G 7/22 PS	1	1914		4	22	L	78x96	1840			
D 5/14 PS	0,66	1919		4	14	L	66x90	1192			
D 5/14 PS		1921		4	14	L	68x90	1375	2200		

MAG

Ernst MAG-Vertriebsgesellschaft,
Breslau 6, 1926

Einen dreirädrigen Kastenlieferwagen mit einem 13-PS-Motor stellte dieses Werk her.

MAG-Lieferdreiräder											
Typ	Nutzlast in Tonnen	1. Baujahr	Motoren-hersteller	Zyl.	PS	Kühl.	Bohrung x Hub	Hubr. in ccm	Drehz.	Gew. in kg	Besonder-heiten
Mag		1925		1	13		64x77	499			

Magdeburger Motor- und Motorfahrzeug-Werke

Magdeburger Motor- und Motorfahrzeug-Werke GmbH,
Magdeburg
1. 1901–1902: **Magdeburger Motor- und Motorfahrzeug-Werke GmbH**
2. 1902–1905: **Magdeburger Motorwerke GmbH Max Stang u. Co.**

Die Magdeburger Motor- und Motorfahrzeug-Werke stellten unter der Leitung von Max Stang von 1901 bis 1905 leichte vierrädrige Fahrzeuge her, bei denen sich der Aufbau zur Wartung des Antriebs hochklappen ließ. Dies ermöglichte auch das Tauschen des viersitzigen offenen Aufbaus gegen eine Lieferwagen-Karosserie. Kurzzeitig produzierte diese Firma auch ein Lastenmotorrad mit Motor und Getriebe hinter dem Sitz. 1905 wurde das Unternehmen aufgelöst.

Magdeburger Fahrzeug mit Wechselkarosserie (1901).

Magirus

C. D. Magirus AG, Ulmer Feuerlöschgeräte- u. Leiternfabrik,
Ulm/Donau, Schillerstraße 2
1. 1921–1924 u. 1933–1936: **C. D. Magirus AG, Ulmer Feuerlöschgeräte- u. Leiternfabrik,** Ulm/Donau, Schillerstraße 2
2. 1936–1937: **Humboldt-Deutzmotoren AG, Köln-Deutz,** Mühlheimer Str. 137–149, Zweigniederlassung Ulm
3. 1951–1955: **Klöckner-Humboldt-Deutz AG, Köln-Deutz,** Werk Berlin-Tempelhof, Bessemerstraße 16–22

Das seit 1864 im Feuerwehrgeräte- und seit 1916 im Lkw-Bau tätige Magirus-Werk präsentierte 1921 einen Klein-Lkw vom Typ 1C-V 85 beziehungsweise 1C-V 95 für 1,0 bis 1,5 Tonnen Nutzlast mit einem 26- oder 34-PS-Motor. Kardanantrieb, Ballonreifen mit hinterer Einfachbereifung und zunächst einsteckbare Cellon-Seitenscheiben im Fahrerhaus waren Merkmale dieses Modells. Aufbauten für die Liefer- und Krankenwagen sowie für die Hotelomnibusse wurden verwendet. Eine besondere Ausführung war der »Magirus-Schokoladenverkaufswagen«.

Im Rahmen der ehemaligen Zusammenarbeit mit dem Dux-Werk (s. d.) innerhalb des Deutschen Automobil-Konzerns (DAK) löste ab 1928 der Dux- bzw. NAG-Presto-Typ Z das bisherige kleine Magirus-Nutzfahrzeug ab. Aus dem Leipziger Dux-Werk wurden fahrfertige Grundfahrzeuge übernommen, von Magirus aufgebaut und unter der Bezeichnung MZ als Komplettfahrzeuge verkauft.

Im Jahre 1932 erschienen erste Prototypen des Kleintransporters M 10 für eine Tonne Nutzlast, ein Frontlenker auf einem gepressten Stahlblech-Kastenrahmen und einen 18-PS-Zweizylinder-Zweitaktmotor Marke ILO unter der Sitzbank. Am vorderen Ende der Kurbelwelle saß eine Dynamo-Startanlage. Über ein Hurth-Dreiganggetriebe wurde die Hinter-

34-PS-Magirus 1C-V 95 (1924).

18-PS-Magirus M 10 Pritschenwagen (1933). (Foto: Iveco)

18-PS-Magirus M 10 Kastenwagen (1933). (Foto: Iveco)

achse angetrieben. Das Fahrzeug orientierte sich an dem Goliath-Modell »Atlas« des Hansa-Lloyd-Werkes. Für die Weiterentwicklung des M 10 war der von den Dürkopp-Werken kommende Ingenieur Karl Schroeder (1881–1954) verantwortlich.

Der M 10 wurde in verschiedenen Varianten, so auch als Werksfeuerwehrwagen und als Feldküchenfahrzeug, hergestellt, größtenteils mit eigenen Aufbauten. Größere Serien des bis 1937 in 1020 Exemplaren gebauten Transporters nahmen die Reichspost und die Reichswehr für die Standortverwaltungen ab.

Im Berliner Zweigwerk wurde ab 1951 die Motorkehrmaschine »Mokema« mit einem 15-PS-Einzylinder-Deutz-Motor und Ford-Hinterachse bis Mitte der 1950er Jahre hergestellt. Das Werk im Stadtteil Tempelhof war 1917 als Reparaturwerk und als Auslieferungslager gegründet worden, um am Sitz der Reichsbehörden präsent zu sein. Nach dem Ersten Weltkrieg kam die Herstellung von Fahrzeugaufbauten sowie von Kurbelmasten für den Funk- und Wetterdienst hinzu. Die Reparaturabteilung wurde in ein weiteres Werk nach Berlin-Reinickendorf verlegt. Zu Beginn der 1960er Jahre produzierte das Berliner Werk, inzwischen nach Berlin-Siemensstadt verlagert, den Flugzeugschlepper Orion. Inzwischen sind die Gebäudeanlagen abgerissen worden.

Magirus-Lieferwagen

Typ	Nutzlast in Tonnen	1. Baujahr	Motoren-hersteller	Zyl.	PS	Kühl.	Bohrung x Hub	Hubr. in ccm	Drehz.	Gew. in kg	Besonder-heiten
1. Lieferwagen											
1C - V 85	1/1,5	1921	Magirus	4	26	W	85x130	2950	1400	2300	Kleinlaster
1C - V 95	1/1,5	1921	Magirus	4	34	W	95x150	4250	1200		
M 10	1	1933	ILO	2	15	L	69x80	594	3000	710	
M 10	1 - 1,25	1934	ILO	2	18	L	73x80	670	3000		
2. Kommunalfahrzeug											
Mokema (Kehrmaschine)		1951	Deutz	1	15	L	110x140	1330	1650	1800	D

18-PS-Magirus M 10 Werksfeuerwehr (1935).

Magnet

Motoren-Fabrik Magnet GmbH,
Berlin-Weißensee, Lehderstraße 16/19
1. 1905–1906: **Motoren-Fabrik Magnet GmbH**
2. 1921–1926: **Magnet-Motoren AG**

Zu den frühesten Motorradfabriken im Deutschen Reich zählte die Motoren-Fabrik Magnet im Berliner Industrie-Stadtteil Weißensee, wo man 1901 mit dem Bau von Zweiradfahrzeugen begann. 1905 erschien ein Motor-Gepäckdreirad mit einem 3,5-PS-Motor. Über eine Friktionskupplung und einen Riemen- oder Kettenantrieb wurde die Kraft auf das Hinterrad übertragen. Das auf einem Rohrrahmen aufgebaute Fahrzeug besaß abgefederte Vorderräder.

1921 erschienen nochmals in dem mehr im Bootsmotorenbau aktiven Unternehmen verschiedene Transport-Dreiräder in Cyklonetten-Bauart. Das anfängliche 8-PS-Modell gab es mit Thermosiphon- oder mit Luftkühlung. Der Vierzylindermotor saß über dem Vorderrad, das über ein Planetengetriebe mit einer Kette in Bewegung gesetzt wurde. In einer anderen Version war der Motor im vorderen Wagenkasten angebracht und gab seine Kraft ab. Die Leistungen der nun ausschließlich luftgekühlten Aggregate wurden durch Vergrößerung des Hubraumes auf 10 und ab 1925 auf 14 PS gesteigert. Schließlich versuchte Magnet vergeblich mit einem 20 PS starken Vierrad-Fahrzeug auf dem Markt zu punkten. Nach insgesamt etwa 260 gefertigten Modellen kam das Aus; danach konzentrierte sich das Werk noch eine Zeitlang auf den Bau von Motorrad- und Bootsmotoren.

Magnet-Lieferdreiräder

Typ	Nutzlast in Tonnen	1. Baujahr	Motorenhersteller	Zyl.	PS	Kühl.	Bohrung x Hub	Hubr. in ccm	Drehz.	Gew. in kg	Besonderheiten
1. Lieferdreiräder											
Magnet		1906	Magnet	1	3,5	L	76x82	372			
Typ 2/6 PS		1919		V2	6	L	76x82	744			
Typ 3/8 PS		1919		V2	8	L	80x82	830			
Typ 2/3,5 PS		1922		1	3,5	L	84x82	454			
Typ 3/7 PS		1922		2	7	L	76x98	889			
Typ 4/10 PS		1924		4	10	L	60x80	904			
Typ 4/10 PS	0,35 (?)	1924		4	10	Th	60x86	972			
Typ 4/14 PS	0,35 (?)	1924		4	14	Th	62x68	1038			
2. Lieferwagen											
K 5/20 PS		1924	Magnet	4	20	Th	69,5x86	1304	1800		

5-PS-Magnet Gepäckrad (1906).

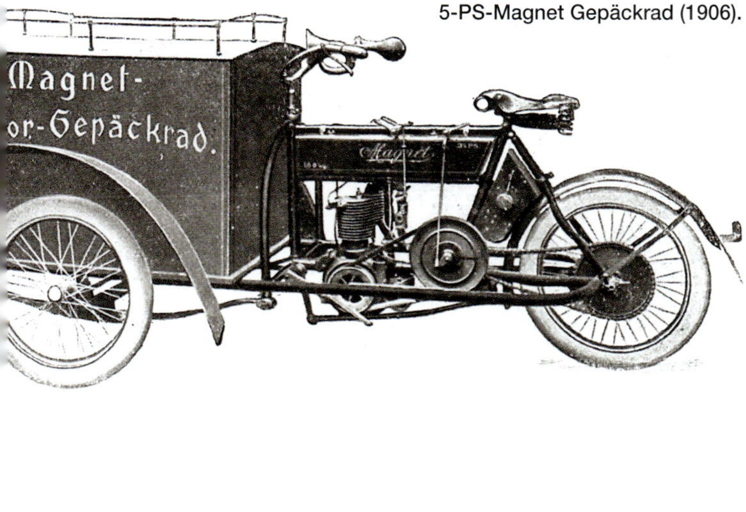

Maja

Maja-Werk für Motor- und Vierrad-Bau AG,
München, 1923–1924

Mit einem 12-PS-BMW-Motor baute diese Firma neben einem zweisitzigen »Landarztwagen« mit Sperrholz-Karosserie auch einen einsitzigen »Lieferungswagen«. Kompagnon der Firma war Franz Xaver Mayr (s. d.), der gleichzeitig ein eigenes Automobilunternehmen führte.

Mako siehe Norddeutsche Waggonfabrik

Mammut

Mammutwerke Nürnberg, Werkzeugmaschinenfabrik Berner u. Co.,
Nürnberg, Ludwig Feuerbachstraße 75 u. Innere Lauftrog 20, 1925–1929

Die Mammutwerke begannen 1924 mit dem Motorradbau. Auf der Basis dieser Fahrzeuge wurden ein Jahr später auch Lieferwagen-Dreiräder mit einem Transportkasten für 250 und 500 kg Nutzlast über der hinteren Achse hergestellt. Nachdem Motoren von Villiers, Blackburne und Baumi verwendet worden waren, kamen ab 1928 auch eigene 6-PS-Zweitakt- sowie 11- und 12,5-PS-Viertaktmotoren mit hängenden Ventilen und einem Königswellenantrieb zur Verwendung. 1933 gab das Werk die Fahrzeugfertigung nach etwa 115 »Transport-Dreirädern« auf.

Mammut-Lastendreiräder

Typ	Nutzlast in Tonnen	1. Baujahr	Motorenhersteller	Zyl.	PS	Kühl.	Bohrung x Hub	Hubr. in ccm	Drehz.	Gew. in kg	Besonderheiten
Mammut	0,25	1925	Villiers	1	5	L	79x70	342	3000		a. Baumi- u. Blackburne-Motoren
Mammut	0,5	1926	Mammut	1	11	L	70x76	293	4500		
Mammut	0,2	1928	Mammut	1	5,5	L		198			
Mammut	0,3	1928	Mammut	1	5	L	62x82,8	249	3600		a. Villiers-Motor
Mammut	0,3	1928	Mammut	1	7	L	73,5x82,8	351			a. Blackburne-Motor
Mammut	0,3	1928	Mammut	1	9	L		348			
Mammut	0,5	1928	JAP	1	10	L	85,5x85	498	3000		
Mammut		1928	Mammut ?	2				600			
Mammut	0,5	1928	Mammut	1	12,5	Th	70x90	346	3500		Prototyp

11-PS-Mammut Typ I (1928).

MAN

Maschinenfabrik Augsburg-Nürnberg AG (MAN)
1. 1925–1930: **MAN AG,** Werk Nürnberg, Katzwanger Str.
2. 2018 bis heute: **MAN AG,** München, Dachauer Straße 667

Die Tochtergesellschaft der Maschinenfabrik Augsburg-Nürnberg, MAN Kraftwagenwerk GmbH, stellte 1925 neben verschiedenen Elektrokarren auch einen für den Straßenverkehr zugelassenen 1,5-Tonnen-Dreirad-Transporter mit zwei 1,1- oder 2,2-kW-Motoren in einigen Exemplaren her. Die Fahrzeuge trugen die Bezeichnung »Eisernes Pferd«.

2013 übernahm die Volkswagen AG die Mehrheit an dem Lastwagen- und Omnibusbauer. Mit Anlauf der VW-Großtransporterfertigung im neu aufgebauten Werk in Wrzesnia/Polen ist MAN seit 2018 auch in diesem Segment präsent, so dass dem MAN-Kunden Fahrzeuge in der unteren, mittleren und der großen Klasse zur Verfügung stehen. Im Rahmen der Bagde-Engineering wird das »Crafter«-Pendent TGE als Kasten-, Kombi- und Pritschenwagen mit zwei Radständen angeboten. Der VW-Turbodiesel mit zwei Litern Hubraum wird in den Leistungsstärken von 102, 122, 140 und 177 PS eingebaut. Einzig die Grillpartie mit dem MAN-Logo unterscheidet das Modell von der VW-Ausführung.

2x1,1-kW-MAN Dreirad-»Kraftkarren« (1926). (Foto: MAN-Archiv)

MAN-Lieferwagen

Typ	Nutzlast in Tonnen	1. Baujahr	Motoren-hersteller	Zyl.	PS	Kühl.	Bohrung x Hub	Hubr. in ccm	Drehz.	Gew. in kg	Besonder-heiten
TGE 2100	1,48	2018	VW	4	102	W	81x95,5	1968	3750	2020	D, TL, auch Allradantrieb
TGE 2140	1,47	2018		4	140	W	81x95,5	1968	3750	2030	
TGE 2180	1,34	2018		4	177	W	81x95,5	1968	3750	2170	
TGE 3100	1,48	2018		4	102	W	81x95,5	1968	370	2020	
TGE 3140	1,47	2018		4	140	W	81x95,5	1968	3750	2160	
TGE 3180	1,33	2018		4	177	W	81x95,5	1968	3750	2170	

MAN-Lastkarren

Typ	Nutzlast in Tonnen	1. Baujahr	Motor	Leistung in kw	Drehzahl	Gewicht in kg	Besonderheiten
Eisernes Pferd	1,5	1925		1,1		1100	Gewichte ohne Batterie, auch 2,2 kW, Drehschemellenk.
	0,75	1926		0,76		700	
	1,500	1927		2x0,76		1030	

140-PS-MAN TGE 140 Kastenwagen (2019).

Manderbach

Louis Manderbach OHG, Fahrzeugwerke,
Wissenbach/Dillkreis, Am Bahnhof
1. 1927–1949: **Louis Manderbach OHG, Fahrzeugwerke**
2. 1949–1954: **Louis Manderbach u. Co. KG, Fahrzeugwerke**
3. 1954 - 1956 **Karosserie- und Fahrzeugwerke Wissenbach/Dillkreis**

Louis Manderbach (1877–1949) gründete 1899 eine Werkstatt zur Herstellung von Transportgeräten, Pferdefuhrwerken, Bäcker- und Möbelwagen. 1927 nahm das 70 Mann starke Unternehmen den Bau von leichten, motorisierten Vorderlader-Fahrzeugen unter der Bezeichnung »Manderbach-Patent-Eilwagen« auf. Die unter anderem an Eisverkäufer gelieferten Dreiradmodelle mit der Zusatzbezeichnung »Falke« mit einer Nutzlast von 300 kg besaßen 4,5- und 7-PS-DKW-Motoren, die über eine Kette oder einen Riemen das Hinterrad antrieben. Mit einer direkten Lenkung schwenkte der Fahrer das auf einem Stahlrohr aufgebaute Vorderteil.

4,5-PS-Manderbach Patent-Eilwagen für Eisverkäufer (1929).

1930 erschien als neues Dreiradfahrzeug der Typ »Front« mit einem 8-PS-DKW-Motor, bei dem das Vorderrad angetrieben wurde. Für dieses teilverkleidete Fahrzeug richtete Louis Manderbach einen eigenen Karosseriebau ein.

Mitte der 1930er Jahre ging das Manderbach-Werk eine Zusammenarbeit mit den Framo-Werken ein und baute das Framo-Dreirad LTV 500 als 0,65-Tonner unter der Bezeichnung »Condor« mit dem 15-PS-DKW-Motor. Die Condor-Modelle erhielten unter der Zusatzbezeichnung Typ 1 eine Tiefpritsche, als Typ 2 einen Kastenaufbau in Stahl/Holzbauweise, als Typ 3 eine Tiefpritsche mit hochgezogenen Bordwänden und als Typ 4 eine hochliegende Pritsche. Die Stückzahlen betrugen 1936 297 und 1938 341 Exemplare, was einem Marktanteil in dieser Klasse von 2,4 Prozent entsprach. Bis 1941 erreichte der Lizenzbau die Stückzahl von 840 Exemplaren.

Das Schell-Programm berücksichtigte 1939 das Manderbach-Werk für die Fertigung des Drei- und Vierrad-Einheitslieferwagens; ob die Fertigung des 0,75-Tonners mit dem Vierradfahrgestell noch anlief, ist ungeklärt.

Im Jahre 1941 musste der Kleinlastwagenbau eingestellt werden, um die Kapazitäten auf den Umbau von beschlagnahmten Personenwagen zu Kommandeurs- und Befehlswagen im Auftrag des Wehrbezirkskommandos Gießen zu konzentrieren.

In der frühen Nachkriegszeit führte man bei Manderbach Reparaturen aus und stellte Trambuskarosserien auf Büssing-Fahrgestellen her. 1949 wurde das Unternehmen nach dem Tod des Firmengründers in eine Kommanditgesellschaft unter der Leitung von Schmiedemeister Paul Manderbach (1907–1981) umgewandelt. Gleichzeitig begann die Neufertigung

4,5-PS-Manderbach Patent-Eilwagen mit Kastenaufbau (1928).

7-PS-Manderbach Lieferdreirad (1931).

34-PS-Manderbach Typ 700 (1949).

15-PS-Manderbach »Condor« (1935).

des ehemaligen Vierrad-Einheitstyps. Der in der Vorkriegszeit auch bei Framo verwendete Ford-Taunus-Motor mit 34 PS kam zum Einbau, der 1952 durch eine Wasserpumpen- anstelle der Thermosiphonkühlung eine Leistungssteigerung auf 38 PS erhielt. Auch der 1,5-Liter-Ford-Motor gelangte 1955 in die nun für eine Tonne Nutzlast ausgelegten Fahrzeuge.

1954 musste der Vergleich beantragt werden: die Familie Manderbach schied aus der Geschäftsleitung aus. Wegen der übermächtigen Konkurrenz durch die VW-, Ford- und Tempo-Modelle wurde die Produktion nach 589 Nachkriegsmodellen eingestellt. Bis 1960 verkaufte das Unternehmen die Restbestände, wobei die Transporter vor allem als Werbefahrzeuge für die Leonberger Bausparkasse karossiert wurden. Das Werk verlegte sich nun wieder auf den Karosseriebau. Nach 1960 folgte auch das Ende dieses Fertigungsbereiches, und das Werk wurde an eine Armaturenfabrik verpachtet und nach einem Brand an eine Kartonagenfabrik verkauft. Neben dem Kleinlaster-Werk bestand in den 1950er Jahren noch die Motorradfabrik Paul Manderbach mit der Marke »Pama«.

38-PS-Manderbach Typ 700, mit »Mannschaftskabine« (1952).

55-PS-Manderbach Typ 1000 (1955).

Manderbach-Lieferwagen

Typ	Nutzlast in Tonnen	1. Baujahr	Motoren-hersteller	Zyl.	PS	Kühl.	Bohrung x Hub	Hubr. in ccm	Drehz.	Gew. in kg	Besonder-heiten
1. Dreiräder											
Manderbach	0,3	1927	DKW	1	2,2	L	50x64	128	3000		
Patent-Eilwagen Falke	0,3	1928		1	4,5	L	63x64	199	3000	170	
Patent-Eilwagen Falke	0,3	1928	ILO	1	6/7	Th	74,5x80	348	2500		
Patent-Eilwagen Falke	0,3	1928	DKW	1	7	L	64x68	218	3000	180	
Front	0,75	1930		1	8	L	74x68,5	297	3500		
Habicht	0,4	1931		1	4,5	L	63x64	199	3000		
Condor	0,5	1935		1	6	L	60x68,5	192	3500	390	
Condor	0,4	1935		1	8	L	74x68,7	297	3500		
Condor	0,65	1935		2	15	Th	68x68	493	3300		Framo LTV 500-Lizenz
2. Vierradfahrzeuge											
V 501	0,75	1936	DKW	2	15	Th	68x68	493	3300	780	
Typ 700	0,75	1949	Ford	4	34	Th	63,5x92,5	1172	4250	975	
Typ 700	0,725	1952		4	38	Th	63,5x92,5	1172	4250	1000	
Typ 1000	1	1955		4	55	W	82x70,9	1498	4250		

Mars

Mars-Fahrradwerke und Ofenfabrik, vorm. Paul Reismann,
Nürnberg-Doos, Siegmundstraße 40, 1906–1908

Die bekannte Nürnberger Fahrradfabrik baute zunächst auf stahlarmierten Holzfahrgestellen 7- und 10-PS-Voituretten (Kleinstwagen) mit Friktionsantrieb nach Maurer-Lizenz. Auch »Geschäftswagen« wurden auf diesen Fahrgestellen angeboten. Die mehrfach unterbrochene, glücklose Fahrzeugfertigung wurde 1909 aufgegeben; das Unternehmen widmete sich bis 1957 ausschließlich dem Motorrad- und Fahrradbau.

10-PS-Mars Geschäftswagen (1908).

Mars-Lieferwagen

Typ	Nutzlast in Tonnen	1. Baujahr	Motoren-hersteller	Zyl.	PS	Kühl.	Bohrung x Hub	Hubr. in ccm	Drehz.	Gew. in kg	Besonder-heiten
Mars 6/7 PS		1904	Maurer	1	6/7	Th	120x130	1469	800		
Mars 8/10 PS		1904	Körting	2	10	W	91x106	1378			

Maschinenfabrik Esslingen

Maschinenfabrik Esslingen (ME) AG,
Esslingen a. Neckar, 1926–1975 (?)

Die 1846 von Emil Kessler gegründete Maschinenfabrik Esslingen AG ging als Betrieb aus der Maschinenfabrik Emil Kessler und Theodor Martiensen hervor und stellte Lokomotiven und Eisenbahnmaterial her. 1884 kam die »Elektrotechnische Abteilung« hinzu, in der 1926 die Fertigung von elektrisch angetriebenen Nutzfahrzeugen, darunter Elektrokarren, Elektroschleppern und Lastwagen, aufgenommen wurde. Unter den verschiedenen Modellen befand sich 1926 auch ein 0,75-Tonner, der mit ständigen Verbesserungen als sogenannter »Führerstandskarren« über Jahrzehnte gebaut wurde. Nach dem Zweiten Weltkrieg bildete ein Eintonner das kleinste ME-Modell, das auch für den Straßenverkehr zugelassen war.

Maschinenfabrik Esslingen »Stadtlieferwagen« (1926).

Maschinenfabrik Esslingen »Stadtlieferwagen« (1936).

34-PS-ME Schnelltransporter DW 3 (1963).

Der Fahrzeugbereich der seit 1920 zum Gutehoffnungshütte-Konzern gehörenden Maschinenfabrik wurde 1964/65 von der Daimler-Benz AG übernommen und 1968 in die neugebildeten Fahrzeugwerke Esslingen GmbH eingebracht, die mit der in Hamburg ansässigen Firma Hans Still GmbH verbunden ist. Der Lokomotiven- und Waggonbau wurde 1966 eingestellt. Elektrofahrzeuge für innerbetrieblichen Verkehr wurden weiterhin angeboten, wobei die Basismodelle aus dem mexikanischen Werk bezogen wurden. Der Eintonner-Plattformwagen »200 ME« von 1973 besaß einen Leiterrahmen; der 46-PS-DB-Motor trieb die Vorderräder an.

40-PS-ME Schnelltransporter DW 3 (1964).

Maschinenfabrik Esslingen-Transporter

Typ	Nutzlast in Tonnen	1. Baujahr	Motor	Leistung in kw	Drehzahl	Gewicht in kg	Besonderheiten
ME	0,75	1924		1,8		810	Gewichte ohne Batterie
ME K 751	0,75	1925		2x1,3	1300	750	
ME 1502	1,5	1925		2x1,8	1300	1080	auch 2x1,3 kW
ME	2,6	1926		2x2,2		1450	
ME	1,5	1927		2x1,3	1300	1080	
ME	2	1931		2x2,2		1880	
ME	1	1973		xx			

Maschinen- und Apparatebau Lüneburg

Maschinen- und Apparatebau GmbH Lüneburg,
Lüneburg, Heiligenstraße 19, 1930–1933

Die Maschinen- und Apparatebau GmbH des Unternehmers A. Behrend fertigte in Lizenz zunächst Tempo-Dreiräder für zwei Händler. 1931 löste er sich von diesen Auftragsarbeiten und stellte unter der Marke »Standard« das Lieferdreirad R 200 für 500 kg Nutzlast mit einem 5,5-PS-ILO-Zweitaktmotor in Vorderladerbauart her. Die Konstruktion orientierte sich an dem Tempo-Modell »Pony«. Die für 750 kg Nutzlast ausgelegte Version besaß einen Viertakt-Einzylindermotor. Kurz vor Aufgabe der Produktion stellte das Werk noch drei Exemplare eines Eintonners mit unbekannt gebliebenen technischen Daten her.

Maschinen- und Apparatebau Lüneburg

Typ	Nutzlast in Tonnen	1. Baujahr	Motoren-hersteller	Zyl.	PS	Kühl.	Bohrung x Hub	Hubr. in ccm	Drehz.	Gew. in kg	Besonder-heiten
Standard 500	0,5	1932	ILO	1	5,5	L	61x68	197	3400		
Standard 750	0,75	1932	JAP	1	8,5	L	70x90	348	3600		Viertakt-motor

Maschinen- und Motoren-baugesellschaft

Maschinen- und Motorenbaugesellschaft mbH,
Berlin-Prenzlauer Berg, Saarbrücker Straße 22–24, 1926

Unter der Bezeichnung »Transporette« (ein Name, der auch von den Firmen Leeser sowie Schwabenthan & Gomann verwendet wurde) stellte dieses Unternehmen ein Liefer-Dreirad her. Der Viertaktmotor der Fahrradnaben- und Motorenfabrik Sturmey-Archer in Nottingham/GB mit 16 PS hatte einen Kickstarter und war mit einem Dreiganggetriebe liegend über dem Vorderrad angebracht.

Maschinen- und Motorenbau-Lieferdreirad

Typ	Nutzlast in Tonnen	1. Baujahr	Motoren-hersteller	Zyl.	PS	Kühl.	Bohrung x Hub	Hubr. in ccm	Drehz.	Gew. in kg	Besonder-heiten
Trans-porette	0,5	1926	Sturmey-Archer	1	16	L	79x191	496	4000		Viertakt-motor

Mathis

E. E. C. Mathis Automobilwerke,
Straßburg i. E., Finkmattstraße 23/25, 1908–1917

Die 1898 in Straßburg gegründete Automobilhandlung Mathis wurde nach der Jahrhundertwende von Emil Ernst Carl Mathis (1880–1956) übernommen, der zuvor bei der Firma De Dietrich Kenntnisse im Automobilbau erworben hatte. Das Unternehmen entwickelte sich zu einer der größten Vertretungen verschiedener Marken im kaiserlichen Deutschland.

Mathis-Vorderlader (1908).

Um 1904 richtete Mathis mit Hilfe der Elsässischen Maschinenbau Gesellschaft (Elmag) in Grafenstaden bei Straßburg, einem De Dietrich-Unternehmen, eine Automobilfabrikation mit Lizenzen von Bugatti ein. Im Jahre 1908 erschien als erstes leichtes Nutzfahrzeug ein vierrädriger Vorderladertyp mit einer hinteren, zweisitzigen Bank und einer Lenkradschaltung. In den Jahren 1913/14 wurde das nach Stoewer-Vorbildern konstruierte 8/22-PS-Modell auch mit einem Lieferwagenaufbau angeboten.

Während des Ersten Weltkrieges baute man bei Mathis in kleinen Serien Heeres-Sanitätswagen. 1917 erwarb die Maschinenfabrik Heinrich Lanz AG das Unternehmen und stellte die Fahrzeugproduktion ein; bis 1918 wurde der Betrieb als Maschinenfabrik Neudorf weitergeführt. Danach übernahm Fiat das Straßburger Werk als Verkaufs- und Reparaturwerkstätte. 1934 erfolgte der Zusammenschluss des einstigen Mathis-Werkes mit einem Ford-Montagebetrieb zu den Usines Matford S. A. in Asnières/Seine, die bis in die 1950er Jahre als Lkw-Hersteller bestanden.

22-PS-Mathis Geschäftswagen (1914).

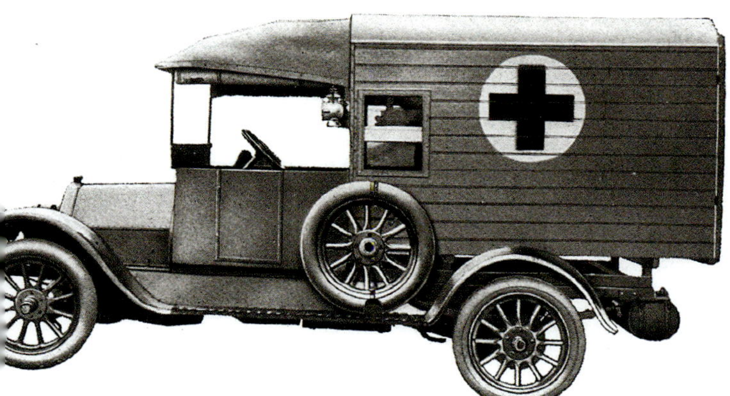

14/35-PS-Mathis Sanitätswagen (1915).

Mathis-Lieferwagen

Typ	Nutzlast in Tonnen	1. Baujahr	Motoren-hersteller	Zyl.	PS	Kühl.	Bohrung x Hub	Hubr. in ccm	Drehz.	Gew. in kg	Besonder-heiten
Mathis		1908									
Typ 8/22 PS	0,5	1912	Mathis	4	22	W	70x120	1850	1800		
Typ 14/35 PS	1,5	1914		4	35	W	90x135	3435	1800		

Mattes

A. Mattes u. Co. Fahrzeugfabrik,
Ulm/Donau, Peter-Schmid-Straße, 1932

Dieses Unternehmen übernahm die Konstruktion des dreirädrigen »Handkraftwagens« von Leich (s. d.), der im Werks- und Nahverkehr seine Verbreitung finden sollte. Der 6-PS-Motor und das Getriebe mit zwei Vor- und einem Rückwärtsgang waren im vorderen Lenkschemel mit Einzelrad untergebracht. Der Fahrer konnte mit einer Gabel vorausgehend oder mit umgeklappter Gabel das Fahrzeug von einem Behelfssitz auf der Pritsche steuern. Eine Nutzlast von bis zu 1,2 Tonnen konnten befördert werden. Auch als kleine Zugmaschine und als »Motoraggregat zum direkten Anflanschen an bereits bestehende Fahrzeuge, z. B. fahrbare Kompressoranlagen und Straßenteermaschinen« konnte der Mattes-Transportwagen verwendet werden.

Die Firma wurde 1938 von der »Ersten Ulmer Karosseriefabrik, Karl Kässbohrer« übernommen, die sich danach »Karl Kässbohrer Fahrzeugwerke Ulm« nannte. Auf dem Gelände der ehemaligen Mattes-Fabrik wurden später die Kässbohrer-Pisten-Bully-Fahrzeuge gefertigt.

Mattes-Lastentransporter (1932).

Mauser

Mauser-Werke AG,
Oberndorf a. Neckar, 1926–1928

Die seit 1874 bestehende Waffenfabrik begann 1923 aufgrund der Beschränkungen in der Waffenproduktion mit der Fertigung des Mauser-Einspurautos. Es wurden auch konventionelle Fahrzeuge mit eigenen Vierzylindermotoren hergestellt. Der ab 1926 gebaute Typ M7 konnte auch

Mauser-Lieferwagen

Typ	Nutzlast in Tonnen	1. Baujahr	Motoren-hersteller	Zyl.	PS	Kühl.	Bohrung x Hub	Hubr. in ccm	Drehz.	Gew. in kg	Besonder-heiten
Typ M7	0,5	1928	Mauser	4	24	Th	68x108	1568	2400		

mit einem Lieferwagenaufbau versehen werden. Der 24-PS-Motor besaß hängende Ventile und eine Thermosiphonkühlung. Mit der Wiederaufnahme der Waffenproduktion endete der Ausflug in den Fahrzeugbau.

Maxwerke

»Maxwerke« Electricitäts- und Automobilgesellschaft Harff u. Schwarz AG,
Köln-Lindenthal, Freilgrathstraße 35, 1900–1901

Die Maxwerke, gegründet von dem Unternehmer Max Harff und dem Ingenieur Gustav Schwarz, stellten hauptsächlich elektrisch angetriebene, in geringer Zahl auch mit Benzinmotoren ausgestattete Nutzfahrzeuge her. Je ein 4,4 bis 5,8 kW starker Elektromotor trieb ein Hinterrad an. Die Automobile wurden für Nutzlasten von 300, 600 und 1200 kg als »Geschäftswagen« angeboten. Das Eigengewicht der Fahrzeuge betrug 1,5 Tonnen, wobei ein Drittel des Gewichtes auf die Batterie entfiel.

2x4,4-kW-Maxwerke »Geschäftswagen« (1900).

Maxwerke-Lieferwagen

Typ	Nutzlast in Tonnen	1. Baujahr	Motor	Leistung in kw	Drehzahl	Gewicht in kg	Besonderheiten
Geschäfts-wagen	0,3	1900		4,4			Gewicht ohne Batterie
	0,6	1900		4,4			
	1,200	1900		5,8		1500	

Mayr

Kleinautobau Karl Mayr,
München, Schleißheimerstraße 294,
1922–1933: **Kleinautobau Karl Mayr**
1933: **Karl Mayr Motordreiräderbau**

Der Fahrradhändler Karl Mayr richtete 1922 einen Automobilbau ein, der Kleinstwagen mit 6,5-PS-BMW-Motor herstellte. Unter der Bezeichnung »Mayrette« wurde ein Lieferwagen für 500 kg Nutzlast offeriert. Das kleine Fahrzeug hatte ein sogenanntes Spannringgetriebe mit zwei Gängen und einer Kettenübertragung. 1927 erneuerte Mayr das Programm mit einem Vorderlader, der von einem 4-PS-DKW/Villiers-Zweitakt- oder einem 6-PS-JAP-Viertaktmotor angetrieben wurde. 1933 stellte das Mayr-Unternehmen, jetzt unter der Firmierung »Motordreiräderbau« auch 300- und 500-kg-Dreirad-Lieferwagen mit 8,5-PS-JAP-Motor her. Rund 70 Modelle beider Fertigungszeiträume sollen entstanden sein.

Mayr-Lieferdreiräder

Typ	Nutzlast in Tonnen	1. Baujahr	Motoren-hersteller	Zyl.	PS	Kühl.	Bohrung x Hub	Hubr. in ccm	Drehz.	Gew. in kg	Besonder-heiten
Liefer-dreirad	0,5	1927	JAP	1	6	L		245			
	0,3	1927	BMW	1	6,5	L	68x68	248	3000		
	0,5	1927		1	6,5	L	68x68	248	3000		
Mayrette	0,3	1931	JAP	1	8,5	L	57x78	198	4200		
Mayrette	0,5	1931		1	8,5	L	57x78	198	4200	213	

Meier

J. Meier,
Hamburg-Altona, Bahrenfelder Chaussee, 1936

Herstellung eines in technischen Details unbekannt gebliebenen Lieferwagens.

Mercedes-Benz siehe Daimler-Benz

Merkur

Merkur Fahrzeugfabrik, Quickborn/Holstein
1. 1926: **Ing. Schmidt,** Altona-Bahrenfeld
1. 1929–1933: **Fahrzeugfabrik Hermann Schmidt & Co.,** Quickborn/Holstein
2. 1933–1938: **Merkur Fahrzeugfabrik**

Die zunächst in Altona-Bahrenfeld ansässige Werkstatt montierte für Carl Precht einige Dreirad-Vorderlader nach Lizenz von Schulze in Bremen.

Schon im gleichen Jahr übernahm die Tempo GmbH der Firma Max Vidal in Bremen die Konstruktion.

Um 1929 gründete Hermann Schmidt in Quickborn ein eigenes Unternehmen, das Vorderlader in Anlehnung an die Schulze-Konstruktion herstellte. Den Merkur-Vorderlader, aufgebaut auf einem durchgehenden Stahlrahmen, gab es für Lasten von 300, 500 und 600 kg. ILO-Motoren mit 6, 8 und 10 PS kamen zum Einbau. Zwei Personen konnten hintereinander über dem hinteren Rad Platz nehmen. Ein Hurth-Dreiganggetriebe mit einem Rückwärtsgang und einer Dreiradbremse waren weitere Ausstattungsmerkmale der unter dem Namen »Merkur-Eilwagen« angebotenen Fahrzeuge. Ein Hinterladermodell mit der Bezeichnung »Front« kam 1934 hinzu. Insgesamt 82 Exemplare wurden gebaut.

Merkur-Eilwagen H 7 (1931).

Merkur-Dreirad-Lieferwagen

Typ	Nutzlast in Tonnen	1. Baujahr	Motoren-hersteller	Zyl.	PS	Kühl.	Bohrung x Hub	Hubr. in ccm	Drehz.	Gew. in kg	Besonder-heiten
H 4/R 4/ WH 6	0,3	1929	Merkur ?	1	5,5	L	62x68	197	3400		
H 7/ WH 10	0,6	1929	ILO	1	8	L	64x64	206	2300		
L 10	0,6 - 0,75	1929		1	10	L	80x88	440			
Front 200	0,5	1929	Merkur ?	1	5,5	L	62x68	197	3400		Hinterlader
WL 12	0,75	1934		1	12	L	80x88	440			

Mertiny

Ernst Mertiny KG, Fabrik für Motorfahrzeuge und Auto-Anhänger,
Berlin-Reinickendorf, Eichborndamm 85/87, 1951–1953

Die Firma Ernst Mertiny KG stellte chirurgische Instrumente und Krankenhausmöbel aus Metall her und nahm 1950 auch den Bau von Motorrollern und Einachsanhängern auf. Der unter dem Namen »Autofix« hergestellte 250-kg-Motorroller besaß einen 4,6-PS-ILO-Motor, der über eine Kette das Vorderrad antrieb. Mit seinem Kastenaufbau über der Hinterachse diente das dreirädrige Fahrzeug Wäschereien und Lebensmittelhändlern als Transportmittel. 1953 erhielt das nun 200 kg tragende Gefährt einen 4,8-PS-ILO-Motor, doch im gleichen Jahr gab das Unternehmen den Fahrzeugbau auf und fertigte wieder Stahlmöbel. 1957 erfolgte die Auflösung des Mertiny-Werkes.

4,6-PS-Mertiny »Autofix« Lastendreirad (1951).

Mertiny-Lieferdreiräder

Typ	Nutzlast in Tonnen	1. Baujahr	Motoren-hersteller	Zyl.	PS	Kühl.	Bohrung x Hub	Hubr. in ccm	Drehz.	Gew. in kg	Besonder-heiten
Autofix	0,25	1951	ILO	1	4,6	L	55x50	118	4600		
Autofix	0,2	1953		1	4,8	L	57x56	145	4000	140	

Messerschmitt-Bölkow-Blohm

Messerschmitt-Bölkow-Blohm (MBB),
Ottobrunn, 1970–1972

44-kW-MBB Transporter als Umweltmesswagen (1971). (Foto MBB)

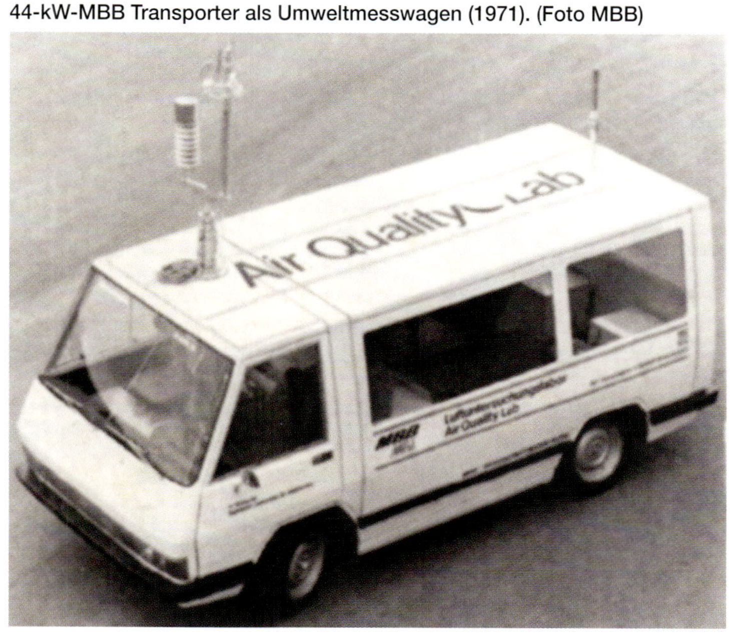

44-kW-MBB Transporter-Fahrgestell (1971). (Foto MBB)

In Zusammenarbeit der Firmen Bayer, Bosch, Varta und des Rheinisch-Westfälischen Elektrizitätswerkes (RWE) entwickelte das Flug- und Fahrzeugbauunternehmen MBB Ende der 1960er Jahre einen Elektrotransporter, der als Eintonner mit einem 22/44-kW-Bosch-Nebenschlussmotor mit elektronischer Impulssteuerung ausgerüstet war. Der in Stahl- und Kunststoffbauweise (Sandwich-Bauweise des selbstragenden Chassis) ausgeführte, 2,3 Tonnen schwere MBB-Transporter besaß seitlich am Fahrgestell herausnehmbare, 870 kg schwere Batteriesätze mit jeweils einer Spannung von 72 Volt (insgesamt 144 Volt und 180 Ah).

Die Höchstgeschwindigkeit des Fahrzeugs, das mit verschiedenen Karosserien versehen werden sollte, betrug 80 km/h; die Reichweite des »Stadtfahrzeugs« lag bei 60 bis 105 km. Die im MBB-Werk Donauwörth gefertigten fünf (nach anderen Angaben sieben) Exemplare setzte MBB zunächst im Werksverkehr ein, bis sie während der Münchener Olympiade der Personenbeförderung dienten. Eines der Fahrzeuge wurde als Umweltschutz-Messwagen verwendet.

Wenn auch die Fahrzeuge nahezu emissionsfrei fuhren, standen dem Elektro-Transporter erhebliche Nachteile vor allem im kalten Winterbetrieb gegenüber.

Messerschmitt-Bölkow-Blohm-Transporter							
Typ	Nutzlast in Tonnen	1. Baujahr	Motor	Leistung in kw	Drehzahl	Gewicht in kg	Besonderheiten
MMB	1	1970	Bosch	44	2300	2020	

Meyer

Hugo Meyer,
Berlin-Charlottenburg, Kurfürstendamm 54/56, 1900

Herstellung eines in technischen Details unbekannt gebliebenen Lieferwagens.

Meyersberg, Kirschbaum u. Co.

Meyersberg, Kirschbaum u. Co. AG,
Solingen, 1899

Herstellung eines »Geschäftsdreirades« der Marke »Patria« mit unbekannt gebliebenen technischen Daten.

Meyrel

Gebr. Meyrel,
Colmar i. E., Stanislausstraße 43, 1913

Die Automobilhandlung der Brüder Maurice und Jules Meyrel in Colmar nahm um 1912 den Fahrzeugbau auf. Mit einem eigenen 30-PS-Motor wurde dabei auch ein »Geschäftswagen« vom Typ »La Buire« Serie 8500 angeboten.

Meyrel-Lieferwagen											
Typ	Nutzlast in Tonnen	1. Baujahr	Motorenhersteller	Zyl.	PS	Kühl.	Bohrung x Hub	Hubr. in ccm	Drehz.	Gew. in kg	Besonderheiten
La Buire Serie 8500	1,5/2	1913	Meyrel	4	30	W	80x160	3215	1200	800	

MGH

Maschinenbau-Gesellschaft Heilbronn AG (MGH),
Heilbronn a. N., um 1930

Der Ursprung der Maschinenbau-Gesellschaft Heilbronn (MGH) lag in der Maschinenfabrik Hahn & Göbel in Billigheim. 1854 kam es zur Verlagerung nach Heilbronn mit entsprechender Umbenennung. 1870 nahm das Unternehmen den Lokomotivenbau auf, der bis in das Jahr 1924 aufrechterhalten wurde. Einen weiteren Betriebszweig bildete der Bau von Dampfwalzen, Lokomobilen, Heißdampfpflügen und Straßenbaumaschinen.

Ein neues Betätigungsfeld erschloss sich die MGH 1927 mit dem Bau von Motorrädern. Anfang der 1930er Jahre erschien der erste MGH-Dreirad-Kleintransporter. Als Vorderlader unter der Bezeichnung »Rapid«-Wagen war er dem Tempo-Modell T 10 nachempfunden. In einer weiteren Baureihe bot die MGH ebenfalls unter der Marke »Rapid« einen Dreirad-

MGH Schnelltransporter (um 1930). (Foto: MGH-Archiv)

MGH Dreirad-Lieferwagen (um 1930). (Foto: MGH-Archiv)

lieferwagen mit geschlossenem Fahrerhaus und hinterer Pritsche an. Hier stand vermutlich ebenfalls ein Tempo-Modell Pate. Schließlich folgte in wenigen Exemplaren ein Vierrad-Kleinlastwagen mit einem Motor der Maschinenfabrik R. Küchen in Bergzabern. Hier ähnelte das Modell dem Ansbacher »Express«.

Da das Werk die Motoren der Maschinenfabrik Küchen nach Vorgaben der Motorenkonstrukteure Xaver und Richard Küchen fertigte, kann davon ausgegangen werden, dass auch die Dreiradmodelle diese kleinen 350- und 500-ccm-Triebwerke mit 14 und 19 PS besaßen.

Das Unternehmen war bis 2007 im Bau von Exzenterpressen, Haspeln, Richtmaschinen, Vorschubgeräten, kompletter Stanzanlagen sowie von Quer- und Längsteilanlagen tätig.

MGH Kleinlaster (um 1930). (Foto: MGH-Archiv)

MGH-Lieferwagen											
Typ	Nutzlast in Tonnen	1. Baujahr	Motorenhersteller	Zyl.	PS	Kühl.	Bohrung x Hub	Hubr. in ccm	Drehz.	Gew. in kg	Besonderheiten
1. Dreiräder											
Schnelltransporter Rapid	0,75	1930	Küchen	1	14	L	70x90	349			Vorderlader-Dreirad
Dreirad Lieferwagen	0,75	1930		1	14	L	70x90	349			Hinterlader-Dreirad
2. Vierradfahrzeug											
Kleinlastwagen	1	1930	Küchen	1	19	L	80x100	502			

Mia

Mia electric GmbH,
Merzig, 2011–2014

Dieser Elektromobil-Hersteller, einst im Besitz des saarländischen Pharmaunternehmers Edwin Kohl, besaß im französischen Ort Cerizay im Département Deux-Sèvres ein Werk, das zuvor dem Karosseriehersteller Heuliez gehörte. Die Abteilung für Elektrofahrzeuge hatte kurz vor dem Zusammenbruch des Heuliez-Unternehmens das Modell »Heuliez Friendly« entwickelt, das das Interesse des deutschen Unternehmers weckte. Unter weitgehender Verwendung von Kunststoffteilen entstand dort auch der Lieferwagen »Mia K« mit zwei Schiebetüren und einer Heckklappe, der von einem 18-kW-Elektromotor angetrieben wurde. Eine Nutzlast von 436 kg konnte befördert werden. Da der Absatz der Fahrzeuge nicht den Erwartungen entsprach, kam es 2014 zur Insolvenz und zur Liquidation des Unternehmens.

18-kW-MIA Typ »mia K« (2012).

Mia-Lieferwagen

Typ	Nutzlast in Tonnen	1. Baujahr	Motor	Leistung in kw	Drehzahl	Gewicht in kg	Besonderheiten
Mia K	0,4	2011		18			

MIAG

MIAG Fahrzeugbau GmbH,
Werk Ober-Ramstadt, Im Ochsenbruch,
ab 1949 **Werk Frankfurt a. Main,** Mainzer Landstraße 331,
1940 (?)-1953

Die MIAG Fahrzeugbau AG, zur Bielefelder MIAG Mühlenbau und Industrie AG gehörend, nahm 1938 im ehemaligen Röhr-Automobilwerk den Bau von Elektrokarren nach Bergmann-Lizenzen, Gabelstaplern, Kränen und Autobahn-Wartungsmaschinen auf. Während der Kriegszeit entwickelte das Werk einen straßenverkehrstauglichen Elektrotransporter. Als nach dem Krieg die US-Armee die Fabrikanlage als Vulkanisierbetrieb beschlagnahmt hatte, plante die MIAG das Frankfurter Schlepper- und Zugmaschinenwerk auch für die Transporterfertigung zu nutzen. 1949 entstand der Motorkarren vom Typ MK 2000. Der 25-PS-VW-Motor, platziert zwischen den Achsen, trieb das offene Frontlenkerfahrzeug an. Als der Serienbau beginnen sollte, stand der VW-Transporter bereit, so dass keine Motoren mehr zu bekommen waren.

25-PS-MIAG Zweitonner MK 2000 (1950).

MIAG-Transporter

Typ	Nutzlast in Tonnen	1. Baujahr	Motoren-hersteller	Zyl.	PS	Kühl.	Bohrung x Hub	Hubr. in ccm	Drehz.	Gew. in kg	Besonder-heiten
MK 2000	2	1949	VW	B4	25	L	75x64	1131	3300		

Michaelis und Ebner

Automobilwerke Michaelis und Ebner,
Berlin-Halensee, Kurfürstendamm 90/95, 1899–1905

Neben dem Bau von Droschken, Luxus- und Lastwagen der Marke »Imperator« versuchte sich diese Firma auch in der Herstellung von »Geschäftswagen«.

Mikromobil

Mikromobil KG,
Hamburg-Wandsbek, Johannisstraße 28
1. 1922–1924: **Automobil-Gesellschaft Thomsen KG**
2. 1924: **Mikromobil KG**

Kleinwagen mit Vierzylindermotor (zunächst 4/18, später 6/20 PS) stellte diese Spezialfabrik des Fabrikanten Richard Thomsen (Leichtfahrzeugbau Richard Thomsen KG) für Klein- und Leichtautomobile in Cyclecar-Bauweise her. Auch Lieferwagen-Ausführungen bot man an.

Mikromobil-Lieferwagen

Typ	Nutzlast in Tonnen	1. Baujahr	Motoren-hersteller	Zyl.	PS	Kühl.	Bohrung x Hub	Hubr. in ccm	Drehz.	Gew. in kg	Besonder-heiten
Mikro-mobil 6/20 PS		1922	Steudel	4	20	Th	65x118	1556	2400		

Monos

Monos-Fahrzeugfabrik GmbH,
Berlin-Kreuzberg, Zimmerstraße 14/15
1. 1924–1928 **Monos-Fahrzeugfabrik GmbH**
2. 1928–1930 **Monos-Fahrzeug-Gesellschaft mbH**

Die Monos Fahrzeug GmbH war zunächst in Wien ansässig, wo seit 1924 Transportdreiräder mit DKW-Motoren gefertigt wurden. 1928 gab Monos den österreichischen Standort auf und etablierte sich neu in Berlin-Kreuzberg mit Fertigung in Brück in der Mark (Brandenburg) und wenig später in Berlin-Lichtenberg, Herzbergstraße 102 - 104. Erster Monos-Lieferwagen, konstruiert von Ingenieur Fritz Görke (s. d.), war der Typ VIII, der auf einem gepressten Stahlblechrahmen in U-Profilform als dreirädriger Vorderlader konzipiert war. Ein 5,5-PS-ILO- oder ein 6-PS-JAP-Motor kam zum Einbau. Das für 500 kg ausgelegte Fahrzeug wurde über ein schrägstehendes Lenkrad gesteuert.

1929 wurde der Monos-Lieferwagen mit einem 13,8-PS-Jap-Antrieb leistungsgerechter ausgerüstet. Neben dem Vorderlader stellte das Werk 1928 nach den Plänen von Görke einen einfachen Dreiradwagen als zweisitzigen Pkw mit zwei hintereinander angebrachten Sitzen und mit einer aufsetzbaren »Wechselkarosserie« als einsitzigen Lieferwagen vom Typ »Monos 200« her. Das mit einer Lenkstange gesteuerte Fahrzeug, als »Volksauto für jedermann beworben«, besaß einen 6-PS-DKW-Motor, der an der rechten Außenseite angebracht war und über ein Dreiganggetriebe die Hinterachse antrieb. Rund 60 Modelle konnten bis zum Konkurs 1930 gebaut werden. Fritz Görke fand eine neue Stelle bei Framo.

13,8-PS-Monos Lieferdreirad 0,5 t (1927).

13,8-PS-Monos Dreiradfahrzeug mit Straßenwaschmaschinen-Aufbau (1927).

6-PS-Monos Lieferdreirad Typ 200 (1929).

Monos-Lieferdreiräder

Typ	Nutzlast in Tonnen	1. Baujahr	Motoren-hersteller	Zyl.	PS	Kühl.	Bohrung x Hub	Hubr. in ccm	Drehz.	Gew. in kg	Besonder-heiten
Monos	0,6	1927	JAP	1	8,5	L	70x90	348	3600	390	Prototyp
Monos VIII	0,5	1928	ILO	1	5,5	L	61x68	197	3400		
Monos VIII	0,5	1928	JAP	1	6	L	70x90	348	3400	290	
Monos VIII	0,5 - 0,75	1929		1	13,8	L	85,5x85	488	3600	410	
Monos 200	0,5	1929	DKW	1	6	L	63x64	198	3500		
Monos 400	0,75	1929	JAP	1	14	L	85,5x85	488	3600		

Morobau

Morobau GmbH,
Kaltenkirchen/Holstein, 1947–1951 (?)

Der Morobau wurde 1947 als sogenannter Flüchtlingsbetrieb gegründet und brachte das Lieferdreirad »Laro 125« heraus, das einen zentralen Rohrrahmen, eine Drehschemellenkung und in Schwingachsen abgefederte Räder für den vorderen Transportkasten besaß. Ein 2,9-PS-ILO-Motor trieb den »Lastenrollere« an.

Im Jahre 1949 wurde noch ein Hinterladermodell vom Typ »Laro 145 H« vorgestellt. Hervorgehoben wurden hier die Schwingarmtechnik, der elektrische Anlasser sowie die hinten abklappbare Bordwand. Das Modell sollte neben einer Ritschka-Ausführung vor allem in den Export gehen. Eine Nachbaulizenz vergab das Unternehmen an die Firma Puch in Graz/Österreich.

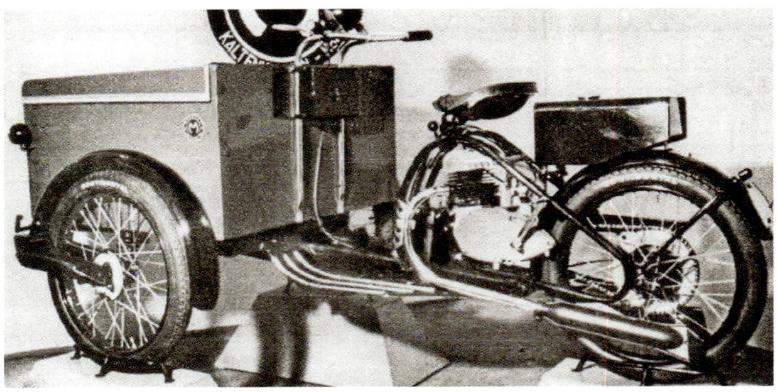

2,9-PS-Morobau Vorderlader »Laro 125« (1949).

10-PS-Morobau Lastenmotorrad »Laro 145 H« (1949).

Morobau-Lieferdreiräder

Typ	Nutzlast in Tonnen	1. Baujahr	Motorenhersteller	Zyl.	PS	Kühl.	Bohrung x Hub	Hubr. in ccm	Drehz.	Gew. in kg	Besonderheiten
Laro 125	0,125	1947	ILO	1	2,9	L	54x54	123	3600		
Laro 125 A	0,2	1948		1	2,9	L	54x54	123	3600		
Laro 145 H	0,25	1949		1	6,7	L	57x58	147	4700		
Laro 145 H	0,47	1949		2	10	Th	48x68	244	4000		

Motoporter

Motoporter Leichtnutzfahrzeuge,
Frankfurt a. Main, Lichtensteinstraße 3
1. 1968–1977: **Motoporter Nutzfahrzeuge GmbH,**
Hanau, Krämerstraße 26/28
2. 1984–1987: **Motoporter Leichtnutzfahrzeuge,**
Frankfurt a. Main, Lichtensteinstraße 3

Auf Anregung der Kaufleute Robert Schröder sen. und jun. entwarf der Ingenieur, ehemalige Schwimmwagenkonstrukteur und SS-Mitglied Hanns Trippel (1908–2001) ein 600-kg-Universalfahrzeug, das die Motoporter Nutzfahrzeuge GmbH in Schaafheim bei Hanau herstellte.

Auf einem U-Profilrahmen waren ein offenes Frontlenker-Fahrerhaus und eine Metallplatte aufgesetzt. Das als »Motoporter 500« bezeichnete Modell hatte einen 15-PS-BMW-Einzylindermotor (Antrieb der BMW-»Isetta«) und ein BMW-Vierganggetriebe. Das Fahrzeug besaß Starrachsen, hydraulische Bremsen und einen 12-Volt-Starter.

Es entstand eine Serie von 50 Stück, von denen einige an Gärtnereien geliefert wurden. Die einfache, aber robuste Technik, der günstige Anschaffungspreis, die geringen Betriebs- und Servicekosten wurden in der Werbung herausgestellt. Auch das Bundeswehrbeschaffungsamt testete den leichten Mehrzwecktransporter, der aufgrund seiner Fallschirm-Abwurffähigkeit, seiner wirtschaftlichen Daten (60 km/h Höchstgeschwindigkeit, 5-Liter-Verbrauch auf 100 km) und seiner Wandelbarkeit im Aufbau interessant erschien, entschied sich dann aber für den FAUN-»Kraka« (s. d.).

Als man mit dem Serienbau beginnen wollte, stellte BMW die Produktion des Isetta-Motors ein. Da man keinen geeigneten Ersatzmotor fand, wurde das Projekt eingestellt. Robert Schröder jun. entschloss sich im Jahre 1984, das Vorhaben »Motoporter« wieder aufleben zu lassen, und

15-PS-Motoporter Pritschenwagen (1968).

zog als Antrieb den BMW-Zweizylindermotor in Betracht, der von der Paffen Mechanik GmbH in Lizenz für die Bundeswehr hergestellt wurde. Gemeinsam mit der Paffen Mechanik entwickelte Robert Schröder nun einen neuen Prototyp, den er im Jahre 1987 auf der IAA in Frankfurt a. Main ausstellte.

Das sich wiederum durch eine einfache, übersichtliche und robuste Konstruktion auszeichnende Fahrzeug besaß nun den 30-PS-BMW-Boxermotor und ein Ford-Transit-Getriebe. Ein Ganzstahlfahrerhaus kam zur Ausstattung des neuen »Motoporters II« hinzu, der als »Leichtnutzfahrzeug« Gewerbe- und Handwerksbetrieben angeboten wurde.

Ein Service- und Garantiesystem wie auch eine Variante mit einem Kleindieselmotor fehlten jedoch. Aus diesen Gründen kam es zu keiner Serienproduktion, die bei der Schlepperfirma Eicher oder Fendt geplant war.

Anschließend entwickelte Schröder einen neuen Transporter mit Ford-Technik (Motor, Getriebe, Vorderachse mit Frontantrieb, Bremsen) aus ausgereifter und bewährter Groß-Serienherstellung als »Motoporter III/IV«, geplant als Transporter in Entwicklungsländern. Zur Auswahl standen ein Vergasermotor mit 50 und ein Dieselmotor. Der 1997 gezeigte Prototyp hatte den Vorderbau des Ford-»Fiesta« mit einem Rahmen, auf den ein kantiges Einfach-Fahrerhaus gesetzt war. Der Vorderradantrieb gestattete eine individuelle Rahmenlänge, ebenso die Verwendung einer Tandemachse. Das Projekt konnte jedoch nicht realisiert werden.

30-PS-Motoporter Pritschenwagen (1987).

Motoporter-Transporter											
Typ	Nutzlast in Tonnen	1. Baujahr	Motoren-hersteller	Zyl.	PS	Kühl.	Bohrung x Hub	Hubr. in ccm	Drehz.	Gew. in kg	Besonder-heiten
Moto-porter	0,6	1974	BMW	1	15	L	88x79	480	3500	830	
Moto-porter	0,75	1987		B2	30	L	78x73	697	5000	970	

Motorfahrzeugfabrik Deutschland

Motorfahrzeugfabrik Deutschland GmbH,
Berlin-Mitte, Friedrichstraße 138,
1903–1905

Nach Konstruktionen von Ingenieur Peter Stoltz und seinem »Technischen Bureau P. Stoltz« fertigte dieses Unternehmen Personen- und Geschäftswagen, angetrieben von einem 40-PS-Vierzylinder-Dampfmotor. Der Dampferzeuger wurde mit flüssigen Kraftstoffen wie Lampenpetroleum oder schwerem Heizöl befeuert. 1906 richtete Stoltz die Studiengesellschaft Motorfahrzeugfabrik Deutschland ein, die Dampflastwagen-Konstruktionen entwarf. Die Germaniawerft der Friedr. Krupp AG in Kiel-Gaarden baute einige Stoltz-Dampflastwagen und zumindest einen Omnibus; die Antriebstechnik konnte sich jedoch im Deutschen Reich nicht durchsetzen.

Motorfahrzeug- und Motorenfabrik

Motorfahrzeug- und Motorenfabrik AG,
Marienfelde b. Berlin
1. 1899–1902: **Motorfahrzeug- und Motorenfabrik AG,**
Marienfelde b. Berlin
2. 1902–1918: **Daimler-Motoren-Gesellschaft (DMG),**
Cannstatt (ab 1904 Stuttgart-Untertürkheim), Werk Marienfelde

Der Zivilingenieur Adolf Altmann (1850–1905) richtete 1879 in der Berliner Ackerstraße 68 die Ad. Altmann Comp. GmbH ein, die Kleinbahnausrüstungen und Petroleummotoren herstellte. 1896 konstruierte Adolf Altmann den 16/18 PS starken »Trakteur«, der dieser Fahrzeuggattung ihren späteren Namen gab. 1897 wandelte er das 120-Mann-Unternehmen in die Altmann Motor-Wagen-Gesellschaft mbH um und verlegte das Werk nach Marienfelde im Süden Berlins. Gleichzeitig führte Altmann Verhandlungen mit der Führungsspitze der Daimler-Motoren-Gesellschaft (DMG), die an dem technischen Wissen, den Patenten Altmanns und an den handwerklichen Fähigkeiten dieses kleinen Betriebes im Berliner Raum interessiert

MMB »Elektrisch betriebener Geschäftswagen« (1902).

8-PS-Marienfelde Lieferwagen (1901).

9,5-PS-DMG-Marienfelde Lieferwagen (1906).

war. Geschäftspartner wurden der DMG-Aufsichtsratsvorsitzende und Rüstungsindustrielle Max von Duttenhofer (1843–1903) sowie Wilhelm Lorenz, der ebenfalls von der DMG kam.

Ein Jahr später übernahm die Daimler-Motoren-Gesellschaft zusammen mit der Deutschen Waffen- und Munitionsfabrik vorm. Hecht u. Pfeifer u. Co. sowie mit einem Konsortium Großindustrieller Altmanns Unternehmen und verlegte es unter der neuen Firmierung als Motorfahrzeug- und Motoren-Fabrik AG in ein neu eingerichtetes Fabrikareal in Marienfelde, um dort in größerem Maßstabe den Automobilbau aufnehmen zu können. Altmann war noch für kurze Zeit Generaldirektor des neuen Unternehmens, schied dann aber aus und gründete die Kraftfahrzeugwerke Brandenburg (s. Brandenburg).

Ab 1899 stellte das Unternehmen nach den Patenten der Columbia Electric Company in Hartford/Connecticut elektrisch angetriebene Fahrzeuge her. Umgekehrt erhielten die Amerikaner Nachbaulizenzen für DMG-Motoren. Neben den Personenwagen wurde auch ein Elektro-Lieferwagen für 600 bis 1000 kg Nutzlast nach den Plänen der »Gesellschaft für Verkehrsunternehmungen« hergestellt. Zwei Hauptschlussmotoren mit je 1,8 kW waren an den Vorderrädern angebracht. Eine Serie dieses Fahrzeugs wurde an das Warenhaus Hermann Tietz (später Hertie) verkauft.

1903 erschienen verschiedene Transporter im 0,75/1-Tonnen-Bereich; vorwiegend zweizylindrige Motoren mit Leistungen von 8, 9,5, 11, 14, 16 und 18 PS kamen zum Einbau. Während die ersten Modelle den Daim-

18/22-PS-DMG-Marienfelde »Aktenwagen« (1907).

lerschen Ritzelantrieb besaßen, wurden die Modelle ab 1904 mit einem Kettenantrieb versehen.

Ab 1907 wandte sich das Werk der Herstellung von Nutzfahrzeugen ab 1,5 Tonnen sowie dem Bau von Militärfahrzeugen zu. Mit Kriegsbeginn

Marienfelde-Lieferwagen

Typ	Nutzlast in Tonnen	1. Baujahr	Motorenhersteller	Zyl.	PS	Kühl.	Bohrung x Hub	Hubr. in ccm	Drehz.	Gew. in kg	Besonderheiten
Marienfelde	1,25	1899	Daimler	2	4		75x120	1060	700	1500	Ritzelantrieb
	0,8	1902		2	4						
	1	1902		4	8						
Typ 4/8 PS	0,75	1903		2	8	W	88x116	1410	850		
Marienfelde	1	1903		4	16						
Typ 6/9,5 PS	1	1903		2	9,5						
Typ 12/18 PS	1	1903		4	18						
Typ 4/8 PS	0,75	1904		2	8						Kettenantrieb
Typ 6/9,5 PS	0,75	1904		2	9,5						
Typ 6/9,5 PS	0,75/1	1904		2	9,5						
Typ B 2	0,75/1	1905		2	8		105x130	2250			
Typ C 2	0,75/1	1905		2	11		100x140	2198			
Typ D 2	0,75/1	1905		2	14		110x140	2659			
Typ A 4	0,75/1	1905		2	11		88x120	1459			
Typ B 4	0,75/1	1905		2	16		105x130	2250			
Marienfelde	0,75/1	1907		2	12,5	W				1400	
	1/1,5	1907		4	17,5	W				1900	
	1	1917		4	18/22	W					
	1	1918		4							Kardanantrieb

Motorfahrzeug- u. Motorenfabrik-Lieferwagen

Typ	Nutzlast in Tonnen	1. Baujahr	Motor	Leistung in kw	Drehzahl	Gewicht in kg	Besonderheiten
	0,6 - 1	1900		2x2,5	600		

wurde die Personenwagen-Produktion zugunsten des Lkw- und Motorenbaus eingestellt. Für kurze Zeit erschien 1918 nochmals ein Eintonner mit einem Kardanantrieb.

Nach dem Krieg legte das Stuttgarter Stammwerk den Berliner Betrieb nahezu still. Lediglich Instandsetzungsarbeiten und Entwicklungsaufträge wurden dort durchgeführt. Erst 1934 wurde das Werk für die Montage von Spezial-Lastwagen und für die Motorenfertigung reaktiviert und ausgebaut. Nach der Totalzerstörung im Zweiten Weltkrieg und der Demontage noch verbliebener Maschinen wurde das Marienfelder Werk ab 1948 für die Industriemotoren-Fertigung wieder aufgebaut.

Electro-Daimler-Marienfelde Krankenwagen (1912).

Motrix

Fahrzeugfabrik Otto Stobernack KG,
Hamburg-Wandsbek, Neumann-Reichardstraße 29 – 33
1935 – 1937

Unter der Marke »Motrix« fertigte Stobernack drei- und vierrädrige Lieferwagen mit kastenförmigem Mittelträger und mit im Heck angebrachten 5,5 bis 18 PS starken ILO-Motoren. Vermutlich orientierte sich die Fahrzeugfabrik an der Konstruktionstechnik des Gutbrod-Werkes. Das Programm bestand aus den Modellen D 200, D 250 und D 400 für 500, 750 und 900 kg Nutzlast. Hinzu kam das Vierradmodell V 670 für 1,25 Tonnen Nutzlast. Auch einen Straßenschlepper hatte Stobernack im Programm. Schon 1937 beendete der Konkurs die Fahrzeugfabrikation.

Motor-Werke Dessau (MWD)

Anhaltische Automobil- und Motorenfabrik AG, Dessau
1. 1911–1912: **Motor-Werke mbH Dessau (MWD)**
2. 1912–1913: **Anhaltische Automobil- und Motorenfabrik AG**

Die 1911 von Georg Siegel (s. Siegel) gegründeten Motor-Werke Dessau stellten anfänglich zwei Grundtypen an Personenwagen mit 18- und 22-PS-Motoren her, wobei das stärkere Modell auch als Lieferwagen für Nutzlasten von 500, 750, 1000 und 1250 kg angeboten wurde. 1913 erschien ein weiterer Eintonner mit stärkerem Motor. Der Vierzylindermotor der zunächst unter der Markenbezeichnung MWD und später als »Der Dessauer« angebotenen Fahrzeuge besaß stehende Ventile und Wasserpumpenkühlung. Das zunächst gut florierende Unternehmen errichtete 1912 umfangreiche Produktionsanlagen und firmierte nun als Anhaltische Automobil- und Motorenfabrik AG. Doch geriet das Werk infolge dieser Expansion in finanzielle Schwierigkeiten und musste 1913 Konkurs anmelden. Bis 1914 wurden noch einige Fahrzeuge aus vorhandenen Teilen gefertigt. Später bildete das Werk einen Teilbetrieb der Junkers-Flugzeugwerke. 1934 nutzte die Anhaltische Fahrzeugfabrik Dessau nochmals den Markennamen »Dessauer« für Motorrad-Seitenwagen.

8/22-PS-MWD Lieferwagen »Dessauer« (1911).

8/22-PS-MWD Lieferwagen »Dessauer« (1913).

Müller und Wolf

Müller und Wolf, Berlin-Kreuzberg,
Oranienstraße 183, 1936

Herstellung eines elektrisch angetriebenen Lieferwagens mit unbekannt gebliebenen technischen Daten.

MULAG Fahrzeugwerk

MULAG Fahrzeugwerk Heinz Wössner KG,
Bad Peterstal-Griesbach, Stöckmatt 11
1. 1953–1956: **Huber & Wössner GbR,**
Bad Peterstal-Engelberg,
ab 1955 Bad Peterstal-Griesbach, Stöckmatt 11
2. 1956–1962: **Huber u. Wössner OHG, Kraftfahrzeuge, Fahrzeugbau, Schlosserei und Kohlenhandlung**
3. 1962–1964: **Huber & Wössner, Inh. Heinz Wössner, Fahrzeug- und Transportgerätefabrik**
4. 1972–1977: **MULAG Fahrzeugwerk Heinz Wössner KG**

Die 1953 von Schlossermeister Josef Huber (bis 1962) und Kraftfahrzeugmechanikermeister Heinz Wössner (1926–2012) gegründete Firma begann mit der Fertigung des leichten dreirädrigen Transportfahrzeugs DL-6 »Lastenkuli« mit 6-PS-Güldner-Diesel für die Forst- und Landwirtschaft. 1957 bzw. 1958 erweiterten sie die Produktpalette auf die vierrädrigen

12-PS-MULAG M 4 (1958). (Foto: MULAG)

MULAG Dreirad-Pritschenwagen M3 (1957). (Foto: MULAG)

16-PS-MULAG ALU 160 (1963). (Foto: MULAG)

15-PS-MULAG M 5 (1958). (Foto: MULAG)

Transporter M-4 und M-5. Die Fahrzeuge besaßen Rahmenfahrgestelle mit Schlepperrädern unterschiedlicher Größen (500 und 750 kg Nutzlast) und wurden unter der Bezeichnung MULAG (Motor-Universal-Lasten-Arbeits-Gerät) vertrieben. Motoren von Deutz, Güldner, ILO, MWM und Warchalowski (für den Export nach Österreich) kamen zum Einbau.

Als Spezialfahrzeug folgten 1963 die allradgetriebene Typ ALU 160 und ALU 210 mit einem 16-PS-MWM- und 21-PS-Deutz-Diesel sowie gleich großen Rädern. Der lukrativere Bau von Böschungs-, Bankettmäh- und Grabenräumgeräten, Schaufelladern und Baustellen-Dumpern sowie von Sonderfahrzeugen verdrängte 1964 die Kleintransporter-Baureihen; 1100 Fahrzeuge waren hergestellt worden.

1976 startete man für zwei Jahre die Produktion des Industrietransporters T 40 für maximal 4 Tonnen Nutzlast. Diese Fahrzeuge verfügten über hydrostatischen Antrieb und Motoren alternativ für Benzin, Treibgas und Diesel.

Die Produktionspalette der inzwischen in Oppenau-Löcherberg angesiedelten Firma umfasst seitdem Industrie- und Flughafenvorfeldfahrzeuge, Mähgeräte und Tunnelwaschmaschinen.

16-PS-MULAG ALU 160 (1963). (Foto: MULAG)

22-PS-MULAG MD 22 (1962). (Foto: MULAG)

MULAG-Transporter

Typ	Nutzlast in Tonnen	1. Baujahr	Motoren-hersteller	Zyl.	PS	Kühl.	Bohrung x Hub	Hubr. in ccm	Drehz.	Gew. in kg	Besonder-heiten
M 3	0,75	1957	ILO	1	12	L	90x104	660	2000	500	a. 15-PS-MWM-Motor
M 4	0,69	1958		1	12	L	90x104	660	2000	910	
M 5	0,7	1958	MWM	2	15	L	80x100	1004	3000	850	D
D 22	1	1959	Warcha-lowski	V2	22	L	85x90	1020	3000	1175	D, Export-modell
MD 22-4	0,92	1962	Güldner	3	22	L	80x100	1507	2200	1430	D
ALU 160	0,75	1963	MWM	2	16	L	80x100	1004	2600	1350	D, Allrad-antrieb
ALU 210		1964	Deutz	2	21	L	100x120	1884	2100		D
T 40	4,25	1976		2	26	L	100x105	1650	3000	1750	D

Multicar siehe VEB Fahrzeugwerke Waltershausen

Nacke

Emil Hermann Nacke, Automobil- und Maschinenfabrik,
Coswig i. Sachsen, Naundorfer Straße 4, 1913–1914

Emil Hermann Nacke (1843–1930) hatte als Ingenieur bei verschiedenen Maschinenbauunternehmen in Deutschland und in Frankreich technische Erfahrungen gesammelt, bevor er 1891 in Coswig eine Maschinenfabrik für Armaturen, Pumpen sowie für Anlagen für die Papierwarenherstellung gründete. 1901 rüstete er die Firma für die Automobilherstellung um. Neben Lastwagen, die das Hauptfertigungsgebiet der Firma bildeten, stellte das Nacke-Werk auch verschiedene Pkw-Modelle mit eigenen Zwei- und Vierzylindermotoren her. Die 10/25-PS- und die 14/35-PS-Typen erhielt man auch als 500-kg-Lieferwagen.

Mit Kriegsbeginn konzentrierte sich der Betrieb dann vollständig auf den Lkw-Bau, den es bis 1929 aufrechterhielt. Aus der Automobil- und Maschinenfabrik ging später eine noch heute existierende Lüfter- und Turbinenfabrik hervor.

35-PS-Nacke Fleischereiwagen (1916).

Nacke-Lieferwagen											
Typ	Nutzlast in Tonnen	1. Baujahr	Motoren-hersteller	Zyl.	PS	Kühl.	Bohrung x Hub	Hubr. in ccm	Drehz.	Gew. in kg	Besonder-heiten
8/15 PS	0,5	1912	Nacke	4	15/18	Th	75x118	2084	1800		
8/22 PS	0,5	1912		4	22	Th	78x118	2070		850	
10/30 PS	1,5	1912		4	30	W	80x130	2612	1900	1750	
14/35 PS	1,5	1912		4	35	W	90x130	3306	1600	1250	
8/22 PS	1 - 1,5	1915		4	22	Th	75x118	2084	1900	1500	

NAG

Nationale Automobil AG,
Oberschöneweide b. Berlin, Westendstraße1–5
1. 1905–1912: **Neue Automobil GmbH,**
Oberschöneweide b. Berlin, Westendstraße 1–5
2. 1912–1915: **Neue Automobil AG**
3. 1915–1926: **Nationale Automobil AG**
4. 1926–1931: **NAG-Protos AG**
5. 1931–1933: **Büssing-NAG, Vereinigte Nutzkraftwagenwerke AG,**
Braunschweig, H. Büssingstraße 40

1901 richtete die AEG unter ihrem Direktor, Geheimrat Emil Rathenau, in ihrer »mechanischen Werkstatt« im Kabelwerk Oberspree ein Automobilwerk mit der Bezeichnung Neue Automobil GmbH ein. Den Grundstock der Fahrzeugfertigung bildeten die Maschinen, Patente und Vorräte der von der Firma Schuckert u. Co. erworbenen Allgemeinen Automobil GmbH (AAG) in Berlin sowie die der Kühlstein-Werke, beide in Berlin. Auch die Facharbeiter dieser Unternehmen wurden übernommen. Direktor des zunächst 600, später 1200 Mann starken Betriebes war anfänglich Carl Gossi (1861–1927), ab 1914 Kommerzienrat Heinz Junk (1874–1952).

Nach Plänen von Professor Dr. phil. Georg Klingenberg (1870–1925) und Oberingenieur Joseph Vollmer wurden Luxus-Personen-, Liefer- und Lastwagen sowie Omnibusse entworfen, ebenso Elektrofahrzeuge nach Patenten der Firma Carl Stoll in Dresden. Erster Lieferwagen war 1905 ein »Geschäftswagen« mit einem 8/9-PS-Zweizylindermotor. Das vor allem an die Reichspost gelieferte Modell erreichte eine Höchstgeschwindigkeit von 18 bis 20 km.

8/9-PS-NAG Lieferwagen (1905).

8/9-PS-NAG Lieferwagen Typ L (1905).

Nach dem 1,5-Tonnen-Typ VM mit einem 20/24-PS-Vierzylindermotor und einem elektrisch angetriebenen Lieferwagenmodell folgte 1908 auf der Basis des Typs »Puck« ein kleiner 500-kg-Lieferwagen mit einem 6/12-PS-Motor. Mit gleichem Antrieb erschien im Jahre 1910 ein 1,5-Tonnen-Kasten- oder Viehwagen unter der Typenbezeichnung N2. Mit dem 29/45-PS-Motor des B2-Modells aus der Pkw-Serie wurden Kranken- und Luxus-Leichenwagen versehen. Weitere Modelle der Vorkriegszeit waren der 6/18-PS- und der 10/28-PS-Typ auf der Basis der NAG-Personenwagen K2 und K4.

Während des Krieges fertigte das mit patriotischer Gesinnung in Nationale Automobil AG umbenannte und großzügig ausgebaute Unternehmen Militärlastwagen, Motoren und diverse Rüstungsgüter.

Im Nachkriegsprogramm wurden der CL 4- und der DL 4-Typ mit 12/30-PS- und 10/45-PS-Motoren bekannt, die als Liefer- und als Krankenwagen Verbreitung fanden. Konstrukteur des neuen Fahrzeugprogramms war der Christian Riecken (1880–1950), der bei den belgischen Métallurgique- und den Minerva-Werken gearbeitet hatte. Die Automobile wurden über die Gemeinschaft Deutscher Automobilfabriken (GDA) vertrieben.

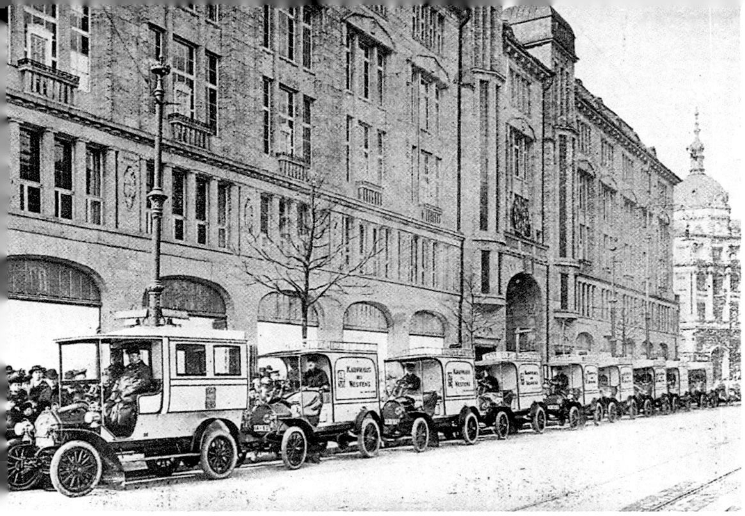

NAG-Lieferwagen bei der Eröffnung des Berliner KaDeWe (1907).

Das durch die wirtschaftlichen Schwierigkeiten der 1920er Jahre in Bedrängnis geratene Werk übernahm noch 1926 die Protos- und 1927 die Dux-Presto-Werke, ohne dadurch die wirtschaftliche Basis gesunden zu können. Hinzu kam eine verfehlte Modellpolitik, so dass Ende 1930 die Fahrzeugfertigung in die Büssing-NAG, Vereinigte Nutzkraftwagenwerke AG eingebracht wurde. Diese Gesellschaft legte jedoch den Pkw- und Lieferwagenbau still, wenn auch noch bis 1933 Lieferwagen in Einzelstücken hergestellt wurden. Die Büssing-NAG-Gruppe konzentrierte sich mit den Werken in Berlin, Leipzig und Braunschweig sowie in Elbing auf den Lastwagen- und Omnibusbau.

29/55-PS-NAG B2 Krankenwagen (1906).

6/12-PS-NAG N2 Lieferwagen (1908).

6/12-PS-NAG-N2 Lebensmittel-Wagen (1908).

6/12-PS-NAG N2 Geschäftswagen (1908).

29/45-PS-NAG B2 Leichenwagen (1912).

6/18-PS-NAG K2 »Schokoladenwagen« (1913).

NAG-Lieferwagen

Typ	Nutzlast in Tonnen	1. Baujahr	Motoren-hersteller	Zyl.	PS	Kühl.	Bohrung x Hub	Hubr. in ccm	Drehz.	Gew. in kg	Besonder-heiten
NAG 8/9 PS		1905		2	8/9	Th	115x125	2595	1000		
NAG VM	1,5	1906		4	20/24	W	104x110	3735	1000	2170	
NAG 6/12 PS »Puck«	0,5	1908		4	6/12	Th	75x85	1570	1500		
NAG N 2	1,5	1910	NAG	4	6/12	Th	75x85	1570	1500		
NAG K 2	0,45	1911		4	18	Th	75x85	1570	2100		
NAG B 2		1912		4	29/45	W	130x150	7959	1100		
NAG K 3	1	1913		4	22	Th	75x118	2084	2200	1250	Kardanantr. a. Wasser-pumpen-kühlung
NAG CL 4	0,75	1925		4	30	Th	83x118	2553	1700		
NAG DL 4	1	1925		4	45	W	78x136	2598	2800	2000	

30-PS-NAG CL 4 Lieferwagen (1925).

45-PS-NAG DL 4 Lieferwagen (1927).

NAMAG

1. 1906–1914: **Norddeutsche Automobil- und Motorenfabrik AG (NAMAG),** Bremen-Hastedt, Föhrenstraße
2. 1914–1924: **Hansa-Lloyd-Werke AG,** Bremen-Hastedt und Schloßpark Sebaldsbrück
3. 1924–1931: **Hansa-Lloyd-Werke AG,** Bremen-Hastedt und Bremen-Sebalsbrück

Die NAMAG geht auf eine Gründung des Generaldirektors des Norddeutschen Lloyd, Heinrich Wiegand, zurück. Beteiligte an dieser Tochtergesellschaft des bekannten Schifffahrtsunternehmens waren die französische Compagnie Parisienne des Voitures Electriques (Procédés Kriéger) S.A., Paris, die Norddeutsche Maschinen- und Armaturenfabrik, Bremen, und ein Bankenkonsortium, darunter die Danat- und die Schröderbank. Aufsichtsratsvorsitzender war Georg Plate. Als frühe Konstrukteure der NAMAG sind die Ingenieure Hans Sigismund Meyer (1873–1935) und der Technische Direktor des Werkes, Friedrich Kübler, der 1910 dann zu den Hansa-Werken ging, hervorzuheben. Als Markennamen hatte man die Bezeichnung der Schiffreederei »Lloyd« gewählt.

Nach den Patenten der französischen Firma Kriéger S. A. mit ihrer Berliner Tochtergesellschaft Automobil AG entstanden ab 1906 vornehmlich Elektrofahrzeuge wie Lastwagen und Omnibusse, Lieferwagen und Droschken. Auch benzingetriebene Modelle wurden anfertigt, wie Motorspritzen und andere Kommunalfahrzeuge.

Als Tochterwerk wurde die Meyer gegründete Abteilung Dynamowerk zur Lloyd Dynamowerke AG verselbständigt, die Elektromotoren und Dynamos vorwiegend für die Schiffsausstattung herstellte.

Moderne Produktionsanlagen in der Elektrotechnischen Abteilung der Reederei und in der Norddeutschen Waggonfabrik AG mit zunächst 250, später 600 Mitarbeitern standen für die Kraftfahrzeugproduktion zur Verfügung. Die Aufbauten der Fahrzeuge stellte die aufgekaufte Wagen- und Carosseriefabrik Louis Gärtner AG in Bremen her.

NAMAG »Elektro« 750 kg Nutzlast (1908).

22/50-PS-NAMAG »Lloyd« Feldküchenwagen (1913).

25-PS-NAMAG »Lloyd« Geschäftswagen (1914).

22/50-PS-NAMAG »Lloyd« »Camp-Wagen mit Holzkastenaufbau« (1913).

25-PS-NAMAG »Lloyd« Geschäftswagen (1914).

Außer Personenwagen entstanden hier um 1907 auch Krankenwagen mit einem 7/12-PS-Vierzylindermotor.

Im Jahre 1912 erschien ein 35-PS-Fahrzeug, das eine Nutzlast von 1,25 Tonnen aufwies. 1913 folgten ein 0,75- und ein neuer 1,25-Tonner mit einem 25-PS-Antrieb. Konstrukteur der Motoren war nun der Ingenieur Joseph Vollmer (1871–1955).

1913 übernahm die NAMAG die Hansa-Werke in Varel, um mit den erfolgreicheren Hansa-Typen eine Gesundung des mit wenig Glück arbeitenden Unternehmens herbeiführen zu können. Mit dieser Angliederung wurde die NAMAG 1914 in die Hansa-Lloyd-Werke umbenannt. Werke in Bremen, Varel und in Bielefeld arbeiteten für das Unternehmen. Während des Krieges fertigten die HL-Werke den Regel-Drei- und Viertonner in sehr großen Stückzahlen sowie einen 1,5-Tonnen-Militär-Feldpost- und Sanitätswagen. Daneben nahm das Werk den Bau von Motorpflügen auf, verkauft unter dem Namen »Trekker«.

Die Hansa-Werke trennten sich 1921 wieder vom Bremer Hansa-Lloyd-Werk, schlossen sich aber 1924 wieder diesem größeren Partner an. Einen weiteren Produktionsbereich in der elektrotechnischen Abteilung bildete in diesem Zeitraum der Beginn der Fertigung von Elektrokarren für 1,0 bis 2,0 Tonnen Nutzlast.

Mitte der 1920er Jahre beteiligte sich der Börsenspekulant Jakob Schapiro an dem Unternehmen, wobei der Gedanke zugrunde lag, mit diesem und mit den anderen von Schapiro teilbeherrschten Unternehmen einen schlagkräftigen deutschen Automobil-Konzern errichten zu können.

Das Nachkriegsprogramm umfasste neben 2-, 3,5- und 4-Tonnern ab 1921 den Kleinlaster L 1,5 mit hubraumstarkem 30-PS-Motor. Erneut führte Hansa-Lloyd ab 1926 mit dem »Treff-Ass 1,5« ein Fahrzeug in dieser Klasse, dem sich 1929 die Schnelllaster »SL 1,5 Bremen I« und »Amerika« anschlossen.

22/50-PS-NAMAG »Lloyd« Beleuchtungswagen (1915).

30-PS-Hansa-Lloyd 1,5 »Coeur-Ass« Pritschenwagen (1921).

30-PS-Hansa-Lloyd 1,5 »Coeur-Ass« Kastenwagen (1921).

Durch die Weltwirtschaftskrise geriet das Werk jedoch in eine Finanzkrise. Die zuvor genannte Darmstädter- und Nationalbank (Danatbank) war durch den Nordwolle-Konkurs selber zugrunde gegangen, so dass der zweite Finanzier, die Schröder-Bank, kein Wagnis mehr eingehen wollte. Der junge Unternehmer Carl F. W. Borgward erwarb daher 1930/31 mit Unterstützung dieser Bank die Hansa-Lloyd-Werke und führte sie als Hansa-Lloyd- und Goliath-Werke, Borgward und Te:klenborg OHG (s. d.) weiter.

NAMAG- (Hansa-Lloyd-) Lieferwagen

Typ	Nutzlast in Tonnen	1. Baujahr	Motorenhersteller	Zyl.	PS	Kühl.	Bohrung x Hub	Hubr. in ccm	Drehz.	Gew. in kg	Besonderheiten
7/12 PS	1	1907	Lloyd	4	12						
15/35 PS	1,25	1912	Lloyd	4	35	W	95x130	3685	1500		
10/25 PS	0,75	1913	Lloyd	4	25	W	80x130	2612	1600	1500	
10/25 PS	1,25	1913	Lloyd	4	25	W	80x130	2612	1600		
22/50 PS	1,5	1913	Lloyd	4	50	W	110x145	5520	1400		
	1	1915	Hansa-Lloyd	4	25	W	80x130	2612	1600		Militärw.
L 1,5 Coeur-Ass	1,5	1920	Hansa-Lloyd	4	30	W	90x140	3560	1200		Kleinlaster
SL 1,5 Treff-Ass	1,5	1926	Hansa-Lloyd	6	60	W	95x130	3864	1500		Kleinlaster
SL 1,5 Amerika	1,5	1929	Hansa-Lloyd	4	50	W	94x118	3275	2100		Kleinlaster
SL 1,5 Bremen	1,5	1929	Hansa-Lloyd	6	60	W	95x130	3864	1500		Kleinlaster

NAMAG-Lieferwagen

Typ	Nutzlast in Tonnen	1. Baujahr	Motor	Leistung in kw	Drehzahl	Gewicht in kg	Besonderheiten
NAMAG Lloyd	0,75	1908	Lloyd			2400	
NAMAG Lloyd E 1	0,9	1909	Lloyd			2120	
NAMAG Lloyd	1	1912	Lloyd				

60-PS-Hansa-Lloyd SL 1,5 »Bremen« Pritschenwagen (1930).

Nestoria

Bischoff u. Pedall, Nestoria-Kraftfahrzeugbau,
Nürnberg, Äußere Rollnerstraße 55, 1928–1931

Nachdem das 1922 eingerichtete Astoria-, ab 1923 in Nestoria-Motorradwerk umbenannte Unternehmen Fahrzeuge mit eigenen Zweitaktmotoren hergestellt hatte, und 1926 in Konkurs ging, etablierte sich der Nestoria-Kraftfahrzeugbau. Neben der Motorradfertigung nahm er 1928 auch den Bau von Lastenmotorrädern auf. Die »Nestoria-Niederrahmen-Dreirad-Transporter« waren mit 5-PS-Sturmey-Archer-Motoren für 300 kg und mit 12- oder 14-PS-Motosacoche-Motoren für 500 kg ausgerüstet. Die Firma, die sich rühmte, »das Beste vom Besten« zu erzeugen, geriet 1931 nach rund 60 Exemplaren ebenfalls in den Konkurs.

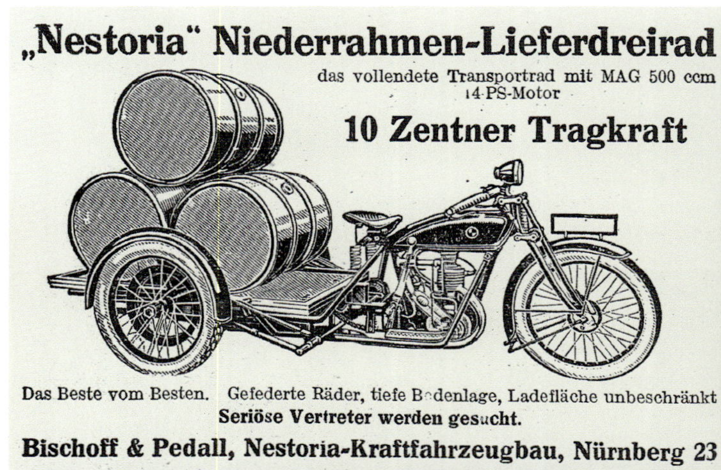

5-PS-Nestoria Niederrahmen-Lieferdreirad-Werbung (1928).

Nestoria-Lieferdreiräder

Typ	Nutzlast in Tonnen	1. Baujahr	Motorenhersteller	Zyl.	PS	Kühl.	Bohrung x Hub	Hubr. in ccm	Drehz.	Gew. in kg	Besonderheiten
Nestoria	0,3	1926	Sturmey-Archer	1	5	L	57x78	199	3500		
Nestoria	0,5	1926	Motosacoche	1	13	L	85x90	496			
Nestoria	0,5	1926	Motosacoche	1	14	L	86x103	598	4000		

Netzschkauer

Netzschkauer Maschinenfabrik Franz Stark & Söhne,
Netzschkau, 1925–1926 (?)

Die dreirädrige »Nemalette« der im Landmaschinen-, Heizungs- und Lüftungsbau tätigen Fabrik war mit 4,5-PS-Zweitakter und Hinterachsantrieb über eine Rollenkette ausgestattet und für eine Nutzlast von 500 kg vorgesehen.

Die 1889 gegründete Maschinenfabrik wurde 1945 enteignet und als

Sowjetische Aktiengesellschaft, ab 1952 als VEB Maschinenfabrik Nema Netschkau geführt. Nach der Wiedervereinigung ging daraus die Maschinenfabrik NEMA GmbH hervor; einzelne Unternehmensteile wurden inzwischen verkauft.

Netschkauer Maschinenfabrik											
Typ	Nutzlast in Tonnen	1. Baujahr	Motoren-hersteller	Zyl.	PS	Kühl.	Bohrung x Hub	Hubr. in ccm	Drehz.	Gew. in kg	Besonder-heiten
Nemalette	0,5	1925	DKW	1	4,5	L	61x67	196	3500		

Norddeutsche Automobilwerke

Norddeutsche Automobilwerke GmbH, Hameln/Weser
1. 1908–1919: **Norddeutsche Automobilwerke GmbH**
2. 1920–1929: **Selve Automobilwerke AG**

1907 gründete Hans Hartmann die Norddeutschen Automobilwerke zur Fertigung von Kleinwagen. Die zunächst unter dem Namen »Colibri« gefertigten Modelle gingen auf Konstruktionen von Dipl.-Ing. Adolf Gustav von Löwe zurück. Die 8- und 10-PS-Colibri-Fahrzeuge erschienen 1908 bzw. 1910 auch als Kleinlieferwagen. Als 0,5-Tonner folgte 1910 ein 20-PS-Fahrzeug unter der neuen Bezeichnung »Sperber F4«.

Nachdem das 700 Mann starke Werk während des Krieges neben Motoren und Rüstungsgütern vereinzelt auch Sanitätsfahrzeuge hergestellt hatte, wurden die Norddeutschen Automobilwerke 1919 von dem Großindustriellen Dr.-Ing. E. h. Walther von Selve (1876–1950) erworben, dem die Motorenfabrik Basse & Selve in Altena/Westf. gehörte. Für Selve arbeiteten namhafte Automobilingenieure wie Ernst Lehmann, Carl Slevogt und Paul Henze.

8-PS-NAW Typ »Colibri« Lieferwagen (1909).

16-PS-NAW Typ C.m. Kastenwagen (1912).

8/32-PS-Selve Lieferwagen (1925).

Die 1922 und 1923 erschienenen 8/32-PS- und 8/40-PS-Modelle mit einem Hilfsrahmen für Motor und Getriebe wurden auch als Lieferwagen angeboten. Im Jahre 1925 folgte ein 36-PS-Modell, das als Liefer- und als Kleinfeuerwehr-Fahrzeug angeboten wurde.

Die Automobilfertigung endete 1929. Das kurz darauf von den Vereinigten Deutschen Metallwerken (VDM) übernommene Werk konzentrierte sich auf die Herstellung von Vergaser- und später auch Einbau-Dieselmotoren, bis die Produktion Mitte der 1950er Jahre endete.

Norddeutsche Automobilwerke/Selve											
Typ	Nutzlast in Tonnen	1. Baujahr	Motoren-hersteller	Zyl.	PS	Kühl.	Bohrung x Hub	Hubr. in ccm	Drehz.	Gew. in kg	Besonder-heiten
Colibri		1908	NAW	2	8	W	80x86	860	1310		
Colibri		1910		4	10	Th	64x100	1320	1500		
Sperber C. m.		1911		4	16	Th	64x120	1592	2000		
Sperber F 4.0	0,5	1913		4	20	Th	70,7x100	1545	2100		
Sperber 25 T	0,75	1913		4	25	W	80x130	2630	1600	1500	
Selve 8/32 PS		1922	Selve	4	32	Th	81,5x100	2086	3000		auch 35 PS
Selve 9/36 PS		1923		4	36	Th	82,5x110	2360	2800		
Selve 8/40 PS		1925		4	40	Th	77,8x110	2091	2500		

9/36-PS-Selve Lieferwagen (1926).

Norddeutsche Waggonfabrik

Norddeutsche Waggonfabrik AG,
Bremen-Hastedt, Quintschlag 99, 1926

Die Norddeutsche Waggonfabrik AG war 1907 von Ingenieur Hans Sigismund Meyer (s. NAMAG), der Nationalbank für Deutschland, der Stahlbaufirma Heinrich Böker & Co. in Remscheid und der Bremer Straßenbahn in Bremen-Hastedt gegründet worden und stellte Straßenbahnwagen und Waggonuntergestelle her. 1926 versuchte das einst zur NAMAG gehöhrende Unternehmen, auch in den Straßen-Fahrzeugbau mit dem »Mako-Volkslastauto« einzusteigen. Das vierrädrige Eintonnen-Fahrzeug besaß den Fahrersitz über dem Zweizylindermotor, der 20 PS abgab. Über das angeflanschte Dreiganggetriebe ging mittels Kardanwelle die Kraft – differenziallos – auf die Hinterachse. Nur fünf Käufer entschieden sich für die fortschrittliche Konstruktion. Während der Weltwirtschaftskrise übernahm die Breslauer Linke-Hofmann-Busch-Waggonfabrik den Konkurrenten, um sich die Waggonbauquote der Reichsbahn zu sichern. Nachdem das Werk 1930 stillgelegt worden war, erwarb Borgward einen Teil der Hallen für die Pkw-Produktion.

20-PS-Norddeutsche Waggonfabrik »Mako-Volkslastauto« (1926).

Norddeutsche Waggonfabrik-Lieferwagen											
Typ	Nutzlast in Tonnen	1. Baujahr	Motoren-hersteller	Zyl.	PS	Kühl.	Bohrung x Hub	Hubr. in ccm	Drehz.	Gew. in kg	Besonder-heiten
Mako	1	1926	Helios	B2	20	Th	72x120	976	2800		

NSU

Neckarsulmer Fahrradwerke AG (NSU), Neckarsulm
1. 1903–1929: **Neckarsulmer Fahrradwerke AG (NSU),** Neckarsulm, ab 1911 Heilbronn
2. 1929–1933: **NSU Automobil AG**

Die Neckarsulmer Fahrradwerke waren 1873 in Riechlingen/Donau von den Mechanikern Christian Schmidt und Heinrich Stoll ursprünglich als mechanische Werkstatt für Strickmaschinen gegründet worden. Nach dem Tod Christian Schmidts wurde das Unternehmen nach Neckarsulm verlegt, wo man 1892 mit der Herstellung von Fahrradteilen, ab 1901 auch von Motorrädern und ab 1904 von Gepäckdreirädern begann. Ab 1906 wurden bei NSU auch Vierzylinder-Personenwagen gebaut.

Erstes kleines Nutzfahrzeugmodell war das NSU-Gepäckdreirad mit einem vorderen Ladekasten, einer Lenkradsteuerung und einem 3,5-PS-Motor. Über ein Zweiganggetriebe und einen Zahnriemen wurde das Hinterrad in Bewegung versetzt. 1910 erhielt dieses Modell eine Lenkstangensteuerung und einen einfachen Keilriemen.

Als nächster Typ erschien 1905 das dreirädrige »Sulmobil« mit dem 3,5-PS-Motor über dem Vorderrad, das über ein Dreiganggetriebe und einer Kette angetrieben wurde. Die Steuerung erfolgte über ein schräg-

3,5-PS-NSU »Gepäckdreirad« (1904).

3,5-PS-NSU »Sulmobil« (1905).

3,5-PS-NSU Vorderlader-Motordreirad (1906).

6/10-PS-NSU Lieferwagen (1906).

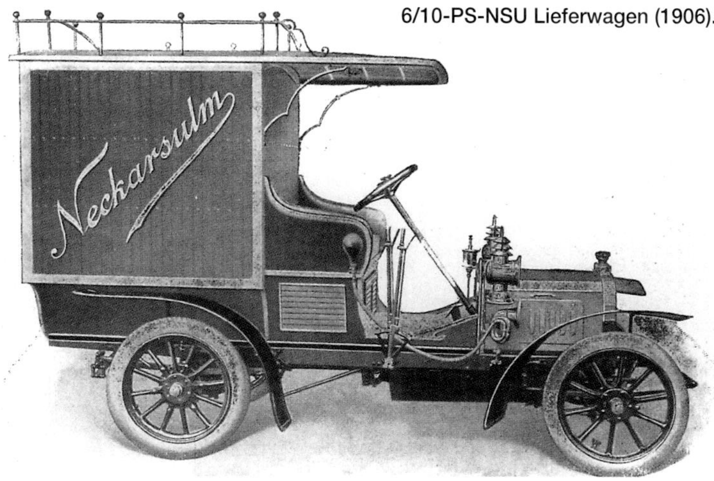

8-PS-NSU »Gepäckdreirad« (1912).

stehendes Lenkrad. Auch die 1906 erschienenen Pkw-Modelle wurden als Lieferwagen karossiert. Konstrukteur der verwendeten 8-, 10- und 20-PS-Motoren war Ingenieur Pfaender, der von den Pipe-Werken in Belgien gekommen war.

1912 präsentierte NSU ein neues Programm mit 11-, 18-, 24- und 30-PS-Motoren und Nutzlasten von 200, 400, 600 und 900 kg. Während des Ersten Weltkrieges baute das auf 1200 Personen angewachsene Unternehmen Sanitätsfahrzeuge und den Regeldreitonner. Danach führte NSU das Pkw-Programm weiter; die Motorradfertigung trat jedoch in den Vordergrund.

1923 erwarb der Investor Jakob Schapiro die Aktienmehrheit der NSU-Werke. Durch nicht den Absatzmöglichkeiten angepasste Expansion, durch den Bau eines Karosseriewerkes in Heilbronn sowie durch eine ungeschickte Modellpolitik ruinierte er das Unternehmen. In der Folge musste das neue Heilbronner NSU-Werk über die Dresdner Bank 1929 an Fiat-Unternehmen verkauft werden.

Von 1928 bis 1930 produzierte das NSU-Werk als damals größte deutsche Motorradfabrik auch ein 12-PS-Seitenwagengespann mit einem Ladekasten. Im Pkw-Programm erschien der 5/25-PS-Typ als 0,4- oder als 0,75-Tonner; eine 32-PS-Version wurde als 0,75-Tonner 60 Mal gebaut, für den die Karosseriefabrik Drauz Lieferwagenaufbauten herstellte. Mit Pritschen- und Kastenaufbauten wurde 1933 das 7/34-PS-Fahrgestell versehen, das in der Pkw-Ausführung nicht mehr abzusetzen war.

12-PS-NSU Bäckereiwagen (1913).

30-PS-NSU Postwagen (1914).

Während das ehemalige NSU-Werk in Heilbronn die Fiat-Modelle in Lizenz nachbaute, konzentrierte sich ab Mitte der 1930er Jahre das selbständig gebliebene Stammwerk in Neckarsulm auf die erfolgreiche Fahrrad- und Motorradproduktion.

Das selbständig gebliebene Stammwerk in Neckarsulm konzentrierte sich auf die erfolgreiche Fahrrad- und Motorradproduktion.

Die späteren NSU-Motorenwerke wurden 1969 vom VW-Konzern mit der Auto Union GmbH zur Audi NSU Auto Union AG zusammengeschlossen und sind heute ein Teilbetrieb innerhalb des VW- Audi-Konzerns.

8/32-PS-NSU Pritschenwagen (1927).

8/32-PS-NSU Postwagen (1927).

5/25-PS-NSU Postwagen (1927).

15-PS-NSU »Neckar« Lieferwagen (1960).

15-PS-NSU »Neckar Pully« Dreirad-Lieferwagen-Prototyp (1963).

NSU-Lieferwagen

Typ	Nutzlast in Tonnen	1. Baujahr	Motorenhersteller	Zyl.	PS	Kühl.	Bohrung x Hub	Hubr. in ccm	Drehz.	Gew. in kg	Besonderheiten
1. Dreiräder											
Gepäckdreirad		1904		1	3,5	Th	64x70	451			
Sulmobil		1905		1	3,5	Th	64x70	451		300	auch 5 PS (80x80 mm, 402 ccm)
NSU 6/8 PS		1906	NSU	2	8			1570		650	
NSU 6/10 PS		1906		2	10	Th	68x90	1420	1500		
NSU		1912		1	8			500			
NSU		1925		1	8	L	80x99	497			
NSU Pully	0,7	1963	Fiat	2	15	L	67,4x70	499	4600	500	
2. Vierradfahrzeuge											
NSU		1908		4	20	W	85x115	2608	1400		
NSU 5/11 PS	0,2	1912		2	11	Th	75x125	1105	1600		
NSU 10/30 PS	0,9	1912		4	30	Th	85x115	2608	1600		
NSU 5/12 PS	0,2	1913	NSU	4	12	Th	70x78	1232	1600		
NSU 6/18 PS	0,4	1913		4	18	Th	75x88	1550	1600	850	
NSU 8/24 PS	0,6	1913		4	24	Th	80x104	2100	1800	1000	
NSU 5/25 PS	0,4	1926		4	25	Th	78x110	2088	2000		auch 0,75 t
NSU 8/32 PS	0,75	1926		4	32	Th	78x110	2088	2500		
NSU 7/34 PS		1927		6	34	Th	62x99	1781	3200		

Oberwetter

H. Oberwetter,
Bielefeld, Jöllenbeckerstraße 39a, 1925–1933

Ausgehend von der Herstellung von motorisierten Versehrtenfahrzeugen, entstanden angeblich auch Transport-Dreiräder mit unbekannt gebliebenen technischen Daten.

Opel

Adam Opel AG, Rüsselsheim, Darmstädter Straße 37
1. 1900–1928: **Adam Opel KG**
2. 1928–2005: **Adam Opel AG**
3. 2005–2011: **Adam Opel GmbH**
4. 2011–2017: **Adam Opel AG**
5. 2017 bis heute: **Opel Automobile GmbH**

Die Opel-Werke gingen aus einer 1862 von dem Schlossermeister Adam Opel (1837–1895) gegründeten mechanischen Werkstatt hervor, die Näh- und Kellereimaschinen herstellte. 1887 kam der Bau von Fahrrädern hinzu. Nach dem frühen Tod von Adam Opel führte seine Gattin Sophie Opel mit ihren fünf Söhnen das Unternehmen weiter. 1899 übernahmen die Opel-Werke die Fahrzeuge, Patente und Werkzeugeinrichtungen der Lutzmann-Werke (s. d.) in Dessau. Damit begann in Rüsselsheim der Automobilbau.

4-PS-Lutzmann-Opel Motorwagen VI (1900).

Nachdem einige wenige Kastenwagen nach Patenten des Großherzoglichen Hofwagenbaumeisters Friedrich Lutzmann mit 4-PS-Antrieb unter der Bezeichnung »Opel-Patent-Motorwagen, System Lutzmann« erschienen waren, folgten im Jahre 1906 erste eigene Konstruktionen mit 12- und 14-PS-Motoren. Die 0,75- und 1,0-Tonnen-Fahrzeuge wiesen robuste Rahmen, Dreiganggetriebe und Kardanübertragung auf. Die Motoren und die Fahrgestelle bezog man von der französischen Firma Alexandre Darracq et Cie. in Suresnes bei Paris. Den Karosseriebau und die Ausrüstung der Fahrzeuge übernahm das Opel-Werk.

Reklame-Lieferwagen sorgen für Aufmerksamkeit

Mit eigenen Fahrgestellen und Motoren erschienen ab 1907 Zwei- und Vierzylindermodelle mit 14 und 10 PS. Meisterstücke des Opel-Karosseriebaus waren dabei die Reklame-Lieferwagen mit Sektflaschen-, Schuh- und anderen Formen.

Nachdem um 1909 erste Pritschen- und Kastenlieferwagen hergestellt worden waren, folgten 1912 Ein- und 1,5-Tonner mit einem 10/24-PS-Motor. Während des Krieges fertigte das Werk vor allem Regel-Drei- und Viertonner für das kaiserliche Heer.

7/12-PS-Opel Pritschenwagen (1907).

14/20-PS-Opel »Waren-Lieferungs- und Geschäftswagen« (1907).

14/20-PS-Opel Reklame-Lieferungswagen (1907). (Foto: Opel Classic Archiv)

Nach großen Schwierigkeiten – zumal französische Truppen das Werk besetzt hatten – erschienen 1924 erste 200-kg-Kleinlieferwagen auf der Basis des 4/12-PS-Pkw (»Laubfrosch«). Die Autos hatten einen offenen oder geschlossenen Fahrerplatz mit einem integrierten oder aufgesetzten Ladekasten. Ein 1925 vorgestellter Eintonner erhielt den damals aktuellen Schneckenantrieb. Dieser Kleinlaster vom Typ 10/30 wies erstmals einen Sechszylindermotor auf.

Nach Einführung des Fließbandverfahrens Mitte der 1920er Jahre konnte die Rüsselsheimer Automobilfabrik den Ausstoß erheblich steigern und stieg zur größten deutschen Automobilfabrik auf.

4/16-PS-Opel »Lieferungs-Kastenwagen« (1927).

30-PS-Opel Kleinlaster (1926).

Im März 1929 erfolgte die achtzigprozentige Übernahme der Adam Opel AG durch die General Motors Corporation in Detroit/USA, da die Familie Opel nach dem Tod von Sophie Opel die enorme Erbschaftssteuer nicht aufbringen wollte. Hinzu kam, dass das Unternehmen hochverschuldet war. 1931 erwarben die Amerikaner die restlichen Gesellschaftsanteile. Familienoberhaupt Wilhelm von Opel blieb bis 1945 Vorsitzender des Aufsichtsrates.

Für längere Zeit blieben die Lieferwagen mit 1,2- und 1,8-Liter-Motoren Standardtypen im Opel-Programm. Die Fahrzeuge mit einem integrierten Kastenaufbau waren für 350 und 400 kg Nutzlast ausgelegt.

10/45-PS-Opel Typ 10 LW Kastenwagen (1927).

32-PS-Opel 1,8 Liter Lieferwagen (1933).

4/20-PS-Opel Lieferwagen (1929).

Neuer Schwung mit dem P4 und den »Blitz«-Lastwagen

Unter dem Namen »Blitz« folgte in dem 1933 erneuerten Programm ein Eintonnen-Schnell-Lastwagen mit dem 45-PS-Sechszylinder aus dem Pkw-Angebot. Das Modell wurde bis 1940 in großen Stückzahlen als Pritschen- und als Kastenwagen gebaut.

Parallel zu dem Eintonner wurde ein 500-kg-Transporter auf der Basis des bekannten Opel P4 fabriziert. Während von diesem Standardmodell von 1930 bis 1934 jährlich rund 1300 Lieferwagen gebaut werden konnten, erfolgte 1935 eine Steigerung auf 3458, 1936 auf 7496 Exemplare. Der Absatz des zwar preiswerten, aber völlig veralteten Modells fiel 1937 auf 6837, 1938 auf 4499, 1939 auf 3335 und im letzten Baujahr 1940 auf 410 Fahrzeuge.

Die 45-PS-Maschine im neuen Opel Blitz 2,0-12 wurde 1935 auf 36 PS gedrosselt. Ein Vierganggetriebe kam zum Einbau. Der niedrige Preis durch die Rationalisierungen im Opel-Werk, die Robustheit und die Zuverlässigkeit hatten die Käufer für diesen Eintonner überzeugt.

40-PS-Opel 1,5 t Schnelllastwagen (1930). (Foto: Peter Patz)

36-PS-Opel Pritschenwagen (1936).

36-PS-Opel Blitz Kastenlieferwagen (1936).

36-PS-Opel Blitz Krankenwagen (1936).

Ab 1941 musste die gesamt Rüsselsheimer Fertigungskapazität nach der Einstellung des Pkw- und Kleinlastwagenbaus auf die Herstellung des 1,5-Tonners, auf die Herstellung von Flugzeug- und von Bauteilen für das neuerrichtete Brandenburger Lastwagen-Zweigwerk konzentriert werden; nach 1945 wurde es restlos demontiert.

Gegen Ende des Krieges war das Rüsselsheimer Werk schwer beschädigt worden. Als zusätzliche Reparationsleistung der US-Besatzungszone mussten 1946 die Fertigungsanlagen des Opel »Kadett« mit dem 1,1-Liter-Motor in mehreren Güterzügen in die UdSSR verfrachtet werden.

55-PS-Opel »Blitz« 1,5-t-Lastwagen (1938). (Foto: Opel Classic Archiv)

Neustart mit Pkw-Lieferwagen ab 1950

Die ab 1950 gebauten »Olympia«-Typen waren nun auch als 500-kg-Lieferwagen zu haben. Auch die »Olympia-Rekord«-Modelle wurden ab 1956 als 0,5-Tonner in der Kombiwagenausführung mit hinterer Blechverkleidung angeboten. Ab 1959 erschienen diese Versionen mit entsprechendem Modellwechsel unter der Bezeichnung »Rekord«.

1973 erhielten diese Modelle erstmals einen Opel-Wirbelkammer-Dieselmotor, der auf dem Peugeot-Indenor-Typ basierte. Die Leistung der ursprünglichen 2,1-Liter-Maschine betrug 60 PS; der ab 1978 verwendete 2,3-Liter-Diesel erzeugte 63 PS. Die Selbstzünder-Versionen waren durch eine leichte Ausbuchtung auf der Motorhaube zu erkennen.

37-PS-Opel Olympia Schnell-Lieferwagen (1950). (Foto: Opel Classic Archiv)

40-PS-Opel Olympia Schnell-Lieferwagen L 55 (1955).
(Foto: Opel Classic Archiv)

50-PS-Opel Rekord Schnell-Lieferwagen L 60 (1960). (Foto: Opel Classic Archiv)

45-PS-Opel Schnell-Lieferwagen L 57 (1957). (Foto: Opel Classic Archiv)

55-PS-Opel Rekord Schnell-Lieferwagen (1963).
(Foto: Opel Classic Archiv)

60-PS-Opel Rekord Schnell-Lieferwagen L 65 (1965). (Foto: Opel Classic Archiv)

58/90-PS-Opel Rekord Schnell-Lieferwagen L 66 (1966). (Foto: Opel Classic Archiv)

63-PS-Opel Rekord Schnell-Lieferwagen L 78 (1978). (Foto: Opel Classic Archiv)

Glückloses Zwischenspiel mit dem Bedford-Modell (1973–1987)

Um auch im florierenden Transporter-Markt präsent zu sein, vertrieb das Rüsselsheimer Werk ab 1973 das englische Bedford-Modell CF als Kasten-, Kombi und als Pritschenwagen. Nur das Opel-»Blitz«-Abzeichen auf der Fronthaube (und die Steuerung auf der linken Seite) unterschied das im sogenannten »Badge-Engineering« vermarktete Modell vom englischen Original aus dem Werk der Vauxhall Motors Ltd. im nördlich von London gelegenen Luton. Neben den beiden 68 und 80 PS starken englischen Triebwerken kam 1977 auch ein zeitgemäßer, aber nur 60 (ab 1980 63) PS starker Dieselmotor zum Einbau. Nach mäßigem Erfolg aufgrund von Qualitätsmängeln nahm Opel dieses Modell 1987 wieder aus dem Programm.

76-PS-Opel-Bedford Blitz Pritschenwagen (1980).

76-PS-Opel-Bedford Blitz Kastenwagen (1980).

60-PS-Opel Kadett Combo (1985). (Foto: Opel Classic Archiv)

Neuauflage der Pkw-Lieferwagen (ab 1985)

Von Erfolg ist dagegen der Einstieg in den Lieferwagenbau auf Pkw-Basis gekrönt. Als preisgünstigere und wirtschaftlichere Modelle lösten 1985 die Lieferwagen auf der Basis des im Werk Bochum gebauten »Kadett E« die Mittelklasse-Basis-Typen ab. Die hintere Starrachse mit Blattfederung des »Kadett Combo« ermöglichte eine Nutzlast 650 kg. Vergasermotoren mit 60 und 90 PS sowie ein neues 54-PS-Diesel-Triebwerk (1,6 Liter) standen zur Wahl. Die Komplettmontage erfolgte parallel mit dem Vauxhall Astra Combo bei IBC (Isuzu Bedford Vehicles Ltd.) in Luton. Hier war 1987 nach dem Auslaufen der Bedford-Produktion ein Joint Venture Unternehmen mit 60 prozentiger Beteiligung von Vauxhall und 40 prozentiger Beteiligung von Isuzu gebildet worden, das bis 1998 bestand und dann unter der Regie von GM Manufacturing Luton Ltd. bis 2010 geführt wurde.

1993 folgte der »Combo« auf Basis des »Corsa B« mit PS-Stärken von 54 und 60 PS, gebaut als Hochdach-Kastenwagen im Opel-Werk in Azambuja (nördlich von Lissabon) in Portugal.

75-PS-Opel Astra Van (1995).

60-PS-Opel Combo B (1995).

75-PS-Opel Arena Kastenwagen (1997).

Einstieg in den Transportermarkt mit dem Oldie »Arena«

Die erfolgreiche Präsenz auf dem Transportermarkt gelang 1998 mit dem Vertrieb des Renault-Typs »Trafic« unter der Opel-Bezeichnung »Arena«. Die im Badge-Engineering, also mit dem Chrom-Blitz angebotenen Frontantriebsmodelle, liefen im französischen Transporter-Werk SOVAB (Société des Véhicules Automobiles de Batilly) in Batilly (nördlich von Metz) schon seit 15 Jahren vom Band und waren mit inzwischen in die Jahre gekommenen 61- und 76-PS-Wirbelkammer-Dieselmotoren ausgestattet.

Erfolgreich mit dem Dauerbrenner »Movano«

Auch auf dem Markt der Großtransporter mit Nutzlasten ab 1,3 Tonnen konnte Opel – elf Jahre nach dem Ende des Imports der Bedford-Modelle – mit Hilfe des Kooperationspartners Renault Fuß fassen. Mit Beginn der Auftragsfertigung des Modells »Arena« entwickelten Opel- und Renault-Ingenieure den Transporter »Movano«, der im Renault-Programm »Master« und im Programm des mit Renault verbundenen Nissan-Partners »Interstar« geführt wurde. Das Gemeinschaftsmodell mit ebenfalls Frontantrieb, aufgebaut auf einem Leiterrahmen, entstand im Transporter-Werk in Batilly und gab mit einigen veränderten Frontdetails die persönliche Note für die drei Anbieter. Als Kasten-, Kombi- und Pritschenwagen mit Einfach- oder Doppelkabine konnte das zunächst 80 oder 115 PS starke Modell geliefert werden. Der 2,8-Liter-Motor stammte aus dem Sofim-Werk (Société franco-italienne de moteurs) in Foggia. (Der Motorenhersteller war 1973 von Alfa Romeo und Saviem/Renault zur Produktion von Dieselmotoren gegründet worden und ging 1981 an Iveco über.)

Ein Facelift erhielt der Transporter im Jahre 2003, Chromleisten zwischen dem Opel-Blitz-Abzeichen waren auf dem Kühlergitter angebracht.

80-PS-Opel Movano Kastenwagen (1998).

90-PS-Opel Movano (2006).

Der »Combo« als weiteres Erfolgsmodell

Im Bereich der Lieferwagen ging 2001 der »Combo C« auf Basis des »Corsa C« an den Start. Der Hochdach-Kastenwagen war mit zusätzlichen Schiebetüren an den Seiten ausgerüstet, was die Beladungsmöglichkeiten verbesserte. Neben 87- und 90-PS-Vergaser- und 65- und 101-PS-Dieselmotoren stand auch ein 94-PS-starker CNG-Motor zur Auswahl. Die ab 2004 eingesetzten CDTI-Motoren arbeiteten nach dem Common-Rail-System und entsprachen neben geringerem Verbrauch den neuen Abgasvorgaben. Ab 2007 erfolgte die Montage im spanischen Opel-Werk in Figueruelas bei Saragossa in der Region Aragon.

65-PS-Opel Combo C Lieferwagen (2002).

75-PS-Opel Corsa Van (2007). (Foto: Opel Classic Archiv)

75-PS-Opel Combo C (2007). (Foto: Opel Classic Archiv)

82-PS-Opel Vivaro A Kastenwagen (2001). (Foto: Opel Classic Archiv)

Mit dem »Vivaro« auf klarem Kurs

Mit maßgeblichem Engagement des Opel-Werkes war inzwischen der Nachfolger des Urgesteins »Trafic/Arena« zur Serienreife entwickelt und im Jahre 2000 auf der IAA in Hannover vorgestellt worden. Der 1,2-Tonner »Vivaro« alias Renaut »Trafic II« und Nissan »Primastar« besaß eine harmonisch gezeichnete Karosserie mit einer leichten Wölbung im Dachbereich, was das Einsteigen und die Innenhöhe verbesserte. Das mit zwei Radständen lieferbare Modell war anfänglich mit 82- und 100-PS-Renault-Dieselmotoren versehen. Da das Werk in Batilly mit der Produktion des Großtransporters ausgelastet war, vereinbarte man, die Montage des Transporters an das einstige Vauxhall-Werk in Luton der GM Manufacturing Ltd. zu vergeben. (2010 erhielt diese GM-Tochtergesellschaft die Bezeichnung Vauxhall Motor Plant Luton, wobei die Leitung beim Opel Werk lag.)

Auch hier ersetzten ab 2006 die Common-Rail-Diesel die bisherigen Pumpe-Düse-Aggregate. Die gelungene Konstruktion, 2006 etwas im Design aufgefrischt, konnte sich bis in das Jahr 2014 halten!

Zweite »Combo«-Baureihe

Um Synergieeffekte in der Entwicklung und im Einkauf zu nutzen, vereinbarten GM und Fiat im Zeitraum 2000 bis 2005 eine Zusammenarbeit im Motoren- und Bodengruppenbau. GM beteiligte sich mit 20 Prozent an dem italienischen Pkw-Bauer. Aus der Kooperation ging der Motoren- und Getriebehersteller »FPT/Fiat Powertrain Technologies« mit Sitz in Turin hervor. Auch der damalige »Corsa C« teilte sich die Plattform mit dem »Grande Punto«. Auch die Dieselmotoren für den Opel-Pkw-Typ »Insignia« und für den »Corsa« wurden von FPT zugeliefert. Allerdings wurde die Zusammenarbeit schon nach fünf Jahren aufgehoben, da Fiat eine höhere GM-Beteiligung nicht durchsetzen konnte, um an flüssige Mittel zu kommen.

Turbulenzen durch General Motors in den USA

Firmenrechtlich wurde die Adam Opel AG im Jahre 2005 in eine GmbH umgewandelt, zumal das Automobilwerk vollständig in den Händen von GM lag und ein Aktienhandel obsolet geworden war.

Aufgrund der dramatischen Verschlechterung der finanziellen Lage des Mutterkonzerns infolge der US-Finanzkrise geriet der hessische Autobauer 2008 ebenfalls in Schwierigkeiten. Die Flucht unter den amerikanischen Insolvenzrecht-Paragrafen »Chapter 11« und ein Notkredit der amerikanischen Regierung bewahrten GM vor dem Zusammenbruch.

Das Rüsselsheimer Werk musste die Kosten für milliardenschwere Entwicklungsarbeiten für die Muttergesellschaft abschreiben und das inzwischen mehrfach ausgetauschte Opel-Management musste ebenfalls um Staatshilfen bitten, blitzte aber bei der Bundeskanzlerin ab, da befürchtet wurde, dass diese Hilfen GM in Detroit zukommen sollten. Eine staatliche Bürgschaft rettete das Opel-Werk vor dem Zusammenbruch. GM wollte in höchster Not das traditionsreiche Opel-Werk so schnell wie möglich loswerden. Verhandlungen mit dem österreichisch-kanadischen Magna-Konzern und einem chinesischen Investor kamen zu keinem positiven Ergebnis. 2011 fasste GM nach eigener Sanierung wiederum den Entschluss, das Opel-Werk mit beachtlichen Investitionen in Schwung zu bringen. Nicht ganz eigennützig war dabei die Überlegung, dass GM im Falle eines Desasters bei Opel von der Entwicklungstätigkeit der Rüsselsheimer Ingenieure abgeschnitten worden wäre.

Die dritte »Combo«-Generation aus dem Orient

Eine Anlehnung im Lieferwagenbau an die Fiat-Werke sollte die Entwicklungskosten für eine neue eigene Combo-Baureihe vermeiden, zumal der »Combo C« mit seiner jetzt zehnjährigen Bauzeit an Attraktion verloren hatte.

Der in Bursa/Türkei bei Tofas Türk Otomobil Fabrikasi A.S. (ein Gemeinschaftsunternehmen von Fiat und einer türkischen Holding) ab 2011 gebaute Fiat »Doblò« wurde mit Opel-Motoren und Getrieben aus der »Corsa D«-Baureihe im Badge-Engineering als »Combo D« versehen. FPT-Diesel-Triebwerke mit 90 und 95 PS sowie ein 120 PS starker Erdgasmotor kamen zum Einbau.

90-PS-Opel Combo D (2013).

Überarbeiteter »Movano« und »Vivaro«

Ebenfalls 2011, nach 13-jähriger Bauzeit, stand eine Überarbeitung des Großtransporters an. Der »Movano B«, jetzt auch mit der Zusatzbezeichnung »Cargo« für den Kastenwagen, erhielt ein Facelift; die große Chromspange am Übergang vom Kühlergrill zur Motorklappe erhöhte dabei den Wiedererkennungswert des Fahrzeuges. Eine seitliche Schiebetür erleichtert seitdem die Beladung. Der 2,3-Liter-Motor mit Leistungen von 100, 125 und 150 PS sowie ab 2014 der BiTurbo-Motor mit 136 und 164 PS sorgen für Vortrieb über die Vorder- oder jetzt auch über die Hinterräder.

100-PS-Opel Movano Pritschenwagen (2012).

90-PS-Opel Vivaro A (2013).

116-PS-Opel Vivaro B Kastenwagen (2014). (Foto: Opel Classic Archiv)

Den Dauerbrenner »Vivaro« der ersten Version (Typ A) versahen 2014 Opel und die Kooperationspartner mit einer leichten Auffrischung im Design; die ausgewölbte Dachgestaltung über den Seitentüren wich einer flachen Ausführung. Eine auffallende Chromspange über dem Kühlergrill gab dem Vivaro ein neues Gesicht. Das in Luton gefertigte Modell war wiederum baugleich mit dem Renault »Trafic III«, dem Nissan »NV 300« und ab 2016 auch mit dem Fiat »Talento«. Die Hochdachversion kam hingegen aus einem französischen Werk in Sandouville in der Normandie.

Opel unter den Armen von Peugeot

Nachdem auch ein Zusammengehen mit dem ebenfalls angeschlagenen Fiat-Unternehmen gescheitert war, griff 2017 das Peugeot-Werk (Groupe PSA) zu und gliederte das Rüsselsheimer Traditionswerk unter der Firmierung Opel Automobile GmbH (sowie Vauxhall mit dem Werk Vauxhall Motors Ltd. in Ellesmere Port bei Liverpool und Vauxhall Motor Plant Ltd. in Luton) in das französische Unternehmen ein.

Ein erster Schritt zur Erzielung von Synergieeffekten innerhalb der PSA-Gruppe führte zum Rückzug aus der Kooperation im Transporterbau mit Renault und Nissan. Nach gerade mal fünf Jahren Bauzeit endete

102-PS-Opel Vivaro C (2020).

die Karriere des »Vivaro II« im Jahre 2019. Der neue Typ »Vivaro C« (C für Cargo) ist auf einer PSA-Plattform aufgebaut und wird als 1,5- und 2-Tonner von 102 und 172 PS starken Diesel-Motoren angetrieben. Im PSA-Programm wird das Modell als Typ »Expert«, im Citroën-Programm als Typ »Jumpy« geführt und mit Toyota-Emblem ist es als Typ »Proace« zu haben. Die 1919 vorgestellte »Vivaro E«-Version mit einem 50- oder 75-kW-Antrieb ging 2020 im Peugeot-Werk in Hordain im Departement Nord in die Serie.

Im Lieferwagen-Angebot beendeten die neuen Hausherren die Zusammenarbeit mit Fiat und setzten den neuen Opel »Combo E« auf eine Plattform von PSA. Mit einer Motorisierung mit einem 1,2-Liter-Vergasermotor mit 110 und 130 PS sowie einem 1,5-Liter-Dieselmotor mit Leistungen von 76, 102 und 130 ist das Modell in der Version »Cargo« und mit verlängertem Radstand in der Version »Cargo XL« zu haben. Die Doppelgänger sind der Peugeot »Rifter«, der Citroën »Berlingo« und der Toyota »Proace City«, zusammengesetzt in den Peugeot-Werken in Vigo/Spanien und in Mangualde/Portugal.

110-PS-Opel Combo E (2019).

Opel-Lieferwagen

Typ	Nutzlast in Tonnen	1. Baujahr	Motor	Leistung in kw	Drehzahl	Gewicht in kg	Besonderheiten
Vivaro-e	1	2019		100			

Opel-Lieferwagen

Typ	Nutzlast in Tonnen	1. Baujahr	Motoren-hersteller	Zyl.	PS	Kühl.	Bohrung x Hub	Hubr. in ccm	Drehz.	Gew. in kg	Besonderheiten
1.1 Lieferwagen auf Pkw-Basis											
Opel Patentmotorwagen »System Lutzmann«		1900	Opel	1	4	Th	122x132	1545	650		
Motorwagen VI 10/12 PS	0,75/1	1906	Darracq	2	12	W	100x120	1885	1200	1000	»System Darracq«
8/14 PS	0,75/1	1906	Darracq	2	14	W	112x120	2365	1600	1000	
7/12 PS	0,75/1	1907	Opel	2	12	W	100x120	1885	1200		
8/14 PS	0,5/1	1907		2	14	W	112x120	2365	1600		
14/20 PS	0,5/1	1907		4	20	W	112x120	4726	1500		
8/14 PS	0,5/1	1907		2	14	W	105x120	2077	1300	1000	
14/20 PS	0,5/1	1907		4	20	W	95x120	3400	1500	1000	
8/14 PS		1909		2	10	W	105x120	2077	1200		
10/24 PS	1/1,5	1912		4	24	W	84x118	2626	1550	1500	
6/16 PS	0,5	1919		4	16	W	70x102	1570	1700		
8/25 PS	0,75	1919		4	25	W	72x122	1988	1900		
9/30 PS	0,6	1919		4	30	Th	82x122	2578	2000		
14/30 PS	1,5	1919		4	30	Th	90x135	3434	1500	2500	
16/18 PS	0,3	1924		4	16/18	Th	60x90	1018	2000	780	
10/45	1,5	1926		4	45	W	89x105	2611	2800	1450	
Opel Blitz 1,5 to	1,5	1930		4	40	W	89x105	2611	2800	1675	
1,2 Ltr.	0,5	1931		4	23	W	65x90	1186	3200		
1,8 Ltr.	0,5	1931		6	32	W	65x90	1790	3200		
P4 Lieferwagen	0,5	1935		4	24	W	67,5x90	1288	3200	660	
Blitz 1 to	1	1936		6	36	W	67,5x90	1932	3200	1300	
P 4 Lieferwagen	0,5	1938		4	23	Th	65x90	1073	3200		
Olympia Lieferwagen	0,4	1938		4	37	W	80x74	1488	3500		
Opel Blitz 1,5 to	1,5	1938		6	59	W	80x82	2473	3500	1525	
Olympia L 50	0,35	1950		4	37	W	80x74	1488	3500	1040	
Olympia L 51	0,5	1951		4	39	W	80x74	1488	3700	1040	
Olympia L 53	0,5	1953		4	40	W	80x74	1488	3800		
Olympia L 55	0,5	1955		4	40	W	80x74	1488	3800		
Olympia L 56	0,5	1956		4	45	W	80x74	1488	3900		
Olympia L 57	0,5	1957		4	45	W	80x74	1488	3900		
Olympia L 58	0,5	1958		4	45	W	80x74	1488	3900		
Rekord L 59	0,5	1959		4	55	W	85x74	1680	4000		
Rekord L 60	0,5	1960		4	50	W	80x74	1488	4000		
Rekord L 63	0,54	1963		4	55	W	80x74	1488	4500		
Rekord L 65	0,54	1965		4	60	W	82,5x69,8	1492	4800		
Rekord L 65	0,54	1965		4	90	W	93x69,8	1897	5100		auch 75-PS-Motor
Rekord L 66	0,53	1966		4	58	W	82,5x69,8	1492	4800		
Rekord L 72	0,53	1972		4	66	W	88x69,8	1698	5300		
Rekord L 73	0,53	1973	Indenor	4	60	W	88x85	2068	4400		D
Rekord L 77	0,53	1977	Opel	4	66	W	88x69,8	1698	5300		
Corsa D	0,4	1987	Vauxhall	4	50	W	76x82,4	1488	4800		D, Englische Fertigung
Astra D Lieferwagen	0,48	1993	Isuzu	4	57	W	72,5x79,5	1700	4600	1130	D, Englische Fertigung
Astra Van	0,48	1995	Vauxhall	4	60	W	77,6x73,4	1389	5200	1060	englische Fertigung
Astra Van	0,48	1995	Vauxhall	4	71/75	W	79x81,5	1598	5000	1090	dito

Opel-Lieferwagen

Typ	Nutzlast in Tonnen	1. Baujahr	Motoren-hersteller	Zyl.	PS	Kühl.	Bohrung x Hub	Hubr. in ccm	Drehz.	Gew. in kg	Besonderheiten
Corsa Van 1.4	0,57	2015	Opel	4	95	W	77,6x73,4	1389	6000		D, TL
Corsa Van 1.3	0,57	2018	FPT	4	95	W	69,9x82	1248	4000		D, TL
1.2 Combo-Baureihe A											
Kadett E 1,4 Lieferwagen	0,635	1986	Opel	4	60	W	75x73,4	1297	5000	990	englische Fertigung
Kadett E 1,6 Lieferwagen	0,6	1986	Opel	4	90	W	80x79,5	1598	5800	1000	
Kadett E 1,6 D Lieferwagen	0,6	1987	Fiat	4	54	W	80x79,5	1598	4600	1070	D, englische Fertigung
Kadett Combo 1.4 B	0,6	1991	Opel	4	75	W	77,6x73,4	1389	5600	990	
Kadett Combo 1.7 D	0,6	1991	Isuzu	4	57	W	72,5x79,5	1700	4600	1070	D, englische Fertigung
1.3 Combo-Baureihe B											
Combo	0,49	1993	Opel	4	54	W	79x61	1196	5600	1130	
Combo	0,49	1993	Opel	4	60	W	77,6x73,4	1389	5200	1130	
Combo D	0,49	1993	Isuzu	4	60	W	79x86	1686	4500	1130	D
1.4 Combo-Baureihe C											
Combo 1.7 DI	0,52	2002	Isuzu	4	65	W	79x86	1686	4400	1290	D, T
Combo 1.7 DTI	0,52	2002	Isuzu	4	75	W	79x86	1686	4400	1290	D, TL
Combo 1.6	0,52	2002	Opel	4	87	W	80x79,5	1598	5400	1210	ab 2005 auch mit Erdgasmotor (Combo 1.6 CNG)
Combo 1.3 CDTI	0,52	2004	GM/Fiat	4	70	W	69,6x82	1248	4000	1280	D, TL, ab 2006 74 PS, ab 2010 Zusatz Ecoflex DPF
Combo 1.4 TWINPORT	0,52	2004	Opel	4	90	W	77,6x73,4	1389	5600	1280	
Combo 1.7 CDTI	0,52	2004	Isuzu	4	100	W	79x86	1686	4400	1320	D, TL
1,5 Combo-Baureihe D											
Combo 1.3 CDTI	0,53	2012	FPT	4	90	W	69,6x82	1248	4000	1280	D, TL, ab 2016 95 PS
Combo 1.6 CDTI	0,53	2012		4	90	W	80x79,5	1598	4000	1280	D, TL, auch 105 PS, ab 2015 95 PS, ab 2016 100 PS
Combo 1.4	0,52	2012		4	95	W	73,4x80,6	1368	6000	1190	ab 2014 mit T 120 PS
Combo 1.4 CNG Turbo	0,52	2012		4	120	W	73,4x80,6	1368	5000	1320	Erdgasmotor
1.6 Combo-Baureihe E											
Combo Cargo 1.5 Diesel	0,56	2018	PSA	3	76	W		1496	3500	1615	D, TL, auch 102 u. 130 PS
Combo Cargo 1.2	0,5	2018	PSA	3	110	W	72,5x72,6	1199	5500	1410	T, auch 130 PS
2. Transporter-Baureihe											
2.1 Bedford-Baureihe											
Bedford Blitz Kastenwagen	0,935	1973	Vauxhall	4	68	W	83,75x76,2	1759	5200	1405	englische Fertigung, auch Pritschenwagen-Typ
Bedford Blitz Kastenwagen	0,93	1973	Vauxhall	4	80	W	97,5x76,2	2278	4600	1410	
Bedford Blitz Kastenwagen	0,9	1975	Indenor	4	60	W	85x88	2067	4400	1440	dito, D
Bedford Blitz Kastenwagen	0,95	1980	Isuzu	4	63	W	92x85	2244	4000	1475	dito, D
Bedford Blitz Kastenwagen	1	1980	Vauxhall	4	76	W	95x69,8	1956	4500	1525	auch Pritschenwagen-Typ
2.2 Arena-Transporter											
Arena 1.9 D	0,94	1997	Renault	4	60	W	80x93	1870	4000	1450	D
Arena 2.5 D	0,94	1997	Iveco	4	75	W	93x92	2499	2400	1450	D
2.3 Vivaro-Transporter											
2.3.1 Vivaro A											
Vivaro 1.9 DI	1,23	2001	Opel	4	82	W	80x93	1870	3500	1700	D
Vivaro 1.9 DTI	1,23	2001		4	100	W	80x93	1870	3500	1700	D, TL
Vivaro 2.0	1,23	2002		4	120	W	86x86	1998	4750	1700	ab 2006 117 PS
Vivaro 2.5 DTI	1,15	2003	Renault	4	135	W	90x99	2463	3500	1820	D, TL
Vivaro 2.0 CDTI	1,15	2006		4	90	W	86x86	1998	3000	1750	D, TL, auch114 PS
Vivaro 2.5 CDTI	1,15	2006		4	146	W	90x93	2463	3500	1820	D, TL, ab 2007 auch 114 PS
2.3.2 Vivaro B											
Vivaro 1.6 CDTI 90	1	2014	Renault	4	90	W	79x81,5	1598	3500	1750	D, TL, auch 95 u. 116 PS
Vivaro 1.6 CDTI 115	1	2014	Renault	4	116	W	79x81,5	1598	3500	1750	D, TL, auch 125, 140 u. 145 PS
2.3.3 Vivaro 3. Generation											
Vivaro 1.5	1	2019	PSA	4	102	W		1499	3500		D, TL, auch 120 PS
Vivaro 2.0	1	2019	PSA	4	122	W	82,7x93	1997	3750		D, TL, auch 150 u. 177 PS
3. Großtransporter											
3.1 Movano A											
Movano 2.5 D	1 - 1,6	1998	Iveco	4	80	W	93x92	2499	4200	1750	D
Movano 2.8 DT	1 - 1,6	1998	Sofim	4	115	W	94,4x100	2799	3600	1760	D, TL
Movano 1.9 DT	1 - 1,6	2000	Opel	4	80	W	80x93	1870	3500	1900	D
Movano 2,8 DTI	1- 1,6	2000	FPT	4	122	W	94,4x100	2799	3600	1900	D, TL
Movano 2.2 DTI	1 - 1,6	2001	Renault	4	88	W	87x92	2187	3650	1900	D, TL
Movano 1.9 CDTI	1 - 1,6	2002		4	82	W	80x93	1870	3500	1900	D, TL (Common Rail)
Movano 2.2 CDTI	1 - 1,6	2002		4	88	W	87x92	2187	3650	1900	D, TL (Common Rail)
Movano 2.5 CDTI	1 - 1,6	2002		4	114	W	89x99	2463	3500	1900	D, TL (Common Rail)
Movano 3.0 CDTI	1 - 1,6	2002		4	136	W	87,5x82	2958	3600	1900	D, TL (Common Rail)
Movano 2.5 CDTI 100	1 - 1,6	2006		4	100	W	89x99	2463	3500	1900	D, TL (Common Rail), auch 125 u. 150 PS

Opel-Lieferwagen											
Typ	Nutzlast in Tonnen	1. Baujahr	Motoren-hersteller	Zyl.	PS	Kühl.	Bohrung x Hub	Hubr. in ccm	Drehz.	Gew. in kg	Besonderheiten
3.2 Movano B											
Movano 2.3 CDTI Turbo	1,13 - 1,7	2010	Renault	4	100	W	88x94	2298	3500	2370	D, TL, (Common-Rail), auch 110, 125 u. 130 PS
Movano 2.3 CDTI BiTurbo	1,13 - 1,7	2010		4	146	W	88x94	2298	3500	2370	D, 2xTL (Common Rail)
Movano 2.3 Turbo	1,13 - 1,7	2019		4	130	W	88x94	2298	3500	2370	D, TL (Common Rail), auch 150, 163 u. 180 PS
4. Kleinlaster											
Blitz 1 to	1	1928	Opel	4	45	W	89x105	2620	2800	1000	
Opel 1,5 t	1,5	1929		4	45	Th	89x105	2620	2800	1450	
Blitz 1,75 to	1,75	1929		4	45	W	89x105	2620	2800		
Blitz 1,5 to	1,5	1930		4	40	W	89x105	2620	2600		
Blitz 1 t Typ 2.0 - 12	1	1934		6	36	W	67,5x90	1932	3600	1325	
Blitz 1 t	1	1934		6	45	W	67,5x90	1932	3300	1375	
Blitz 1 to	1	1938		4	37	W	80x74	1488	3500		
Blitz 1,5 to	1	1938		4	45	W	89x105	2620	3000		

Zeitreise. (Foto: Ralf Weinreich)

Ostner

Willy Ostner, O.D.-Werk, Brand-Erbisdorf i. Sachsen
1. 1931–1935: **Willy Ostner Fahrzeug- und Armaturenfabrik,** Dresden-Mickten, Bürgerstraße 56
2. 1935–1945: **Willy Ostner, O.D.-Werk,** Brand-Erbisdorf i. S., Zuger Straße Haasenweg/Brandsteig
3. 1949–1957: **Willy Ostner, Fahrzeugwerke OHG,** Sulzbach-Rosenberg Opf., Goethestraße 4

Willy Ostner (1888–1959) betrieb ab 1921 in Dresden-Mickten in der Bürgerstraße eine Maschinenfabrik, die 1924 neben der Fertigung von luftbereiften Gespannwagen den Motorrad- und den Seitenwagenbau aufnahm. Dort entwickelte sich die Firma so gut. dass 1935 größere Fertigungsanlagen notwendig wurden. In Brand-Erbisdorf konnte man einen Teil des kurz zuvor von Jörgen Skafte Rasmussen erworbenen Elite-Werkes übernehmen und 1937 zog man in die leerstehenden Hallen der ehemaligen Brander Tafelglaswerke.

Aufbau der »O.D.-Rex«-Baureihen

Nachdem man auf der Basis der O.D.-Motorräder zunächst Lieferfahrzeuge gebaut hatte, folgten 1931 erste 500-kg-Lieferwagen der Marke »O.D.-Rex« auf einem Einrohr-Chassis in Hinterladerbauart mit 6-PS-DKW- und 9-PS-ILO-Motoren über der abgefederten Vordergabel. Die Antriebskette lief in einem gekapselten Gehäuse.

Auch ein Vierradfahrzeug vom Typ »Rex 4« mit 16,3-PS-ILO-Motor wurde angeboten. Dieses Fahrzeug ließ sich als Kombinationswagen für den Personentransport umrüsten.

Der Absatz der Vierrad-O.D-Rex-Fahrzeuge im Deutschen Reich belief sich 1933 auf zehn Exemplare. Um 1935 folgten Dreiradmodelle mit 5-, 9- und 12,5-PS-DKW- bzw. ILO-Motoren. Die Berliner Firma Gedü kombinierte O.D.-Dreiräder zu Sattelschleppern, indem sie Kasten- oder Pritschen-Großraumauflieger auf die veränderte Ladefläche koppelte.

5-PS-Ostner Lieferdreirad L 405 (1932).

9-PS-Ostner Lieferdreirad F 670 (1935).

1937 stellte Ostner einen Eintonnen-Lieferwagen mit dem 34-PS-Ford-Antrieb vor; auch eine 750-kg-Version war erhältlich. Im Jahr darauf konnte der Betrieb einen spektakulären Großauftrag mit der ungarischen Regierung abschließen, die 800 Tiefpritschen-Lieferwagen bestellte.

Das Schell-Programm verpflichtete das Unternehmen, den Einheits-0,65-Tonner mit einem Hubraum von 0,5 Litern in der geplanten Drei- und Vierrad-Einheitskonstruktion herzustellen. Zur Umsetzung kam es jedoch nicht; der LK 205 und der LK 405 blieben bis 1941 in der Produktion. Insgesamt 3691 Dreiräder und 2318 Kleinlaster entstanden bis 1945. Während des Krieges musste sich Ostner u. a. auf die Herstellung von Lukendeckeln für Panzer konzentrieren.

1950 wurde das demontierte Werk unter Treuhänderschaft gestellt und damit verstaatlicht; unter der Bezeichnung VEB Brand-Erbisdorf unterstand es dem VVB Fahrzeugbau. Neben der Anhängerfertigung entstand der Werkshoftransporter »Diesel-Ameise Fortschritt«. Da Blei-Akkumulatoren nicht zur Verfügung standen, entschied man sich für den Dieselantrieb. Ein 5,6 PS starker Motor aus dem VEB Motorenwerk Kamenz (früher Steudel) war seitlich hinter dem Fahrerstand angebracht. Der Fahrer steuerte das Modell per Fußwippenlenkung. In der Version DK 1802 war der Transporter mit Vollgummi-, in der Version DK 2002 L mit Luftbereifung versehen. 1953 gab man die Konstruktion an den VEB Industriewerke Ludwigsfelde (s. d.) ab und konzentrierte sich bis 1964 auf die Traktorenanhänger-Fertigung. Danach bildete das Werk einen Teil des VEB Mila

16,3-PS-Ostner Rex 4 Pritschenwagen mit Plane (1935).

9-PS-Ostner LK 405 Lieferdreirad mit Kastenaufbau (1938).

28-PS-Ostner Rex 4 mit Kleinfeuerwehr-Aufbau (1939). (Foto: Detlef Nase)

(Metallindustrie Langenau) und produzierte Lenker und Camping-Anhänger. 1990 erhielt die Familie ihren Besitz zurück.

Neuanfang in der Bundesrepublik

Willy Ostner richtete im Jahre 1949 in Sulzbach-Rosenberg in der Oberpfalz das Ostner-Werk II ein, um erneut Kleinlaster »als zuverlässige, treue Helfer der Wirtschaft und des Gewerbes« zu bauen. Nachdem zunächst Gespannwagen für die Landwirtschaft produziert wurden, erschien 1949/50 das modernisierte 34-PS-Modell unter der Traditions-Bezeichnung »Rex 4«. Im Jahre 1952 folgte eine auf 38 PS verstärkte Version, bei welcher der Ford-Motor anstelle der Thermosiphon- eine Wasserpumpenkühlung aufwies. Dieses Fahrzeug bot Ostner mit kurzer oder langer Pritsche sowie als Kastenwagen und als Kleinbus an.

1954 erschien der »Rex D« mit einem 40-PS-Diesel aus der IHC-Traktorenbaureihe, ausgelegt für 1500 kg Nutzlast. Auch einen 1,25-Tonner mit dem Dreizylinder-IHC-Motor mit 26 PS kündigte Ostner an; ob er gebaut wurde, ist fraglich. Ein Jahr später erschien der »Rex 15« als wiederum 1,5-Tonner mit dem nun 55 PS starken Ford-Vergasermotor. Schließlich folgte noch der Typ »Rex 18 Eilfrachter« als 1,8-Tonnen-Frontlenker mit dem 40-PS-IHC-Diesel.

1955 übernahmen die FAUN-Werke den hochverschuldeten Ostner-Betrieb, ließen die Rex-Serie bis 1958 weiterbauen. Letzter Ostner, teils schon mit dem FAUN-Wappen, war der »Rex 15« mit einem kurzen Vorbau und gewölbter Motorhaube, die dem Fahrzeug ein skurriles Aussehen gaben. Der 70-PS-BMW-Sechszylindermotor trieb dieses Spezialmodell an, das auch in einer Kommunalversion mit verringerter Spurweite und Verwendung eines 18-PS-IHC-Zweizylinder-Dieselmotors gebaut wurde. Parallel zu den Rex-Modellen lief 1957 der Bau des aus der Ostner-Frontlenkerserie entwickelten FAUN F 24 »Eilfrachters« an.

Zu erwähnen ist, dass für die Bundeswehr Prototypen eines Lagerhausschleppers und eines Kübelwagens auf der Basis des Rex-Haubers gebaut wurden, aber nicht in den Serienbau gingen.

Die Nachkriegsproduktion des Werkes, geführt von Willy Ostner (gestorben 1957) und seinem Schwiegersohn Ploßlinger, erreichte bis 1958 eine Stückzahl von 1672 Kleinlastwagen und Kleinbussen.

Nachdem die Montage des FAUN-Eilfrachters in das Nürnberger Zweirad-Union-Werk verlagert worden war, diente das einstige Ostner-Werk als Reparaturbetrieb, als zentrales Ersatzteillager sowie zur Fahrzeugmontage und zum Aggregatebau. Schließlich nutzte FAUN das Areal als Großreparaturwerk für Baumaschinen. 1989 löste FAUN im Rahmen der Umstrukturierungsmaßnahmen durch die neue Muttergesellschaft Orenstein & Koppel diesen Werksteil auf.

34-PS-Ostner Rex 4 (1950).

34-PS-Ostner Rex 4 Krankenwagen (1953).

34-PS-Ostner Rex 4 Kastenwagen (1954). (Foto: Hans Pairan)

34-PS-Ostner Rex 4 Pritschenwagen (1953). (Foto: Hans Pairan)

40-PS-Ostner Rex 18 (1956). (Foto: Hans Pairan)

18-PS-Ostner-FAUN Rex 15 Kommunalfahrzeug (1957). (Foto: Hans Pairan)

40-PS-Ostner Rex 18 mit Viehtransport-Aufbau (1956). (Foto: Hans Pairan)

Ostner Lieferwagen

Typ	Nutzlast in Tonnen	1. Baujahr	Motoren-hersteller	Zyl.	PS	Kühl.	Bohrung x Hub	Hubr. in ccm	Drehz.	Gew. in kg	Besonder-heiten
1. Dreiräder											
L 200/ L 205/ L 300	0,5	1932	DKW	1	5	L	60x68	192	3400		
L 200/ LK 205	0,5	1932	ILO	1	5,5	L	61x68	197	3400		auch 9 PS-Motor
L 300	0,5	1932	DKW	1	9	L	74x68	295	3500		auch als Gedü-Sattelschlepper für 1 t
L 405 Front	0,75	1933	ILO	2	11,5	Th	61x68	398	3000		
L 205 Rex	0,5	1935	DKW	1	6	L	63x64	198	3500	343	
L 250 (ILO)	0,5	1935	ILO	1	7	L	68x68	246	3400		
F 670	0,5	1935		1	9	L	74x68	295	3500		
L 405	0,75	1935		2	11,5	Th	61x68	398	3500		
LK 405	0,5	1937	DKW	1	5	L	60x68,5	192	3000	340	
LK 205	0,5	1938	ILO	1	5	L	60x68	197	3400		auch 9-PS-Motor
2. Vierradfahrzeuge											
O.D. V 600	1	1932	ILO	2	16,3	Th	69x80	598	3200		
O.D. F 670 Rex	1	1935		2	16,5	Th	73x80	670	3000		
Rex 4	1	1937	Ford	4	28	Th	63,5x92,5	1172	3000	900	
Rex 650	0,5	1941	ILO	2	15		68x68	493	3600		

Otto

Otto-Werke GmbH,
München, Schleißheimer Straße 135–141, 1922–1927

Der Sohn des »Otto«-Motorenerfinders, der Flugpionier und Konstrukteur Gustav Otto (1883–1926), gründete 1911 die Gustav Otto Flugmaschinenwerke, aus denen 1916 die Bayerischen Flugzeugwerke und damit die späteren Bayerischen Motorenwerke (BMW) hervorgingen. 1920 schied Gustav Otto aus und richtete die Otto-Werke München ein, die ein Fahrrad mit Hilfsmotor über dem Vorderrad unter dem Namen »Flottweg« auf den Markt brachten. 1922 entstanden mit 1,2- und 1,98-PS-Hilfsmotoren Transport-Dreiräder für 75 kg Nutzlast, denen weitere Modelle für 150 kg mit 4- und 6-PS-Motorradmotoren mit Kettenantrieb auf die Hinterachse folgten. 95 Lieferdreiräder konnten abgesetzt werden. 1932 erwarb Dr. Georg Bruckmayer das Unternehmen und nannte es in Flottweg-Motoren-Werke um; 1937 gingen diese an BMW über.

1,2-PS-Otto »Flottweg« Lastenmotorrad (1921).

Otto-Lieferdreiräder

Typ	Nutzlast in Tonnen	1. Baujahr	Motoren-hersteller	Zyl.	PS	Kühl.	Bohrung x Hub	Hubr. in ccm	Drehz.	Gew. in kg	Besonder-heiten
Flottweg Transport-Dreirad	0,075	1921	Otto	1	1,2	L		74			Viertakt-motor
	0,15	1923		1	4	L	60x60	169	3000		
	0,15	1925		1	6	L		183			

Pabst

Otto Papst GmbH,
Wuppertal, Rennbahnstr. 57, 1950

Herstellung eines in technischen Details unbekannt gebliebenen Lieferwagens.

Pe-Ka

Pe-Ka Fahrzeugwerk Dresden,
1924

Neben einem dreirädrigen Zweisitzer mit 1,5-PS-DKW-Antrieb auf das Hinterrad bot Pe-Ka nach gleicher Bauart einen Vorderlader an, der anstelle der Riemen- eine Kettenübertragung besaß.

Per

Passow & Co. GmbH, Fabrik von Kraftverkehrsmaschinen,
Zwickau i. Sachsen, Reichenbacher Straße. 70–72, 1925–1926

Kurt Passow, Konstrukteur eines verkleideten »Tropfenmotorrades« und Mitarbeiter bei Eichler & Baumann in Berlin, richtete 1924 in Braunschweig-Stöckheim die Motorenwerke AG ein, die nach Verkauf an die Zwickauer Grubenlampenfabrik Friemann & Wolf 1925 von dieser dort unter dem Namen Passow & Co. GmbH unter der Marke Per neu gegründet wurde. Auf einem gepressten Blechrahmen entstand das Per-Transportdreirad für 225 kg Nutzlast. Ein eigener 8-PS-Zweitaktmotor mit einem Dreiganggetriebe auf einer Elektron-Grundplatte wurde verwendet. Die Aufbauten bezog man von den Schumann-Werken in Werdau. Der Konkurs 1926 beendete die Passow-Fahrzeug-Montage.

Per-Lieferdreirad

Typ	Nutzlast in Tonnen	1. Baujahr	Motoren-hersteller	Zyl.	PS	Kühl.	Bohrung x Hub	Hubr. in ccm	Drehz.	Gew. in kg	Besonder-heiten
Per-Transportrad		1924	Per	1	3,5	L		127			
	0,225	1925		1	7,5/8	L	74x80	349	1800	162	
Motri 145	0,25	1950	ILO	1	4,8	L	57x56	145	4000	193	

8-PS-Per Lieferdreirad (1925).

Peter & Moritz

Autowerke Peter & Moritz AG,
Naumburg/Saale, Weißenfelserstraße 57
1. 1919 **Automobilwerke Peter & Moritz GmbH,** Eisenberg
2. 1919 - 1922 **Automobilwerke Peter & Moritz AG,** Zeitz
3. 1922 - 1925 **Autowerke Peter & Moritz AG,** Naumburg/Saale, Weißenfelser Straße 57

Die Automobilwerke Peter & Moritz GmbH wurde 1919 von Paul Otto Peter und Albert Karl Moritz in Eisenberg bei Jena gegründet. Zweck des Unternehmens war der Verkauf, die Reparatur, der Bau und der Betrieb von Kraftfahrzeugen. Konstrukteur der Modelle war Oberingenieur Christoph Willi Gehring.

Zunächst stellte man Kleinwagen mit einem 15-PS-Zweizylinder-Boxermotor und einer Zweigang-Kulissenschaltung her: die Zylinderköpfe ragten aus der Karosserie heraus und wurden somit vom Fahrtwind und vom Ventilator gekühlt. Das Modell war auch mit einem Kleinlieferwagenaufbau zu bekommen.

Später verlegte das Unternehmen seinen Sitz nach Naumburg, wo man die Fertigung von Fahrzeugen mit thermosiphongekühlten Boxermotoren aufnahm, zunächst mit 20, später mit 22 PS. Das Zweiganggetriebe mit Rückwärtsgang übertrug die Kraft auf einen hinteren Schneckenantrieb. Die als »wirkliche Volkswagen« angepriesenen Fahrzeuge gab es als Kastenwagen für 500 und 750 kg.

Die Krisenjahre und das geringe Betriebskapital bereiteten den hochgesteckten Zielen schon 1925 ein Ende, zumal der Entwicklungsingenieur Albert Karl Malik 1924 ausgeschieden war und die Umstellung auf stärkere, wassergekühlte Motoren auch keinen größeren Absatz bewirkt hatte. Am Jahresende 1925 musste das Konkursverfahren eingeleitet werden.

Peter & Moritz-Lieferwagen

Typ	Nutzlast in Tonnen	1. Baujahr	Motorenhersteller	Zyl.	PS	Kühl.	Bohrung x Hub	Hubr. in ccm	Drehz.	Gew. in kg	Besonderheiten
Peter & Moritz		1919	P & M	B2	12	L	84x110	1218	1800	375	
		1921		B2	15	L	84x118	1307	1800		
5/20 PS	0,5	1924		B2	20	Th	84x118	1307	2200	750	
M 24	0,7	1925		B2	22	Th	84x118	1307	2200		

Petri & Lehr

Petri & Lehr, Offenbach,
Bernhardstraße 79, 1926

Die 1902 gegründete Fabrik zur Herstellung von Versehrtenfahrzeugen versuchte 1926 vergeblich mit dem Bau von Lastendreirädern mit 2,4-, 2,5 und 12-PS-Motoren ein zweites Standbein aufzubauen.

Pfeil

Pfeil-Werke Osenbrück & Co., Abt. Maschinenfabrik,
Bremen Hemelingen
1. 1927–1928: **Pfeil-Werke Osenbrück & Co., Abt. Maschinenfabrik,** Bremen-Hemelingen
2. 1929: **Pfeil-Werke Carl Eickhoff**

Die Maschinenfabrik Osenbrück & Co. wurde 1849 gegründet. 1927 begann das Unternehmen mit der Fertigung eines vierrädrigen Vorderladers mit einem seitlich angebrachten ILO-Einzylindermotor, der anfänglich 4 oder 6 und schließlich 7,5 PS leistete. Über ein Hurth-Dreiganggetriebe wurde ein Hinterrad angetrieben. Der über eine »Automobillenkung mit großem Handrad« gesteuerte »Pfeil-Schnell-Lieferwagen« besaß zwei Sitzplätze und konnte in offener oder in geschlossener Ausführung geliefert werden. Die Tragkraft der Pfeil-Lieferwagen-Versionen in offener oder geschlossener Bauart des Ladekastens betrug 250, 400 und 600 kg. Der Vergleich beendete 1929 die Lieferwagenfertigung.

7,5-PS-Pfeil Vorderlader-Lieferwagen (1928).

Pfeil-Lieferwagen

Typ	Nutzlast in Tonnen	1. Baujahr	Motorenhersteller	Zyl.	PS	Kühl.	Bohrung x Hub	Hubr. in ccm	Drehz.	Gew. in kg	Besonderheiten
Pfeil	0,4	1927	ILO	1	4	L	60x60	169	3600	240	m. Kastenaufbau 280 kg
Pfeil	0,6	1927		1	6	L	61x68	199	3400		
Pfeil	0,25	1927		1	7,5	Th	74,5x80	349	2500		
Pfeil	0,6	1927		1	7,5	Th	74,5x80	349	2500		

Pfingstmann

Pfingstmann-Werke AG, Recklinghausen-Süd, Hellbachstraße 84 und Hertener Straße 24–30, 1936

Diese Anhängerfabrik stellte ein Transportfahrzeug mit unbekannt gebliebenen Daten her. Nach dem Krieg übernahmen die Bischoff-Werke dieses Unternehmen und produzierten Bergbauausrüstungen, Anhänger und Schlepper.

Phänomen

Phänomen-Fahrradwerke Gustav Hiller OHG,
Zittau i. Sachsen, Bahnhofstraße 29
1. 1907–1913: **Phänomen-Fahrradwerke Gustav Hiller OHG**
2. 1913–1916: **Phänomen-Werke Gustav Hiller GmbH**
3. 1916–1930: **Phänomen-Werke Gustav Hiller AG**

Karl Gustav Hiller (1863–1913) gründete 1888 in Zittau eine Bällchen-Heft- und Schneidemaschinenfabrik, die mit ihren Produkten die schlesisch-sächsische Textilindustrie versorgte. 1889 wurde Hiller Teilhaber der Fahrradfabrik Müller & Preußger in Zittau, die ihre Erzeugnisse unter dem Namen »Phänomen« vertrieb. Nach einem England-Aufenthalt Hillers nahm diese Fahrradfabrik erstmals in Deutschland die Lizenzproduktion der englischen Rover-Niederräder auf. 1898 wurde Karl Gustav Hiller Alleineigentümer der Fahrradfabrik in der Zittauer Bahnhofsstraße. 1903 brachte er sein erstes Motorfahrzeug heraus.

Bekanntheit durch die »Phänomobile«

1907 folgte das dreirädrige »Phänomobil«, ein Personen- und Lastentransporter mit einem luftgekühlten V-Zweizylindermotor, 6/7 PS leistend. An der Konstruktion beteiligt waren die von Cyklon gekommenen Ingenieure Franz Louis Hüttel und Vasile Sfetescu.

In größeren Stückzahlen wurde eine 9-PS-Version des Fahrzeugs an die Reichspost verkauft. Zwei Ventilatoren vor den Zylindern verstärkten die Kühlwirkung auf die im Luftstrom stehenden Zylinder.

Der Antrieb erfolgte über ein Planetengetriebe und eine einstellbare Kette auf das Vorderrad. Ein außenliegendes Schwungrad war zum Ausgleich angebracht. Zwei hintereinandergeschaltete Auspufftöpfe dämpften die Lärmentwicklung.

Der Rahmen bestand aus zwei starken, nahtlosen und vorne hochgezogenen Stahlrohren, gelenkt wurde mittels einer Lenkstange mit den Regulierungshebeln für den Motor und für das Getriebe. Die Nutzlast lag bei 250 bis 300 kg. Das wendige Fahrzeug wurde für den Waren-, Güter-, Eilpaket- und für den Posttransport mit verschiedenen Lieferaufbauten versehen, weitgehend erstellt von der die Zittauer Carosseriefabrik Gustav Winter. 19 Jahre lang wurde das »Phänomobil« nahezu unverändert gebaut.

6/7-PS-Phänomobil (1907).

12-PS-Phänomobil (1913).

12-PS-Phänomobil (1914).

Ein Großbrand im Frühjahr 1919 zerstörte das Hauptgebäude. Um trotz des Ausfalls der Produktionsmöglichkeiten am Markt präsent zu sein, vergab die Geschäftsleitung neben Lizenzen zum Nachbau des Phänomobils Montageaufträge an verschiedene (vermutlich) Zulieferer, die die Phänomen-Drei- und Vierradfahrzeuge weiterbauten. Als Dipl.-Ing. Rudolf Hiller (1894 – 1972) 1921 nach Abschluss des Studiums die Geschäftsleitung übernahm, ließ er ein repräsentatives fünfstöckiges Verwaltungs- und Montagegebäude in Quaderform sowie anschließende Sheddach-Hallen für eine moderne und rationelle Produktion errichten.

Als 1924 wieder mit dem Bau der Phänomobile, eines Pkw-Typs und der Fahrräder begonnen werden konnte, verließ Oberingenieur Carl Otto Landgrebe, einer der führenden Mitarbeiter, das Werk und konstruierte Dreiradfahrzeuge für Loebel (s. d.) und Universelle (s. d.)

Im Jahre 1912 wurde dieses Modell auch mit einem luftgekühlten, querstehenden 12-PS-Vierzylindermotor versehen. Die gusseisernen Zylinder mit ihren Kühlrippen waren einzelstehend angeordnet. Die Nutzlast betrug bei diesem Modell 600 kg gesteigert.

Ein weiteres Modell wurde das 1908 vorgestellte Phänomen-Vorderlader-Motorrad mit einem 3,5-PS-Einzylinder- oder einem 5,5-PS-Zweizylindermotor.

1910 folgte ein Vierrad-Pritschenmodell auf der Basis des 8/18-PS-Pkw für eine Nutzlast von 500 kg, als Kastenwagen für 400 kg. Im Jahre 1912 wurde die Fertigung von Vierradfahrzeugen mit thermosiphongekühlten 28-PS-Vierzylindermotoren erweitert, die auch in einem 1,2-Tonner verwendet wurden.

Nach dem Ersten Weltkrieg wurde das Phänomobil mit dem seit 1912 gebauten 12-PS-Motor in einer modernisierten 550-kg-Version angeboten. Die Höchstgeschwindigkeit betrug 65 km/h. Eine vierfache Stoßfederung über dem Vorderrad und eine lange Flachfeder stützten das Fahrzeug ab.

1925 bot Hiller das Pkw-Modell 12/50 mit nun einem obengesteuerten Leichtmetallmotor als Vertreter-Lieferwagen unter der Bezeichnung »Reisendenwagen« an. Gleichzeitig wurden ab Mitte der 1920er Jahre die Dreiräder unter den Bezeichnungen Phänomobil LK und LU »extralang« auf 600 und 750 kg ausgelegt, wobei 12- und 15-PS-Motoren mit einem Kardan- und einer Kettenübertragung die differentiallose Hinterachse antrieben. Nochmals bestellte die Reichspost 1000 Phänomobile, die normalerweise jährlich 150 Stück abnahm.

Wenn auch die einfache Bedienung, die Einfachheit der Wartung und der niedrige Preis des Phänomobils unübertroffen waren, so traten die Mängel dieser überholten Konstruktion immer deutlicher zutage: die Kippgefahr bei ungeschicktem Fahren und bei Überladung des Fahrzeugs, die mangelhaften Fahreigenschaften (vor allem des in 1000 Exemplaren gelieferten Landpostfahrzeugs) auf unbefestigten Straßen infolge der drei Spuren, das Zweigangetriebe, das Ankurbeln des Motors, der hohe Benzinverbrauch, das laute Geräusch des Kettenantriebs sowie das Fehlen eines verkleideten Fahrerplatzes.

12-PS-Phänomobil Postwagen (1925).

16-PS-Phönomen Pritschenwagen mit Stabholzaufbau (1927).

16-PS-Phänomen 4 RL Kastenwagen (1927).

12/15-PS-Phänomobil Kastenwagen 1927).

1927 stellte das auf 750 Mann angewachsene Kraftfahrzeug- und Fahrradunternehmen die Pkw-Produktion ein und spezialisierte sich ausschließlich auf den Bau von Motoren und leichten Nutzfahrzeugen. Nach dem Krieg waren bis 1926 2185 Phänomobile gefertigt worden.

Markenidentität mit »Pressluftkühlung«

Auf Anregung des Reichspostministeriums entwickelte das Werk den 0,75-Tonner 4 RL zu einem Vierrad-Nutzfahrzeug mit 15/16-PS-Vierzylindermotor und Dreiganggetriebe. Ein von der Kurbelwelle angetriebenes Schleudergebläse kühlte unter der Bezeichnung »Pressluftkühlung« die Zylinder. Die Höchstgeschwindigkeit des von Dr. Alfred Haesner konstruierten, mit einem vollverkleideten Fahrerhaus ausgestatteten Modells lag bei 40 km/h. Ein Karosseriebetrieb in Radeberg und die August Nowack AG in Bautzen lieferten die Aufbauten. Mit dem Beginn des Serienbaus des 4 RL stellte das Phänomen-Werk die Pkw-Fertigung ein.

Der 4 RL wurde in großen Stückzahlen im Landpostdienst eingesetzt, wobei die Aufträge der Post halfen, das Unternehmen während der Weltwirtschaftskrise am Leben zu halten.

Neben der Postausführung wurde der 4 RL als Pritschen- und als Stabholzkastenwagen gebaut. In beachtlichen Stückzahlen versah man darüber hinaus den 4 RL mit Saxonia-Kombinations-Krankentransport-Aufbauten.

Während der Wagen bis 1928 eine abgerundete Vorderfront hatte, wurde das Fahrzeug ab 1929 mit einer abgekanteten Motorverkleidung geliefert.

Seit den 1930er Jahren wurde das Unternehmen, das als Erster den luftgekühlten Antrieb für Nutzfahrzeuge favorisierte, von Dr.-Ing. Rudolf Hiller geführt.

Ab 1931 verlegte sich das Phänomen-Werk mehr auf die 1,5-Tonnen-Klasse mit dem überaus erfolgreichen »Granit 25«, ebenfalls eine Konstruktion des Technischen Direktor des Werkes, Dr. Alfred Haesner.

16-PS-Phänomen 4 RL Kastenwagen (1929).

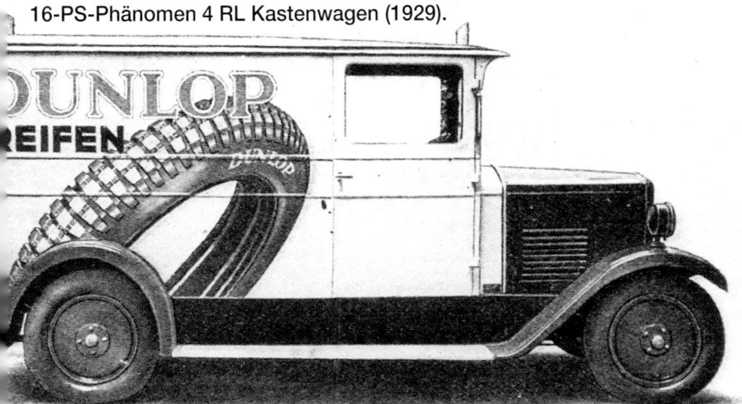

16-PS-Phänomen 4 RL Fleischereiwagen (1929).

38/40-PS-Phänomen Granit Kastenwagen (1932).

38/40-PS-Phänomen Granit 25 Kastenwagen (1937).

1945 wurde das Zittauer Werk demontiert und enteignet. Später begann man dort wieder mit der Herstellung von luftgekühlten, technisch jedoch überholten Zweitonnen-Fahrzeugen. Der »volkseigene Betrieb« musste 1957 auf Betreiben der alten Eigentümer den Firmennamen in Robur ändern, als 1949 die Phänomen-Werke, G. Hiller AG im Hamburger Handelsregister eingetragen wurden. Ab 1990 wurde das Zittauer Werk als Robur GmbH geführt und stellte in geringer Stückzahl Schnelllaster mit Deutz-Motoren her. 1991 erfolgte die Liquidation des Werkes, das inzwischen verfallen ist.

Dr.-Ing. Rudolf Hiller war nach dem Kriege zum Hanomag-Werk gegangen, wo er mit dem Hanomag-Schnelllaster großen Erfolg hatte, während Dr. Alfred Haesner für Volkswagen den Transporter und wenig später für Ford den FK 1000 schuf.

50-PS-Phänomen 1500 S Krankenwagen (1940).

Phänomen-Lieferwagen

Typ	Nutzlast in Tonnen	1. Baujahr	Motorenhersteller	Zyl.	PS	Kühl.	Bohrung x Hub	Hubr. in ccm	Drehz.	Gew. in kg	Besonderheiten
1. Dreiräder											
Motor-Transportrad		1905	Fafnir	1	3	L	75x113	500			
		1906	Phänomen	1	3	L	82x84	443			a. 3,5-PS-Motor
		1906		2	3,5	L	67x73	514			a. 5,5-PS-Motor
Phänomobil 4/6 PS	0,3	1907		V2	6/7	L	82x84	887			ab 1909 9 PS
Phänomobil 2/6 PS	0,25	1908		V2	6	L	82x84	880			
Phänomobil 4/12 PS	0,7	1912		4	12	L	74x90	1548	1500	740	
Phänomobil 5/9 PS	0,5	1913		2	9	L	82x110	1162	1500		
Phänomobil 6/12 PS	0,55	1913		4	12	L	74x90	1548	1500	550	
2. Vierradfahrzeuge											
Phänomen 8/18	0,75	1910	Phänomen	4	18	Th	80x95	1910			Pritschentyp 0,5 t
Phänomen 10/28	1,2	1913		4	28	Th	83x120	2597	1800	1000	
Phänomen 16/45 PS	2	1912		4	45	Th	95x140	3967			
Phänomen 10/30 PS	2	1916		4	30	Th	80x130	2612			
Phänomen 12/50 PS		1925		4	50	W	85x138	3132	3000		Lieferwagen
Phänomobil LK	0,57	1925		4	12	L	74x90	1536	1700		
Phänomobil LK extra	0,67	1927		4	15	L	74x90	1536	2000	1070	
Phänomen 4 RL	1	1927		4	16	L	74x90	1536	2000	1395	
Phänomen 4 RL	0,75	1928		4	16	L	74x90	1536	2000	1150	
Granit 25	1,7	1931		4	38/40	L	85x110	2495	2500	1535	
Granit 1,5	1,5	1932		4	38/40	L	85x110	2495	2500	1970	
Granit 1500 S	1,5	1940		4	50	L	85x118	2678	2800	2135	auch Allradantrieb

Phönix-Fahrzeugfabrik

Phönix-Fahrzeugfabrik, Bruno Viertmann,
Bielefeld, Engersche Straße 1, 1939–1941

Zu Anfang der Kriegszeit stellte dieser Tochterbetrieb der Ravensberger Motorradwerke (R.M.W.) in Neheim/Ruhr (gegründet 1933 unter dem Namen Phönix Motorradwerk GmbH, Wenholthausen, Kr. Meschede) die Phoenix-Liefer-Dreiräder für 250 kg Nutzlast her. Ein 10-PS-Motor von ILO trieb die Vorderladermodelle mit Pritsche oder Kasten an.

Phoenix

Phoenix Fahrzeugbau GmbH,
Neheim-Ruhr und Wenholthausen, 1928

Versuchsweise stellte der von 1926 bis 1957 existierende Motorradhersteller auch ein Lieferdreirad her.

Pilot Fahrzeugbau

Pilot Fahrzeugbau W. Lange,
Wöhrden/Holstein, 1924

Um 1924 stellte die Firma Pilot Fahrzeugbau Lieferwagen mit unbekannt gebliebenen technischen Daten her. Später fertigte das Werk Motorradbeiwagen.

Pilot Wagen

Pilot-Wagen AG,
Bannewitz b. Dresden, Windbergstraße 45, 1921–1928

Die Pilot-Wagen AG ging aus der 1907 gegründeten Chemischen Fabrik Orloff Hansen hervor, die Leime und Schichtenkleber für Flugzeugbespannungen herstellte. Mit dem Aufkommen der Ganzmetallflugzeuge nach dem Ersten Weltkrieg strukturierte Orloff Hansen den Betrieb zu einer Maschinenfabrik um, die Automobile bauen sollte. Die Sächsische Waggonfabrik Werdau GmbH beteiligte sich an dem Unternehmen und erwarb schließlich die Aktienmehrheit.

Der Ingenieur Walter Wippermann, dessen Familie als Großaktionär an dem Presto-Werk und an den Elite-Werken beteiligt war, entwarf für das nach seinem Vorschlag 1921 »Pilot-Wagen AG« genannte Unternehmen einen unkonventionellen, äußerst modernen 16-Ventil-Vierzylindermotor. Nachdem sich diese Maschine in einem Sportwagen als doch nicht standfest erwiesen hatte, verließ Walter Wippermann das Werk und ging zur Londoner Vertretung der Daimler-Benz AG.

Später erschienen nun 6/22-PS- und 6/30-PS-Modelle mit ohv-Motoren, die von den Falcon-Werken in Ober-Ramstadt bezogen oder in Lizenz gebaut wurden. 1925 erschien noch ein weiteres 6/30-PS-Modell mit stehenden Ventilen. Schließlich folgte 1928 ein 36 PS starkes Fahrzeug. Alle Pilot-Wagen wurden auch als Lieferwagen mit Werdauer Karosserien angeboten; 70 Exemplare gingen an die Reichspost und an die Reichswehr.

Wegen wirtschaftlicher Schwierigkeiten der Werdauer Waggonfabrik wurden die Teilbetriebe, so auch das Bannewitzer Werk mit 250 Beschäftigten, 1928 stillgelegt und 1931 aufgelöst. Zu DDR-Zeiten stellte der Bertrieb Turbolader-Anlagen her. Heute befindet sich der SKL Kompressorbau Bannewitz GmbH in den Gebäuden der einstigen Automobilfabrik.

Pilot-Lieferwagen

Typ	Nutzlast in Tonnen	1. Baujahr	Motoren-hersteller	Zyl.	PS	Kühl.	Bohrung x Hub	Hubr. in ccm	Drehz.	Gew. in kg	Besonder-heiten
Pilot 6/22 PS		1921		4	22	Th	69x100	1495			
Pilot 6/30 PS		1921	Falcon	4	30	Th	69x100	1495	3000		
Pilot 6/30 PS		1924		4	30		66x110	1510			
Pilot 6/36 PS		1928		4	36		66x110	1510			

Platten

Ernst Platten u. Söhne KG Fahrzeugbau,
Dipl.-Ing. Ernst Platten,
Bad Peterstal-Griesbach, Renchtalstraße 6, 1954–1998

15-PS-Platten P IV (um 1960).

11-PS-Platten Pony P 3 S (um 1960).

Dieses auf eine Gründung im Jahre 1863 zurückgehende Unternehmen stellte seit 1949 Landwirtschafts- und Kommunalfahrzeuge mit einer Ladepritsche und einem Zapfwellen- und Hydraulikanschluss her. Das auf einem Kastenrahmen aufgebaute Dreirad-Ursprungsmodell der Typenbezeichnung »Pony P 1« besaß in Mittellage einen 7,5-PS-Hirth-Einzylinder-Vergaser- oder einen 15-PS-MWM-Zweizylinder-Dieselmotor.

Als Vierradwagen baute Platten das Modell »Pony P IV« mit dem 15-PS- und einem 23-PS-MWM-Antrieb. Die Räder besaßen nach Traktorenbauart unterschiedliche Größen. Typisch war hier die in K-Form ausgebildete Vorderfront des Fahrerhauses, sodass durch die schräggestellte Scheibe die Staubablagerung vermieden wurde.

In den 1980er Jahren stattete das Werk die Vierrad-Modelle »Pony P 4« (so jetzt die Schreibweise) auch mit VW-Industrie- und MWM-Dieselmotoren sowie mit Hurth-Italiana-Getrieben aus. Für diese Baureihe wurde eine größere und bequemere Fahrerkabine verwendet.

Zu Beginn der 1990er Jahre erneuerte das Platten-Werk das Fahrzeugprogramm. In Dreiradtechnik wurden die Typen P 1, P 1 L und P 1 S angeboten. Während der P 1 als Einfachst-Pritschenfahrzeug mit dem 11-PS-Göbler-Hirth-Vergasermotor ausgestattet war, besaß der P 3 L als robuste Kleinst-Dieselzugmaschine eine Ladebrücke, eine hydraulische Kippeinrichtung und eine Seilwinde. Der Typ P 3 S war mit dem VW-Golf-Dieselmotor ausgerüstet und war als kleiner Dreiseitenkipper mit einer Komfortkabine versehen.

Neben dem alten Vierrad-Modell »Pony P 4 S« mit nun einer Verglasung im unteren Front- sowie im unteren Türbereich wurden die Ausführungen P 4 und P 4 L als Dreiseitenkipper gefertigt. Die 1000 oder 1350 mm breiten Fahrzeuge verfügten über eine hydraulische Lenkung und eine Frontanbauvorrichtung; auf Wunsch gab es Allradantrieb und einen hydraulisch betätigten Ladekran, ebenso eine pendelnd und gefedert angebrachte Vorderachse. Die Ausführungen P 4 H mit gleichgroßen Rädern wurden mit dem 45 PS starken VW-Diesel- oder Vergasermotor geliefert. Eine Allradlenkung und ein Allradantrieb waren serienmäßig. Die Platten-Fahrzeuge mit der Systembezeichnung »Autotrac« wurden vor allem bei der Bürgersteigpflege, bei Friedhofs- und Gartenbauämtern, Gärtnereien, in der Landwirtschaft und im Weinbau eingesetzt. Neben den in jährlich etwa 100 Exemplaren hergestellten »Pony«-Modellen fertigte das Platten-Werk auch Friedhofsbagger. Als die Deutsche Bahn den Pachtvertrag für die Fertigungshalle kündigte, musste Platten die Fertigung 1998 aufgeben.

16-PS-Platten Pony IV (1967).

45-PS-Platten Pony 4 (1985).

45-PS-Platten P 4 (1990).

Platten-Transporter

Typ	Nutzlast in Tonnen	1. Baujahr	Motoren-hersteller	Zyl.	PS	Kühl.	Bohrung x Hub	Hubr. in ccm	Drehz.	Gew. in kg	Besonder-heiten
P 1	0,3	1954	Hirth	1	7,5	L	75x68	296	3000	630	Dreirad
Pony II		1959	MWM	1	7,5	W	75x90	396	3000	480	D
Pony III		1959		2	15	L	80x100	1004	3000	745	D
Pony IV		1959		2	15	L	80x100	1004	3000	950	D
P 3 S	0,5	1960		2	25	L	95x105	1487	2300	1280	D
Pony IV	1	1967		2	16	L	80x100	1004	2800	1100	D
Pony IV	0,8	1975		2	23	L	95x105	1487	2300	1200	D
Pony 4		1982		4	25	L	95x105	1487	2400		D
Pony 4			VW	4	36	W	76,5x86,4	1588	2500	1450	D
Pony 4	1,1			4	45	W	76,5x86,4	1588	4000		D
Pony 4	1,1	1988	Fiat	4	45	W	71,6x71,5	1587	5000		D
P 1			Göbler-Hirth	2	11	L	53x56	247	5000		Dreirad
P 3 L											D
P 3 S			VW	4	45	W	76,5x86,4	1588	4000		D
P 4				4	45	W	76,5x86,4	1588	4000		D
P 4 H				4	45	W	76,5x86,4	1588	4000		D
P 4 H				4	45	W	75x72	1272	4900		

36-PS-Platten Pony P 3 S (1990).

Pluto

Pluto Automobilfabrik, Zella-Mehlis
1. 1924–1926: **Nordflug AG,** Berlin 35;
Abt. Automobilfabrik Zella-Mehlis
2. 1926–1927: **Pluto Automobilfabrik,** Zella-St. Blasii

Nach der Einstellung des Fahrzeugbaus bei der Firma Ehrhardt übernahm die Berliner Nordflug AG deren Werk in Thüringen. Diese Gesellschaft, zunächst unter dem Namen Nordflug-Werke GmbH, Berlin-Teltow, war 1920 aus den Norddeutschen Flugzeugwerken hervorgegangen. Aufgrund der Versailler Bestimmungen sah sich das Werk nach einem neuen Betätigungsfeld um, und es kam zum Lizenzbau des französischen Amilcar-Sportwagens, dessen Chassis auch als 500-kg-Lieferwagen karossiert wurde. Das mit einer Vierradbremse ausgestattete Fahrzeug besaß zunächst einen 20-, später einen 30-PS-Motor. Darüber hinaus fertigte das Werk Sportboote.

Pluto-Lieferwagen											
Typ	Nutzlast in Tonnen	1. Baujahr	Motoren-hersteller	Zyl.	PS	Kühl.	Bohrung x Hub	Hubr. in ccm	Drehz.	Gew. in kg	Besonder-heiten
Pluto 4/20 PS	0,5	1924	Pluto	4	20	Th	58x95	1003	2800		
Pluto 5/30 PS	0,5	1926		4	30	Th	60x95	1073	2800		

Podeus

Automobilfabrik Paul Heinrich Podeus,
Wismar i. Mecklenburg, Lindenstraße, 1913–1914

Kapitän Paul Heinrich Podeus (1853–1924) gründete 1870 eine Kohlen- und Holzhandlung, der eine Eisengießerei angegliedert wurde. 1879 nahm das Werk den Maschinenbau auf. 1883 folgte eine Dampfschiffreederei, 1884 ein Säge- und Hobelwerk und 1894 eine Waggonfabrik. Sämtliche Firmen wurden wie auch die spätere Fahrzeugfabrik als Einzelunternehmen geführt.

9/24-PS-Podeus Lieferwagen (1913).

10/30-PS-Podeus Krankenwagen (1915).

In der Maschinenfabrik richtete der vielseitige Unternehmer Podeus 1902 den Motoren- und Fahrzeugbau ein, wo nach Konstruktionen von Joseph Vollmer Lastwagen gebaut wurden. Im Jahre 1911 weitete Podeus die Fertigung auch auf Personenwagen aus, mit 20-, 24- und 30-PS-Motoren eigener Herstellung. Die Fahrzeuge wurden ab 1913 auch in Lieferwagen-Versionen angeboten.

Nach der Einstellung des Pkw-Baus zu Beginn des Krieges konzentrierte sich das Werk auf den Bau von Sanitätsautomobilen und Militärlastwagen. 1918 entstanden erste Kettenschlepper mit der geschützten Bezeichnung »Raupenschlepper«. 1930 musste das inzwischen wieder hauptsächlich Waggons herstellende, zum schwedischen Richard Kahn-Konzern gehörende Unternehmen den Konkurs anmelden. Als Hersteller der EVA-Privatgüterwagen (Kesselwaggons) blieb das Werk im Eisenbahn-Sektor aktiv. Heute befindet sich auf dem Wismarer Fabrikareal eine Werft. In der DDR-Zeit existierte hier auch ein Schiffsmotorenbau, der während der Kriegszeit von den Heinkel-Werken dort eingerichtet worden war.

10/30-PS-Podeus Sanitätswagen vor dem Podeus-Werk (1915).

Podeus-Lieferwagen											
Typ	Nutzlast in Tonnen	1. Baujahr	Motoren-hersteller	Zyl.	PS	Kühl.	Bohrung x Hub	Hubr. in ccm	Drehz.	Gew. in kg	Besonder-heiten
7/20 PS		1913	Podeus	4	20	W	76x110	1995			
9/24 PS		1913		4	24	W	85x100	2248	1800		
10/30 PS		1913		4	30	W	82x123	2536	2000		

Polyphon

Polyphon Werke AG, Abt. Duxwagen,
Leipzig Wahren, Linkelstraße 59
1. 1908–1914: **Polyphon Werke AG, Abt. Duxwagen**
2. 1914–1916 und 1925: **Dux-Automobilwerke GmbH**

Die 1895 gegründeten Polyphon Musikalienwerke fertigten in ihrer Automobilabteilung ab 1904 nach amerikanischen Vorbildern Personen- und auch Lieferwagen. Das 1908 erschienene »Polymobil P5« war mit einem 10-PS-Zweizylindermotor mit wechselgesteuerten Ventilen ausgestattet.

Nachdem die Krisenjahre 1907/08 beträchtliche Produktionsrückgänge zur Folge hatten, wurde Ingenieur Gustav Schürmann (1872–1962) als Technischer Direktor eingestellt, der sich als Automobilkonstrukteur bei den Gaggenauer Automobilwerken, bei den Wiener Helios-Werken und schließlich bei den Dixi-Werken (Fahrzeugfabrik Eisenach) profiliert hatte.

10-PS-Polymobil Typ PS Lieferwagen (1906).

Unter dem Namen »Dux« stellte das Werk nun nach seinen Konstruktionen verschiedene Vierzylindermodelle her. Die Pkw-Modelle E, F und G wurden ab 1912 auch als Lieferwagen für 450 und 800 kg angeboten. Die 12-, 18- und 24-PS-Motoren besaßen stehende Ventile und eine Thermosiphonkühlung.

Kurz vor Kriegsbeginn verlegte sich das Werk auf den Bau von Regeldreitonnern. Weiterhin wurden aber noch auf Pkw-Fahrgestellen Sanitätskraftwagen gebaut.

Im Jahre 1914 nahm das nzwischen dem Großaktionär Georg Günther gehörende Unternehmen die neue Bezeichnung Dux-Automobilwerke an. Der Pkw- und der Leichtlastwagenbau wurden nach dem Krieg wieder aufgenommen. 1925 erschien der Typ »Dux KH« als Kastenlieferwagen auf dem 17/50-PS-Fahrgestell.

1926 fusionierte Georg Günther das Werk mit dem ebenfalls ihm gehörenden Presto-Automobilwerk; ein Jahr später wurden die Dux-Presto-Werke dann in die Nationale Automobil Gesellschaft (NAG) eingegliedert. Bis in die Zeit des Zweiten Weltkrieges stellte das Wahrener Werk unter der Leitung des 1925 von der TH Karlsruhe zum Dr.-Ing. h. c. ernannten Gustav Schürmann die leichten Lastwagen und Omnibusse für die neugebildete Büssing-NAG-Gruppe her. Ab 1943 engagierte sich dieser Büssing-NAG-Betriebsteil im Panzerspähwagenbau. Das Fabrikgelände diente nach Kriegsende bis 1992 der sowjetischen Armee als Großreparaturwerkstatt.

18-PS-Dux LF 450 Pritschenwagen (1913).

50-PS-Dux Krankenwagen (1925).

Polyphon-/Dux-Lieferwagen

Typ	Nutzlast in Tonnen	1. Baujahr	Motorenhersteller	Zyl.	PS	Kühl.	Bohrung x Hub	Hubr. in ccm	Drehz.	Gew. in kg	Besonderheiten
Polymobil PS		1908	Dux	2	10	W	87x110	1356	1300		
Dux LF 450	0,45	1911	Dux	4	18	Th	75,3x88	1566	2000	950	auch als Typ Dux F6
Dux E 12		1912	Dux	4	12	Th	75,3x88	1566	1300		
Dux LG	0,8	1913	Dux	4	26	Th	84x118	2614	1700		
Dux LK I	1,5	1913	Dux	4	30	Th	84x118	2614	1900		
Dux Typ S	0,8	1925	Dux	4	50	W	100x140	4398	1800		
Dux Typ R	1,5	1927	Dux	4	60	W	83x140	4433	1800		

Presto

Presto-Werke, Günther u. Co. AG,
Chemnitz, Scheffelstraße 1, 1913–1934

Die Presto-Werke waren 1898 vom späteren Kommerzienrat Georg Günther und von Oswald Seyfert als Fahrradfabrik gegründet worden. Um die Jahrhundertwende kamen zunächst Motorräder, ab 1907 auch Personenwagen hinzu.

Kurz vor Beginn des Ersten Weltkrieges stellte das Werk auf der Basis der Pkw-Modelle Lieferwagen für 300, 500 und 1000 kg Nutzlast her. Nachdem während des Krieges der Pkw- und der Lieferwagenbau zugunsten der Fertigung von Regel-Dreitonnern geruht hatte, wurde 1921 das Modell D mit einem langhubigen 30-PS-Motor als einziger Presto-Nachkriegs-Lieferwagen für 750 kg angeboten. Der »Lieferungs- und Reklamewagen« erhielt einen Aufbau aus naturpolierten und lackierten Holzstäben oder aus Blech. Im 1,5-Tonnen-Bereich gab es ab 1927 die »Z«-Modelle mit 60-PS-Motor.

Nach dem Zusammenschluss mit den Dux-Werken (s. Polyphon) im Jahre 1927 wurde das Unternehmen von der Nationalen Automobil Gesellschaft (NAG) übernommen. Unter dem Namen Presto entstanden von 1932 bis 1933 Lieferdreiräder mit 3,5-PS-DKW-Motor für eine Nutzlast von 75 kg. 1934 erwarb die Auto Union die Werksanlagen und richtete in dem repräsentativen Verwaltungsgebäude ihre Hauptverwaltung ein.

10/35-PS-Presto Krankenwagen vor dem Presto-Werk (1913).

14/40-PS-Presto Sanitätswagen (1917).

9/30-PS-Presto Lieferwagen (1921).

9/30-PS-Presto Lieferwagen (1926).

Priamus

Priamus-Automobilwerk, AG für Automobilbau,
Köln-Sülz, Nicolausstraße
1. 1903–1910: **»Köln«, Uren, Kotthaus u. Co.,** Köln-Sülz, Nicolausstraße
2. 1910–1923: **Priamus-Automobilwerk, AG für Automobilbau**
3. 1923–1926: **Möllenkamp-Werke AG,** Düsseldorf; **Werk Köln-Sülz**

Die Kölner Motorwagenfabrik GmbH, vorm. Heinrich Brunthaler, stellte ab 1901 leichte Personenwagen der Marke Priamus her. 1903 wurde das Unternehmen von der 1897 gegründeten Firma Wilhelm Uren & Molineus übernommen. Ingenieur Wilhelm Uren war zuvor schon technischer Direktor des Betriebes gewesen. Unter der neuen Bezeichnung »Köln«, Uren, Kotthaus u. Co. versuchte das Werk einen zweiten Anlauf; mit erheblichen Investitionen vergrößerte man die Fertigungsanlagen. Die Wirtschaftskrise der Jahre 1907/08 ließ den Absatz der inzwischen aufwendigen Priamus-Fahrzeuge stagnieren; es musste Konkurs angemeldet werden.

1910 übernahmen neue Gesellschafter die Firma unter dem neuen Namen Priamus-Automobilwerk. Als auch dieses Unternehmen im Jahre 1921 in finanzielle Schwierigkeiten geriet, engagierte sich die Karos-

Priamus-Lieferwagen

Typ	Nutzlast in Tonnen	1. Baujahr	Motoren-hersteller	Zyl.	PS	Kühl.	Bohrung x Hub	Hubr. in ccm	Drehz.	Gew. in kg	Besonderheiten
Priamus 8/10 PS		1904	Priamus	2	10	W	90x120	1527	1300		
Priamus 9/16 PS		1908		4	16	W	85x100	2268	1300		
Priamus 8/24 PS		1918		4	24	Th	75x118	2084			
Priamus 9/30 PS		1920		4	30	W	65x110	1460			

seriefabrik Möllenkamp-Werke AG an dem Werk, bis es 1926 endgültig stillgelegt wurde.

Der 1903 erschienene Priamus-Zweizylinder 8/10 PS wurde auch als Lieferwagen angeboten. Ein weiteres Modell war der 1908 erschienene 9/16-PS-Typ.

Nach dem Krieg kam ein schon 1914 entwickeltes 24-PS-Modell heraus. und 1920 folgte ein weiteres 20-PS-Fahrzeug; beide Modelle erhielten Lieferwagenaufbauten.

Primus

Pfälzische Nähmaschinen- und Fahrräder-Fabrik, vorm. Gebr. Kayser, Kaiserslautern, 1899–1900

Ein »Primus« genanntes Geschäftsdreirad mit einem über der Hinterachse angebrachten 5-PS-Einzy indermotor mit Thermosiphonkühlung stellte dieses Unternehmen her. Ein Anhänger konnte aufgesattelt werden.

Protos

Protos-Automobile GmbH, Berlin, Siemens-Schuckertwerk
1. 1903–1904: **Motorenfabrik Protos, Dr. Alfred Sternberg,** Berlin Schöneberg, Großgörschenstraße 38
2. 1904–1908: **Motorenfabrik Protos GmbH,** Berlin Schöneberg, Großgörschenstr. 38; ab 1906 Berlin-Reinickendorf
3. 1908–1911: **Protos Automobilwerk Nonnendamm GmbH,** Berlin, Siemens-Schuckertwerk
4. 1911–1927: **Protos-Automobile GmbH**

8,5-PS-Protos Transportwagen (1903).

Das seit 1908 zum Siemens-Konzern gehörende Protos Automobilwerk war 1899 von dem Ingenieur und Chemiker Dr. Alfred Sternberg (der ein Patent für die Molybdän-Veredelung in der Stahlfabrikation besaß) und seinem Kompagnon, Oskar Heymann, gegründet, 1906 nach Berlin-Reinickendorf und 1908 an den Nonnendamm verlegt worden.

Konstrukteure der Personen- und Lieferwagen sowie der Nutzfahrzeuge waren unter anderem der Geheime Regierungsrat und Dr. phil. Ernst Valentin (1874–1950) und der ehemals für Adler tätige Oberingenieur Franz Starkloph. Die Fahrgestelle lieferten die Siemens-Schuckertwerke, die Motoren kamen von der Siemens & Halske AG.

1903 stellte das Werk den »Protos-Transportwagen« mit einem 8,5-PS-Einzylindermotor und einem Stabholzaufbau her. Erste Lieferwagenmodelle für 400 und 500 kg erschienen 1907/08 mit 11-PS- und 35-PS-Motoren. Ein elektrisch angetriebenes Modell folgte im Jahre 1908. Ein 30-PS-Protos vom Typ E1 mit einem Verdeckaufbau erregte 1908 großes Interesse, als dieser Typ unter dem Fahrer Oberleutnant

30-PS-Protos Feld-Lazarettwagen (1907).

30-PS-Protos 17/35 »Weltfahrt-Automobil« (1908).

8/21-PS-Protos Pritschenwagen mit Überdachung (1912). (Foto: Siemens-Archiv)

8/21-PS-Protos G 2 (1913). (Foto: Siemens-Archiv).

8/21-PS-Protos G 2 mit Wechselkarosserie (1914).

Hans Koeppen das von der New Yorker Times und dem Pariser Matin ausgeschriebene, weltumspannende Rennen von New York nach Paris als Zweiter in der Platzierung absolvierte.

Kurz vor dem Ersten Weltkrieg fertigte das Werk unter der technischen Leitung von Direktor Max Raschig (1867–1942) zwei 1,25-Tonnen-Modelle mit 16-PS- und 21-PS-Motoren.

Während der Kriegsjahre musste das Protos-Werk den Bau der Personen- und Lieferwagen zugunsten der Rüstungsproduktion und der Lastwagenfertigung einstellen.

Nach 1918 erschien ein Eintonner auf einem verstärkten Rahmen des neuen Protos-Einheitsmodells vom Typ CZ 10/30. Das Fahrzeug wurde als Pritschen-, Kasten-, Kranken-, Mannschafts- und als Montagewagen sowie als Kleinbus angeboten.

Zunächst erhielt der Einheitstyp einen obengesteuerten 45-PS-, später einen seitengesteuerten 50-PS-Motor. Ersterer besaß eine Zahnkettensteuerung für die Nockenwelle; die Kupplung besaß einen Leder-Lamellen-Belag. Die Nutzlast des Protos-Fahrzeugs lag zwischen 1000 und 1500 kg.

Die geringe und damit unwirtschaftliche Pkw-Produktion des 1500-Mann-Unternehmens wurde 1927 an die zum AEG-Konzern gehörende Nationale Automobil Gesellschaft (NAG) verkauft. Noch für kurze Zeit ließ diese NAG-Protos-Lieferwagen weiterbauen, da ein entsprechendes Modell im NAG-Programm fehlte.

35-PS-Protos FL Krankenwagen (1915).

35-PS-Siemens FL Militärlastwagen (1915).

35-PS-Protos FL Lieferwagen (1919). (Foto: Siemens-Archiv).

10/30-PS-Protos Schnelllastwagen (1921).

10/45-PS-Protos C1L Kombinationswagen (1927).

10/45-PS-Protos C1L Lieferwagen für Überland-Zeitungsvertrieb (1926).

Protos-Lieferwagen

Typ	Nutzlast in Tonnen	1. Baujahr	Motoren-hersteller	Zyl.	PS	Kühl.	Bohrung x Hub	Hubr. in ccm	Drehz.	Gew. in kg	Besonder-heiten
Protos		1903	Protos	1	8,5	Th	95x106	750			
Protos	0,4	1907	Körting	4	11	Th	75x85	1501	1500		
Protos 17/35 PS	0,6	1907	Protos	4	35	W	110x120	4560	1250		
Protos 17/35 PS		1907		4	30	W	110x120	4560	1200		»Weltfahrt-Typ«
Protos G 1	1,25	1913		4	16	Th	70x102	1570	1700	640	
Protos G 2 (G.L.8/21)	1,25	1913		4	21/22	Th	78x110	2101	1800	660	
Protos F.L. 12/31	1,8	1913		4	35	Th	90x123	3128	1800		
Protos C1L	1,25	1924		4	45	Th	80x130	2612	2500	2250	
Protos CZ	1 - 1,5	1921		4	30	Th	80x130	2612	1800		
Protos C1L	1,25	1924		4	45	Th	80x130	2612	2500	2250	
Protos C1L	0,75/1	1926		4	45	W	115x150	6228	2300	2300	
Protos 10/50	1	1926		4	50	W	115x150	6228	2500	2500	

Ramesohl und Schmidt

Ramesohl u. Schmidt AG,
Bielefeld und Oelde/Westf., 1910–1914

Die noch heute unter dem Namen Westfalia bestehende Landmaschinenfabrik war 1899 gegründet worden; mit der Herstellung von Milch-Separatoren erzielte das Unternehmen einen guten Ruf. Im Jahre 1906 stieg das Werk auch in den Personenwagenbau ein, wobei das 1910 erschienene 10/26-PS-Modell auch Lieferwagen-Aufbauten erhielt. Der mit stehenden Ventilen arbeitende Fafnir-Vierzylindermotor leistete 26 bis 30 PS. Auch ein im Hubraum vergrößerter 30-PS-Motor kam zum Einbau.

Da die Automobilabteilung stets mit Verlust arbeitete, wurde das Bielefelder Werk 1913 an die Hansa-Werke in Varel/Oldenburg verkauft. Im Werk Oelde/Westf. hielt man den Automobilbau noch für kurze Zeit aufrecht.

14-PS-Ramesohl und Schmidt »Westfalia« (1908).

Ramesohl & Schmidt-Lieferwagen

Typ	Nutzlast in Tonnen	1. Baujahr	Motoren-hersteller	Zyl.	PS	Kühl.	Bohrung x Hub	Hubr. in ccm	Drehz.	Gew. in kg	Besonder-heiten
Westfalia 10/26 PS		1910	Fafnir	4	26/30	W	83x123	2536	2000		
Westfalia 12/30 PS		1912		4	30	W	90x130	3306			
Westfalia 6/16 PS		1913		4	16/18	Th	68x108	1570	2000		
Westfalia 8/20 PS		1913		4	20/22	Th	76x110	1995	1600		

Renfert

Motorfahrzeugfabrik Josef Renfert,
Beckum, Bahnhofstraße 11 1924 – 1926

Mit einem eigenen Zweizylinder-Zweitaktmotor mit 12 PS stellte Renfert Personenwagen und davon abgeleitete Lieferwagen mit einer Aluminium-Karosserie her.

Rinne siehe Weise

Rinnerberger

Rinnerberger u. Co. GmbH Maschinenfabrik,
Hamburg, Merkurstraße 32
und Hamburg-Stellingen, Kirchenstraße 48,
1927–1929

Unter den Markenamen »Komet« und »Kondor« produzierte die Firma Rinnerberger als »Fabrik für Maschinen und Apparatebau« Transport-Dreiräder in Anlehnung an die Goliath-Vorderlader. ILO- und Sturmey-Archer-Motoren mit 2,4, 7,5 und 12 PS wiesen die 250-, 600- und 800-kg-Last tragenden »Motor-Transportwagen« der Baureihen K I, K II und K III auf.

7,5-PS-Rinnerberger »Komet« Motortransportwagen (1928).

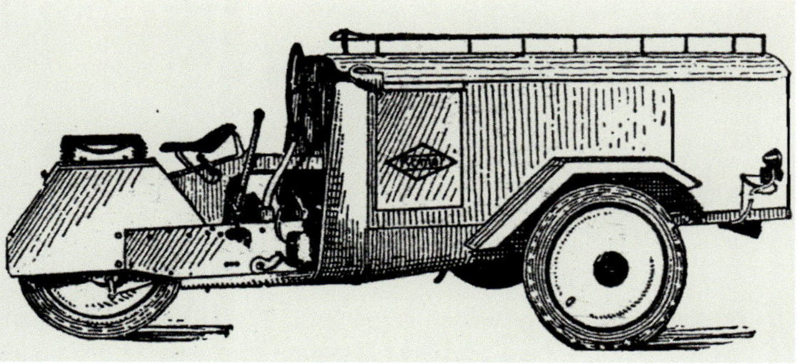

2,2-PS-Rinnerberger »Kondor«-Lieferwagen (1928).

Rinnenberger-Transporträder

Typ	Nutzlast in Tonnen	1. Baujahr	Motorenhersteller	Zyl.	PS	Kühl.	Bohrung x Hub	Hubr. in ccm	Drehz.	Gew. in kg	Besonderheiten
Komet Transportwagen K I G	0,15 - 0,25	1928	ILO	1	2,2	L	51x60	122	3600	175	
Komet Transportwagen K II	0,5 - 0,6	1928	ILO	1	7,5	L	68x68	246	3500	320	auch 6 PS
Komet Transportwagen K III	0,6 - 0,8	1928	Sturmey-Archer	1	12	L	79x101	498	3500	320	

Röhr

Neue Röhr-Werke AG,
Ober-Ramstadt, Im Ochsenbruch, 1933

Die 1915 von dem Industriellen Max Walbinger gegründete Rüstungsfabrik in Ober-Ramstadt nahm 1918 unter dem Namen Falcon-Automobilwerke die Pkw-Fertigung auf. Nachdem diese 1926 eingestellt worden war, führte eine Gruppe von Ingenieuren und Kaufleuten das Werk, das nach dem neuen Chefkonstrukteur, Ingenieur Hans Gustav Röhr (1895–1937), in Röhr Auto AG umbenannt wurde. Nach dem Ausscheiden des Hauptaktionärs geriet das Werk ebenfalls in Schwierigkeiten; Hans Gustav Röhr wechselte zu den Daimler-Benz-Werken und war an der Konstruktion des Pkw 170 V beteiligt.

Eine Schweizer Holdinggesellschaft führte das Werk unter der Bezeichnung Neue Röhr-Werke weiter. 1933 rüstete das Unternehmen den einzelradgefederten »Röhr 8«, der einen 55-PS-Achtzylinder-Reihenmotor besaß, in kleiner Stückzahl auch als Lieferwagen mit Darmstädter Autenrieth-Karosserie aus.

1935 wurde das Werk »arisiert«, wobei dem Unternehmen die finanzielle Basis entzogen wurde. 1938 übernahm die MIAG Mühlenbau und Industrie AG (s. d.) in Braunschweig die Werksanlagen.

Röhr-Lieferwagen

Typ	Nutzlast in Tonnen	1. Baujahr	Motorenhersteller	Zyl.	PS	Kühl.	Bohrung x Hub	Hubr. in ccm	Drehz.	Gew. in kg	Besonderheiten
Röhr 8	0,5	1933	Röhr	8	55	W	63x100	2496	3200		

Roland

Kraftfahrzeuggesellschaft Roland,
Berlin-Wilmersdorf, Kürfürstendamm 160, 1903 (?) bis 1907

In einer Werbeanzeige versprach das Unternehmen der Ingenieure Ernst und Hacker, Nutzfahrzeuge aller Größen herzustellen; einzig Kleinwagen mit Ein- und Zweizylindermotoren entstanden.

Rollfix

Rollfix-Eilwagen GmbH, Hamburg-Wandsbek,
Stubbenhuk 10, ab 1929: Quarreestraße 7–11
1. 1923–1934: **Rollfix-Eilwagen GmbH**
2. 1934–1936: **Rollfix-Werk Fahrzeugfabrik Frederic Schröder KG**

2,5-PS-Rollfix Eilwagen (1927).

Die von Kaufmann Frederic Schröder gegründete Rollfix-Eilwagen-Gesellschaft stellte ab 1923 einfachste Dreirad-Lieferwagen in Vorderlader-Bauart her. Konstruktionschef war Ingenieur Otto Daus, der jedoch schon 1929 zur Firma Max Vidal ging und dort die Tempo-Fahrzeuge entwickelte. Ein 2,25-PS-DKW-Motor mit einem Zweiganggetriebe setzte über einen Riemen oder eine Kette das Hinterrad des Rollfix-»Eilwagens« F 4 in Bewegung. Das Vorderteil wurde mit einem Bügel beim Lenken gedreht. Die Nutzlast lag bei 300 kg. Mit verstärktem Fahrgestell und 7-PS-Motor stand der R 7 für 700 kg bereit. 1927 ergänzte man das Programm mit dem Hinterlader »Hamburg« mit 4 PS. 1929 löste der überarbeitete R 7 auf einem kräftigen Stahlrahmen und 7,5-PS-Motor, Hurth-Getriebe, Dreiradbremse, Kettenantrieb und Lenkrad die erste Version ab.

Nachdem 1929 die Ladefläche tiefer gelegt worden war, um die Kippgefahr zu verringern, erschien 1931 ein Vorderlader mit durchbrochenen Scheibenrädern, Kotflügeln und einer Motorverkleidung, einem senkrecht stehenden Lenkrad und einer Stockschaltung sowie mit einem größeren Ladekasten. Die Fahrzeuge trugen die Bezeichnungen R 200, R 350 und R 400 für Nutzlasten von 500, 600 und 750 kg. ILO-Zweitaktmotoren mit 5,5, 10 und 12,5 PS kamen zur Verwendung.

7-PS-Rollfix R7 Vorderlader (1928).

7,5-PS-Rollfix Vorderlader (1930).

1933 stellte das Unternehmen einen Dreirad-Lieferwagen mit einem geschlossenen Fahrerhaus und einer hinteren Ladefläche für 800 kg als neuen Typ »Hamburg« her. Das steuer- und führerscheinfreie Fahrzeug besaß einen patentierten Vorderrad-Kardanantrieb. Der ILO-Spezialmotor mit angeblocktem Dreiganggetriebe erzeugte 5,5 PS und befand sich unter der Sitzbank. Das mit einem kastenförmigen Rahmen mit durchgehenden U-Profilen und Quertraversen versehene Fahrzeug besaß hintere

Auslegerarme, an denen die Räder befestigt waren. Spiralfedern sorgten für die Abstützung der Räder. Auch ein 12,5-PS-Zweizylindermotor von ILO wurde verwendet, wobei die Hinterräder über eine Gelenkwelle angetrieben wurden. Dieser Typ wurde auch als Klein-Sattelschlepper mit einer Auflagefläche für eine Belastung von 1,5 Tonnen angeboten. Das Berlin-Kreuzberger Motorradhaus »Gedü« (George & Düllo) in der Königgrätzer Straße 51 steuerte den Auflieger bei.

Der ebenfalls 1933 vorgestellte 500-kg-Vorderlader der »Meisterklasse Typ 201« besaß eine patentierte Rollhaube aus Segeltuch über dem Fahrersitz. Weitere Details waren Reserverad, Radzierkappen, eine splitterfreie Windschutzscheibe, ein Scheibenwischer, ein Anlasser und eine serienmäßige elektrische Beleuchtung.

Ein Jahr später baute Rollfix die Vorderladermodelle Typ 2010 für 500 und Typ 2510 für 700 kg sowie Typ R 400/2 als »Dreirad-Schnelllieferwagen-Spezialkonstruktion«, die »mit bis circa 1 Tonne Tragfähigkeit die Leistung des Vierradlieferwagens aufweist, aber die große Wirtschaftlichkeit des Dreiradlieferwagens bietet«. Dieses Modell trieb der 12,5-PS-ILO-Motor an. Der »Hamburg« wurde 1936 mit einem Vorderrad-Gelenkwellenantrieb ausgestattet.

Der Versuch des Unternehmens, auch Dreirad-Personenwagen mit hinterem Antrieb – darunter das Sportcabrio »Rekord«, herzustellen – musste schon bald wieder aufgegeben werden.

12,5-PS-Rollfix mit Gedü-Auflieger (1933).

5,5-PS-Rollfix Typ 301 (1933).

6,5-PS-Rollfix Typ 2510 (1933).

Rollfix-Lieferwagen

Typ	Nutzlast in Tonnen	1. Baujahr	Motorenhersteller	Zyl.	PS	Kühl.	Bohrung x Hub	Hubr. in ccm	Drehz.	Gew. in kg	Besonderheiten
Eilwagen F 12¼	0,3	1926	DKW	1	2,25	L	50x64	126	3300	120 - 145	Dreirad-Vorderlader, Riemen- o. Kettenantrieb
Eilwagen G 12¼	0,3	1926	Rinne	1	2,8	V	50,5x65	131			
Hamburg (G 4)	0,5	1927	DKW	1	4	L	64x64	206	3300		Hinterlader, Riemen- oder Kettenantrieb
Eilwagen G 7¼	0,5	1927	ILO	1	7,5	L	74,5x80	349	2500		
Eilwagen R 7	0,7	1926	DKW	1	7	L	74x68,5	297	3200		
Eilwagen R 4	0,3	1927	DKW	1	4	L	60x64	181	3200		
Eilwagen R 8	0,5	1929	ILO	1	7,5	L	74,5x80	349	2500		
R 200	0,5	1931	ILO	1	5,5	L	61x68	197	3400		
R 350	0,6	1931	ILO	1	10	L	74,5x80	349	3000		
R 400	0,75	1931	ILO	2	12,5	Th	61x68	398	3500		dito, auch Luftkühlung
Meisterklasse Typ 201	0,5	1933	ILO	1	5,5	L	61x68	197	3400		
Hamburg	0,5	1933	ILO	1	5,5	L	61x68	197	3400		Hinterlader
R 400/2	1,5	1933	ILO	2	12,5	Th	61x68	398	3500		Dreirad m. Gedü-Auflieger
Typ 2010 (Rollfix Heck)	0,5	1934	ILO	1	5,5	L	61x68	197	3400		Vorderlader, ab 1936 6,2 PS
Typ 2510	0,7	1934	ILO	1	6,5	L	68x68	246	3500		dito, ab 1936 7,4 PS
R 400/2	1	1934	ILO	2	12,5	Th	61x68	398	3500		Hinterlader
Heckmotor-Dreirad	0,75	1935	ILO	2	11	Th	61x68	398	3000		

Der Absatz der Rollfix-Lieferwagen belief sich 1933 auf 203, 1934 auf 267 Fahrzeuge. 1935 stieg der Verkauf auf 279 Modelle. 1937 fand noch ein Exemplar seinen Abnehmer. Nachdem das von den Geschäftsführern Otto Daus (bis 1929), Heino Haars und Annemarie Pistorius geführte Unternehmen 1933 nach einem Vergleich reorganisiert worden war, musste 1936 die Fertigung trotzdem aufgeben werden. 1937 ging noch ein Exemplar an einen Kunden. Insgesamt sind rund 1300 Modelle gefertigt worden. Weiterhin existierten die Rollfix Werkstätten Bohlmann & Co. in der Wandsbeker Schulstraße 1 c. Die Rollfix-Gesellschaft wurde 1940 von Amts wegen gelöscht.

Rucoco

Maschinenfabrik Rucoco - Rulcovius, Cordier GmbH & Co.,
Menden, 1928–1931

Herstellung eines »Schwerlast-Kraftkarrens« mit 6-PS-Motor für 1,5 bis 2 Tonnen.

12-PS-Rucoco Führerstandskarren (1929).

S.C.A.

S.C.A. Kleinkraftwagenbau Eymer u. Scarisbrick,
Frankfurt a. Main, Wiesenhüttenweg 37, 1921

Baron Fritz Scarisbrick gründete 1907 in Frankfurt a. Main eine Automobilhandlung unter der Abkürzung S.C.A., nachdem er sich als Ingenieur bei der Eisenacher Fahrzeugfabrik und als Rennfahrer einen Namen gemacht hatte. Nach seinem Rennfahrertod führte sein Bruder Herbert Scarisbrick das Unternehmen und versuchte, 1921 in den Bau von Transportfahrzeugen einzusteigen. Nach kurzer Zeit musste dieser Versuch wieder aufgegeben werden. 1943 ging er zu den Borgward-Werken, zumal dort der dritte Bruder, Hans Scarisbrick, als Chefkonstrukteur den Borgward-Hansa konstruiert hatte.

Schaller siehe Boes

Scharrer u. Groß

Maschinen- und Motorenfabrik Scharrer u. Groß,
Nürnberg, Grenzstraße 13, 1926–1932

Vor der Jahrhundertwende begann dieses 1864 gegründete Nürnberger Unternehmen mit dem Bau von stationären Verbrennungsmotoren. Auch kompressorlose »Dieselmotoren« standen im Fertigungsprogramm. 1923 erschienen Motorradmotoren mit stehenden und hängenden Ventilen. 1926 präsentierte man die »Velox«-Transport-Dreiräder, die auf einem nahtlosen Mannesmann-Rohrrahmen aufgebaut waren und eine hintere Ladefläche für 400 kg besaßen. Motoren mit 8, 11 und später 10,5 PS kamen zum Einbau. 1928 wurden die Fahrzeuge als »Velox-Halbtonnen-Schnell-Lieferwagen« überarbeitet und erhielten anstelle des Motorradlenkers eine trapezförmige Lenkstange. Die Einsitzerausführungen wiesen Dreigang-Tankschaltungen, die Zweisitzerfahrzeuge Mittelschaltung mit Vorgelege auf. Neben auswechselbaren Vollscheibenrädern

10,5-PS-Scharrer und Groß Transportdreirad »Velox« (1928).

10,5-PS-Scharrer und Groß Transportdreirad »Velox« mit Überdachung (1928).

und schwingender Hinterachse gab es Fußhebel für Gas, Kupplung und Hinterradbremse. Die Ladefläche dieser Halbtonnen-Fahrzeuge war besonders niedrig. Motoren, darunter auch MAG-Aggregate mit 8, 11,5 und 14 PS, trieben die 50 km/h schnellen Modelle an. Der 1929 angestrebte Vergleich endete ein Jahr später im Konkurs. Die Produktion belief sich auf rund 120 Stück.

Scharrer u. Groß-Transporträder

Typ	Nutzlast in Tonnen	1. Baujahr	Motoren-hersteller	Zyl.	PS	Kühl.	Bohrung x Hub	Hubr. in ccm	Drehz.	Gew. in kg	Besonder-heiten
Velox	0,3	1926	S & G	1	8	L	70x90	346	4000	280	
Velox	0,5	1926		1	11,5	L	86x86	499	4000	280	
Velox	0,4	1927		1	10,5	L					
Velox	0,5	1928		1	8	L	70x90	346	4000	235	
Velox	0,5	1928		1	11,5	L	86x86	499	4000	235	
Velox	0,5	1928		1	14	L	86x103	598	4000	280	

Scheele

Heinrich Scheele Wagenfabrik,
Köln-Melaten, Aachener Straße 140/141 u. 163
und Mastrichterstraße 41–43, 1899–1908

In der Abteilung Motorwagenbau stellte das von Bernhard Scheele geführte Wagenbau-Unternehmen um die Jahrhundertwende elektrisch angetriebene Nutzfahrzeuge, darunter auch Liefer- und Leichenwagen sowie Hotelomnibusse her. Die Modelle hatten zwei 1,8- oder zwei 2,5-kW-Motoren, die über Vorgelege je eine Hinterachshälfte antrieben.

Das Scheele-Werk blieb bis 1928 als Heinrich Scheele Kraftfahrzeugfabrik und Kölner Elektromobil-Fabrik im Kommunal-Fahrzeugbau tätig.

2x2,2-kW-Scheele Transportwagen (1900).

Schmidt I

Fahrzeugfabrik E. Schmidt
Quickborn/Holstein, 1931–1933

Mit der Herstellung von fünf Kleintransportern ist das Werk bekannt geworden.

Schmidt II

Maschinenfabrik Robert Schmidt,
Fischendorf b. Leisnig, 1931

Mit der Herstellung von sechs Lieferfahrzeugen ist dieses Werk in der Literatur vermerkt.

Schmitz

Schmitz GmbH Gartenbaumaschinen & Transportfahrzeuge,
Duisburg-Serm, Dorfstraße 128, ab 1998 Duisburg-Großenbaum, Am Handwerkhof 8
1992–1998: **Matthias Schmitz GmbH,**
Duisburg-Serm, Dorfstraße 128
1998 bis heute: **Schmitz GmbH Gartenbaumaschinen & Transportfahrzeuge,**
Duisburg-Großenbaum, Am Handwerkhof 8

2-kW-Schmitz Friedhofs-Kipper (1990). (Foto: Schmitz)

Für Gartenbau- und Friedhofsbetriebe stellt das 1970 von Matthias Schmitz gegründete Unternehmen Transportfahrzeuge mit Verbrennungs- und Elektromotoren sowie mit Schaltgetriebe oder hydrostatischem Antrieb her. Seit 1992 bietet das Schmitz-Unternehmen den Mini-Kipper mit Zulassung für den Straßenverkehr an, angetrieben von einem 16- oder 20-PS-Dieselmotor.

Das Programm um 1996 umfasste die Ausführungen Mini-Kipper MK 1 DH mit 13- und 16-PS-Antrieb in 1000 mm Breite sowie den MK 2 H mit 16-, 23-, 33- und 36-PS-Motor in 1200 mm Breite. Auf Wunsch konnte eine offene oder geschlossene Kabine gewählt werden.

Das aktuelle Angebot umfasst Kleintransporter mit Dieselmotor und hydrostatischem Fahrantrieb sowie mit Elektroantrieb.

36-PS-Schmitz MK I DH (1998).

Schmitz-Transporter

Typ	Nutzlast in Tonnen	1. Baujahr	Motorenhersteller	Zy.	PS	Kühl.	Bohrung x Hub	Hubr. in ccm	Drehz.	Gew. in kg	Besonderheiten
MK 1	1	1992		1	13			393			a. m. 10-PS-Diesel
MK 2	1,1	1992		1	16			611		680	D
MK 1	1	1996		1	13			393			
MK 1	1	1996		1	13	L		390			D
MK 1 DH	1,1	1996	Honda	2	16	L		611			D, hydrost. Antrieb
MK 2	1,35	1996		2	16	L		611			D
MK 2	1,35-1,75	1996		3	23	L		916			D
MK 2 H 33	1,9			3	33			1222			D
MK 2 H 36	1,9			3	36			1372			
MK 1700 E	1									1	D
MK 1703	1,5			2	26	W		1028			D
MK 1704	1,6			3	36	W		1372			D
MK 1804	1,6				36						D
MK 2204	2			4	36			1372			D
KL 801	0,6				9						D, Schmalspurfahrzeug

Schmotzer

H. Schmotzer Maschinenfabrik,
Bad Windsheim, Rothenburgerstraße 45, 1938

Das durch den Bau von Landmaschinen bekannte und noch heute bestehende Unternehmen stellte 1938 einen Transporter für eine Nutzlast unter einer Tonne mit unbekannt gebliebenen technischen Daten her.

Schuckert

Elektrizitäts-AG vorm. Schuckert & Co.,
Nürnberg, 1900–1903

Das von Sigmund Schuckert im Jahre 1873 gegründete Unternehmen, seit 1893 unter dem Namen Elektrizitäts-AG vorm. Schuckert & Co., stellte seit den 1890er Jahren Elektrofahrzeuge her. Im Jahre 1900 nahm das Schuckert-Werk den Bau eines 100-kg-Lastendreirads mit 1,1-kW-Motor zur Postkastenleerung auf. Die erste Ausführung besaß den Ladekasten über der Vorderachse; die spätere Ausführung über der Hinterachse. Bei einer Höchstgeschwindigkeit von 15 km/h konnten maximal 75 bis 100 km bewältigt werden. Häufiges Anfahren und Anhalten beanspruchte die Batterie jedoch so stark, dass sich die Gefährte, die auch an Privatunternehmer geliefert wurden, nicht bewährten.

Schuckert stellte auch vierrädrige Lieferwagen her, über die indessen keine Unterlagen mehr vorliegen. Die Schuckert-Modelle wurden über die Allgemeine Automobil-Gesellschaft Berlin GmbH (AAG) des Automobilkaufmanns Henri Jeannin vertrieben, der später die Argus-Werke gründete. Nachdem die Schuckert-Werke in den Siemens-Schuckertwerken aufgegangen waren, wurde dort das Dreirad-Nutzfahrzeug noch eine Zeitlang produziert.

1,1-kW-Schuckert & Co. Briefpost-Elektromobil (1900).

Schuckert & Co. »Elektro-Lieferungswagen« (1900). (Foto: Siemens-Archiv)

Schuckert »Briefpostautomobil AB 101« (1903). (Foto: Siemens-Archiv)

Schuckert-Lieferfahrzeuge

Typ	Nutzlast in Tonnen	1. Baujahr	Motor	Leistung in kw	Drehzahl	Gewicht in kg	Besonderheiten
Schuckert-Dreirad	0,1	1904	Schuckert	1,1	1200		Post-Fahrzeug
Typ B		1907	Schuckert				

Schüttoff

Schüttoff AG,
Chemnitz, Rößlerstraße 30
1. 1928–1928: **Schüttoff u. Baessler GmbH, Maschinenfabrik**
2. 1928–1929: **Schüttoff AG**

Die 1909 als Schüttoff u. Baessler GmbH gegründete Maschinenfabrik nahm 1924 den Motorradbau auf. Auf der Basis dieser Fahrzeuge mit ihren stabilen Rohrrahmen stellte das Werk ab 1928 das Lastendreirad TG mit Pritsche oder Ladekasten her. Ein eigener Viertaktmotor mit 13,5 PS trieb über ein Dreiganggetriebe die Hinterachse an.

Im Jahre 1928 wurde das 500 Mann starke Unternehmen, inzwischen Jörgen S. Rasmussen gehörend, in die Schüttoff AG umgewandelt und ein Jahr später liquidiert. 1933 übernahm die Auto Union den stillgelegten Betrieb und gliederte ihn als Elektroteile-Werk in das Tochterunternehmen DKW ein. Von 1928 bis 1930 war der ehemalige AGA- und Horch-Ingenieur Erich Gruel im Schüttoff-Werk tätig, der nach einer Zwischenzeit bei BMW 1938 Leiter des Nutzfahrzeugbaus bei Henschel und 1942 Leiter des Nutzfahrzeugbaus bei Büssing-NAG wurde.

13,5-PS-Schüttoff Motorrad-Lieferwagen (1928).

Schüttoff-Lastendreiräder

Typ	Nutzlast in Tonnen	1. Baujahr	Motoren-hersteller	Zyl.	PS	Kühl.	Bohrung x Hub	Hubr. in ccm	Drehz.	Gew. in kg	Besonder-heiten
Schüttoff		1928	Schüttoff	1	6	L	72x85	346	3500		
Schüttoff		1928		1	12	L	72x85	346	4500		
Schüt. TG		1928		1	13,5	L	80x99	492	3000	270	

Schwabenthan u. Gomann

Maschinenfabrik Schwabenthan u. Gomann AG,
Berlin-Wedding, Chausseestraße 22 - 24,
ab 1925 (?) Berlin-Prenzlauer Berg, Saarbrücker Straße 22/24
1924 - 1926

Die gleichnamige Maschinenfabrik war als GmbH eine Tochtergesellschaft der Kabelmaschinenfabrik Otto Weiss (s. Weiss I) und war im Bau von Maschinen für die Gummi- und Asbest-Industrie tätig. 1922 wurde die Maschinenfabrik Schwabenthan & Gomann AG gegründet und stellte einen Dreirad-Lieferwagen unter der Bezeichnung »Transporette« mit angetriebenem Vorderrad her. 2,25-und 4-PS-DKW-Motoren kamen in die rund 70 gebauten 100- und 275-kg-Fahrzeuge der Ausführungen L und B zum Einbau.

Das Unternehmen war später im Bau von Holzvergaseranlagen und als Großgarage tätig.

Schwabenthan und Gomann »Transporette« (1926).

Schwenke

Robert Schwenke,
Berlin-Charlottenburg, Dahlmannstraße 31, 1921–1924

Im Jahre 1921 stellte das Ingenieurbüro IRS von Oberingenieur Robert Schwenke (1873–1944) ein elektrisch angetriebenes Fahrzeug für eine Nutzlast von 1000 kg her. Die »Schwenke-Lastkarre« besaß über den gegenüber den Hinterrädern größer dimensionierten Vorderrädern einen gekröpften Rahmen für den darunterliegenden Antriebsmechanismus. Gesteuert wurde der Wagen über Trittplatten und einen Lenkhebel.

Ein zweites Modell, bei dem alle Räder gelenkt wurden, stellte man 1923 vor. Die Vorderräder wurden über einen Kegelantrieb mit einem 1,2 bis 2,9 kW starken Motor in Bewegung gesetzt. Eine weitere Version gab es mit Allradantrieb mit einer Kettenübertragung zwischen der Vorder- und der Hinterachse.

Robert Schwenke hatte zunächst bei den Firmen C. Kliemt (s. d.) Wagenfabrik und Siemens-Schuckertwerke (s. d.) Fahrzeuge konstruiert. Danach widmete er sich unermüdlich der Entwicklung von Front- und Allradantriebsfahrzeugen. Beachtenswert war dabei sein 1925 mit dem Ingenieur Frh. Iwan Stientencron vorgestellter, technisch äußerst interessanter Frontantriebs-Pkw SS 3.

1,1–2,9-kW-Schwenke Transportkarren (1921).

Seidel & Naumann

Germania AG vorm. Seidel & Naumann,
Dresden, Hamburgerstraße 19, 1902–1907

Die 1868 gegründete Nähmaschinenfabrik richtete 1892 den Fahrradbau unter der Marke »Germania« als zweiten Schwerpunkt ein. Die Fahrradabteilung weitete das Produktionsprofil kurz nach der Jahrhundertwende auch auf den Bau von Motorrädern aus, die in Lizenz der böhmischen Marke Laurin & Klement entstanden.

Zwischen 1902 und 1907 wurden »Gepäck-Motor-Dreiräder« in Vorderlader-Bauart gefertigt. Einzylinder-Viertakter des Lizenzgebers mit einer Leistung von 3 PS trieben die Fahrzeuge an.

Aus dem im Jahre 1900 eingerichteten Produktionsbereich von Schreibmaschinen der Marke »Erika« ging nach der Enteignung 1945/46 im Jahre 1979 ein Teil des VEB Kombinates Robotron hervor. Dem reprivatisierten Werk mit den total heruntergewirtschafteten Gebäudeanlagen konnte der Neustart nach der Wende nicht gelingen.

3-PS-Seidel & Neumann »Gepäck-Motor-Dreirad Germania« (1902).

Siegel

Siegel u. Co., 1933

Hersteller eines Lieferwagens mit unbekannt gebliebenen Daten.

Siegel Maschinenfabrik

Feodor Siegel Maschinenfabrik,
Eisengießerei und Kesselschmiede,
Schönebeck/Elbe, Streckenweg 2/3, 1904–1911

Die Firma Siegel war 1868 als Maschinenfabrik, Eisengießerei und als Kesselschmiede von Georg und Feodor Siegel gegründet worden. Im Jahre 1904 nahm das Werk in der Abteilung »Waren-Motor-Wagenbau« die Produktion von Leicht- und Schnell-Lastwagen auf. Das erste Modell für 300 bis 600 kg Nutzlast war als Frontlenker mit einem eigenen, luftgekühlten Zweizylinder-V-Motor mit 9 PS ausgestattet. Zwei Spezialventilatoren und ein Kardansystem waren weitere Details dieses unter der Bezeichnung »WMW« (Waren-Motor-Wagen) angebotenen, 30 km/h schnellen Modells.

1909 folgte noch ein 12-PS-Vierzylinder in Haubenbauweise. Ein 1,5-Tonner, der ebenfalls als Kasten- und als Pritschenwagen gefertigt wurde. Das Unternehmen hob in der Werbung für diesen Kleinlaster hervor, dass »nahezu alle Teile außer Reifen und Kugellager aus eigener Fertigung« stammten.

9-PS-Siegel »Waren-Motor-Wagen« Pritschenwagen (1904).

6/12-PS-Siegel »Motorlastwagen« Pritschenwagen (1909).

6/12-PS-Siegel »Motorlastwagen« Kastenwagen (1909).

1911 musste die Firma Siegel Konkurs anmelden. Verschiedene Handwerksbetriebe zogen in das Fabrikgelände ein. Die Siegel-Villa diente nun als Logenhaus der Freimaurer, bis in den 1930er Jahren die Kreissparkasse einzog. Georg Siegel führte einen Teil des Programms in seiner neugegründeten Motor-Werke mbH Dessau (MWD) (s. d.) weiter.

Siegel-Lieferwagen

Typ	Nutzlast in Tonnen	1. Baujahr	Motoren-hersteller	Zyl.	PS	Kühl.	Bohrung x Hub	Hubr. in ccm	Drehz.	Gew. in kg	Besonder-heiten
Waren-Motor-Wagen Typ A	0,6	1907	Siegel	V2	9	L					
Siegel	1/1,2	1909		4	6/12	L					
Siegel 6/14	1/1,2	1910		4	14		70x100	1540			
Siegel 7/17	1/1,2	1910		4	17		74x106	1823			
Siegel 8/20	1/1,2	1910		2	20		74x120	2063			

Siegfried

Automobilwerk »Siegfried«, Arno Kohl-Krügel,
Plauen-Reissig, 1914

Das um 1907 von Arno Kohl-Krügel und seinem Kompagnon Mädler gegründete Automobilwerk »Siegfried« stellte unter den Bezeichnungen MUK und »Reissig« Personenwagen her. Im Jahre 1914 wurde der 9/26-PS-Typ auch als Lieferwagen angeboten. 1918 ist das Unternehmen erloschen.

9/26-PS-Automobilwerke »Siegfried« Kombinationswagen (1914).

Siemens-Schuckert

Siemens-Schuckertwerke GmbH Berlin, Autowerk Nonnendamm, Berlin, Nonnendamm
1. 1903–1908: **Siemens-Schuckertwerke GmbH Berlin, Autowerk Nonnendamm,**
Berlin, Nonnendamm
2. 1925–1928: **Siemens-Schuckertwerke AG,**
Berlin-Siemensstadt

6/10-PS-Siemens-Schuckert Geschäftswagen (1908).

Die Siemens & Halske AG richtete um die Jahrhundertwende im Berliner Nordwesten ein großes Fabrikareal ein. Die ausgedehnte Werks- und Wohnanlage erhielt später den Namen Siemensstadt.

Auch ein Automobilwerk unter dem Namen Siemens-Schuckertwerke GmbH wurde auf dem Gelände errichtet. Hier wurden die Schuckert-Briefpost-Dreiräder mit 1,1-kW-Motoren (s. Schuckert) gebaut.

Dann folgten erste Personenwagen mit Vergasermotoren der Motorenfabrik Körting in Hannover und mit benzin-elektrischem Antrieb, auch wurden ein 6/10-PS- und ein 6/12-PS-Typ mit offenem Fahrersitz und hinterem Ladekasten angeboten.

Als weiteres Elektromodell erschien 1905 der Typ B als Personenwagen, Droschke und als Lieferwagen mit einer 80-Volt-Batterie. Die Akkus befanden sich vor dem Vordersitz. Der Antrieb erfolgte über ein Differential auf die Hinterachse. Die Höchstgeschwindigkeit des von Oberingenieur Robert Schwenke (s. C. Kliemt Wagenfabrik und Schwenke) konstruierten Modells betrug 24 km/h. Siemens-Automobile wurden vor allem von der Berliner Firma Ludwig Loeb (LUC) vertrieben.

1908 übernahm Siemens die Protos-Werke, die damals einen gewissen Bekanntheitsgrad besaßen. Gleichzeitig wurde in Zusammenarbeit mit Büssing der eigene Motorenbau in der Eisenbahnbedarfsabteilung unter der Bezeichnung »Siemens & Halske Blockwerk« aufgenommen, weil verschiedene Fertigungszweige im Siemens-Konzern Verbrennungsmotoren benötigten; auch die späteren Rumpler- und (deutschen) Citroën-Fahrzeuge wurden mit Siemens-Motoren ausgestattet.

Zu erwähnen ist an dieser Stelle, dass Robert Schwenke nach dem Ersten Weltkrieg in seinem eigenen Ingenieurbüro Elektrokarren und später Allradantriebs-Fahrzeuge entwickelte.

Siemens-Schuckert Elektro-Transporter (1926).

5-kW-Siemens Typ B
»Elektrischer Geschäftswagen« (1905).

Siemens-Elektro Elektro-Transporter (1926).

Mitte der 1920er Jahre nahmen die Siemens-Schuckertwerke den Bau von elektrisch angetriebenen Nutzfahrzeugen auf. Ein breites Programm an straßentauglichen Elektrokarren und Lastwagen (für den Kommunaldienst) wurde bis zum Beginn des Zweiten Weltkrieges angeboten.

Siemens-Schuckert-Lieferwagen

Typ	Nutzlast in Tonnen	1. Baujahr	Motorenhersteller	Zyl.	PS	Kühl.	Bohrung x Hub	Hubr. in ccm	Drehz.	Gew. in kg	Besonderheiten
Typ G 6/10 PS	0,75	1907	Körting	4	10	Th	76x88	1596	1400		
Typ G 6/12 PS	0,75	1907		4	12	Th	75x85	1501	1500		

Siemens-Elektro-Transporter

Typ	Nutzlast in Tonnen	1. Baujahr	Motor	Leistung in kw	Drehzahl	Gewicht in kg	Besonderheiten
Typ B		1905	SSW	5			
Siemens	1,5	1924		0,5		1010	Gewichte ohne Batterien, Vierradlenkung
P 752	0,75	1925		0,8		630	auch 1,4 kW
Siemens	0,75	1926		0,5		700	
Siemens	1	1926		0,8		1665	auch 1,4 t
Siemens	0,75	1927		1		700	
Siemens	1,5	1928					

Simson

Simson u. Co., Waffenfabrik, Abt. Automobile,
Suhl i. Thüringen, Meininger Straße 222
1. 1913–1925: **Simson u. Co., Waffenfabrik, Abt. Automobile**
2. 1992–1997: **Simson, Suhler Fahrzeugwerk GmbH**

Die im Jahre 1745 gegründete und 1856 von den Brüdern Löb und Moses Simson übernommene Waffenfabrik im thüringischen Suhl begann 1911 unter der Geschäftsführung von Leonhard und Arthur Simson den Bau von anspruchsvollen Personenwagen unter der Marke »Auto-Simson«.

Der von Oberingenieur Fritz Sillmann konstruierte C-Typ mit einem 30-PS-Motor erschien 1913 und wurde im Ersten Weltkrieg vor allem als Sanitätsautomobil sowie ab 1921 als Lieferwagen hergestellt.

10/30-PS-Simson Typ C Kleinlaster (1921).

Nachdem während des Krieges Flugmotoren, Munitionswagen, Feldküchen und Regeldreitonner gefertigt worden waren, weitete das Unternehmen die Fahrzeugproduktion aufgrund der Versailler Restriktionen gegenüber der Rüstungsfertigung, dem eigentlichen Beschäftigungsfeld der Simson-Werke, aus. Als neuer Konstruktionschef schuf Oberingenieur Paul Henze nun eine Reihe technisch aufwändiger Modelle wie den Typ B mit einem 18-PS-, der Typ Co mit einem 40-PS- sowie das 45-PS-Modell Do.

10/30-PS-Simson Typ C Schnelllieferwagen (1921).

10/40-PS-Simson Typ Co Geschäftswagen (um 1922).

3,3-PS-Simson Lastendreirad SD 50 (1995). (Foto: Simson-Werk)

1934 musste die inzwischen bescheidene Automobilproduktion eingestellt werden. In der Zeit des Dritten Reiches (die jüdischen Besitzer waren enteignet und zur Flucht gezwungen worden) stellte das Berlin-Suhler Waffen- und Fahrzeug-Werke GmbH (Waffa), ab 1939 »Wilhelm Gustloff-Werke« genannte Unternehmen Motorräder und auch wieder Rüstungsgüter her. Ab 1945 produzierte das Werk, nun als VEB Fahrzeug- und Jagdwaffenwerk Ernst Thälmann bezeichnet, wiederum Waffen, aber auch Motorräder (Baumuster BMW 350 ccm) und vor allem DDR-Mopeds, wofür die Maschinenanlagen des ehemaligen Rheinmetall-Werkes in Sömmerda nach Suhl gebracht worden waren.

Das nach der Wende als Simson, Suhler Fahrzeugwerk GmbH geführte Unternehmen stellte 1992 ein Lastendreirad vom SD 50 vor, das von einem 3,3-PS-Zweitaktmotor angetrieben wurde. Simson versuchte damit, eine Lücke im kommunalen und gewerblichen Bereich sowie bei der Deutschen Post AG zu füllen.

Simson-Lieferwagen

Typ	Nutzlast in Tonnen	1. Baujahr	Motoren-hersteller	Zyl.	PS	Kühl.	Bohrung x Hub	Hubr. in ccm	Drehz.	Gew. in kg	Besonder-heiten
Typ C 10/30 PS		1913	Simson	4	30	Th	80x130	2612	1700		
Typ Co 10/40 PS		1919		4	40	Th	80x130	2612	1900		
Typ B 6/18 PS		1920		4	18	Th	70x102	1570	1600		
Typ Do		1921		4	45	Th	90x140	3538	1700		
SD 50	0,12	1992		1	3,3	L	38x44	49,8	5500	129	Lieferdreirad, Zweitaktmotor

Solomobil

Kraftwagenfabrik Solomobil GmbH,
Berlin-Mitte, Blankenfelderstraße 9, 1921–1922

E. Moll richtete 1920 einen Betrieb zur Herstellung einfachster dreirädriger Fahrzeuge für eine Person ein, wobei der Firmenname auf diese Kapazität hinwies. Ein Jahr später hatte er dieses Modell zu einem Tandemsitzer mit luftgekühltem 10-PS-Zweizylinder-V-Motor über dem Vorderrad weiterentwickelt. Mit einem Ladekasten anstelle des hinteren Sitzes entstanden auch Lieferdreiräder. Ende 1922 wurde die Automobil-Manufaktur aufgelöst.

Solomobil-Lieferdreirad

Typ	Nutzlast in Tonnen	1. Baujahr	Motoren-hersteller	Zyl.	PS	Kühl.	Bohrung x Hub	Hubr. in ccm	Drehz.	Gew. in kg	Besonder-heiten
Solo-mobil		1920		V2	10	L		498			Viertakt-motor

Spiess

Otto Spiess Fabrik patentierter Motorwagen,
Spandau b. Berlin, Schönwalder Straße 105, 1906–1907

Die 1894 gegründete und sich als »Fabrik patentierter Motorfahrzeuge« bezeichnende Manufaktur baute ihre 1906 vorgestellten 4,5-PS-Einzylinder- und 6-PS-Zweizylindermodelle mit Kettenantrieb auch als Lieferwagen, Marke »Triomobil«. Die Fahrzeuge waren in der Art der Cyklonetten konstruiert. Motoren von Fafnir, Kelecon, Minerva und Zedel wurden eingebaut. Mit dem Konkurs 1908 endete die Fabrikation.

Stahlbau München

Stahlbau München,
München, 1955–1956

Herstellung eines offenen Dreirad-Lieferwagens mit einem 6,7-PS-ILO-Motor. Das Fahrzeug bestand aus einem an der Knickstelle abnehmbaren Vorderteil und einer hinteren Ganzstahlmulde.

Stahlbau München Dreirad-Lieferwagen (1955).

Standard siehe Gutbrod

Steber

Autowerk Steber,
Frankfurt am Main, Ginnheimer Landstraße 75, 1926–1927

Ludwig Steber betrieb zunächst einen Garagenbetrieb, nach dem Ersten Weltkrieg eine Automobil- sowie Motorpflug-Handlung und widmete sich kurzzeitig auch dem Bau von Dreiradfahrzeugen für den Personen- und Lastentransport. Zwei- und Viertaktmotoren verschiedener Hersteller ab 2,5 PS trieben die Hinterachse an. In den 1930er Jahren betrieb Ludwig Steber eine Fahrschule.

Steber Lieferdreirad mit Kastenaufbau (1926).

10-PS-Steigboy Typ H Dreirad-Lieferwagen (1927).

Steigboy

Steigboy-Apparatebau GmbH,
Leipzig-Plagwitz, Elisabeth-Allee 69/73
(heute Erich-Zeigner-Allee) u. Gießerstraße 18, 1926–1930

Die Steigboy-Apparatebau mbH (später GmbH) wurde 1921 von dem Ingenieur Friedrich August Boysen und den Geldgebern Theodor Steigerwald und Bruno Schlensog zur Herstellung von »Vacuum«-Schalldämpfern gegründet.

Im Jahre 1926 offerierte das Werk den Dreirad-Hinterlader Typ L für 300 kg, der auf einem Stahlblechrahmen aufgebaut war. Ein 4-PS-Villiers- oder DKW-Motor trieb über ein Zweiganggetriebe das linke Hinterrad an. Die Höchstgeschwindigkeit betrug 50 km/h.

Ein für 350 kg Nutzlast ausgelegtes Modell mit einem 6-PS-DKW-Motor löste das Anfangsmodell ab. Um die Kippgefahr zu minimieren, waren alle drei Räder abgefedert.

10-PS-Steigboy Typ H Dreirad-Lieferwagen (1928).

4-PS-Steigboy Typ L Lasten-Motorrad (1930).

Den ab 1927 gebauten »Steigboy Schnell-Lieferwagen Typ H« in Vorderladerbauart trieb ein 10 oder 12 PS starker Villiers-Zweitakt-Motor an. Eine Sitzbank konnte über dem Hinterrad des Halbtonners angebracht werden.

Schließlich erschien 1930 noch der Frontlader Typ G für 650 kg, angetrieben von einem 12-PS-Stumey-Archer-Viertakter. Nach rund 85 Exemplaren musste das Unternehmen im gleichen Jahr Konkurs anmelden.

Friedrich Boysen fand 1931 eine neue Arbeitsstätte bei der Firma Jakob Eberspächer in Esslingen, die Verglasungen für Sheddächer herstellte. Mit seiner Erfahrung und seinen Patenten richtete Eberspächer, jetzt unter der Firmierung J. Eberspächer GmbH & Co. KG, eine Abteilung zur Herstellung von Schalldämpfern ein, die überaus erfolgreich in diesem Metier wurde. Nach dem Krieg gründete Friedrich Boysen die Friedrich Boysen GmbH & Co. KG in Stuttgart, die heute mit Sitz in Altensteig zu den führenden Anbietern der Abgastechnologie zählt.

Steigboy-Lieferdreiräder

Typ	Nutzlast in Tonnen	1. Baujahr	Motoren-hersteller	Zyl.	PS	Kühl.	Bohrung x Hub	Hubr. in ccm	Drehz.	Gew. in kg	Besonder-heiten
Steigboy	0,3	1926	DKW	1	4,5	L	64x64	206	3500		
Steigboy	0,5		JAP	2	12				500		
Steigboy H	0,5	1927	Villiers	1	10	L	79x70	342	3000	225	auch 12 PS
	0,5	1929	Sturmey-Archer	1	12	L	79x101	498	3500	345	
Steigboy G	0,65	1930		1	12	L	79x101	498	3500	340	
Steigboy L	0,3	1930	DKW	1	6	L	63x64	198	3500	300	

Still

Hans Still Motorenfabrik GmbH,
Hamburg 74, Berzeliusstraße 10
1. 1950–1952: **Hans Still Motorenfabrik GmbH**
2. 1952–1954: **Hans Still AG**

Auf der Berliner Autoschau von 1950 stellte die für ihre Gabelstapler und Elektrokarren bekannte Firma Still den 1,5-Tonner EWL 1502 mit einer weit vorragenden Fahrerkabine vor. Zwei 2,2-kW-Hauptschlussmotoren trieben je eine Hinterachshäfte an. Die beiden 40-Volt-Batterien waren in Kästen beiderseitig am Einrohrfahrgestell des Elektrotransporters angebracht. Die Höchstgeschwindigkeit lag zwischen 22 und 25 km/h. Die ersten 60 Modelle reklamierte die britische Besatzungsmacht.

Als zweites Modell erschien 1952 ein 1,4-Tonner, der auf der Basis des Tempo »Matador 1400« entstand, wobei Still die angelieferten Fahrzeuge mit der elektrischen Anlage ausrüstete. Rund 300 Elektrolieferwagen wurden von Still hergestellt.

Nachdem der Volkswagen-Transporter den Lieferwagen-Markt beherrschte, konzentrierte sich die Still AG wieder ganz auf die Fertigung von Elektrokarren und Gabelstaplern.

2x1,6-kW-Still EWL 1502 Elektro-Transporter (1950).

Still EWL-Fahrgestell.

Still lieferte auch Elektro-Ausrüstungen an die Maschinenfabrik Esslingen, die ebenfalls Elektro-Fahrzeuge herstellte. Mit der Daimler-Benz AG, die die Maschinenfabrik Esslingen im Jahre 1964 übernommen hatte, gründete Still die Fahrzeugwerke Esslingen GmbH, die gemeinsam entwickelte Elektrokarren-Modelle vertreibt.

Still-Transporter

Typ	Nutzlast in Tonnen	1. Baujahr	Motor	Leistung in kw	Drehzahl	Gewicht in kg	Besonderheiten
EWL 1502	1,4	1950	Still	2x2,2		2100	
Still-Matador 1400	1,4	1952	Still	2x2,2		2440	

Stobernack siehe Motrix

Stock Fahrzeugbau

W. Stock Fahrzeugbau GmbH,
Leipzig, Lütznerstraße 15 u. 186, 1927–1935

Der Stock Fahrzeugbau stellte einen dreirädrigen Hinterlader mit Fahrerkabine und dem 6-PS-DKW-Antriebsaggregat über dem Vorderrad her. Auch mit dem 7/8-PS-Aggregat konnte der für 650 kg Nutzlast ausgelegte Lieferwagen mit Fahrerhaus geliefert werden.

6-PS-Stock Fahrzeugbau Dreirad-Lieferwagen-Anzeige (1932).

Stock I Lieferdreirad

Typ	Nutzlast in Tonnen	1. Baujahr	Motorenhersteller	Zyl.	PS	Kühl.	Bohrung x Hub	Hubr. in ccm	Drehz.	Gew. in kg	Besonderheiten
Stock		1925	Stock	1	2	L	55x50	119	3000		

Stock Motorrad

Stock-Motorrad AG, Abt. der Stock-Motor-Pflug AG,
Berlin-Mitte, Neue Königstraße 63– 65
(heute Otto-Braun-Straße), 1925

Das vornehmlich im Spiralbohrer-, Telefon-, Tragpflug- und Raupenschlepperbau tätige Unternehmen, 1887 gegründet von Robert Stock (1858–1912), richtete 1923 die Stock-Motorradfabrik ein, die mit dem Nachbau des »Evans«-Motorrades aus Rochester/USA ein beliebtes Modell im Programm führte. Das 2 PS starke Motorrad wurde 1925 auch mit einem hinteren Kastenaufbau als Lastendreirad gebaut. Ein Lederkeilriemen übertrug die Kraft. Die wirtschaftlichen Schwierigkeiten überstand die einst größte Berliner Motorradfabrik unter den Fittichen des schwedischen Kahn-Konzerns. Als dieser aufgrund der politischen Veränderungen 1933 aufgelöst wurde, ging die Motorradfabrik unter.

2-PS-Stock Lastenmotorrad (1927).

Stock II Dreirad-Lieferwagen											
Typ	Nutzlast in Tonnen	1. Baujahr	Motoren-hersteller	Zyl.	PS	Kühl.	Bohrung x Hub	Hubr. in ccm	Drehz.	Gew. in kg	Besonder-heiten
Stock-Liefer-wagen	0,65	1932	DKW	1	5	L	60x68,5	194	3500		
	0,65	1932		1	6,5	L	74x68,5	295	3500		

Stoewer

Gebr. Stoewer, Fabrik für Motorfahrzeuge OHG,
Stettin-Neutorney, Falkenwalder Straße 186

1. 1898–1899: **Stettiner Eisenwerk, Bernhard Stoewer sen. OHG,** Stettin
2. 1899–1905: **Gebr. Stoewer, Fabrik für Motor-Fahrzeuge und Fahrrad-Bestandtheile OHG,** Stettin-Neutorney, Falkenwalder Straße 186
3. 1906–1916: **Gebr. Stoewer, Fabrik für Motorfahrzeuge OHG**
4. 1916–1942: **Stoewer-Werke AG, vorm. Gebr. Stoewer**

Der Mechaniker und Büchsenmacher Bernhard Stoewer (1834–1908) gründete 1858 eine Nähmaschinenfabrik, der 1893 eine Fahrrad- und 1901 eine Schreibmaschinenfabrik angegliedert wurde. Die Firma befand sich in Stettin-Grünhof und existierte mit diesen Produkten bis 1931.

1896 richtete Bernhard Stoewer (sen.) mit seinen Söhnen Emil (1873–1942) und Bernhard (1875–1937) ein weiteres Werk in Stettin-Neutorney ein, das zunächst als Stettiner Eisenwerk, Bernhard Stoewer sen. geführt wurde und Werkzeugmaschinen, Eisenteile und Fahrradteile (bis 1905) herstellte. Nachdem der Seniorchef seinem Sohn Emil die kaufmännische und seinem Sohn Bernhard die technische Leitung des neuen Werkes übertragen hatte, firmierte man ab 1899 als Gebr. Stoewer, Fabrik für Motor-Fahrzeuge und Fahrrad-Bestandtheile. Aus diesem Unternehmen entwickelte sich die bekannte Stoewer-Automobilfabrik.

1897 hatte der 24-jährige Emil Stoewer in Paris erstmals ein Automobil gesehen. Noch im gleichen Jahr richtete er mit seinem Bruder den Bau von Dreiradfahrzeugen mit DeDion-Motoren ein, denen Personen- und Lasten-Nachläufer aufgesattelt werden konnten. 1899 übernahmen die Söhne des Firmengründers als alleinige Inhaber das Gesamtunternehmen. Im Kriegsjahr 1916 ging die Firma in die Rechtsform einer Aktiengesellschaft über; umfangreiche Neubauten hatten die Kapazitäten für die prosperierende Fahrzeugfertigung – vor allem Nutzfahrzeuge während des Ersten Weltkrieges – erweitert.

3,5-PS-Stoewer Lastendreirad (1898).

18-PS-Stoewer L 2 »Lieferungswagen« (1906).

18-PS-Stoewer L 2 »Lieferungswagen« (1909).

14-PS-Stoewer L T4 »Lieferungswagen« (1910). (Foto: Dr. Hans Mai)

6/18-PS-Stoewer C 1 »Lieferungswagen« (1913).

Als erstes Vierrad-Lieferfahrzeug erschien ein Typ 10 mit zwei Elektromotoren mit je 2,4 kW. In Presseartikeln wurde die eigens hergestellte Akkumulatorenanlage hervorgehoben. 1905 folgte auf dem verlängerten Fahrgestell des Personenwagens P 2 das Lieferwagenmodell L 2 mit einem 18-PS-Zweizylindermotor, und 1908 kam ein 750-kg-Lieferwagen auf der Basis des 9/12 PS G 4 mit einem Dreiganggetriebe hinzu. Nach weiteren Modellen präsentierte das Werk im Jahre 1913 neue 18- und 28-PS-»Schnellieferwagen« mit Kastenaufsätzen auf Fahrgestellen der robusten Personenwagen der C-Baureihen.

Die Personen- und Lieferwagenfertigung für zivile Zwecke ruhte während des Ersten Weltkrieges. Die Modelle C 5 und C 6 sowie das spezielle Heeresmodell H 12 erhielten Militär-Pkw-, Lkw- und Sanitätswagen-Aufbauten. 1919 konnte Stoewer auch seinen D 3 mit einem neuen 24-PS-Motor in einer Lieferwagenausführung anbieten.

Bernhard Stoewer schied 1920 als Technischer Direktor des Werkes aus und trat in den Aufsichtsrat ein. Zu seinem Nachfolger ernannte man Dr.-Ing. Richard Colell. Da die Inflationszeit der 1920er Jahre das Unternehmen in erhebliche Schwierigkeiten gebracht hatte, musste die Belegschaft von 2000 Mitarbeitern auf nur noch 1000 reduziert werden. Darüber hinaus musste eine Geschäftsaufsicht beantragt werden. Die technische Leitung übernahm nun für kurze Zeit Direktor Max Böttcher von den AGA-Fahrzeugwerken.

Als moderne Konstruktion bot das Stoewer-Werk 1923 den vom Pkw-Modell D 9 abgeleiteten Lieferwagen mit 32-PS-Motor an. Die Nutzlast lag bei 0,7 Tonnen. Halbelliptikfedern mit Spiralstoßdämpfern kennzeichneten die moderne Konstruktion.

6/18-PS-Stoewer C 1 »Lieferungswagen« (1914).

10/26-PS-Stoewer Armee-Pritschenwagen (1915).

10/30-PS-Stoewer C 6 Armee-Pritschenwagen (1916). (Foto: Dr. Hans Mai)

6/18-PS-Stoewer Schnelllieferwagen D 2 (1921).

Mit dem speziellen Kleinlastwagen-Modell 1 T 1 (mit Pritschen- und Kastenwagenaufbau) für maximal 1,3 Tonnen Nutzlast erweiterte Stoewer in dieser Zeit sein schmales Nutzfahrzeugprogramm, zumal der Lastwagenbau nach dem Ersten Weltkrieg nur noch am Rande betrieben wurde. Ein gedrosselter, langhubiger 28-PS-Motor mit – wie stets – stehenden Ventilen trieb den in gerade mal zehn Exemplaren verkauften Kleinlaster an. Mit einem 55-PS-Sechszylindermotor baute das Werk ab 1924 den Personen-, Liefer- und Krankenwagentyp D 12, der ab 1925 als D 12 V mit Vierradbremsen und ab 1925 als D 12 VM mit der Viergang-Mittelschaltung angeboten wurde. 1927 erschien die Ausführung LF 6 mit einer 30-PS-Maschine, ein Spezialmodell des Pkw-Typs F 6.

9/38-PS-Stoewer Lieferwagen D 9 (1925).

Schließlich kam noch ein Liefermodell mit einem Kastenaufbau auf der Basis des Reihen-Achtzylinders S 10 (50 PS) hinzu. Dieses schwer verkäufliche Achtzylindermodell konnte genauso wie die Typen M 12 (60 PS) und G 15 (80 PS) zumindest in einigen Exemplaren als Krankentransportwagen abgesetzt werden.

28-PS-Stoewer T 1 Kleinlastwagen (1926).

6/30-PS-Stoewer LF 6 Lieferwagen (1928).

10/55-PS-Stoewer S 10 Lieferwagen (1929). (Foto: Dr. Hans Mai)

35-PS-Stoewer-Morris 1,5-t-Kleinlaster (1931).

45-PS-Stoewer R 180 Lieferwagen (1935.).

Trotz erneuter finanzieller Schwierigkeiten während der Zeit der Weltwirtschaftskrise konnten, als Bernhard Stoewer ab 1929 wieder die offizielle technische Leitung innehatte, moderne Personen- und dabei auch Lieferwagenmodelle entwickelt werden. Den unbedeutend gewordenen Lastwagenbau gab man 1931 endgültig auf, nachdem die geplante Lizenzproduktion eines 35 PS starken 1,5-Tonners der englischen Marke Morris gescheitert war.

Die von Bernhard Stoewer entworfenen Baureihen V 5 von 1931, R 140 von 1933 und R 150 von 1934 erschienen in kleinen Serien auch mit Lieferwagenaufbauten. Als es zu Meinungsverschiedenheiten wegen der zu betreibenden Modellpolitik im Aufsichtsrat kam, schied Bernhard Stoewer 1934 aus der Firma aus.

Bis zum Kriegsbeginn wurden dann unter dem Vorstand und Direktor Karl Trefz (1890–1947) die bekannten Personenwagen »Greif« mit luftgekühltem 34-PS-Motor nach Tatra-Lizenz, »Sedina« (60 PS) und »Arkona« (90 PS) produziert. In geringer Stückzahl gab es den »Greif« und den »Sedina« als Liefer- und Ambulanzwagen.

Während des Krieges produzierte Stoewer den leichten Einheits-Militär-Pkw, Tragkraftspritzen mit und ohne Anhänger sowie in Lizenz das NSU-Kettenkrad HK 101. Bei Kriegsende musste auf Anordnung der Rüstungsbehörden ein Teil des Maschinenparks nach Röbel am Müritzsee verlagert werden, wo in einer zugewiesenen Landwirtschaftshalle Ersatzteile hauptsächlich für den Einheits-Pkw der Wehrmacht produziert werden sollten. Die Maschinen wurden jedoch schon rasch von der vorgedrungenen Sowjetischen Armee beschlagnahmt. Die Produktionseinrichtungen des Stoewer-Werkes in Stettin wurden nach Kriegsende demontiert und nach Miass in den Ural (Lkw-Werk UralAZ) geschafft.

Mitte der 1950er Jahre erhielt die wenig durch Kriegseinwirkungen beschädigte Fabrikanlage eine neue Maschinenausstattung. Dort erfolgte die Herstellung des polnischen Motorrads Junak und des Kleinwagens Gryf der Firma SFM (Szczeci ska fabryka motocykli). Seit den 1960er Jahren fertigte die neue Firma Fabryka mechanizmów samochodowych »Polmo« in dem ehemaligen Stoewer-Werk Teile für die Fiat-Polski-Modelle.

In den westdeutschen Stoewer-Filialen war ursprünglich eine Neuaufnahme der Automobil-Produktion geplant. Alle Filialen sollten Teile fertigen; die Endmontage sollte in der (allerdings zu 90 Prozent zerstörten) Hamburger Filiale erfolgen. Nach dem plötzlichen Tod von Karl Trefz im Jahre 1947 hatte das Comeback dieser Marke keine Chance mehr.

Stoewer-Lieferwagen

Typ	Nutzlast in Tonnen	1. Baujahr	Motoren-hersteller	Zyl.	PS	Kühl.	Bohrung x Hub	Hubr. in ccm	Drehz.	Gew. in kg	Besonder-heiten
Stoewer-Motor-dreirad		1898	De Dion-Bouton	1	1,75	L					
L 2	0,75	1905		2	18	W	110x120	2281	1300		
PK 4	0,75	1909		4	18		90x100	2544	1400		
G 4	0,25	1909		4	12	Th	75x88	1555	1500		
LT 4	0,35	1910		4	14	Th	75x88	1555	1400		
LT 4l	0,35	1910		4	16	Th	65x118	1566	1600		
B 1	0,4	1911		4	16	Th	65x118	1566	1800		
B 2	0,6	1911		4	22	W	78x118	2255	1600		
C 1	0,45	1913		4	18	Th	75x88	1555	1800		
C 2	0,6	1913		4	28		80x120	2412	1600		Kranken-wagen als Typ C 2K
C 5	0,4	1913	Stoewer	4	18	Th	75x88	1555	1800		
C 6	0,6	1915		4	28	W	80x120	2412	2000		
D 3	0,6	1919		4	24	W	75x120	2121	2000		
D 9	0,7	1923		4	32	W	78x120	2294	2100	1400	
D 12	0,9	1924		6	55	W	78x118	3383	2700		auch als Kranken-wagen
1 T 1	1,5	1924		4	28	W	83x120	2597	1300	2000	
LF 6	0,65	1927		4	30	W	70x102	1570	3000		auch als Kranken-wagen
S 10	0,75	1928		8	50	W	62x102	2464	3500		
V 5	0,3	1931		4	25	Th	68x82	1191	2800		
R 140	0,3	1933		4	30	Th	70x88	1355	3500		
R 150	0,3	1934		4	32	Th	72x90	1466	3600		
Greif	0,5	1935		4	36	L	75x84	1484	3200		
Sedina	0,75	1937		4	60	W	85x106	2406	3500		auch als Kranken-wagen

Streetscooter

Streetscooter GmbH, Aachen, Jülicher Str.
1. 2014: **Street Scooter GmbH,** Aachen, Jülicher Str.
2. 2014–2020: **Streetscooter GmbH**

Aus einer Forschungsinitiative an der Technischen Hochschule (RWTH) Aachen ging 2010 die Street Scooter GmbH hervor, die einen Stadtlieferwagen in Haubenbauweise entwickelte und ab 2014 bei Talbot Services im ehemaligen Talbot-Werk in Aachen in rund 200 Exemplaren montieren ließ. Das für den innerstädtischen Liefer- und Paketzustelldienst konzipierte Elektroauto mit der Bezeichnung »Work« besitzt einen Stahlrahmen und ist weitgehend mit Leichtmetall- oder Kunststoffteilen aufgebaut. Ein 48-kW-Synchronmotor treibt die Vorderräder der Erstversion an. Der Litium-Ionen-Akkumulator ist im doppelten Boden unter dem Fahrerhaus untergebracht und ermöglicht dem Fahrzeug eine maximale Reichweite von 100 km, ausreichend für den Einsatz als Postfahrzeug bei nicht zu kalter Witterung. Die nur in Einzelstücken gebaute Pritschenversion (Typ Pickup) und die Ausführung mit Ladekasten (Typ Box), zugänglich von drei Seiten, waren für 720 kg Nutzlast ausgelegt. Der ursprünglich anvisierte Verkaufspreis von 5000 EUR erwies sich als illusorisch; das Fahrzeug wurde für 42.781 EUR verkauft.

Im Herbst 2014 übernahm die Deutsche Post die Konstruktion und trat in den Räumlichkeiten des Talbot Werkes als eigenständiger Fahrzeughersteller auf. Die Kapazität des Akkumulators wurde verdoppelt, so dass die Reichweite auf 200 km stieg, wenn auch die Nutzlast auf knapp über 600 kg verringert wurde. Der Preis des spärlich ausgestatteten Paket-Wagens stieg allerdings auf 48.731 EUR. Aber nicht nur der Preis stieg in die Höhe, ohne die tatsächlichen Kosten zu decken. Auch in völliger Verkennung der Marktlage wurde eine jährliche Stückzahl von 10.000 Exemplaren angepeilt.

2016 kündigte die Post die etwas größere Version »Work L« mit vergrößertem Aufbau und damit einer um 30 Prozent erhöhten Ladekapazität an. Der Verkaufspreis betrug bei diesem Modell 54.086 EUR. Für Kommunen bot man mit wenig Erfolg den Elektro-Kipper »Work Orange« an.

Ein Jahr später beschloss man, einen weiteren Standort für eine auf ebenfalls jährlich 10.000 Stück geplante Produktion in den leerstehenden Hallen eines ehemaligen Autozulieferers in Düren einzurichten, wo die Montage zwei Jahre später aufgenommen werden sollte.

Ende 2018 stellte man fest, dass der Elektrowagen einen Verlust von 70 Millionen eingefahren hatte, so dass entschieden wurde, die Streetscooter-Fertigung zu verkaufen. Zu Beginn des Jahres 2020 präsentierte die Streetscooter GmbH noch hoffnungsvoll eine überarbeitete Version mit endlich akzeptabler Innenausstattung und einer auf 1 Tonne erhöhter Nutzlast. Die Reichweite betrug jetzt 160 km; die Schnellladung sollte innerhalb von fünf Stunden erfolgen.

Da aber inzwischen selbst ein chinesischer Interessent abgesprungen war und die Verluste jetzt bei 100 Millionen lagen, wurde die Produktion im Jahre 2020 eingestellt. Insgesamt waren 15.351 Fahrzeuge innerhalb von sechs Jahren hergestellt worden, die vorwiegend an die Deutsche Post gingen. Größere Serien konnten an einen Fischvermarkter, einen Netzbetreiber, einen englischen Milchzusteller und eine japanische Postgesellschaft verkauft werden. Die Streetscooter GmbH fungiert seitdem mit einer Restmannschaft als Betreiber der Bestandsflotte.

Eine weitere Aktivität stellte die Kooperation mit den Kölner Ford-Werken dar. Hier handelte es sich um die Entwicklung des Elektro-Transporters »Work XL« auf Basis des Ford »Transit«, der seit 2018 aus dem Ford-Werk Otosan in der Türkei kommt.

Scooter-Lieferwagen

Typ	Nutzlast in Tonnen	1. Baujahr	Motor	Leistung in kw	Drehzahl	Gewicht in kg	Besonderheiten
Streetscooter	0,72	2010		48		1460	
Streetscooter Work	0,6	2014		48		1595	Dauerleistung 38 kW
Streetscooter Work L	0,900	2018		48		1695	

38/48-kW-Streetscooter Lieferwagen (2020).

Süddeutsche Automobil-Fabrik siehe Bergmanns Industriewerke

SUN

SUN Motortechnische Gesellschaft mbH,
Berlin-Kreuzberg, Charlottenstraße 15b, 1920–1924

Nach dem Ausscheiden aus den Argus-Werken gründeten die Brüder Emile und Henri Jeannin die SUN-Automobilfabrik. Abgeleitet vom SUN-Tandemsitzer »Cycle-Car« entstanden »Lieferungswagen« mit Zweizylinder-V-Motor.

Talbot

Richard Talbot, Spezialfabrik für Elektro-Fahrzeuge GmbH,
Berlin-Friedrichshagen, Müggelseedamm 68/70, 1937–1946

Richard Talbot (1896–1987), Teilhaber der Waggonfabrik Talbot in Aachen, richtete 1938 in Berlin-Friedrichshagen in dem stillgelegten Zweigwerk der einstigen Albatros-Flugzeug-Werke GmbH eine Fahrzeugfabrik ein, die den Wünschen der NS-Regierung nach Fahrzeugen mit Antrieben aus »heimischer Produktion« nachkam. Elektrokarren, Elektro-Liefer- und Lastwagen sowie Zugmaschinen standen im Angebot. Talbot verzichtete auf Eigenkonstruktionen und nutzte dafür antriebslose Serienfahrzeuge verschiedener Hersteller. So basierte der Talbot EL 800 auf dem Ostner Rex 4 mit 3,5-kW-Hauptschlussmotor, der EL 1500 auf dem Hansa-Lloyd L 2000 S (ab 1939 Borgward L 2300 S. Die technische Besonderheit der Talbot-Fahrzeuge war die patentierte, vollautomatische Zweistufen-Schaltung.

Mit Kriegsbeginn musste die Serienfertigung – außer von Elektrokarren – eingestellt werden. 1945/46 setzte der Betrieb noch vorhandene Baugruppen zu Fahrzeugen zusammen. Richard Talbot übernahm nach der Enteignung den Wiederaufbau des Aachener Werkes.

3,5-kW-Talbot Elektro-Kastenwagen auf Framo-Basis (1938).

4,4–8,8-kW-Talbot 1500 Elektro-Lieferwagen auf Ostner-Basis (1940). (Foto: Jürgen Klein)

3,5-kW-Talbot 1500 Elektro-Kastenwagen an der Strom-Tankstelle (1940).

8,8-kW-Talbot Typ EL 1000/EL 1500 auf Hansa-Lloyd-Basis (L 2000) (1938).

3,5-kW-Talbot Elektro-Kombinationswagen auf VW-Kübelwagen-Chassis (um 1946). (Foto: Hans Pairan)

Talbot-Lieferwagen							
Typ	Nutzlast in Tonnen	1. Baujahr	Motor	Leistung in kw	Drehzahl	Gewicht in kg	Besonderheiten
Talbot 800	0,6 - 0,8	1937		3,5	1100		

TAMAG

Maschinenfabrik und Fahrzeugbau Ernst Wilhelm Taschner GmbH,
Krefeld, Neuer Weg 20/40, 1932–1934

Mit einem 6-PS-DKW- oder ILO-Motor und Antrieb auf das Vorderrad stattete die 1920 eingerichtete Maschinenfabrik mit dem Markennamen Tamag einen auf einem Zentralrohrrahmen mit Quertraversen aufgebauten führerschein- und steuerfreien Dreiradlieferwagen mit Pritsche und Kasten (in Stabholzbauweise) für 750 kg Nutzlast aus. Anstelle des zunächst offenen Fahrerplatzes erhielt das Fahrzeug später eine Kabine. Der »Schnelllieferwagen« konnte auch mit einem 9-PS-DKW-Motor ausgerüstet werden (298 ccm). Hinzu kam eine Sattelschlepperversion mit einem 3,5 m langen Auflieger für 1 Tonne Nutzlast. Als Vertriebsorganisation diente die Deuliewag (Deutsche Lieferwagen-Gesellschaft mbH) in der

9-PS-Tamag Dreirad-Sattelschlepper (1934). (Foto: Thomas Ulrich)

Berliner Friedrichstraße 130, aus der 1937 die Deuliewag-Schlepperfabrikation hervorging.

Auf Dreiradfahrgestelle mit hinterem Einzelrad setzte Taschner Personenwagen-Karosserien auf. Bei beiden Baureihen blieb der Erfolg aus.

Tamag											
Typ	Nutzlast in Tonnen	1. Baujahr	Motoren-hersteller	Zyl.	PS	Kühl.	Bohrung x Hub	Hubr. in ccm	Drehz.	Gew. in kg	Besonder-heiten
Tamag	0,75	1933	ILO	1	6	L	61x68	197	3400		
Tamag	0,75	1933	DKW	1	7	L	60x68,5	194	3500		
Tamag		1933		1	9	L	74x68,5	297	3500		

Taunus

Taunus Automobilfabrik GmbH,
Frankfurt a. Main, Adalbertstraße 61, 1907–1909

Die ehemaligen Adler-Ingenieure Hans Hirsch und Erich Lichtenstein sowie der Stoewer-Chefingenieur Georg(e) Hoffmann richteten in einer Frankfurter Schmirgel- und Maschinenfabrik ein Unternehmen ein, das »in aller Stille bereits einige Luxusautomobile in tadelloser Ausführung gebaut« hatte und »den Bau jeder Gattung aufnehmen« sollte.

Neben Personen-, leichten Lastwagen und Hotel-Omnibussen baute man einen Lieferwagentyp mit einem eigenen ohv-14-PS-Motor und einem Dreiganggetriebe. Die Autos wurden unter den Namen »Taunuswagen« oder »Saalburg-Automobile« vertrieben. Neben dem Namenszug war auf einem Emailleschild das Eingangstor der Saalburg abgebildet, die sich zu dieser Zeit höchster kaiserlicher Aufmerksamkeit erfreute.

Die Taunus Automobilfabrik, die daneben auch Fahrzeuge verschiedener Marken anbot, arbeitete stets mit Verlust. Weder mehrmalige Neubesetzungen der technischen und kaufmännischen Führungspositionen noch eine Kapitalerhöhung im Jahre 1908 konnten zu einer Gesundung beitragen. Die Schmirgel- und Maschinenfabrik als Muttergesellschaft sah sich daher gezwungen, ihre Beteiligung an der Automobilfabrik 1909 abzuschreiben und den Automobilbau stillzulegen.

Ingenieur Hoffmann gründete am Rebstöcker Flughafen in Frankfurt a. Main eine Werkstatt für Flugmotoren. Im Ersten Weltkrieg ging er dann zu der Gnadenbergerschen Maschinenfabrik Georg Goebel in Darmstadt und konstruierte dort Flugzeug-Umlaufmotoren. Nach der Kriegszeit arbeitete er bei der Firma Bugatti und wechselte 1919 zum FAFAG-Automobilwerk in Darmstadt. Anschließend ist er noch bei der Hessischen

Automobilgesellschaft (HAG) in Darmstadt nachzuweisen, wo er ebenfalls Motoren konstruierte.

In den Hinterhof-Gebäudeanlagen der einstigen Taunus Automobilfabrik versuchten mehrere Automobilhandlungen ohne großen Erfolg Fuß zu fassen, so zuletzt die Marken Glas, Honda und (Simca-)Talbot.

Taunus-Lieferwagen

Typ	Nutzlast in Tonnen	1. Baujahr	Motorenhersteller	Zyl.	PS	Kühl.	Bohrung x Hub	Hubr. in ccm	Drehz.	Gew. in kg	Besonderheiten
Taunus 6/14	0,5	1907	Taunus	4	14	Th	78x80	1528	1400		Prototyp ?
Taunus 6/12	0,5	1909		4	12	Th	79x80	1568	1400		
Taunus 8/16	0,5	1909		4	16	Th	80x95	1910	1400		

Tempo siehe Vidal

Teupen

Maschinenfabrik Bernhard Teupen OHG, Ochtrup, 1959

Unter der Bezeichnung »D 15 Teupena« bot dieses von 1922 bis 1972 bestehende Unternehmen einen landwirtschaftlichen Transporter mit unterschiedlich großer Bereifung an.

15-PS-Teupen »D 15 Teupena« landwirtschaftlicher Transporter (1979).

Theiss

Dipl.-Ing. Carl Theiss,
Berlin-Charlottenburg, Schlossstr. 67a, 1930–1933

Der vom Flugzeugbau (Halberstädter Flugzeugwerke) kommende Dipl.-Ing. Carl Theiss konstruierte einen stromlinienförmigen, dreirädrigen Personenwagen mit einem ILO-6,5-PS-Zweitaktmotor mit 198 ccm im Heck, der auch mit hinterem Ladekasten geliefert werden sollte. Auch ein Vierrad-Frontlenker-Modell hatte er auf dem Zeichenbrett.

Tornax

Tornax-Werk Ernst Wewer,
Wuppertal-Langerfeld, Schwelmer Straße 100–108, 1950

Der Goldschmied und Motorrad-Enthusiast Ernst Wewer gründete 1926 eine Motorradfabrik, die Maschinen mit Columbus- und englischen JAP-Motoren herstellte. Als nach 1933 die englischen Triebwerke nicht mehr beschafft werden durften, ging er zum Einbau von ILO-Motoren über. 1950 erschien ein Motorrad-Gespann mit einem Kastenaufbau, angetrieben von einem 6-PS-ILO-Motor. Mit Einsetzen der Absatzkrise in der deutschen Motorradindustrie beendete Wewer 1955 Tornax-Motorradfertigung. In den Achtziger Jahren des vergangenen Jahrhunderts vertrieb der einstige Hersteller italienische Motorräder mit dem Tornax-Logo.

9-PS-Tornax Liefermotorrad mit Seitenwagen (1950).

Tourist

Tourist Automobil-Werke GmbH,
Berlin-Tempelhof, Ringbahnstraße 36
1. 1910–1911: **Tourist Automobil-Werke GmbH,**
Berlin-Tempelhof, Ringbahnstraße 36
2. 1911–1920: **Berliner Automobil-Fabrik Torpedo, Edgar Goldschmidt u. Georg Beck u. Co.,**
Berlin-Friedrichshain, Georgenkirchstraße 40 u. 46

Die 1907 gegründeten Tourist Automobil-Werke wurden von Graf von Alten geführt, der durch seine Veröffentlichungen über geländegängige Militärfahrzeuge bekannt geworden war.

Neben einem Personenwagenmodell baute die Firma das »Tourist«-Dreirad auch als Lieferwagen. Das auf einem gepressten Stahlrahmen aufgebaute Fahrzeug besaß als charakteristische Besonderheit eine schräg liegende Steuersäule für das Vorderrad.

Der eigene luftgekühlte Zweizylinder-V-Motor leistete 6/7 PS und übertrug seine Kraft über ein Vorgelege und ein Zweiganggetriebe mit einem Leerlauf auf die Hinterachse. Auch ein thermosiphongekühlter 10/11-PS-Vierzylindermotor kam zum Einbau in die Personen- und »Geschäftswagen«.

Nach dem Konkurs 1911 übernahm die Berliner Automobil-Fabrik (BAF) das Unternehmen unter Direktor Franz Neumann mit der Marke Torpedo. Spezialität der neuen Eigentümer blieben weiterhin dreirädrige Automobile, die nach wie vor auch als Lieferwagen angeboten wurden. 1913 folgte als Typ 3 ein Modell mit dem 10-PS-Antrieb.

Nach dem Krieg erschien nochmals ein Dreirad-Lieferwagen mit einem Holzkastenaufbau. Das unter der Bezeichnung »Tourist« vertriebene Modell besaß den Vierzylindermotor mit 12 PS Leistung.

7-PS-Tourist Dreirad-Lieferwagen (1910).

Tourist-Dreirad-Lieferwagen

Typ	Nutzlast in Tonnen	1. Baujahr	Motoren-hersteller	Zyl.	PS	Kühl.	Bohrung x Hub	Hubr. in ccm	Drehz.	Gew. in kg	Besonder-heiten
Tourist		1910	Tourist	V2	6/7	L					
Tourist		1910		4	10	Th				350	
Torpedo	0,35	1913	Torpedo	V2	7	L	81x90	927	1600	800	
Type 1		1913		V2	11	L	85x110	1247			
Type 2		1913		V2	11	L	85x110	1247			
Type 3		1913		4	10	Th	68x90	1306			
Tourist		1920		4	12	Th					

Trenkle

Trenkle GmbH, Maschinen- und Gerätebau,
Villingen-Schwenningen OT Pfaffenweiler, Neuer Weg 1
1. 1972–1986: **Trenkle GmbH, Maschinen- und Gerätebau,**
Villingen-Schwenningen OT Pfaffenweiler, Neuer Weg 1
2. 1986–1998: **Kramer-Werke GmbH,**
Überlingen/Bodensee

Die Maschinenfabrik Trenkle nahm 1972 den Bau eines kompakten Mehrzweckfahrzeugs »Trenkle A 52« mit geringer Spurweite und einem 52 PS starken Dieselmotor von Mercedes-Benz sowie Hinterradantrieb aus der Unimog-Baureihe U 421 auf. Die kleine Ladefläche ließ sich gegen verschiedene Kommunalaufbauten austauschen. 110 Exemplare konnten innerhalb von zehn Jahren verkauft werden.

In den 1980er Jahren kamen auch Ford-Vergasermotoren zum Einbau, die mit Flüssiggas zu betreiben waren. Das Fahrerhaus dieser »Tremo 2,8/3,5 junior«-Modelle ließ sich zur besseren Wartung des Motors vorklappen. Mit einer Bodenfreiheit von 32 cm, Schraubenfedern vorn und hinten sowie stabilen Schmalspurachsen war ein problemloses Überfahren von Bordsteinen und anderen Hindernissen möglich. Zur Serienausstattung gehörte die Allradlenkung.

1986 löste das mit neuer Bezeichnung »Tremo 601« ins Rennen geschickte Modell mit einer Spurbreite von 1310 mm die bisherige Baureihe ab. Der Antrieb erfolgte über ein hydrostatisches Getriebe auf die Hinterräder oder auch auf alle vier Räder; eine Hundegang-Lenkung war möglich. Zug um Zug folgten die Ausführungen »Tremo 401« und »Tremo 501« die sich in der Spurbreite von 1190 und 1250 mm unterschieden.

Ebenfalls 1986 übernahmen die Kramer-Werke GmbH in (damals) Überlingen den 80 Personen zählenden Trenkle-Betrieb. Kramer-Tre-

52-PS-Trenkle Kommunalfahrzeug Typ A 52 (1973). (Foto: Kramer-Werke)

63-PS-Kramer-Trenkle Kommunalfahrzeug Typ 601 (1994).

50-PS-Kramer Tremo L 401 (1991).

Trenkle-Kommunalfahrzeuge

Typ	Nutzlast in Tonnen	1. Baujahr	Motoren-hersteller	Zyl.	PS	Kühl.	Bohrung x Hub	Hubr. in ccm	Drehz.	Gew. in kg	Besonder-heiten
Tremo A 52	2,4	1971	DB	4	52	W	91x92,4	2404	3000	2600	D
Tremo 2.8 Junior	1,6	1981	Ford	4	60	W	87,7x66	1593	4600	1200	auch Gasbetrieb
Tremo 3.5 Junior	1,3	1982	DB	4	63	W	90,9x92,4	2350	3300	2120	D
Tremo 2,8 junior	0,8	1986	Ford	4	56	W	90,8x76,9	1990	5200	2000	auch Gasbetrieb
Tremo 401 L	0,9	1986	Kubota	4	46	W	87x92,4	2197	2800	1900	D
Tremo 601	1,6	1986		4	63	W	87x83,6	1986	3600	2400	D
Tremo 601 Junior	1,8	1988	DB	4	63	W	87x83,6	1986	3600	2200	D
Tremo 601 L	1,7	1989		4	70	W	89x92,4	2298	4000	2280	D
Tremo 401 L	0,9	1991	Kubota	4	50	W	87x92,4	2197	3000	1900	D
Tremo 601L	1,8	1991	Elsbeth	3	82	W		1458			D, Pflanzen-ölmotor, Prototyp für Kehr-maschinen
Tremo 501 L	2	1994	Kubota	4	42	W	78x78,4	1498	3000	2200	D
Tremo 601 L	2	1994	DB	4	70	W	89x92,4	2298	4000	2000	D

mo-Fahrzeuge wurden dort weiterhin gefertigt, einschließlich verschiedener An- und Aufbaugeräte. Die um 1991 modernisierten Modelle »Tremo 401« und 501 wiesen Kubota-Motoren auf, nur der größere Typ 601 war weiterhin mit einem Mercedes-Benz-Motor bestückt. Der Antrieb erfolgte hydrostatisch. Der Zusatzbuchstabe wies auf die Allradlenkung hin. Ein 601 L-Modell mit Kehrmaschinen-Aufbau erhielt versuchsweise einen Dreizylinder-Motor mit 82 PS aus dem Elsbett Institut für Verbrenner-Motoren in Hilpoltstein, der mit Pflanzenöl betrieben wurde. Die Abgaswerte waren optimal, die Kosten für das Aggregat aber extrem hoch, so dass sich dieser Motor nicht durchsetzen konnte. Die Jahreskapazität von Kramer-Trenkle lag jetzt bei 130 Fahrzeugen.

Kramer verkaufte 1998 das Trenkle-Fahrzeugprogramm an das Thüringer Multicar-Werk. Die Lothar Trenkle GmbH & Co. KG. konzentriert sich seitdem auf den Straßen- und Forstwegedienst.

Treskow

Robert Treskow, Motorwagenfabrik,
Schönebeck (Elbe) 1906–1907

Neben Personenwagenmodellen der Marke »Radium« stellte dieser Betrieb Lieferwagenmodelle mit 10 und 12 PS starken Zweizylindermotoren her. Die Kraftübertragung erfolgte über ein Planetengetriebe und Ketten. Das 1906 gegründete Unternehmen wurde schon 1908 aufgelöst.

Triro

Triro-Werk, Maschinenfabrik Möckmühl,
Möckmühl/Württ.
1. 1950–1954: **Triro-Werk, Maschinenfabrik Möckmühl**
2. 1971–1974: **Agria-Werke GmbH**

In den Räumen einer demontierten verbliebenen Zahnradfabrik nahm die 1937 gegründete Maschinenfabrik Möckmühl, später Agria-Werke, kurz nach dem Krieg den Bau von landwirtschaftlichen Bedarfsartikeln und einachsigen Motorgeräten auf. Im Jahre 1950 stellte das Unternehmen einen 500-kg-Dreirad-»Lastenkraftroller« vor, den »Triro 500 L«. Das vermutlich nach Manderbach-Vorbild konstruierte Fahrzeug besaß einen 9-PS-Einzylinder-Doppelkolbenmotor der Triumph Werke AG, Nürnberg (Fürther Straße 212), der Antrieb erfolgte über ein Dreiganggetriebe und eine Kardanwelle auf die Hinterachse.

Ab 1952 war der auf 10 PS gesteigerte Motor »in moderner Unterflurbauweise am Rahmen« mit Vierganggetriebe unter der Sitzbank platziert. In einer kurzen Doppelgabel mit Spiralfedern und Stoßdämpfern hing das einzelne Vorderrad. Als Pritschen- und als Kastenwagen wurde das Modell für 450 bis 550 kg Nutzlast angeboten. Die Höchstgeschwindigkeit betrug anfänglich 45 km/h, später 55 bis 60 km/h. Bis 1954 konnten rund 500 Exemplare im Umland und in der Schweiz abgesetzt werden. Nach der Einstellung dieses Typs verlegte sich das Werk auf die Produktion von

Bodenbearbeitungsgeräten sowie auf die bis 1992 anhaltende Fertigung von Kleinschleppern.

1871 präsentierte Agria erneut kleine Transportfahrzeuge. Das für die Landwirtschaft und als Vielzwecktransporter für das Baugewerbe konzipierte Allradfahrzeug vom Typ 8700 besaß zwei Portalachsen und einen 25 bzw. 28 PS starken Zweizylindermotor der Motorenwerke Mannheim (MWM). An der hinteren Achse waren Differentialsperren angebracht.

1973 folgte als Vielzweck-Motorgerät für die Großflächenpflege das allradgetriebene Geräteträgerfahrzeug 9900 mit wassergekühltem Renault-Vierzylindermotor mit 43 PS und einem vollsynchronisierten Vierganggetriebe mit einem Overdrive im Hinterachsgehäuse. Eine hydrostatische ZF-Lenkung konnte auf Wunsch mit einer zusätzlichen Hinterachslenkung oder auch mit einer »Hundegang-Lenkung« (Parallelstellung aller Räder) geliefert werden. Die von Gelenkwellen angetriebenen Räder waren pendelnd aufgehängt. Die Bremsanlage war mit Scheibenbremsen versehen; die Ganzstahl-Karosserie mit großer Frontscheibe besaß einen integrierten Überrollbügel. Für den Geräteantrieb waren hydrostatische Antriebe mit vier Hydromotoren vorhanden. Auf der kompakten Pritsche konnte eine Nutzlast von 900 kg befördert werden. Mitte der 1970er Jahre lief die Fertigung dieses Spezial-Transporters aus.

9-PS-Triro 500 L »Lastkraftroller« (1950).

10-PS-Triro 600 L »Lastkraftroller« (1952).

28-PS-Agria 8700 Vielzwecktransporter (1971).

43-PS-Agria-Kommunalfahrzeug 9900 (1973). (Foto: Agria-Werk)

Triro (Agria)- Transporter

Typ	Nutzlast in Tonnen	1. Baujahr	Motorenhersteller	Zyl.	PS	Kühl.	Bohrung x Hub	Hubr. in ccm	Drehz.	Gew. in kg	Besonderheiten
Triro 500L	0,5	1950	Triumph	1	9	L	2x45x78	248	3000	480	
Triro 600	0,6	1952		1	10	L	2x45x78	248	3500	580	
Triro 600H	0,6	1952		1	10	L	2x45x78	248	3500	600	
Agria 8700	2	1971	MWM	2	25	L	98x120	1810	2000	1430	D
	2	1971		2	28	L	98x120	1810	2200	1430	D
Agria 9900	0,9	1973	Renault	4	43	W	98x110	2472	2150	1000	

Tritomobil siehe Levering

Union (I) (Maurer Union)

Nürnberger Motorfahrzeuge-Fabrik »Union« GmbH, Ludwig Maurer,
Nürnberg, Dürrenhofstraße 8–10 u. Bahnhofstraße 91
1. 1900–1908: **Nürnberger Motorfahrzeuge-Fabrik »Union« GmbH, Ludwig Maurer**
2. 1909–1910: **Automobil-Werke Union AG**

1900 gründete der Ingenieur Ludwig Maurer (1873–1936) in Nürnberg eine Automobilfabrik unter dem Namen »Union«. Als Besonderheit wiesen seine Fahrzeuge einen patentierten Friktionsantrieb (Reibradantrieb) auf, wobei die Kraftübertragung über den Reibradantrieb mit einer seitlichen Kette und von da auf eine mit einem Differential ausgestattete Hinterachse erfolgte. Die Fahrzeuge besaßen eine Vollgummibereifung.

Maurer »Union« Chassis mit Friktionsantrieb (1902).

8-PS-Maurer »Union« Lieferwagen (1903).

Mit Beginn der Fahrzeugproduktion erschienen in dem 300 Mann zählenden Unternehmen auch Lieferwagen auf Pkw-Fahrgestellen. Bekannt wurden die 500-kg-Modelle mit langsam laufenden 5-PS-Einzylinder-, die 750- und 1000-kg-Modelle mit 6- und 10-PS-Motoren (alles Einzylinder). Auch ein Dreirad-Lieferwagen soll im »Union«-Programm erschienen sein.

Patentstreitigkeiten mit verschiedenen Konkurrenten sowie der schleppende Absatz der Maurer-Fahrzeuge führten trotz mehrfacher Kapitalerhöhungen im Krisenjahr 1908 zu Zahlungsschwierigkeiten des Unternehmens. Während der eingeleiteten Liquidation wurde das Werk als Automobil-Werke Union AG neu mit Kapital ausgestattet.

1910 übernahm die Nürnberger Feuerlöschgeräte- und Maschinenfabrik AG (vorm. Justus Christian Braun) das Union-Werk. Ludwig Maurer gründete unter dem Namen seiner Frau nochmals ein Automobil- und Motorradunternehmen, hatte damit ebenso wenig Erfolg. Seit den 1930er Jahren richtete Magirus auf dem Maurer-Werksgelände in der Nürnberger Bahnhofsstraße ein Großreparaturwerk ein, das inzwischen einem Hotelbau weichen musste.

Maurer-»Union«-Lieferwagen

Typ	Nutzlast in Tonnen	1. Baujahr	Motoren-hersteller	Zyl.	PS	Kühl.	Bohrung x Hub	Hubr. in ccm	Drehz.	Gew. in kg	Besonder-heiten
Union	0,6	1900	Maurer	1	4,5	Th	110x120	1140	800		
Union	1	1900		1	6/8	Th	120x130	1469	800		
Union	1	1904		1	8/10	Th	140x150	2308		1200	

Union (II) (Werk Mannheim)

Union-Werk AG, Maschinenfabrik,
Mannheim, 1923

Das Union-Werk in Mannheim, das in erster Linie Brauereieinrichtungen produzierte, nahm 1914 den Bau von Dreitonnen-Lastwagen für das kaiserliche Heer auf. Nach dem Krieg ließ das Unternehmen den Nutzfahrzeugbau auslaufen und stellte unter verschiedenen Firmierungen Personenwagen nach Lizenzen von Ettore Bugatti her. Parallel zu diesen technisch anspruchsvollen Fahrzeugen baute das Unternehmen auch

10-PS-Union Lieferwagen »Bravo« (1923).

den Bravo-Kleinwagen mit einem 10-PS-Zweizylindermotor, auch ein 12-PS-Vierzylindermotor von Steudel kam zur Verwendung. Es gab das Modell auch als kleinen Lieferwagen mit Kastenaufbau.

Das Unternehmen wurde 1922/23 mit der Rheinischen Automobilbau AG (Rabag) zusammengelegt. Wenig später übernahm der Stinnes-Konzern das Werk und vereinigte es nun mit den AGA-Werken. 1926 wurde der Fahrzeugbau aufgegeben.

Union-Werk-Lieferwagen

Typ	Nutzlast in Tonnen	1. Baujahr	Motoren-hersteller	Zyl.	PS	Kühl.	Bohrung x Hub	Hubr. in ccm	Drehz.	Gew. in kg	Besonder-heiten
Bravo		1923	Union	2	10	Th	84x104	1152		450	
Bravo		1923	Steudel	4	12	Th	60x90	1016	2200	650	

5-PS-Universelle Uni Z II Lieferdreirad mit Kettenantrieb für die Reichspost (1927).

Union (III) (Union AG Nürnberg)

Automobilwerk Union AG,
Nürnberg, Regensburgerstraße 40/46, 1908

Einen Lieferwagen stellte dieses Unternehmen auf der Basis des elektrisch angetriebenen Pkw-Modells her.

Universelle

Cigarettenmaschinenfabrik J. C. Müller u. Co.,
Abt. Motorfahrzeugebau Uni-Rad GmbH,
Dresden, Waisenhausstraße 3 u. Zwickauer Straße 48/54
1925–1929

Die Dresdner Cigarettenmaschinenfabrik J. C. Müller u. Co. war 1898 von Ingenieur Otto Bergsträsser und Kaufmann Max Klinger zur Herstellung von Verpackungsmaschinen gegründet worden. 1925 engagierte man Oberingenieur Carl Otto Landgrebe, zuvor bei Phänomen und der Maschinenfabrik Loebel (s. d.), der den Motorradbau mit luftgekühlten Viertaktmotoren, Getrieben und Zweigang-Schaltungen aufbaute. Die Motoren besaßen stehende Ein- und hängende Auslassventile.

5-PS-Universelle Uni Z II Lieferdreirad mit Riemenantrieb (1925).

Der erste Dreirad-Lieferwagen, als »Universelle Uni Z I« bezeichnet, besaß einen 4-PS-Motor-Getriebeblock mit Riemenantrieb auf das linke Hinterrad. Neben einer Pritsche mit Galerie saß ein mit Zinkblech beschlagener Holzkasten samt Galerie, angeliefert von der Zwickauer Fahrzeugfabrik, vorm. Schumann AG, als Lieferwagenaufbau über der Hinterachse. 1926 folgte als 6-PS-Modell der »Uni Z II« mit Riemen- oder Kettenübertragung und einer doppelten Auspuffanlage. Durch den zweiten Auspufftopf sollte das Auslassventil entlastet werden, »wobei eine injektorartige Wirkung erzielt« werden sollte.

Das Getriebe mit einer Korkscheibenkupplung konnte über einen Schalter an der Lenkstange ausgeschaltet werden. 1929 kam das Modell Uni Z III B hinzu, das über eine Leistung von 7 PS verfügte. Der geplante Typ Z III A (und B) mit einem von Landgrebe konstruierten 500-ccm-Motor kam nicht mehr zur Realisierung. Die mangelhafte Zahlungsmoral einiger Kunden veranlasste die Geschäftsleitung die Produktion einzustellen und den Vertrieb der Scharrer u. Groß-Modelle aufzunehmen. Die Fertigung belief sich auf angeblich bis zu 500 Exemplare. Die Herstellung von Verpackungsmaschinen stand wieder im Vordergrund.

Als »kriegswichtiger Betrieb« stellte die »Universelle« während des Krieges Scheinwerferricht- und Peilgeräte, Teile für Flugmotoren und Torpedos her. Nach Beseitigung der Kriegsschäden verlegte sich der VEB Tabak- und Industriemaschinenbau bis 1990 wieder auf die Produktion von Verpackungsmaschinen.

Nach verschiedenen Eigentümerwechseln sind heute unter anderem ein Luft- und Raumfahrtunternehmen sowie die Technische Universität in dem imposanten Gebäude in der Zwickauer Straße ansässig.

Der Technische Direktor der »Universelle«, Ing. Kurt A. Körber, richtete 1946 in Hamburg-Bergedorf die Hanseatische Universelle (»Hauni«) ein, wobei ein mitgenommenes Universelle-Motorrad das Startkapital ergab. Das Unternehmen ist heute einer der führenden Papierverarbeitungs- und Werkzeugmaschinenhersteller der Welt.

Universelle-Lieferdreiräder

Typ	Nutzlast in Tonnen	1. Baujahr	Motoren-hersteller	Zyl.	PS	Kühl.	Bohrung x Hub	Hubr. in ccm	Drehz.	Gew. in kg	Besonder-heiten
Uni Z I	0,2	1925	Univer-selle	1	4	L	58x74	195,5	2650	165	
Uni Z II	0,25	1926		1	5	L	65,5x74	249,5	2650	185	
Uni Z III B	0,25	1927		1	7	L	65,5x74	249,5	3500	175	a.183-ccm Motor

VEB Brand-Erbisdorf

VEB Brand-Erbisdorf,
Brand-Erbisdorf i. Sachsen, Zuger Straße, 1950–1956

Im ehemaligen O.D.-Werk von Willy Ostner fertigte man Anfang der 1950er Jahre den Dieselkarren »Ameise« bzw. »Dieselameise« mit einem 5,6-PS-Einzylindermotor, platziert hinter dem Fahrerstand. Der Vorkammer-Diesel des Motorenwerkes Kamenz (früher Motorenfabrik Horst Steudel GmbH) besaß eine Verdampfereinrichtung und war hinter dem Fahrerplatz eingebaut. Der Fahrer stand auf einer als Wippe dienenden Platte (nach Bleichert-Vorbild) und steuerte mit Gewichtsverlagerung den für 1,85 bis 2,0 Tonnen ausgelegten Werkhof-Transporter, der im leeren Zustand 15 km/h erreichen konnte. Auf die hintere Plattform ließ sich ein Muldenkipperaufbau aufsetzen.

1956 wurde die Fertigung an das Fahrzeugwerk Waltershausen abgegeben.

5,6-PS-VEB Brand-Erbisdorf »Dieselameise« (1955).

VEB Brand-Erbisdorf-Transporter											
Typ	Nutzlast in Tonnen	1. Baujahr	Motorenhersteller	Zyl.	PS	Kühl.	Bohrung x Hub	Hubr. in ccm	Drehz.	Gew. in kg	Besonderheiten
Dieselameise	2	1950	Cunewalde	1	6,5	Th	85x115	650	1500	930	D

VEB Fahrzeugwerk Waltershausen

VEB Fahrzeugwerk Waltershausen,
Waltershausen/Thür., Industriestraße 3
1. 1927–1928: **Maschinenfabrik Hörselgau AG,** Hörselgau
2. 1931–1933: **ADE-Werk GmbH,**
Waltershausen/Thür., Industriestraße 3
3. 1956–1990: **VEB Fahrzeugwerk Waltershausen**
4. 1990: **Fahrzeugwerke Waltershausen GmbH**
5. 1991 bis heute: **Multicar Spezialfahrzeuge GmbH**

Die Maschinenfabrik Hörselgau vor dem Zweiten Weltkrieg

Im Jahre 1920 wurde die Maschinenfabrik Hörselgau Ade & Irrgang durch Ingenieur Arthur Ade (1882–1957) in Hörselgau/Thüringen gegründet, 1926 wurde sie in das benachbarte Waltershausen verlegt und in Maschinenfabrik Hörselgau AG umbenannt. Hier wurden Anhänger, Karosserien, kleine Transportgeräte und die ADE-Anhängerkupplungen hergestellt.

1928 nahm der inzwischen 400 Personen zählende Betrieb die Produktion von dreirädrigen Transportern mit der Bezeichnung ADE »Express« auf, ausgelegt für Nutzlasten von 200 bis 750 kg. Der hauptsächlich von ILO bezogene Motor (6 bis 12 PS) befand sich über dem Vorderrad. 1933 löste der Typ ADE »Front« als 0,5-Tonner die bisherigen Baureihen ab, angetrieben von 200, 300 und 400 ccm großen Zweitaktern über dem Vorderrad. Doch schon im gleichen Jahr stellte sich das Werk nach einem Konkurs und einem Rückerwerb durch Arthur Ade wieder ganz auf die traditionellen Fertigungsgebiete ein.

12-PS-ADE 1 7,5 »Express« (1931).

Volkseigener Betrieb nach 1945

Obwohl es Arthur Ade und seinem (1952 in Waldheim/Sachsen ermordeten) Sohn Rudi Ade gelungen war, eine Umstellung ihres Werkes auf die Rüstungsfertigung zu verhindern, wurde das ADE-Werk, nachdem es unter zeitweiser amerikanischer Besatzung Handwagen, Aufbauten und Anhänger gefertigt hatte, im August 1945 von den ostdeutschen Behörden beschlagnahmt. Die enteignete und geflüchtete Eigentümerfamilie baute in Offenburg/Baden wieder eine neue Fertigung von Anhängerkupplungen, Auflauf- und Motorbremsen unter dem Namen ADE- bzw. ADE-Haller auf.

Das Werk wurde 1946 als Gerätebau Waltershausen GmbH weitergeführt, aus dem 1948 der VEB Fahrzeugwerk Waltershausen hervorging. In dem vom DDR-Kraftfahrzeug-Leitbetrieb VEB Kraftfahrzeugwerk »Ernst Grube« in Werdau/Sachsen geführten Betrieb wurden jetzt Ackerwagen, Anhänger, Tankwagen, Kipper, Sternkrümelwalzen und Kupplungen hergestellt.

1956 begann jetzt unter dem Namen VEB Fahrzeugwerk Waltershausen die Herstellung der später in der DDR weit verbreiteten »Dieselameise DK

6,5-PS-FW DK 3 »Dieselameise« (1956). (Foto: Multicar Spezialfahrzeuge)

6,5-PS-FW DK 3 »Dieselameise mit Mulde« (1956).

6,5-PS-FW Multicar 21 (1960). (Foto: Multicar Spezialfahrzeuge)

3/2003«, nachdem der VEB Brand-Erbisdorf (s. d.) die Fertigung dieses offenen Werkhof-Transporters zugunsten der Motorroller-Produktion aufgegeben hatte. 1959 wurde dieser Typ dann durch die Ausführung DK 4 mit geschütztem Fahrerstand abgelöst. Der Fahrer steuerte weiterhin den Kleintransporter über die Fußwippe; eine Kipphydraulik stand zur Verfügung. Ein Wettbewerb zur Namensgebung führte schon im gleichen Jahr zur Bezeichnung »Multicar M 21«, wobei die 2 die Tonnage und die 1 die erste Baureihe angaben. Das Thüringer Spezialfahrzeug-Werk fertigte den M 21 bis 1964 in 14.000 Exemplaren.

Einstieg in den Straßen-Transporterbau mit dem »Multicar M 22«

Der in diesem Jahr präsentierte kompakte »Multicar M 22« erhielt eine den Fahrer schützende Einmann-Kabine mit Sitzgelegenheit und Lenkrad. Das Fahrzeug war somit für den Kurzstreckenverkehr auf der Straße besser geeignet. Der Transporter war mit einem vom VEB Motorenwerk Cunewalde Dieselmotor in V-Form mit einer Axial-Luftkühlung ausgestattet, der nach dem Wirbelkammersystem arbeitete und 13 PS erzeugte.

13-PS-FW Multicar 22 Dreiseitenkipper (1964).

Fast vollständige Versammlung der DDR-Multicars. (Foto: Ralf Weinreich)

1974, nach 42.500 gebauten Modellen, erschien der vollständig neu konstruierte »Multicar 24« mit einem wassergekühlten Reihen-Vierzylinder-Dieselmotor unter dem Fahrerplatz, den wiederum das Cunewalder Werk lieferte; seine Leistung betrug 45 PS. Zunächst besaß das Fahrzeug ein einsitziges, in der 1977 erschienenen Version »Multicar 24-0« ein zweisitziges, reich verglastes Fahrerhaus, das zur Wartung des Motors um 37 Grad vorgekippt werden konnte. Das Pritschen-, Geräteträger- und Spezialfahrzeug erreichte eine Stückzahl von 25.659 Exemplaren, wobei alle nur erdenklichen Aufbauten für den Bedarf der Bauwirtschaft und der Kommunalbetriebe (darunter auch Drehleiter-Aufbauten) aufgesetzt wurden.

13-PS-FW Multicar 22 mit Leiteraufbau (1964).

45-PS-FW Multicar 24 mit Einmann-Kabine (1974).

45-PS-FW Multicar 25 (1978).

1978 erhielt die Karosserie eine ansprechende Formänderung; die untere Vorwölbung in der Frontpartie entfiel, so dass die tiefer nach unten gezogene Frontscheibe einen besseren Blick auf die Vorbaugeräte zuließ. Zweites designmäßige Charakteristikum wurden die seitlichen Dreiecksfenster zwischen Frontscheibe und den Türen für die jetzt um 42 Grad kippbare Kabine. Gleichzeitig wurden die Hydraulik und das Antriebsaggregat des nun als »Multicar M 25« bezeichneten Transporters mit seiner Breite von 1550 mm verbessert. Neben verschiedenen Aufbauvarianten kam ein Dreiseitenkipper und eine Sattelschlepperausführung hinzu. Diese in den Ländern des Ostblocks und in befreundete Staaten in Übersee gelieferten Spezialfahrzeuge waren für eine Nutzlast von 1,4 bis 2,1 Tonnen ausgelegt, die Höchstgeschwindigkeit lag bei 50 km/h. Der vielseitige Einsatz des Fahrzeugs konnte 1984 in der Version M 25.1 A mit einem zuschaltbaren Allradantrieb weiter gesteigert werden. Der überarbeitete Cunewalde-Motor leistete jetzt 46 PS.

Auf der Basis des Multicar entwickelte das Werk 1985 einen offenen Allrad-Waffenträger in der Allradausführung für die Nationale Volksarmee

45-PS-FW Multicar 24 (1974).

(NVA). Die Pick-up-Prototypen »Muli« erhielten einen aufgesetzten Aufbau des VEB Karosseriebau Halle (KBH) oder eine angeschweißte Pritsche des VEB Karosseriewerk Aschersleben. Auch ein Raupen-Multicar für den Wintereinsatz entstand in einem Studienexemplar. Im Wendejahr erhielt das Modell die Einrichtung zum Vorkippen des Fahrerhauses bei Wartungsarbeiten. Bis zu diesem Zeitpunkt waren 100.000 Modelle hergestellt worden.

Das Multicar-Werk übersteht die Wendezeit

1991 firmierte das reprivatisierte Werk unter der Bezeichnung »Multicar Spezialfahrzeuge GmbH«. Neben einer Finanzierungsgesellschaft beteiligte sich die Schörling GmbH u. Co. Waggonbau in Hannover an dem Thüringer Transporter-Hersteller, der sich als einziger einstiger DDR-Hersteller am Markt hatte behaupten können. Zielgruppen für das Multicar-Spezialfahrzeug bildeten jetzt Kommunen, Entsorgungsbetriebe sowie der Garten- und Landschaftsbau.

Das »multifunktionelle Kompaktfahrzeug« wurde erneut verbessert und konnte nun unter der Bezeichnung »Multicar 25.01« mit Hinterrad- und unter der Bezeichnung Multicar 25.01 AO1 mit Allradantrieb und Geländebereifung geliefert werden. Durch eine wahlweise hintere Doppelbereifung ließ sich die Nutzlast sogar auf 2,4 Tonnen erhöhen. Anstelle von Cunewalde-Motoren wurde ein Volkswagen-Dieselmotor mit 54,4 PS eingesetzt, wobei sich das Werk dadurch auch eine größere Verbreitung in den alten Bundesländern sowie im westlichen Ausland versprach. Vielfältige Aufbauvarianten standen für das auch als »Multitalent« bezeichnete Fahrzeug wieder zur Auswahl. Ein neues Logo mit einem stilisierten M und dem Schriftzug »multicar« anstelle des IFA-Abzeichens an der Frontseite tragen die Modelle seit der Neuaufstellung des Herstellers.

Erfolg mit dem unverwüstlichen »Multicar 26«

1992 präsentierte das Waltershausener Werk die leicht im Design geänderte Version »Multicar 26« mit 1590 mm Breite; insbesondere die Innenausstattung wurde modernen Vorstellungen gemäß angepasst. Die bisher problematische Vorderachse wurde gegen eine belastbarere Ausführung

54,5-PS-FW Multicar 25.1.AO1 (1991). (Foto: Multicar Spezialfahrzeuge)

54,5-PS-FW Multicar 26 (1992).

ausgetauscht. Und mit einer Kunststoffblende unterhalb der Front-Gürtellinie hob sich das Multitalent von der Vorgänger-Baureihe ab.

Als stärkere Motorisierungsalternative kamen zwei Jahre später 84 und 105 PS leistende Turbo-Diesel von IVECO sowie der 82-PS-VW-Diesel in die Ausführung »Multicar 26 Champion«. 1997 versuchte das Werk mit Flughafen-Fahrzeugen einen neuen Markt zu erschließen. Neben Service-Fahrzeugen entstanden Flugzeugschlepper mit Doppelkabine und kleiner Ladepritsche.

84-PS-FW Multicar 26 (1995). (Foto: Multicar Spezialfahrzeuge)

84-PS-FW Multicar 26 Doppelkabine (1995). (Foto: Multicar Spezialfahrzeuge)

Unter Hako-Patronat gelingt die Expansion

Ab 1998 übernahm das auf Reinigungs- und Kommunaltechnik spezialisierte Hako-Werk mit Hauptsitz in Bad Oldesloe Zug um Zug die Geschäftsanteile und gliederte die Produktion der »Tremo«-Schmalspur-Kommunalfahrzeuge (s. d.) mit den Allrad-Modellen »Tremo 401/501/601« aus dem Besitz der baden-württembergischen Kramer GmbH in das Multicar-Werk ein. Von der Daimler-Benz AG übernahm man gleichzeitig die Produktion des Kommunalfahrzeugs UX 100 (intern Unimog 409), das als Hako »Kommobil« mit 112-PS-DB-Diesel, zuschaltbarem Allradantrieb und einer Fahrzeugbreite von 1620 mm angeboten wurde. Das gegenüber dem

VEB Fahrzeugwerk Waltershausen-Transporter

Typ	Nutzlast in Tonnen	1. Baujahr	Motoren-hersteller	Zyl.	PS	Kühl.	Bohrung x Hub	Hubr. in ccm	Drehz.	Gew. in kg	Besonder-heiten
1. Lieferdreirad-Baureihe											
L 3 Express	0,3	1931	ILO	1	6	L	61x68	197	3000		
L 5 Express	0,5	1931		1	6	L	61x68	197	3000		
L 6 Express	0,6	1931		1	10	L	74,5x80	349	3000		
L 7,5 Express	0,75	1931		2	12	Th	61x68	398	3000		
ADE-Front F 10	0,5	1933		2	14	Th	68x68	494	3600		auch 6 PS
2. Dieselameise-Baureihe											
DK 2003 Diesel-ameise	2	1956	Robur	1	6	V	85x115	653	1500	935	D
DK 4 (ab 1959 Multicar M 21)	2	1957	Cune-walde	1	6	V	85x115	653	1500	1040	D, mit Kipphy-draulik, ab 1959 6,5 PS
3. Multicar-Baureihe											
M 22	2	1964	Cune-walde	V2	13	L	80x80	800	3200	985	D
M 22	2	1964		V2	15	L	80x80	800	3000	985	D
M 24	2,4	1974		4	45	W	85x88	1997	3200	1320	D
M 25	2,1	1978		4	45	W	85x88	1997	3000	1750	D
M 25-1 A	2,2	1985		4	45	W	85x88	1997	3000	1600	D, Allradan-trieb, ab 1985 46 PS
M 25 (Modell 91)	1,4 - 2,3	1991	VW	4	54,4	W	79,5x95,5	1896	3300	1580	D
M 25-1	1,4 - 2,2	1991		4	54,4	W	79,5x95,5	1896	3300	1770	D, Allrad-antrieb, ab 1994 70 u. 82 PS
Multicar 26 Champion	1,9	1994	Sofim/ Iveco	4	84	W	93x92	2499	3500	2200	D, T, ab 1993 auch 4x4-Antr.
	1,9	1994		4	105	W	94,4x100	2799	3600		D, TL, auch 4x4-Antr.
M 26.4 TD	2,6	1998		4	105	W	94,4x100	2799	3600		D, T
	2,6	2004		4	90	W	94,4x100	2799	3600		D, T
M 26		2008	VM	4	100	W	94x107	2968	3500		D, T
M 27		2012	VW	4	102	W	81x95,5	1968	4000		D, T
M 31		2014	FPT	4	145	W	95,8x104	2998	3500		D, TL, a. 122 PS, ab 2018 150 PS
M 29		2018	VM	4	109	W	94x107	2968	3600		
4. Kommobil-Baureihe											
Kom-mobil	1,3 - 2,3	2002	DB	5	122	W	89x92,4	2874	3600	2200	D, TL (Ex Daim-ler-Benz UX 100)
5. Tremo-Baureihe											
Tremo 501		1998	VW	4	78	W	81x95,5	1896	3100		D, Breite 1250 mm
Tremo 601		1998	DB	4	85	W	89x92,4	2299	3300		D, Breite 1310 mm
Tremo 501		2000	Kubota							2100	
Tremo 601	1,8	2000	DB	4	88	W	88x88,3	2148	3800	2200	D, T
Tremo 601	1,8	2003	VW	4	86	W	79,5x95,5	1896	4000	2200	D, T, ab 2007 100 PS
Tremo 601 T		2012		4	102	W	79,5x95,5	1896	4000		D, TL
Remo 601	2,7	2014		4	102	W	79,5x95,5	1896	4000	2300	D, TL
6. Fumo-Baureihe											
Fumo	2,7	2001	Sofim/ Iveco	4	105	W	94,4x104	2799	3600	2300	D, T, auch mit Allrad-antrieb
Fumo 6x4	3,9	2006		4	105	W	94,4x104	2799	3600		D, T
Fumo		2007	FPT	4	145	W	95,8x104	2998	3500		D, TL, a. 150 PS, a. mit Allrad-antrieb
Fumo	2,7	2014		4	122	W	95,8x104	2998	3000	2300	D, TL, a.145 PS

145-PS-FW Multicar M 31 C (2014).

Multicar etwas größere Modell konnte sich nicht durchsetzen, so dass der Bau 2002 eingestellt wurde.

Zum Zeitpunkt der Jahrtausendwende konnte das Werk mit 270 Beschäftigten eine Produktionszahl von 1550 Fahrzeugen erreichen. Im Tremo-Programm entfiel der Typ 401; die beiden anderen Schmalspurfahrzeuge konnten als Hinter- und als Dreiseitenkipper geliefert werden. Der Zusatz L in der Typenbezeichnung wies auf die Allradlenkung hin. Die weitere Zusatzbezeichnung »Carrier« kennzeichnet seit 2005 den hydrostatisch angetriebenen, mit Allradlenkung versehenen Pritschenwagen mit 1320 mm Breite. Hinter der Bezeichnung »Carrier S« verbirgt sich der Geräteträger.

Der »FUMO« begründet eine zweite Baureihe

Als zweite Geräteträger- und Spezialtransporter-Baureihe entwickelte das Multicar-Werk 2001 das unter der Bezeichnung »Fumo« (für Funktion und Mobilität) geführte Modell. Das 1600 mm breite Pritschenfahrzeug ist für eine Nutzlast von 2,7 Tonnen ausgelegt und kann mit Einfach- oder Doppelkabine geliefert werden. Die Kabine besitzt einen Space-Frame-Aufbau mit Kunststoffverkleidung; die tief heruntergezogene Frontscheibe und die unteren Scheiben in den Türen bieten dem Fahrer beste Sicht auf die Vorbaugeräte. Motorisiert wurde der »Fumo« mit 4x2- oder 4x4-Antrieb anfänglich von dem 105 PS starken FPT-Diesel.

102-PS-FW Tremo »FUMO« (2014).

Seit 2005 ist der Thüringer Spezialfahrzeughersteller eine Produktionsreihe im Konzern mit der Bezeichnung Multicar.

Zwei Jahre später stieg die Motorisierung des »FUMO« auf 145 PS. Die Geräteträger-Version wird seitdem als »Carrier«, die Dreiseiten-Kipperversion als »Tipper« bezeichnet. Darüber hinaus ergänzt eine 6x4-Ausführung diese Baureihe.

Mit dem 2012 erschienenen »Multicar 27« mit gleicher Kabinengestaltung wie beim »FUMO« und 102-PS-Diesel von VW erneuerte man das Standardprogramm und löste somit die seit 1991 gebaute Kabine des Urgesteins »Multicar 25« von 1978 ab. Mit gleichem Motor und einem stufenlosen Antrieb wurde der schmalspurige »TREMO T« (T für Transporter) ausgerüstet. 2014 trat der M 31 mit 145-PS-Iveco-Diesel in 4x2- und 4x4-Ausführung an. 2018 folgten die Multicar-Baureihen M 29 (hydrostatischer Antrieb und Breite 1320 mm) und M 31 mit dem auf 109 oder 145 PS ausgelegten VM-Diesel, äußerlich erkennbar an dem mittig angeordneten Scheibenwischer.

VEB Ludwigsfelde

VEB Industriewerke Ludwigsfelde,
Ludwigsfelde, 1953–1955

Aus dem 1936 von Daimler-Benz aufgebauten Flugmotorenwerk, verständlicherweise 1945 von der sowjetischen Besatzungsmacht restlos demontiert, ging 1952 der VEB Industriewerke Ludwigsfelde (IWL) hervor. Neben dem Bau von Schiffsdieselmotoren übernahm die IWL den Parallelbau der »Diesel-Ameise« aus dem VEB Brand-Erbisdorf (s. d.), da dort die Kapazitäten für eine Großserienfertigung vermutlich nicht ausreichten. Als das Werk schon zwei Jahre später schwerpunktmäßig die Motorroller-Produktion aufnehmen sollte, wurde die Produktion der Dieselkarren ebenfalls an den VEB Fahrzeugwerk Waltershausen (s. d.) abgegeben. Etwa 1000 Exemplare waren in Ludwigsfelde hergestellt worden.

1965 übernahm IWL die Herstellung des W 50-Lkw. Nach der politischen Wende erhielt die Daimler-Benz AG das Werk zurück. Seitdem entstehen DB-Lastwagen der leichten Klasse und Großtransporter (Typ »Sprinter«).

VEB Sachsenring siehe Audi

Velomobil

Velomobil-Kraftfahrzeugfabrik GmbH,
Berlin-Schöneberg, Kurfürstenstraße 146/7
1. 1905–1906: **Motorfahrzeugfabrik Herrmann Dettmann,**
Berlin-Kreuzberg, Lindenstraße 108
2. 1906–1908: **Velomobil-Kraftfahrzeugfabrik GmbH,**
Berlin-Schöneberg, Kurfürstenstraße 146/7

Der Mechaniker Heinrich Dettmann stellte ein einzylindriges Dreiradfahrzeug in der Form der »Cyklonette« her, das als offener Personenwagen und als Lieferwagen angeboten wurde.

Velomobil mit Kastenaufbau (1905). (Foto: Thomas Ulrich)

VEB Hennigsdorf

VEM Vereinigung Volkseigener Betriebe des Elektro-Maschinen- und Lokomotivbaus, Elektrotechnische Werke Hennigsdorf,
Hennigsdorf (Osthavelland), Neuendorfstraße
1. 1949–1950: **VEM Vereinigung Volkseigener Betriebe des Elektro-Maschinenbaus – Lokomotivbau Elektrotechnische Werke**
2. 1951–1954: **VEB Lokomotivbau und Elektrotechnische Werke »Hans Beimler« (LEW)**

Das nach dem Krieg enteignete AEG-Lokomotivenwerk in Hennigsdorf bei Berlin fertigte in der frühen Nachkriegszeit neben Lokomotiven und Elektromaschinen auch Elektrokarren und Paketpostwagen für die DDR-Post.

2,8-kW-VEM Hennigsdorf EK 2002 DL-F II Postwagen (1954).

In Zusammenarbeit mit dem Institut für Post-Fernmeldewesen überarbeitete die Konstruktionsabteilung den einstigen 1,5-Tonnen-Vorkriegstransporter zum Paketposttyp EK 2002 DL-F II. Ein 2,9-kW-Motor kam zum Einsatz. 1954 gab man die Konstruktion an den VEB Schwermaschinenbau, Verlade- und Transportanlagen – VTA – vorm. Bleichert (s. d.) ab.

Das Werk, das nach dem kommunistischen Spanienkämpfer Hans Beimler umgenannt wurde, war bis zum Zusammenbruch der DDR einer der größten Hersteller von Elektrolokomotiven der Welt. 1990 wurde das Kombinat in den Lokomotivbau – Elektrotechnische Werke Hennigsdorf GmbH (LEW) umgewandelt. Das Engagement der AEG nach der Wende, damals eine Tochtergesellschaft der Daimler-Benz AG, führte zur Bildung der Daimler-Chrysler Rail Systems (Adtranz) mit dem größten Produktionsstandort Henningsdorf. Der Bau von Lokomotiven, Straßenbahn- und U-Bahn-Waggons sowie von Reisezugwagen bildete weiterhin das Portfolio des Unternehmens. 2001 ging Adtranz in die Hände des kanadischen Bombardier-Konzerns über, der im Zuge seines Rückzuges aus Europa das Werk 2020 an den französischen Schienenfahrzeugbau-Konzern Alstom verkaufte.

VEM Hennigsdorf Elektrokarren (um 1955).

4,5-PS-Victoria »Motor-Gepäck-Wagen« (1902).

16-PS-Victoria UR III-Gespann mit Ladekasten (1929).

Victoria

Victoria Werke AG,
Nürnberg, L. Feuerbachstraße 53, 1902–1907 und 1925–1936

Die 1886 gegründete Fahrradfabrik Frankenberger und Ottenstein wurde 1895 in die Victoria Werke AG umgewandelt. Neben Fahrrädern produzierte das 2000 Personen beschäftigende Werk auch schon bald Motorräder: ein erstes Lieferfahrzeug mit 5-PS-Fafnir-Motor wurde 1902 vorgestellt. Der vierrädrige »Motor-Gepäck-Wagen« besaß einen liegenden Einzylindermotor, fand aber trotz eines modernen Kardangetriebes ab 1904, kaum das Interesse der Käuferschaft.

Mitte der 1920er Jahre rüstete Victoria seine Motorräder auch als Lastendreiräder aus. Eigene 5,5-, 12- und 15-PS-Viertakt- sowie 4,9-PS-ILO- und 16-PS-Sturmey-Archer-Viertakter mit 5,5, 12- und 16 PS kamen zum

16-PS-Victoria UR III-Gespann mit Kasten und Leiter zur Wartung von Gaslaternen (1929).

Einbau. 1934 stellte das Unternehmen ein neues Dreiradfahrzeug vor, bei dem das eine Hinterrad von einem seitlich unter dem Fahrersitz angebrachten, eigenen 4,75-PS-Motor aus der Motorrad-Baureihe über eine Kette angetrieben wurde. Der 250-kg-Hinterlader besaß eine Vorderradhaube sowie ein aufsetzbares, seitlich offenes Fahrerhaus aus Stahlrohr und Planenabdeckung. Weitere Modelle erhielten einen ILO-Zweitakt- oder einen eigenen Viertaktmotor.

Die Victoria Motorradfabrik wurde 1958 von dem DKW- und dem Express-Werk übernommen; gemeinsam bildeten sie die Zweirad-Union AG. 1966 ging diese Motorradmarke schließlich in den Hercules-Werken der Sachs-Gruppe auf.

5-PS-Dreirad-Lieferwagen (1934).

Victoria-Lastendreiräder

Typ	Nutzlast in Tonnen	1. Baujahr	Motoren-hersteller	Zyl.	PS	Kühl.	Bohrung x Hub	Hubr. in ccm	Drehz.	Gew. in kg	Besonder-heiten
Motor-Gepäck-wagen		1902	Fafnir	1	4	W	85x85	482			
	0,35	1902	Victoria	1	5	W	85x105	596	1500		
Victoria	0,25	1907		V2	5/6	L		498			
Victoria		1925	Fafnir	1	5,5	L	75x79	348	3000		
KR I		1925	Sturmey-Archer	1	12	L	70x90	346	3000		
KR II		1925		1	16	L	79x101	497	3000		
B 26	0,25	1934		1	4,75	L	60x70	198	3500		
Schnell-Liefer-wagen	0,25	1934	Victoria	1	5	L		175	3400	250	
KR III		1934	ILO	1	15	L	57x68	498	3400		

Vidal & Sohn

Vidal & Sohn, Tempo-Werk GmbH,
Hamburg-Harburg, Mönckebergstraße 7 (Levante-Haus)
1. 1926: **Sühr & Co.,** Altona, Oelkersallee 20
2. 1926–1929: **Tempo GmbH,** Hamburg-Altona, Hohe Bleichen 28
3. 1929–1934: **Tempo-Werk GmbH,** Hamburg-Wandsbek, Bleichenhof u. Hamburg-Harburg, Sophienstraße 23
4. 1934–1965: **Vidal & Sohn, Tempo-Werk GmbH,** Hamburg-Harburg, OT Bostelbek, Am Radeland 125 (Firmensitz Mönckebergstraße 7)
5. 1965–1968: **Rheinstahl-Hanomag AG,** Hannover-Linden, Hanomagstraße 8, Tempo-Werk (Firmensitz)
6. 1968–1973: **Hanomag-Henschel-Fahrzeugwerke GmbH,** Kassel, Bremen, Hamburg-Harburg

Von der »Schott'schen Karre« zum Tempo-Vorderlader

Die anfängliche Geschichte des Tempo-Dreirades ist äußerst wechselhaft: 1925 wurde einem Herrn Schulze in Bremen das Patent auf einen Dreirad-Vorderlader erteilt, wobei dieser die im Kohlentransport vielfach verwendete Schott'sche Karre nutzte, die unter dem Kastenrahmen eine Achse mit gelenkten Rädern erhielt. Hinten waren auf dem Rahmen der Motor und der Antriebsmechanismus auf das Rad angebracht. Ein liegender 2,5-PS-Rinne-Motorradmotor (Rinne-Motoren GmbH, Berlin) mit Verdampferkühlung und Rückfluss-Kondensationseinrichtung trieb das für 250 und später für 400 kg Nutzlast ausgelegte Dreiradfahrzeug an. Ein Hurth-Dreiganggetriebe (ohne Rückwärtsgang) und ein Kickstarter waren vorhanden. Der Fahrer und notfalls ein Begleiter saßen auf einem Motorradsattel sowie einem Behelfssitz hintereinander auf der Verkleidung des Antriebsteils. Die Lenkung erfolgte über das schrägstehende Lenkrad mit Seilzugmechanismus auf die Drahtspeichenräder. Der dem damaligen Zeitgeist entsprechende Name »Tempo« sorgte für das entsprechende Image des kleinen Lieferwagens.

Ein gewisser Carl Precht wiederum erwarb eine Lizenz, um das Fahrzeug unter der Bezeichnung »Cehap« zu bauen. 1926 gab er das Vorhaben an die Firma Ing. Schmidt in Altona-Bahrenfeld und den Vertrieb an Kaufmann Rudolf F. H. Sühr ab, Teilhaber einer Fenster-Im- und Export-Firma. Nach kurzer Zeit trennte sich Sühr von der Firma Schmidt und firmierte unter dem Namen Tempo GmbH, Hamburg. Die Fertigung übernahm 1928 zunächst die Schmiede-Werkstatt Gustav Ehlert in Hamburg-Eidelstedt; Sühr trat als Verkäufer auf. Auch die Maschinen- und Apparatebau GmbH in Lüneburg (s. d.) erhielt zeitweilig Nachbaurechte.

Handelsrichter Max Vidal (1860–1936) und sein Sohn Oscar wurden schon früh auf die Konstruktion aufmerksam. Für ihre im vergangenen Jahrhundert gegründete Firma Vidal, die nach dem Ersten Weltkrieg in Wandsbeck bei Hamburg eine Feuerungs- sowie Kohlen- und Brennstoff-Import- und Exporthandlung betrieb, war das Gefährt der praktischere, wirtschaftlichere Ersatz für die eingesetzten Drückkarren zur Hausbrandzustellung. Max und Oscar Vidal gründeten zum Alleinvertrieb

des Fahrzeugs die Firma Vidal & Sohn; Ehlert erhielt einen Vorschuss zur Ausweitung der Montage und Robert Sühr wurde als Verkaufsleiter bestimmt. Als Ehlert trotz der finanziellen Unterstützung nur drei Exemplare ablieferte, gaben die Vidals die Montage an die Auto-Reparatur-Werkstatt Grotz in Stade ab. Die zunächst für den Eigenbedarf vorgesehenen Kleintransporter erregten das Interesse anderer Gewerbetreibender, sodass Grotz im Auftrag von Max Vidal wöchentlich ein als T 1 (T für Tempo) bezeichnetes Modell zusammensetzte; auf Anregung der Kunden wurde das Modell ständig verbessert. Der Rinne-Motor wurde durch ein 5/6 PS starkes, thermosiphongekühltes ILO-Aggregat ersetzt, womit die über Jahrzehnte bestehende Geschäftsverbindung Vidals mit dem Einsatz von Triebwerken der Pinneberger Motorenfabrik begann.

Parallel zum T 1 folgte der T 2 mit 7,5-PS-ILO-Motor, mit Scheibenrädern, vor der Spritzwand senkrecht angebrachtem Lenkrad und einer hinten auffallend kantig auslaufenden Blech-Verkleidung. Die Kraft wurde per Kette auf das Hinterrad übertragen. Die Nutzlast lag bei 650 bis 750 kg.

Als Sühr immer höhere Rechnungen für seine Tätigkeit einreichte, wurde er kurzerhand entlassen. Nachdem 1928 vier T 1 und ein erster T 2 montiert worden waren, setzte Grotz 220 T 1- und vier T 2-Modelle im Auftrag der Vidal & Sohn OHG zusammen, wobei Max Vidal inzwischen den Verkauf und den Vertrieb der Fahrzeuge organisierte.

Im Rahmen der weiteren Verbesserungen erhielt der T 2-Eilwagen zeitweise einen 9-PS-Hamor-Motor sowie ein Vierganggetriebe mit Rückwärtsgang.

Als Konstruktionsleiter konnte 1929 der frühere Flugmotoren- und Automobilkonstrukteur der Firma Rollfix und der Firma Daus & Perst-Kleinwagen, Ingenieur Otto Daus (Rollfix und Daus & Perst) gewonnen werden, der die neuen Typen T 6 und T 10 entwarf. Die Firma Rollfix wehrte sich mit dem Vorwurf der Patentrechts-Verletzung gegen die neue Konkurrenz, ein Streit, der mit einem Vergleich beigelegt wurde.

Aufgrund des guten Absatzes der Tempo-Vorderlader-Modelle erwarb Max Vidal mit seinen Söhnen Oscar und (jetzt auch) Herbert in Wandsbeck ein Fabrikgrundstück, wo mit 25 Arbeitern eine eigene Fertigung in

2,5-PS-Tempo T 1 Vorderlader (1926).

6-PS-Tempo Front 6 Lieferdreirad (1933). (Foto: Daimler-Benz Classic)

dem nun als Tempo-Werk GmbH bezeichneten Betrieb aufgezogen wurde. Wenig später kam das Werk II in einer ehemaligen Brauerei hinzu.

Vom Vorder- zum Hinterlader

Das Modell T 6 mit 6-PS-ILO-Motor mit Verdampferkühlung trieb das jetzt abgefederte Hinterrad an, der sich als eine von Anhieb an gelungene Konstruktion erwies, die bis 1935 3596 Mal verkauft werden konnte. Ein stark gekröpfter Stahlblechrahmen bildete von der Vorderachse bis zum hochgezogenen Heck das Fahrgestell. Dieser Tiefrahmen ermöglichte die Nutzung verschiedener Aufbauten. Mit 500 kg Belastung konnte eine Höchstgeschwindigkeit von 50 km/h erreicht werden.

Eine Stufe größer war der T 10 mit 10-PS-Motor und einer Nutzlast von 750 kg, der allerdings aufgrund seiner Motorgröße einen Führerschein erforderte und steuerpflichtig war. Das Hinterrad war in dem V-Rahmen in einem Schenkelpaar eingesteckt, wobei ein Schenkel zur Demontage des Rades abgeschraubt werden konnte. Eine Windschutzscheibe mit einem Stoffverdeck ließ sich anbringen. Als Pritschen-, Hauben- und als Niederkastenwagen kamen 840 Exemplare des T 10 bis 1936 zur Auslieferung; die Reichspost und die Reichswehr nahmen auch hier größere Stückzahlen ab. Auch die polnische Postverwaltung rüstete ihre Briefkastenleerung in den Großstädten mit Tempo-Fahrzeugen aus.

1932 kam das Modell »Pony« auf den Markt, das als 0,3-Tonner mit 6-PS-Antrieb und Motorradlenker bis 1936 529 Käufer überzeugen konnte.

6-PS-Tempo Pony Vorderlader (1931). (Foto: Daimler-Benz Classic)

Den Schritt zum Bau von Hinterladern vollzog das Tempo-Werk im Jahre 1933. Das als »Tempo Front 6« bezeichnete Pritschenmodell hatte den »steuer- und führerscheinfreien« 6-PS-ILO-Motor und konnte als kombinierbarer Pkw/Lieferwagen eingesetzt werden.

Das mit einem Holz-Kunstleder-Fahrerhaus bestückte Modell besaß einen Zentralrohrrahmen als tragendes Element, der schrägstehende Motor war über der Vordergabel angebracht. Über einen mit Öl gefüllten Kettenkasten, gleichzeitig als Radführung dienend, wurde das Vorderrad mit einer Rollenkette angetrieben. Eine weitere Rollenkette gab es zwischen Motor und dem Getriebe. Die spitz zulaufende Motorhaube deckte den Motor und teilweise das Vorderrad ab.

Nicht unerwähnt bleiben sollte folgendes entwicklungstechnische Detail: Da der frühere Vorderlader nur eine Nutzlast von 500 Kilogramm problemlos befördern konnte, war das Konstruktionsbüro auf die Idee gekommen, das Hinterlader-Dreiradfahrzeug zu entwickeln. Der Ingenieur Dietrich Bergst (1905–1969) von den Hansa-Lloyd-Werken wurde dazu engagiert, das Vorderrad an einer Schwinge anstatt in einer Gabel zu führen, um bei einem Reifenwechsel eine einfache Raddemontage zu ermöglichen. Darüber hinaus gewährleistete der Vorderradantrieb eine etwas sicherere Kurvenführung, zumal der Hinterradantrieb bei den Goliath-Fahrzeugen der HL-Werke die Gefahr des Umkippens in Kurven aufkommen ließ. Das Fahrverhalten des Tempo-Dreirads war aber aufgrund des hohen Schwerpunktes des Motor-Getriebe-Aggregats ebenfalls äußerst problematisch! Aber mit dem Typ F 6 als erstem Frontantriebler mit hinten tiefgekröpftem Fahrgestell konnte Vidal die vielfältigen Aufbaumöglichkeiten demonstrieren.

Moderne Hinterlader erneuern das Tempo-Programm

In rascher Folge wurde das auf dem Markt gut aufgenommene Programm den Wünschen der Kundschaft angepasst. Die ab 1934 erschienenen steuer- und führerscheinfreien Ausführungen D 200 und steuer- und führerscheinpflichtigen Ausführungen D 400 erhielten 7- und 12,5-PS-Motoren. Die D-Bezeichnung stand für Dreirad; die Ziffern gaben den Hubraum an. Im gleichen Jahr erwarben die Vidal-Eigentümer das Fabrikgelände der einstigen Internationalen Galalith-Gesellschaft Hoff & Co. AG Hamburg-Harburger Ortsteil Bostelbek, wo große Fabrikationsanlagen für die Montage und ein Eisenbahnanschluss bereitstanden. Das 340 Mann beschäftigende Werk konnte im Jahre 1935 das 10.000ste Modell ausliefern, wobei die Fahrzeuge nun auch Stahl/Holzkarosserien erhielten.

Ein Ausflug in den Bau von Geländewagen

Unter der Bezeichnung T 1200 erschien im Jahre 1935 ein geländegängiger Pritschenwagen mit zwei 19-PS-ILO-Motoren im Bug und im Heck. Nur wenige Exemplare dieses Eintonners wurden gefertigt.

Neuer Schwung mit einem Vierrad-Transporter

Das nun rasch auf 835 Mitarbeiter angewachsene Unternehmen präsentierte im gleichen Jahr einen ersten Vierrad-Lieferwagen vom Typ V 600 (V für Vierrad) mit einem 19-PS-Zweizylindermotor. Die Nutzlast dieses Frontantriebsfahrzeugs betrug eine Tonne. Dieses Modell, zunächst mit einem Stahl-Holz-, später mit einem Ganzstahlaufbau (Eisen-/E- und Automobil-/Typ), wurde bis 1943 in 14.249 Exemplaren gefertigt.

Nach dem Tod von Max Vidal wurden 1936 unter der Geschäftsführung seines Sohnes Oscar die Hinterlader-Typen mit den Bezeichnungen E 200, E 400 und E 600 (E für Einheitstyp) mit stärkeren Motoren und mit weiteren Verbesserungen den gestiegenen Anforderungen angepasst, beispielsweise waren die Hinterräder über Druckschraubenfedern abgestützt.

19/20-PS-Tempo E 600 Großraumpritsche (1936). (Foto: Daimler-Benz Classic)

Einen Ausflug des Unternehmens in den Geländewagenbau stellte 1936 der Bau des Typs G 1200 mit zwei ILO-Motoren dar, wobei die Karosserie des Eintonners janusköpfig gebaut war. Das vorn und hinten symmetrisch ausgeführte Fahrzeug wies Allradlenkung und Allradantrieb auf. Die türkische und bulgarische Armee, der deutsche Zollgrenzschutz und Hermann Göring (gleich zwei Stück) sowie weitere europäische und südamerikanische Interessenten bestellten 1243 Exemplare dieses Militärwagens, der auch in Österreich nachgebaut wurde.

In diesem Jahr (1937) verließ das 25.000ste Fahrzeug das Tempo-Werk. Das Dreitypenprogramm erhielt in dieser Zeit bei leichter Steigerung der Motorleistungen die Bezeichnungen A 200 (»Resolut«), A 400 (»Athlet«) und A 600 (»Titan«), wobei das »A« jetzt für »Automobil« stand. Der Schell-Plan verpflichtete das Werk zum Bau des nun als Einheitsmodell bezeichneten Dreirades A 400. Eine Lizenz zum Nachbau des A 400 wurde an die Gutbrod-Werke vergeben, die anstelle ihrer eigenen Modelle den Harburger Typ fertigen mussten, da das Tempo-Dreirad einen geringeren Zeit- und Materialaufwand hatte.

Bis 1945 entstanden 29.995 A 400-Dreiräder. Der A 200 lief nach 3579 gebauten Exemplaren im Jahre 1940 aus. Vom Urahn aller Hinterladertypen wurden bis Kriegsbeginn 37.795 Exemplare gefertigt. Auch die Fertigung des Vierrad-Kleinlasters endete nach 14.249 Modellen. Vom Urahn aller Dreirad-Hinterladertypen beginnend, wurden bis Kriegsbeginn 71.755 Exemplare gefertigt.

1942 erwarb das Vidal-Unternehmen die Anhängerfabrik E. & W. Nöhrenheim Fahrzeugbau in Hamburg-Wilhelmsburg, die separat als Herbert Vidal u. Co. zunächst Landwirtschafts- und Lkw-Anhänger Aufbauten.

Bis in den Mai 1945 konnte die Produktion aufrechterhalten werden, wobei die Fertigung im Jahre 1944 auf 4669 Stück abgesunken war. Neben den Einheitsdreirädern, auch »Kriegslieferwagen« genannt, musste das Werk Rüstungsgüter, darunter Trägerfahrzeuge für die V 2-Raketen, fertigen.

19/20-PS-Tempo E 600 Pritschenwagen (1938). (Foto: Daimler-Benz Classic)

7,4-PS-Tempo A 200 Pritschenwagen (1938). (Foto: Daimler-Benz Classic)

7,4-PS-Tempo A 200 Langpritsche (1938). (Foto: Daimler-Benz Classic)

19/20-PS-Tempo E 600 Pritschenwagen (1938).

12,5-PS-Tempo E 400 Einheits-Lieferdreirad (1940). (Foto: Daimler-Benz Classic)

Ohne Schäden weggekommen – Neustart im Jahre 1945

Ohne wesentliche Kriegsbeschädigungen überstand das Tempo-Werk mit schließlich nur noch 399 Mitarbeitern das Kriegsende.

Das Einheits-Dreirad konnte nach dem Krieg ab August 1945 weitergebaut werden. Waren es 1945 noch 1281 Exemplare, so verließen schon 1946 wieder 1602 Fahrzeuge das Werk. Im Jahre 1947, dem Tiefpunkt in der frühen deutschen Nachkriegswirtschaft, sank der Ausstoß infolge von Energie- und Rohstoffmangel auf nur noch 1134 Einheiten. Bis zur Währungsumstellung produzierte das Werk 7326 Nachkriegsfahrzeuge das Werk. Nach der Währungsumstellung stieg die Produktion sofort rasch an, so dass 1949 9723 Tempo-Dreiräder heißbegehrt an die Kunden geliefert werden konnten.

Der »Matador« als richtweisende Konstruktion

Mit großem Engagement ging nun das Entwicklungsbüro unter Chefkonstrukteur Direktor Dietrich Bergst, der 1947 Nachfolger des pensionierten Otto Daus geworden war, an den Entwurf eines Vierradmodells. Unter völliger Abkehr von den Vorkriegs-Vierradfahrzeugen schuf Bergst einen Frontlenker mit V-förmigem Doppelrohrrahmen mit Querträgern als Pritschen- und Kastenwagen mit VW-Motor. Um eine völlige Ausnutzung der Ladefläche zu erhalten, wurde bei diesem als Typ »Matador VW« bezeichneten Modell der Motor unter die Sitzbank verlegt.

Motor und Getriebe waren hier im Gegensatz zum VW-Pkw um 180 Grad gedreht im Frontbereich eingebaut. Der Motor befand sich somit hinter der Vorderachse. Das VW-Getriebe war vor der Vorderachse an den Boxermotor angeflanscht, so dass der Fahrer im umgekehrten Sinne schalten musste. Über Pendelachsen, die von einer querliegenden Blattfeder abgestützt wurden, erfolgte der Vorderradantrieb. Die Hinterräder

25-PS-Tempo Matador Tiefpritsche (1949).

25-PS-Tempo Matador Pritschenwagen (1949).

waren an einer Starrachse angebracht. Wenig ansprechend war jedoch die wulstige Vorderfront des Matadors mit seinen beiden Windschutzscheiben. Hinter der aufklappbaren Frontpartie verbargen sich das Ersatzrad und das Bordwerkzeug. Seitliche Gitter am hinteren Fahrerhaus waren für die Luftzufuhr für den VW-Motor eingestanzt.

Bis 1951 verließen 12.857 Lieferwagen dieses Typs in den verschiedenen Ausführungen (auch Doppelkabiner) das Fließband.

Letzte Überarbeitung der Dreiräder

1950 erhielt der A 400 als Typ »Hanseat« ein Vierganggetriebe und eine Triplexkette zwischen Motor und Getriebe. Die Hinterachse war nun in Pendeltechnik ausgebildet. Gleichzeitig stellte das Werk mit gleicher Karosserie die mit dem Führerschein IV zu fahrenden Dreiräder »Boy« mit 8- bzw. 10-PS-ILO-Doppelkolbenmotoren vor. Zunächst kamen Handstarter, ab 1951 elektrische Anlasser zum Einbau. Bis zur Produktionseinstellung im Jahre 1956 konnten 5536 Boy-Lieferwagen gefertigt werden. Der Tempo »Hanseat« erhielt 1953 den Zweizylinder-Zweitakt-Heinkel-Motor mit Flachkolben sowie eine hydraulische Bremsanlage. Im gleichen Jahr endete auch die A 400/Hanseat-Produktion nach 37.131 Nachkriegs-Modellen.

13,5-PS-Tempo Hanseat Pritschenwagen (1950).

13,5-PS-Tempo Hanseat Halbkombiwagen mit hinterer Holzbeplankung (1931).

8-PS-Tempo Boy Tiefpritsche (1950).

Neuorientierung in der Motorbestückung

Nachdem das 2000 Mann starke Werk den 100.000sten Tempo-Lieferwagen produziert hatte, gab es Differenzen mit dem VW-Werk, das seinen eigenen Transporter auf den Markt gebracht hatte und nun keine Motoren mehr lieferte. Einen langfristigen Liefervertrag hatte man nicht abgeschlossen, so dass Heinz Nordhoff 1952 die Motorenlieferung stoppte. Ersatz fand Vidal bei Dipl.-Ing. Hans Müller (1902–1968), einem einstigen DKW-Motorenkonstrukteur, mit seinem Ingenieurbüro Hans Müller-Andernach, das nach Chemnitzer Vorbildern Zweitaktmotoren entwickelt hatte, die von den Firmen Ernst Heinkel AG in Stuttgart-Zuffenhausen (Hellmut-Hirth-Straße 41) und dann (teilweise) von ILO gebaut wurden.

Der nun als »Matador 1000« bezeichnete Eintonner wurde mit dem 26-PS-Dreizylinder-Zweitakter ausgerüstet, der ursprünglich für den Hanomag-Pkw »Partner« vorgesehen war. Der »Matador 1400« als 1,4-Tonner wurde von dem 34-PS-Vierzylinder-Reihen-Viertaktmotor von Heinkel angetrieben, wieder von Hans Müller konstruiert. Das Motor-Getriebe-Aggregat war wieder unter den Sitzen angebracht, die Vorderfront erhielt eine gefälligere Gestaltung.

An die Firma Still AG (s. d.) gingen einige unmotorisierte Modelle, die die Fahrzeuge mit einem elektrischen Antrieb versah. Die Fahrzeuge trugen das Tempo- und das Still-Emblem an der Vorderfront.

Im Jahre 1953 übernahm das Werk den Import der englischen Land Rover-Fahrzeuge und montierte für den Bundesgrenzschutz einige hundert Fahrzeuge in Lizenz. (Otto Daus hingegen versuchte später mit seinem

34-PS-Tempo
Matador 1400 Tiefpritsche (1951).

Konstruktionsbüro die Bundeswehr mit einem dreirädrigen Jeep-Fahrzeug mit hintenliegendem Einzelradantrieb zu beglücken.)

Zu jener Zeit wurden Lizenzen zum Nachbau des »Hanseats« an die Bajaj-Tempo Ltd. in Poona/Indien und an ein pakistanisches Unternehmen in Hyderabad vergeben. Auch die späteren »Wiking«- und »Matador«-Modelle wurden dort gefertigt, ebenso wurden Tempo-Modelle von einem spanischen Unternehmen montiert.

Der Typ »Wiking« ersetzt die Dreiräder

Zur Ablösung der Dreiradfahrzeuge stellte das Tempo-Werk 1953 den vor allem als Kastenwagen gebauten 0,75-Tonner Wiking mit einem 17-PS-Zweizylinder-Heinkel-Motor vor. Das sehr schmal wirkende Fahrzeug mit einem unteren »Fischmaul«-Lufteinlass brachte es auf 12.590 Modelle und wurde 1955 mit dem neuen Einheitsfahrerhaus des Matador als »Wiking I« mit dem schließlich auf 20 PS gesteigerten Motor bis 1963 gebaut.

17-PS-Tempo Wiking (1953).

17-PS-Tempo Wiking I Pritschenwagen (1955).

Die Mehrgleisigkeit in der Karosserieausstattung wurde 1955 durch einen neuen Fahrerhaus-Einheitstyp abgelöst. Auffallendes Merkmal war der gitterförmige, ovale Lufteinlass in dem geräumigen, mit einer Panoramascheibe versehenen Fahrerhaus. Die Rückwand war zur Geräuschdämmung aus einer Hartfaserplatte hergestellt.

Zum 1. Januar 1955 gab Oscar Vidal eine 50-prozentige Beteiligung an die Rheinstahl-Hanomag AG (s. Hanomag) ab, die 1965 die vollständige Übernahme vollzog. Die Interessengemeinschaft sollte zu einer finanziellen Stärkung des Unternehmens und zu einer Aufstockung des Firmenprogramms führen. Das Angebot wurde bis in die 1960er Jahre dann auf 30 verschiedene Ausführungen ausgedehnt.

»Rapid« und »Matador« mit englischen Triebwerken

Da die störanfälligen Heinkel-Motoren nicht befriedigt hatten, kam 1957 im Typ »Rapid« (ehemaliges Wiking-Modell) erstmals der 32-PS- und im »Matador I« der 48-PS-Viertaktmotor von Austin (Versionen A 35 und A 50) zum Einsatz, der sich schon lange in den Austin-Pkw-Modellen bewährt hatte. (Austin lieferte jedoch nur den Rumpfmotor, um so deutsche Zusatzaggregate im Hinblick auf eine mögliche Ersatzteilversorgung einbauen zu können.) Das Fahrerhaus hatte man aufgrund der größeren Motorenmaße etwas verlängern müssen.

Ein weiteres Lizenzabkommen zum Zusammenbau angelieferter Teile (ckd-Sätze) konnte das Tempo-Werk mit der englischen Firma Jensen Motors Ltd. in West Broomwich 1957 abschließen, das bis 1963 Gültigkeit hatte.

Während der sich zuspitzenden Krise des Borgward-Werkes führte die Rheinstahl-Hanomag AG Verhandlungen mit den Bremern, um durch eine Kooperation ein volles Programm von Pkw über Lieferwagen und Schnelllastern bis zum schweren Lkw anbieten zu können. C. F. W. Borgward ging jedoch auf diese mögliche Chance zur Rettung seines Werkes nicht ein.

1962 unternahm man bei Tempo erste Versuche im Einsatz von Dieselmotoren. Ein 42 PS starker Diesel von Perkins trieb einige Versuchsmodelle an; zu einem Serienbau kam es jedoch nicht.

32-PS-Tempo Wiking Rapid Pritschenwagen (1957).
(Foto: Daimler-Benz Classic)

48-PS-Tempo Matador I Pritschenwagen (1957). (Foto: Daimler-Benz Classic)

48-PS-Tempo Matador I Hubwagen (1960).

48-PS-Tempo Matador I Möbelwagen (1959).

20-PS-Tempo Wiking I (Rapid) mit Kofferaufbau (1959).
(Foto: Daimler-Benz Classic)

32-PS-Tempo Wiking Pritschenwagen (1963). (Foto: Daimler-Benz Classic)

Das Einheitsmodell »Matador E«

1963 stellte das Konstruktionsbüro von Rheinstahl-Hanomag die neuen »Matador«-Einheitsmodelle (E-Typen) der 1,0-, 1,3- und 1,6-Tonnen-Klasse auf Parallelrohrrahmen mit Querträgern vor; sie erhielten einen auf 54 PS gesteigerten Austin-Motor, der vor der Vorderachse saß und sich durch ein besseres Drehmoment auszeichnete. Im Kastenwagenmodell war nun ein Durchgang von den Vordersitzen zum Laderaum möglich.

Als Zugkopf fanden die Matadore auch für den Ruthmann-Hubwagen Verwendung, z. B. bei der Bundespost. Der hintere Wagenteil konnte hydraulisch gesenkt und gehoben werden. Die Traktorenfabrik Eicher übernahm 1962 das modifizierte Fahrerhaus für den Eicher-»Farm-Expreß«.

Mit der Einstellung der alten Matador- und Rapid-Modelle vereinbarte das Tempo-Werk die Lieferung von Ersatzteilen durch den indischen Lizenznehmer.

Ab 1964 verwendete man bei den Einheitstypen den schon im Traktorenbau bewährten, sparsamen Hanomag-Vorkammer-Dieselmotor D 301 E2 mit 50 PS, womit das Harburger Werk gegenüber den Konkurrenten einen Vorsprung erzielen konnte.

54-PS-Tempo Matador E Pritschenwagen (1963). (Foto: Daimler-Benz Classic)

54-PS-Hanomag Matador E Spezial-Getränkefahrzeug (1961). (Foto: Daimler-Benz Classic)

54-PS-Hanomag Matador Flughafen-Trinkwasserfahrzeug (1961). (Foto: Daimler-Benz Classic)

50-PS-Hanomag Matador E (Diesel) Kastenwagen (1964). (Foto: Daimler-Benz Classic)

Die Firma WUMAG in Wuppertal baute einen Scheren-Hubwagen auf der Basis des »Matadors« mit schmaler Einmannkabine auf der linken Seite. Vor allem im Flughafendienst fanden diese Fahrzeuge Verbreitung. Die Firma Aurepa in Ulm rüstete gleichzeitig Fahrzeuge zu Trinkwasser-Transportern für Flughäfen aus, wobei das Fahrerhaus verkehrt herum vor dem Wassertank aufgesetzt wurde. Als Dreiachser und als Getränkewagen erschienen ab 1965 Matador-Fahrzeuge mit normal-großen und mit kleinen Hinterrädern.

Aufgrund der neuen Besitzverhältnisse wurde ab 1966 der Rheinstahlbogen mit dem Hanomag-Schriftzug an der Frontpartie angebracht, während zuvor seit Beginn der 1960er Jahre nur der Rheinstahlbogen mit dem »H« auf der Kühlwasserklappe prangte. Eine Nachbaulizenz erhielt Bajaj Tempo in Indien.

Die F-Typen unter der Herrschaft von Hanomag-Henschel

Mit dem Baujahr 1967 stellte das Unternehmen die neue M 67-Baureihe mit den Typen F 20, F 25, F 30 und F 35 vor, die im gemeinsamen Hanomag-Henschel-Programm unter einheitlichen Typenbezeichnungen vertrieben wurden. Der Hanomag-Henschel-Schriftzug zierte jetzt die Fahrzeuge.

60-PS-Hanomag-Henschel F 20 Tiefpritsche (1967).

50-PS-Hanomag-Henschel F 25 Tiefpritsche (1967). (Foto: Daimler-Benz Classic)

50-PS-Hanomag-Henschel F 30 Dreifachkabine (1967).
(Foto: Daimler-Benz Classic)

50-PS-Hanomag-Henschel F 25 Pritschenwagen (1967).
(Foto: Daimler-Benz Classic)

Das Fahrerhaus erhielt bei dieser neuen Generation eine innere und äußere Überarbeitung, wobei die gefällige Grundkonzeption beibehalten wurde. Die früher abgerundeten Konturen wurden etwas kantiger gezogen. Auch in einer Doppel- oder Dreifachkabinen-Version konnte die neue F-Transporter-Baureihe geliefert werden.

Im gleichen Jahr gelangte erstmals der 60 PS starke Mercedes-Benz-Vorkammer-Diesel der Baureihe OM 615, der auch die DB-Modelle 220 D antrieb, zum Einbau.

Einstieg und Übernahme durch die Daimler-Benz AG

Als die Daimler-Benz AG 1969 eine 51-prozentige Beteiligung an der Hanomag-Henschel-Fahrzeugwerke GmbH erwarb, war das Ende dieses traditionsreichen Herstellers abzusehen.

1970 erfolgte die generelle Umstellung der Dieselversionen auf Daimler-Benz-Triebwerke mit 55 und 60 PS. Von Vorteil war, dass diese aus den Pkw-Reihen stammenden Motoren gegenüber dem Hanomag-Aggregat erheblich leichter waren und preisgünstiger hergestellt werden konnten. Die 1,8-Liter-Hanomag-Maschine wurde an das Bajaj-Werk abgegeben, das die Vierrad-Modelle seit längerem in Lizenz fertigte. Wahlweise konnten die intern als P 12 und P 14 (P für Projekt) bezeichneten deutschen Modellen auch den auf 70 PS ausgelegten Austin-Vergasermotor bekommen. Die Modelle erhielten wieder einen Parallel-Rohrrahmen als Unterbau.

Einerseits gab es jetzt die Modelle mit dem Hanomag-Henschel-Schriftzug und der »F«-Typenbezeichnung, andererseits die Modelle als »Leichttransporter« mit Mercedes-Benz-Stern unter den Bezeichnungen L 206 D und L 306 D.

Nachdem Daimler-Benz 1971 die restlichen Gesellschaftsanteile erworben hatte, wurden die Modelle ein letztes Mal überarbeitet. Im Auftrag des Bundesministeriums für Forschung und Technologie rüstete das Unternehmen in dieser Zeit einige Transporter unter der Bezeichnung F 35 E mit einem 35/56-kW-Motor aus.

Die Stückzahlen waren seit 1968, wie erwähnt, außerordentlich angestiegen. Waren es 1968 noch 19.292 Modelle gewesen, so waren es 1969 26.353, 1970 32.671, 1971 35.615, 1972 47.369 und 1973 schon 45.296 Fahrzeuge. Die Gesamtfertigung von 1928 bis 1973 hatte jetzt die Zahl von 488.900 Exemplaren erreicht.

54-PS-Hanomag-Henschel F 20 Kastenwagen (1970).

Der V-förmige Unterbau wurde ab 1973 wieder genutzt. Ein Jahr später endete der Parallelbau unter dem Hanomag-Henschel-Namen; die Daimler-Benz-»Leichttransporter« erschienen jetzt mit einigen geringen Detailänderungen im Zeichen des Mercedes-Sterns.

Ebenfalls 1974 wurden die Fahrzeuge, beginnend mit der Baureihe L 206, auch in dem umgerüsteten, modernen und weitaus größeren einstigen Borgward-Hauptwerk in Bremen-Sebaldsbrück gefertigt, das zum Teil 1961 von Hanomag erworben worden war. (Die Verhandlungen von 1960 hatten sich damit auf eine andere Weise doch erfüllt!) 1975 verließen die letzten Transporter das ehemalige Harburger Tempo-Werk, das 2400 Mitarbeiter beschäftigte und als Zweigwerk der Daimler-Benz AG für die Fahrgestell- und später für die Achsen-, Lenkgetriebe- und Komponentenfertigung umgerüstet wurde. Die Fertigungseinrichtungen für die »Leichttransporter« wurden an die Bajaj Tempo Ltd. in Indien abgegeben.

1977 entwickelte man zu der noch laufenden P-Serie die neue Daimler-Benz-Kleintransporter-Baureihe mit den Modellen 207 D, 208, 307 D und 308, die dann endgültig die über lange Jahre hinweg gebauten und mit ihrem Hinterachsantrieb und den verschiedenen Radständen fortschrittlichen und bewährten Harburger Typen ablösten.

Nachzutragen ist, dass das Anhängerwerk der Herbert Vidal & Co. Karosserie- und Fahrzeugwerk 1970 an die Deutsche Fruehauf GmbH u. Co. KG abgegeben wurde. Die Familie Vidal unterhält seit 1969 eine Jaguar- und eine Mercedes-Benz-Nutzfahrzeug-Repräsentanz in Hamburg.

35/56-kW-Hanomag-Henschel F 35 E Elektro-Transporter-Prototyp (1972). (Foto: Daimler-Benz Classic)

Vidal- (Tempo-) Lieferwagen

Typ	Nutzlast in Tonnen	1. Baujahr	Motorenhersteller	Zyl.	PS	Kühl.	Bohrung x Hub	Hubr. in ccm	Drehz.	Gew. in kg	Besonderheiten
1. Dreiräder											
T 1	0,25	1926	Rinne	1	2,5/3	L	50,5x65	132	3200/3500	300	auch 4 PS
T 1	0,4	1927	ILO	1	5	L	61x68	197	3200		
T 2	0,5	1928	Rinne	1	6/7,5	V	62x65	196	3500		
T 2	0,6	1930	ILO	1	9	L	74x68	295	3400		
T 6	0,5	1930		1	6	Th	61x68	197	3400	370	
T 10	0,75	1930		1	10		74,5x80	349	3000	370	auch 0,85 t
Pony 300	0,4	1931		1	6		61x68	197	3400	260	
Front 6	0,6	1933		1	6		61x68	197	3400		
Front 7	0,7	1933		1	6		61x68	197	3400		
Front 9	0,65	1933		1	9		74x68	295			auch 10 o.12 PS
Front 14	0,75	1934		2	14	L	69x80	594	2500		
D 200	0,5	1935		1	7	Th	61x68	197	3400		auch 0,6 t
D 400	0,75	1935		2	12,5		61x68	398	3000		
E 200	0,6	1936		1	7,4		61x68	197	3400		
E 400	0,75	1936		2	12,5		61x68	398	3400		
A 200	0,6	1938		1	7,4		61x68	197	3400	740	
A 400	0,75	1938		2	12,5		61x68	398	3500	760	
A 400	0,75	1945		2	12,5		61x68	398	3500	760	
Hanseat 50	0,74	1949		2	12,5		61x68	398	3500	760	
Boy	0,5	1950		2	8		43x68	197	4000	620	Doppelkolben-Motor
Boy	0,5	1950		2	10		48x68	244	4000	620	
Boy	0,5	1953		1	10		69x66	245	4500	650	
2. Vierradfahrzeuge											
V 600	1	1935	ILO	2	19	Th	69x80	594	3400		
E 600	1	1936		2	19	Th	69x80	594	3400		
A 600	1	1938		2	19,5	Th	69x80	594	3400	780	
Matador (VW-Motor)	1	1949	VW	4	25	L	75x64	1131	3200	1070	
Matador 1000	1	1952	ILO/ Heinkel	3	26	Th	66x66	672	4500	1100	
Hanseat	0,8	1953	Heinkel	2	15	Th	62x66	396	4500	790	
Matador 1400	1,3	1953		4	34	W	70x71	1092	3600	1200	
Wiking	0,75	1953		2	17	Th	66x66	462	4000	780	
Wiking I	0,85	1955		2	17	Th	66x66	462	4000	890	
Rapid (Wiking)	0,8	1955	Austin	4	32	W	62,9x76,2	948	4100	1040	
Matador I	1,3	1955	Austin	4	48	W	73x89	1489	4100	1250	
Wiking I	0,75	1959	Heinkel	2	20	Th	66x66	462	4000	780	
Matador		1962	Perkins	4	42	W	76,2x88,9	1620	3600		D
Matador E	1	1963	Austin	4	54	W	76,2x89	1622	4000	1265	
	1,3	1963	Austin	4	54	W	76,2x89	1622	4000	1300	
	1	1964	Hano-mag	4	50	W	78x94	1797	4000	1360	D
	1,3	1964		4	50	W	78x94	1797	4000	1360	D
	1,75	1964		4	50	W	78x94	1797	4000		D, Kastenwagen
F 25	1	1967	Austin	4	54	W	76,2x89	1622	4000	1325	
F 25	1,3	1967	Hano-mag	4	50	W	78x94	1797	4000	1350	D
F 30	1,6	1967	DB	4	60	W	87x92,4	2197	4200	1365	D
F 25	1,3	1970		4	55	W	87x83,6	1988	4200	1350	D
L 206 D	1	1970		4	55	W	87x83,6	1988	4200	1385	D
L 206 D	1	1970		4	60	W	87x92,4	2197	4200	1385	D
L 306 D	1,5	1970		4	55	W	87x83,6	1988	4200	1425	D
L 306 D	1,5	1970		4	60	W	87x92,4	2197	4200	1425	D
F 25	1,3	1970		4	55	W	87x83,6	1988	4200	1350	D
F 20	1	1973		4	60	W	87x92,4	2197	4200	1375	D
F 20	1	1973	Austin	4	70	W	80,3x88,9	1798	4800	1410	
F 25	1,3	1973	DB	4	60	W	87x92,4	2197	4200	1410	D
F 25	1,3	1973	Austin	4	70	W	80,3x88,9	1798	4800	1350	
F 30	1,5	1973	DB	4	60	W	87x92,4	2197	4200	1440	D
F 30	1,5	1973	Austin	4	70	W	80,3x88,9	1798	4800	1400	

Vindelica

Motorfahrzeug-Werke Heinle u. Wegelin GmbH,
Augsburg-Oberhausen, 1899–1907

Die von den Kaufleuten Fritz Heinle und Hugo Wegelin gegründete Firma stellte unter der Markenbezeichnung »Vindelica« ein Dreiradfahrzeug (Type H&V) für 500 kg Nutzlast mit einem 1,5-PS-Viertaktmotor eigener Fertigung her, der mit 500 Umdrehungen lief. Mit aufgesatteltem Transportanhänger ließ sich eine Geschwindigkeit von 20 bis 25 km/h erzielen. Nach einem Großbrand ging das Unternehmen 1908 in Konkurs.

Vindelica-Transporträder

Typ	Nutzlast in Tonnen	1. Baujahr	Motoren-hersteller	Zyl.	PS	Kühl.	Bohrung x Hub	Hubr. in ccm	Drehz.	Gew. in kg	Besonder-heiten
Vindelica	0,5	1900	H&W	1	1,5				500		

V. L. Automobil

V.L. Automobil GmbH,
Berlin-Wedding, Liebenwalder Straße 55, 1920–1921

Mit einem 6-PS-DKW-Motor stattete dieser kurzzeitig in Erscheinung getretene Hersteller seine Schmalspurfahrzeuge aus. Zwei Personen konnten hintereinander Platz nehmen oder der zweite Sitz konnte gegen einen Ladekasten ausgetauscht werden.

VMO-Werk

VMO-Werk GmbH,
Lamspringe, 1949–1951

Die von Dipl.-Ing. H. G. Sombold geschaffenen »Troll«-Motorräder wurden auch mit einem hinteren offenen Kastenaufbau als Dreirad-Lieferwagen mit 3,2- oder 4,5-PS-ILO-Motor gefertigt. 1951 wurde der Bau der Troll-Modelle von der Fahrzeugfabrik Kannenberg (FAKA) übernommen.

VMO-Lastenroller

Typ	Nutzlast in Tonnen	1. Baujahr	Motoren-hersteller	Zyl.	PS	Kühl.	Bohrung x Hub	Hubr. in ccm	Drehz.	Gew. in kg	Besonder-heiten
Troll	0,15	1949	ILO	1	3,2	L	55x50	118	4000		auch 4 PS

Volkswagen

Volkswagen AG,
Wolfsburg
1. 1945–1960: **Volkswagenwerk GmbH, Wolfsburg**
2. 1960–1988: **Volkswagenwerk AG**
3. 1989 bis heute: **Volkswagen AG**

Der Bau des Volkswagen-Werkes auf dem Hofgut Wolfsburg bei Fallersleben begann 1937 aufgrund eines Führerbefehls durch die Deutsche Arbeits-Front (DAF), die das beschlagnahmte Vermögen der ehemaligen freien Gewerkschaften verwendete. Vorgesehen war der Großserienbau der von Dr.-Ing. E. h. Ferdinand Porsche (1875–1951) entworfenen Limousinen als »KdF«-Wagen mit einem luftgekühlten 23,5-PS-Boxermotor im Heck.

Durch den Kriegsausbruch wurde der Bau der Limousine eingeschränkt, um vor allem Kübel- und Schwimmwagen sowie Rüstungsgüter produzieren zu können.

Bei Kriegsende war das Werk zu zwei Dritteln beschädigt; der Maschinenpark war jedoch größtenteils ausgelagert worden. Amerikanische und später britische Truppen besetzten das Werk, das zunächst als Großreparaturwerkstatt unter der Bezeichnung »Wolfsburg Motor Works« wieder in Gang gesetzt wurde. Die von der britischen Militärverwaltung verpflichtete Stadtverordneten-Versammlung beschloss 1945 auf ihrer ersten Sitzung, der Industrieansiedlung den Namen Wolfsburg zu geben.

Unter der Leitung des britischen Majors Ivan Hirst entstanden noch 1945 Behelfskastenwagen auf der Basis des VW-Kübelwagens und der Limousine für die damalige Reichspost und für das Rote Kreuz. Auch einige Kastenwagen entstanden in dieser Anfangszeit. 1948 wurde der ehemalige Direktor des Opel-Werkes in Brandenburg, einstiger Wehrwirtschaftsführer und Dipl.-Ing. Heinrich Nordhoff (1899–1968) als Generaldirektor vom Land Niedersachsen eingesetzt.

24,5-PS-VW Typ 82 Kübelwagen mit Kastenaufbau (1945). (Foto: Volkswagenwerk)

24,5-PS-VW Typ 80/83 (1945). (Foto: Volkswagenwerk)

24,5-PS-VW Werkskarren (1949). (Foto: Volkswagenwerk)

Der legendäre Transporter T1/Typ 2 (1950–1967)

Auf Anregung des holländischen Importeurs Ben Pon begann man 1948 mit der Entwicklung eines Frontlenker-Kastenwagens auf der mit einem Leiterrahmen verstärkten Plattform des VW-Käfers. Die Konstruktionsarbeiten leitete Dr.-Ing. Alfred Haesner (1896–1975), der zuvor Technischer Leiter der Phänomen-Werke in Zittau gewesen war. (Nicht unerwähnt bleiben sollte, dass die Fritz Fleischer, Karosserie- und Fahrzeugfabrik in Gera zuvor schon Frontlenker-Kombiwagen auf gebrauchten VW-Kübelwagenchassis aufgebaut hatte. Auch die Mindener Karosserie- und Fahrzeugbau GmbH (MIKAFA) hatte einen Kastenwagen- und Kleinbus-Aufbau entwickelt.)

Das als Typ 2 vorgestellte Modell (und heute zur besseren Unterscheidung T1 genannt) besaß die Antriebstechnik des VW-Käfers (Typ 1), wobei allerdings als Vorgelege eine Ritzelübertragung in den Hinterachshälften (aus dem ehemaligen Kübelwagen) die Übersetzung veränderte und die Bodenfreiheit des Wagens vergrößerte. Die Vorderräder waren an Kurbellenkern, die Hinterräder an Längslenkern angebracht.

Wenn auch durch die vordere Sitzbank und durch den Heckmotor die Gewichtsverteilung ideal gelöst war, beeinträchtigte der Motorbereich mit

25-PS-VW Kastenwagen (1950). (Foto: Volkswagenwerk)

25-PS-VW Pritschenwagen (1951).

dem hohen Gebläsetunnel und dem darüber angebrachten Tank den Innenraum des Fahrzeugs.

Der Serienbau des 0,75-Tonnen-Wagens begann 1950, wobei zunächst das Kasten- und Kombiwagenmodell angeboten wurden. Die Tagesfertigung betrug in diesem Jahr anfänglich 50 Stück. Eine Trennwand im Kastenwagen sorgte 1951 für mehr Sicherheit; die Ladung konnte nicht mehr in den Fahrerbereich vorrutschen.

Das vom Markt gut aufgenommene und zunächst nahezu konkurrenzlos im Großserienbau gefertigte Modell verdrängte in den folgenden Jahren außer dem Tempo- und den später hinzugekommenen, auch den von Dr.-Ing. Alfred Haesner nach dem Zerwürfnis mit Heinrich Nordhoff konstruierten Ford-FK-Modellen, alle anderen deutschen Lieferwagen-Baureihen. 1952 folgte der VW-Pritschenwagen. Unter der über dem Motor angesetzten Ganzmetallpritsche befand sich ein weiterer, abschließbarer Laderaum.

Nachdem 1955 eine Produktion von 100.000 Modellen erreicht worden war, verlegte das Volkswagen-Werk die Transporter-Fertigung in ein neu gebautes Werk in Stockum bei Hannover. Mit einer Belegschaft von 5000 Personen konnten dort ein Jahr später täglich 250 Fahrzeuge hergestellt werden. In einem ersten Facelift erhielt der Transporter höhere Frontscheiben und ein vorne überhängendes Dach mit dem Frischlufteintritt.

1959 schob Volkswagen eine Doppelkabinen-Pritschenausführung nach, die sich für eine Handwerkergruppe eignete. Auch eine größere

34-PS-VW Doppelkabine (1960). (Foto: Volkswagenwerk)

34-PS-VW Pritschenwagen (1960). (Foto: Volkswagenwerk)

Holzladefläche konnte auf das Pritschenmodell aufgebaut werden. Der Motor wurde mit einer stärkeren Kurbelwelle sowie mit schrägstehenden Ventilen verbessert. Das Getriebe erhielt nun ein vollsynchronisiertes Vierganggetriebe.

Die Motorleistung stieg 1960 auf 34 PS und die schon lange nicht mehr zeitgemäßen Winker wurden durch Blinklichter ersetzt. Und im gleichen Jahr wurde das im Staatsbesitz (Bund und Land Niedersachsen) befindliche Werk als Aktiengesellschaft (»Volksaktie«) teil- und später vollprivatisiert.

Ab 1963 konnte auf Wunsch der 42-PS-Motor mit 1,5 Litern Hubraum eingesetzt werden. Anstelle der zweiflügeligen Klapptür stand nun auch eine praktische Schiebetür zur Verfügung; die Heckklappe nahm die gesamte Fahrzeugbreite ein. Mit verstärkten Achsen konnte der VW-Transporter auch als »echter« Eintonner geliefert werden.

Parallel zu den Transporter-Modellen erschien der VW »Variant« als Typ 3 in Kastenwagen-Ausführung mit hinterer Blechverkleidung für 375, wahlweise 465 kg Nutzlast. Bis 1973 wurden von diesem, vor allem in den Export gelangenden Modell 40.113 Exemplare gefertigt.

1965 erhielt der Transporter, allgemein auch »VW Bulli« genannt, eine 44-PS-Maschine. Der 34-PS-Antrieb und die 0,75-Tonnen-Version standen nicht mehr im Programm.

45-PS-VW 1500 Variant (1965). (Foto: Volkswagenwerk)

34-PS-VW Typ 147 »Fridolin« (1965). (Foto: Volkswagenwerk)

Spezialauftrag für Postverwaltungen: Typ 147 »Fridolin«

Auf Anregung der Deutschen Bundespost stellte VW 1965 den Typ 147, einen kleinen Kastenwagen mit einem Kurzhaubenvorbau, zwei seitlichen Schiebe- und einer Hecktür vor. Das Westfalia-Werk Franz Knöbel & Söhne in Wiedenbrück, das auch die VW-Busse karosserierte, fertigte bis 1974 dieses 400-kg-Modell in 6125 Exemplaren für die deutsche und die schweizerische Post, für die Lufthansa und für einige private Abnehmer. Die 34-PS-Maschine kam in dieses auch als Typ »Fridolin« bezeichnete Modell.

Die zweite Transportergeneration T2 (1967–1979)

1967 wurde der VW-Transporter Typ 2 nach einer Produktionsmenge von 1,8 Millionen Stück durch eine neue Transportergeneration abgelöst. Dem von Ingenieur Gustav Meyer überarbeiteten Modell lag die gleiche Antriebskonzeption zugrunde, aber ein einfacher, gekröpfter Profilrahmen trat an die Stelle des Leiterrahmens. Den aufwendigen hinteren Ritzelantrieb gab man auf. Äußeres Kennzeichen des neuen Typ 2 war seine gewölbte Frontscheibe.

1970 stieg die Leistung der 47-PS-Maschine mit 1,6 Litern Hubraum auf 50 PS. Scheibenbremsen und Bremskraftverstärker sowie stärkere Antriebswellen und Lochscheibenräder mit flachen Radkappen waren weitere Detailveränderungen.

1971 kam die neue, flache 1,7-Liter-Maschine des VW 411 E mit 66 PS Leistung, die das Kühlluftgebläse direkt auf der Kurbelwelle besaß, zum Einbau. Ein Jahr später erhöhte das VW-Werk die Aufprallsicherheit des Fahrzeugs durch Deformationselemente und eine Veränderung der Vorderfront. Das VW-Emblem war kleiner gestaltet und die kantigen Blinker waren beidseitig des Lüftungsgitters angebracht. Breite, kantige Stoßstangen ersetzten die bisherigen runden Stoßfänger. Weitere Neuerungen waren die Sicherheitslenksäule und der wahlweise Einbau eines Automatikgetriebes sowie eines 68-PS-Motors. 1975 wurde auch ein 70-PS-Triebwerk mit zwei Litern Hubraum angeboten.

Im Auftrag des Bundesministeriums für Forschung und Technologie stellte das Werk einen Elektro-Pritschenwagen in rund 150 Exemplaren

68-PS-VW Kastenwagen (1973). (Foto: Volkswagenwerk)

70-PS-VW Doppelkabine (1975). (Foto: Volkswagenwerk)

mit einem 23-kW-Motor her. Durch die schwere Batterie sank jedoch die Nutzlastmöglichkeit auf 500 kg, das heißt, auf die Hälfte!

Bis zur Einstellung dieser zweiten VW-Transporter-Baureihe im Jahre 1979 konnten über drei Millionen Exemplare in allen Versionen ausgeliefert werden.

16 - 32-kW-VW Elektrotransporter (1972).

Volkswagen-Lieferwagen

Typ	Nutzlast in Tonnen	1. Baujahr	Motor	Leistung in kw	Drehzahl	Gewicht in kg	Besonderheiten
VW T2 Elekto	0,5	1972	Bosch	16 - 32	6700	2200	mit Rekuperation, kurzzeitig 32 kW

Der T3 in kantiger Formgebung

Die ab Mitte 1979 schon parallellaufend gebaute dritte Generation, ebenfalls von Ingenieur Gustav Meyer konstruiert, besaß eine selbstragende Karosserie mit einer Rahmen-Bodenanlage. Das bewährte Antriebskonzept wurde beibehalten, jedoch hatte man der Hinterachse eine Schräglenker-Aufhängung gegeben. Die Vorderräder wurden an Doppel-Querlenkern geführt. Eine mehr kantige Form mit einer umlaufenden, breiten Sicke, eine schräg gestellte Frontscheibe sowie ein schmaler, über die Fahrzeugbreite gehender und die Scheinwerfer integrierender Kunststoffgrill waren äußere Merkmale dieses Typs. Ab 1981 kamen auch die 50-PS-Diesel- und die 57-PS-Turbolader-Dieselmaschine aus der VW-Golf-Baureihe ins Angebot.

Mit dem Modelljahr 1982 baute VW anstelle der bisher traditionellen Luftkühlung wassergekühlte Vergaser-Boxermotoren mit 60, 70 und 80 PS in die Transporter ein; ab 1984 standen auch eine 90-PS-Maschine mit zwei Litern und ein 112 PS starkes Aggregat mit 2,1 Litern Hubraum zur Verfügung. Digitale Einspritzanlagen ersetzten den Vergaser, um den Benzin-Verbrauch zu reduzieren. Bis zur Ablösung der Transporterbaureihe dieser 3. Generation in den Jahren 1990/91 trieben die »Wasserboxer« und die 1,6- und 1,7-Liter-Dieselmotoren die Fahrzeuge an.

Seit Mitte der 1980er Jahre erschienen die Modelle unter der Bezeichnung »4x4 synchro« mit Allradantrieb und einer Visco-Kupplung zwischen den beiden Hauptantriebswellen. Die Fertigung dieser Kleinserien erfolgte bei der österreichischen Steyr-Daimler-Puch Fahrzeugtechnik (SFT) Gs.m.b.H. in Graz. In dieser Zeit richtete das Volkswagen-Werk Montage- und Fertigungsstätten für den Transporter in Uitenhage/Südafrika, in Sao Paulo/Brasilien und in Puebla/Mexiko ein.

Leichte Designänderungen erhielten die Transporter im Jahre 1985. Auffallend waren dabei die Rechteckscheinwerfer. Auch die Ausstattung mit einer 102 PS leistenden Turbolader-Dieselmaschine war seit Mitte der 1980er Jahre möglich. Ab 1989 ließ sich der VW-Transporter der 3. Generation, von dem inzwischen über 1,5 Millionen Exemplare gefertigt worden waren, auch mit einem 70 PS starken Golf-Turbolader-Dieselmotor ausrüsten. Nach Ablösung durch den T4 baute das Grazer Steyr-Werk den Heckmotortyp mit dem Synchro-Allradantrieb bis 1993 weiter.

60-PS-VW Typ 3 Kastenwagen (1982).

60-PS-VW Typ 3 Pritschenwagen mit Doppelkabine (1983).

40/50-PS-VW Polo Lieferwagen (1988).

54-PS-VW Golf I Postausführung (1983). (Foto: Volkswagenwerk)

70-PS-VW T3 »syncro« Pritschenwagen mit Doppelkabine (1988).

Die Großtransporter-Baureihe LT 1 (1975–1995)

Im April 1975 erschien als Gegenstück zum größeren Ford-Transit ein neuer Frontlenker als 1,25- und als 1,5-Tonner unter den Bezeichnungen LT 28 und LT 31. Im folgenden Jahr wurde diese Baureihe mit weiteren Modellen aufgestockt. Gegenüber dem VW-Transporter ist diese Modellreihe in konventioneller Front-Motortechnik mit Hinterradantrieb gebaut. Während die Vorderräder an Doppel-Querlenkern geführt werden, sind die Hinterräder an einer Starrachse aufgehängt. Die selbstragende Karosserie des Kastenwagenmodells besitzt einen Hilfsrahmen, der beim Pritschenwagenmodell verstärkt ist. Ein vom Audi 100 übernommener 75-PS-Sechszylinder-Vergaser- und ein 65-PS-Vierzylinder-Wirbelkammer-Diesel von Perkins, gefertigt vom Perkins Motorenbau im Hanomag-Werk (Massey-Ferguson), kamen ursprünglich zum Einbau. Da der Motor mittig zwischen den Sitzen platziert war, gestaltete sich die Wartung etwas schwierig.

75-PS-VW LT 28 Pritschenwagen (1982). (Foto: Volkswagenwerk)

Die Modelle wurden als Kasten-, Pritschen- und als Kombiwagen sowie als Doppelkabiner und als Kleinbus gefertigt. Die im VW-Transporterwerk Hannover gebauten Fahrzeuge erhielten ab 1979 einen eigenen Wirbelkammer-Dieselmotor mit 75 PS, wenn auch Perkins eine entsprechende Kapazität (über 30.000 an VW gelieferte Motoren) aufgebaut hatte. Die Vergasermaschine erhielt eine Leistungssteigerung auf 90 PS. Aufgrund der nahezu gleichen Drehzahlen der Motoren, konnte nun ein Einheitsgetriebe verwendet werden.

Als der Lampenhersteller Hella 1985 die Produktion von Rundscheinwerfern einstellte, kamen Rechteckscheinwerfer zum Einbau.

Mit einer Renovierung der unteren Vorderfront frischte Volkswagen die LT-Baureihe im Jahre 1992 auf. Ein breiter schwarzer Kunststoffgrill nahm die Scheinwerfer auf und zog sich in einem verjüngenden Teil bis an die Stoßstange hin.

Mit der Vorstellung des mit der Daimler-Benz AG gemeinsam entwickelten Nachfolgemodells auf Basis des DB-Nachfolgemodells »Sprinter« endete 1996 die Produktion des LT 1. Das unspektakuläre Fahrerhaus mit der schrägen Frontscheibe über dem fast senkrechten Unterbau ist

75-PS-VW LT 28 Kastenwagen (1979). (Foto: Volkswagenwerk)

75-PS-VW LT 28 Pritschenwagen (1988).

bis heute ein Klassiker im VW-Nutzfahrzeugbau geworden. Die VW do Brasil nutzt die immer wieder aufgefrischte Kabine für ihre Lastwagen, darunter für den auch in Deutschland angebotenen, aber glücklosen L 80. Auch das spanische Pegaso-Werk verwendete die Karosserie für ihren Großtransporter.

Der »Caddy« als dritte Nutzfahrzeug-Baureihe

In das Vertriebsprogramm des Volkswagen-Werkes wurde 1979 das Pick-up-Modell »Caddy« auf der Basis des »Golf I« (460 kg Nutzlast) aufgenommen, das im jugoslawischen Werk TAS (Tvornica Automobila Sarajevo) in Vagosca bei Sarajewo produziert wurde. Ein 55-PS-Vergaser- oder ein 50-PS-Dieselmotor trieben diese Modelle an. Auch im damaligen US-Volkswagen-Werk in Westmoreland/Pennsylvanien ging der Kleintransporter als »Rabitt-Pick-up« in den Serienbau; durch die dortige Produktion unterlag das Modell nicht den Komplikationen mit der »Chicken-Tax« (s. Daimler-Benz). Das VW-Werk in Sao Paulo übernahm ebenfalls die Pick-up-Fertigung bis ins Jahr 2007. Durch die Kriegsereignisse im ehemaligen Jugoslawien fiel 1992 die beschädigte und geplünderte Fabrikationsstätte in Sarajewo aus, so dass der gut verkäufliche Caddy in Europa nicht mehr erhältlich war.

50-PS-VW Pick-up »Caddy« (1982).

45-PS-VW Polo Caddy (1995).

60-PS-VW Pick-up »Caddy II« (1996).

Aus deutscher Fertigung kam zunächst als Ersatz das Modell »Golf II« mit den gleichen Motorenstärken hinzu. Die Lieferwagenversion besaß eine seitliche hintere Beblechung; ein Teil der Modelle ging an die US-Streitkräfte in Deutschland. Die Deutsche Bundespost bestellte für den Fernmeldedienst größere Serien der zweitürigen Limousine mit hinterer Werkzeugkasten-Ausstattung anstelle der Sitzbank. Als der »Golf III« erschien, lief dieses Modell im neuen VW-Werk in Mosel bei Zwickau weiterhin für die Post vom Band.

Um sich von dieser wenig überzeugenden Zwischenlösung zu trennen, nahm Volkswagen ab 1995 den in Matorell/Spanien gefertigten SEAT »Inca« in das Stadtlieferwagen-Programm auf. Vor allem bei Kurierdiensten wurde der leicht im Frontdesign veränderte »Caddy II« geschätzt. Interessant waren die unsymmetrisch großen Hecktüren des zwar integrierten, aber unförmigen Kastenaufbaus. Das Fahrzeug für 550 kg Nutzlast konnte von zwei Vergasermotoren mit 60 oder 75 PS sowie mit dem Wirbelkammer- oder einem Direkteinspritzdiesel (jeweils 64 PS) ausgestattet werden.

Nahezu parallel zu diesem Modell erschien der im Werk Kvasiny/Tschechien gebaute Skoda-Pick-up »Favorit« mit 40-PS- und 50-PS-Motoren im Stadtlieferwagen-Programm.

83-PS-VW Pick-up »Taro« (1987).

Der glücklose Eintonner »Taro«-Pick-up

1989 lief das Pick-up-Modell vom Typ »Taro« in Hannover-Stöcken, später (günstiger für den Export) im Werk Emden vom Band, nachdem 1985 mit der Toyota Motor Corporation ein Vertrag über die Produktion dieses japanischen Ursprungs-Modells abgeschlossen worden war. Das von Toyota im eigenen Programm als »Hi-Lux« bezeichnete Gemeinschaftsmodell besaß einen Leiterrahmen mit vorderer Einzelradaufhängung an Doppel-Trapezlenkern und hinterer Starrachse an Blattfedern. Der »Taro« trug eine Tonne Nutzlast und besaß einen Toyota-Dieselmotor mit anfänglich 83, später 79 PS. Schließlich gab es noch eine Allrad- und eine Doppelkabinen-Version.

Da der »Taro« die Verkaufserwartungen nicht erfüllte, stellte VW im Sommer 1996 die Lizenz-Produktion ein.

Die neue Transporter-Generation T4 (1990–2003)

Im Sommer 1990 präsentierte die Volkswagen Nutzfahrzeugsparte VWN als Ablösung des 40 Jahre alten, in 6,7 Millionen Exemplaren gebauten Heckantriebs-Transporters in den drei Modellvarianten die 4. Transportergeneration mit einem quer eingebauten Frontantriebsblock. Das Kurzhaubenmodell mit der internen Bezeichnung Typ T IV wurde wiederum in den Versionen Kasten-, Kombi- und Pritschenwagen sowie als Doppelkabiner und als Kleinbus angeboten. Ein Vier- sowie ein Fünfzylinder-Wirbelkammer-Dieselmotor mit 61 PS (1,9 Liter) und 78 PS (2,4 Liter) sowie ein Vier-

61/84/110-PS-VW T4 Doppelkabiner (1991). (Foto: Volkswagenwerk)

61/84/110-PS-VW T4 Kastenwagen (1990). (Foto: Volkswagenwerk)

und ein Fünfzylinder-Vergaser- bzw. Einspritztriebwerk mit geregeltem Dreiwegekatalysator mit 84 PS (2,0 Liter) und 110 PS (2,5 Liter) gaben den Modellen die Kraft. Die Vorderräder waren an Doppelquer-, die Hinterräder an Schräglenkern aufgehängt. Zwei verschiedene Radstände (1920 und 3320 mm) standen zur Verfügung. Das Grazer Steyr-Werk lieferte das T4-Modell wiederum in einer Version mit Syncro-Allradantrieb.

Eine leichte Überarbeitung, von Volkswagen »Produktaufwertung« genannt, folgte 1996. Zwei schmale Lufteinlassgitter und in die Haube hineinragende Scheinwerfer gaben dem Fahrzeug ein neues Antlitz. Durch den um 80 mm verlängerten Vorbau ließen sich Wartungsarbeiten günstiger durchführen. Wenig später konnte der größere Fünfzylinder-Diesel als Standardtriebwerk eingebaut werden. Während der Saugdiesel (SDI-Motor) auf 75 PS kam, erzeugte das TDI-Aggregat 116 und 151 PS.

95-PS-VW LT 31 Pritschenwagen (1994).

Die Großtransporter-Baureihe LT 2 (1996–2006)

Um Entwicklungskosten zu sparen, übernahm das Werk die Mercedes-Benz-Konstruktion der »Sprinter«-Baureihe mit nahezu keilförmiger Frontpartie. Im Design hob sich die im Werk Hannover gebaute VW-Version auf dem »Europafahrgestell« durch in der Höhe größere Rechteckscheinwerfer und Blinker sowie dem VW-Abzeichen auf den rechteckigen Kühlgitterstreifen ab. In der Dieselmotoren-Bestückung blieben die Partner bei ihren Modellen. Für die nur noch wenig gefragte Vergaserausführung baute VW gemeinsam mit Mercedes-Benz einen MB-Motor mit 143 PS ein.

Die Motoren waren vor der Vorderachse eingesetzt, was eine optimale Zugänglichkeit gewährleistete. In den Ausführungen als Kasten- und Kombiwagen, als Pritschenwagen sowie als Kleinbus mit drei Radstandsgrößen und zwei Dachhöhen war das Gemeinschaftsmodell zu haben.

83-PS-VW LT 31 Doppelkabiner mit Pritsche (2000). (Foto: Volkswagenwerk)

102-PS-VW LT 35 TDI Kastenwagen (1996).

90-PS-VW LT 35 Kastenwagen (2000). (Foto: Volkswagenwerk)

Das Anfangsmodell LT 28 erhielt folgende Motorvarianten: Standard-Ausführung 2,5 SDI mit 75-PS-Saugdiesel, Ausführung 2,5 TDI mit 83- und 109-PS-Turbolader-Fünfzylinder-Diesel sowie Version 2,8 TDI mit Turbodiesel von Motores MWM Brasil mit 125 PS. Die Triebwerke arbeiten nach dem Direkteinspritzverfahren.

Die »Caddy«-Baureihen III, IV und V (ab 2003)

2003 erschien der Stadtlieferwagen in der dritten Generation auf Basis des VW-»Touran I« aus der neuaufgebauten Produktionsstätte in Posen/Polen. Anstelle des zwar integrierten, aber kastenförmigen hinteren Frachtraums mit dem ansteigenden Dach wird eine durchgehend glatte und harmonisch wirkende Karosserie verwendet.

In China wird das Modell ab 2005 im VW-Werk in Changchun hergestellt, um den Einfuhrzoll von 25 Prozent zu umgehen. In Algerien besteht eine Partnerschaft mit der Fiorma Sovac, die den »Caddy«-Kastenwagen herstellt.

Kleine optische Retuschen werteten das Modell 2009 auf. Gleichzeitig erweiterte Volkswagen die Baureihe um die 470 mm längere »Maxi«-Version.

Nachdem das Modell »Caddy IV« 2016 erneut ein leichtes Facelift erhalten hatte und eine Variante mit Allradantrieb (»4Motion«) erschien, folgte 2020 die fünfte Auflage des sich als Verkaufsschlager entpuppten Kleintransporters. Das komplett neu konstruierte Modell basiert auf der Plattform des »Golf VIII« und ist im »Sharp-cut«-Design der Pkw gehalten. Neben der Basisversion gibt es wieder eine längere Ausführung, erkenntlich an der Seitenwand mit eingeprägten Seitenscheiben-Konturen; auch mit Hochdach-Karosserie ist der »Caddy V« erhältlich. Eine seitliche Schiebetür erleichtert das Beladen mit Europaletten. Neben einem 1,2-Liter- und einem 1,4-Liter-Dieselmotor mit 102 und 125 PS steht ein Einliter-Vergasermotor mit drei Zylindern zur Auswahl, der auf 102 PS kommt.

70-PS-VW Caddy (2005). (Foto: Volkswagenwerk)

102-PS-VW Caddy (2016).

86-PS-VW T5 Kastenwagen (2005).

Der Transporter T 5 (2003–2015)

Mit dezentem Facelift zeigte sich der Transporter nach der Jahrtausendwende, der in seiner Klasse mit 50 Prozent Marktanteil dominierte. Drei im rechten Kotflügel eingeprägte Lüftungsstreifen sollten eine bessere Luftzirkulation unter der Haube bewirken. Der grau-schwarze Kunststoff-Kühlergrill schloss mit den Scheinwerfern höher an der Haube ab und zog sich bis in die Kotflügel hinein. Ein weiterer Lufteinlass befand sich im als Stoßfänger ausgeformten Bereich. Im völlig neugestalteten Cockpit kam erstmals ein joystickartiger Schalthebel im mittleren Armaturenbereich zum Einbau, der über zwei Seilzüge die Gänge beim Schaltgetriebe einlegt. Der in Hannover-Stöckum und in Posen gebaute Dauerbrenner besaß einen Vierzylinder-Reihen- und einen im Hubraum vergrößerten VR6-Vergasermotor mit 115 und Spitzenleistungen von 230 oder 235 PS. Die 1,9-Liter-TDI-Maschine bot 86 und 105, ab 2006 84 oder 102 PS. Das Fünfzylinder-Triebwerk kam auf 130 und 174 PS.

Trotz der Krise auf den Finanzmärkten im Jahre 2008 konnte Volkswagen mit 178.007 verkauften Transportern, 151.565 Stadtlieferwagen und 51.101 Großtransportern weiter zulegen.

Im ersten Facelift im Jahre 2009 wurde der Grill neu geformt und die Scheinwerfer wurden breiter gestaltet, so dass mit dem mittig aufgesetzten VW-Emblem optisch ein Band entstand. Der 2-Liter-Common-Rail-Diesel löste die 1,9-Liter-Maschine ab. Leistungen von 84, 102 (ab 2011 114), 140 und (mit zwei Turboladern) 180 PS standen zur Verfügung; die Fünfzylindermaschine konnte bei diesem Leistungsangebot entfallen.

Der Großtransporter mit neuer »Crafter«-Bezeichnung (2006–2017)

Wiederum bautechnisch gleich mit dem Mercedes-Benz »Sprinter« trat die dritte VW-Großtransporter-Baureihe ab 2006 auf. Ein kräftig ausgeführter, bis an den Stoßfänger heranreichender Kühlergrill mit waagerechten Lüftungsstreben in Wagenfarbe und einer oben spitz nach außen auslaufenden Scheinwerferlinie gaben dem Wagen seine persönliche Note. Die Montage erfolgte im Düsseldorfer-Transporter- sowie im Ludwigsfelder Mercedes-Benz-Werk. Der Volkswagen-Fünfzylinder-Diesel kam mit Common-Rail-Technik und Leistungen von 88, 109, 136 und 163 PS zum

109-PS-VW Crafter I Kastenwagen (2010).

109-PS-VW Crafter I Doppelkabiner mit Pritsche (2010).

Einbau. Die Franz Achleitner Fahrzeugbau GmbH in Radfeld/Österreich bietet das Modell mit einem Allradantrieb »4motion« an.

Im Facelift 2012 wurde ein schwarzer Kunststoffgrill in die markante Motorhaube eingefügt. Der noch angebotene Fünfzylinder-Dieselmotor bot eine Zwischenleistung von 143 PS.

Die sechste Generation T6 des VW-Transporters (ab 2015)

Mit der Überarbeitung im Jahre 2015 veränderte sich die Frontpartie erneut dezent. Die Scheinwerfer liefen kurz in der Seitenwand aus, verbunden durch eine Chromspange. Und hohe Stoßfänger unter dem Kühlergrill zeichnen die untere Vorderfront aus. Der Common-Rail-Diesel erzeugte 84, 150 und 204 PS, ab 2016 114 und 150 PS sowie ab 2018 102 und 199 PS.

114-PS-VW T6. (2016).

Im erneuten Facelift erschien 2019 der Transporter-Klassiker in der Version T6.1 im »Sharp-Cut«-Design. Die schmaleren und gerade abschließenden Scheinwerfer sind mit zwei Chromstreifen und einem größeren Kühlergrill verbunden. Der weiterentwickelte 2-Liter-CD-Motor ist auf 90, 110, 150 und 199 PS ausgelegt.

140-PS-VW Crafter II Doppelkabiner mit Kurzpritsche (2017).

140-PS-VW Crafter II Kastenwagen (2017).

Mit dem »Crafter II« auf einer eigenen Großtransporter-Linie (ab 2017)

Nachdem die Volkswagen AG die Zusammenarbeit mit Mercedes-Benz Vans aufgekündigt hatte, erschien 2017 der auf den Zeichenbrettern von Volkswagen entwickelte »Crafter II«. Äußerlich kennzeichnet ein die Scheinwerfer verbindender Grill mit drei Lamellen die etwas schräg angeordneten und in die Seitenlinien führenden Scheinwerfer. Eine leichte optische Anpassung an die Vorderfront des »Caddy« und des T6.1 soll damit zur Markenidentität beitragen. Sicken führen über die Haube harmonisch zur A-Säule. Der Kastenwagen wird mit drei Längen und drei Höhen geliefert. Daneben gibt es den »Crafter II« als Kombiwagen und Kleinbus sowie als Pritschenwagen mit Einfach- und Doppelkabine. Der 2-Liter-CD-Motor kommt mit 102 und 140 sowie in der BiTurbo-Ausführung mit 177 PS zum Einbau. Front- und Heckantrieb sowie ein vom Fahrzeugbau Achleitner vorgenommener Allradantrieb können gewählt werden.

Die Fertigung des Transporters erfolgt in der neuaufgebauten, 121. Volkswagen-Fabrik im westpolnischen Wrzesnia.

Volkswagen Lieferwagen und Transporter

Typ	Nutzlast in Tonnen	1. Baujahr	Motoren-hersteller	Zyl.	PS	Kühl.	Bohrung x Hub	Hubr. in ccm	Drehz.	Gew. in kg.	Besonderheiten
1. Lieferwagen											
Typ 82		1945	VW	B4	24,5	L	75x64	1131	3300		Kübelwagen-Basis
Typ 80/83		1946		B4	24,5	L	75x64	1131	3300		Käfer-Basis
VW 1500 Variant	0,37	1963		B4	45	L	83x69	1493	4000		
VW Typ 147 »Fridolin«	0,41	1965		B4	34	L	77x64	1192	3600	870	
VW 1600 A Variant	0,37	1965		B4	54	L	85,5x69	1584	4500		
VW Caddy	1,5	1979		6	75	W	76,5x86,4	2383	4500	1700	D
	0,46	1980		4	50	W	85,5x69	1588	4200	1000	D, Jugoslawische Fertigung
	0,46	1980		4	55	W	81x77,4	1595	5000	995	Jugoslawische Fertigung
VW Taro	1,4	1989		6	102	W	76,5x86,4	2384	4300	1815	D, T, Toyota-Lizenz
VW Taro 4x4	1,4	1994		6	68	W	76,5x86,4	2384	3400	1780	D, T Toyota-Lizenz
VW Taro	1	1989	Toyota	4	83	W	92x92	2446	4200	1355	
VW Taro	0,8	1995		4	79	W	92x92	2446	4200	1700	
VW Caddy	0,55	1994	VW	4	45	W	67,1x70,6	998	5500		
Caddy	0,55	1996		4	60	W	76,5x70,5	1390	4700	1060	Spanische Fertigung
Caddy	0,55	1996		4	75	W	76,5x86,9	1598	5500	1080	
Caddy SDI	0,55	1996		4	64	W	79,5x95,5	1896	4400	1100	Spanische Fertigung, D, Wirbelkammer
Caddy	0,55	1996		4	64	W	79,5x95,5	1896	4200	1100	Spanische Fert. D, Direkteinspritzer
Caddy TDI	0,55	1997		4	90	W	79,5x95,5	1896	4000	1220	Spanische Fertigung, D, TL
Caddy 1,4 B	0,73	2003		4	75	W	76,5x70,5	1390	5000	1400	ab 2008 80 PS
Caddy 1,6 B	0,73	2003		4	102	W	79,5x80,5	1598	5600	1420	
Caddy SDI	0,73	2003		4	70	W	79,5x95,5	1896	4000	1460	D
Caddy TDI	0,73	2003		4	104	W	79,5x95,5	1896	4000	1480	D, TL
Caddy EcoFuel	0,73	2008		4		W					
Caddy Maxi 1,6	0,8	2009		4	102	W	79,5x80,5	1598	5600	1450	
Caddy 1,9 TDI	0,8	2009		4	105	W	79,5x95,5	1896	4000	1520	D, TL
Caddy 2,0 TDI	0,8	2009		4	140	W	81x95,5	1968	4000	1540	D, TL
Caddy 1,2 TSI	0,8	2010		3	86	W	79,5x80,5	1199	4800	1350	D, T, auch 105 PS
Caddy 1,6 TDI	0,8	2010	VW	4	75	W	79,5x80,5	1598	3000	1430	D, TL, auch 102 PS
Caddy 2,0 TDI	0,8	2010		4	140	W	81x95,5	1968	4200	1450	D, TL
Caddy Maxi 1,2 SDI	0,8	2010		3	102	W	79,5x80,5	1199	5000	1420	D, T, ab 2012 105 PS
Caddy Maxi 1,6 TDI	0,8	2010		4	105	W	79,5x80,5	1598	4400	1500	D, TL ab 2012 102 PS
Caddy Maxi 2,0 TDI	0,8	2010		4	140	W	81x95,5	1968	4200	1500	D, TL
Caddy 1,6 BiFuel LPG 12	0,75	2012		4	102	W	79,5x80,5	1598	5600	1420	T, Erdgas
Caddy 2,0 EcoFuel CNG 12	0,75	2012		4	109	W	81x95,5	1968	5400	1540	T, Erdgas
Caddy Maxi 1,6	0,8	2013		4	102	W	79,5x80,5	1598	4400	1500	D, TDI
Caddy Maxi 2,0	0,8	2013		4	110	W	81x95,5	1968	4200	1510	D, TDI, ab 2014 140 u. 170 PS
Caddy 1,2 TSI	0,7	2016		3	84	W	79,5x80,5	1199	4300	1270	T
Caddy 1,4 TSI	0,7	2016		4	125	W	74,5x80	1395	5000	1310	T
Caddy 2,0 TDI	0,7	2016		4	75	W	81x95,5	1968	4400	1370	D, TL, auch 102 u. 140 PS
Caddy 2.0 TDI 4Motion	75	2016		4	81	W	81x95,5	1968	4200	1540	D, TL, Allradantrieb
Caddy Maxi 1,4 TSI	0,8	2017		4	125	W	74x80	1395	5000	1400	T
Caddy Maxi 2,0 TDI	0,8	2017		4	102	W	81x95,5	1968	4200	1470	D, TL, auch150 PS
Caddy Maxi 2.0 TDI 4Motion	0,73	2017		4	81	W	81x95,5	1968	4200	1620	D, TL, Allradantrieb
Caddy 1,0 TSI	0,7	2018		3	102	W	74,5x76,4	999	5000	1270	T
2.1 Erste Transporter-Generation											
VW Typ 1	0,7	1950	VW	B4	25	L	75x64	1131	3300	990	Gewichtsangabe für Kastenwagen
VW Typ 1	0,75	1952		B4	25	L	75x64	1131	3300	1000	
VW Typ 1	0,8	1954		B4	30	L	77x64	1192	3400	1000	
VW Typ 1	0,8	1960		B4	34	L	77x64	1192	3600	1065	
VW Typ 1	0,8	1963		B4	42	L	83x69	1493	3800	1070	
VW Typ 1	1	1965		B4	44	L	83x89	1493	4000	1070	
2.2 Transporter-Generation T2											
VW Typ 2	1	1967	VW	4	47	L	85,5x69	1584	4000	1175	ab 1970 50 PS
VW Typ 2	1	1971		4	66	L	90x66	1679	4800	1200	
VW Typ 2	1	1972		4	50	L	85,5x69	1584	4200	1300	
VW Typ 2	1	1973		4	68	L	93x66	1795	4200	1300	auch 1,2 t Nutzlast
VW Typ 2	1	1975		4	70	L	94x71	1970	4200	1300	

(Foto: Ralf Weinreich)

Volkswagen Lieferwagen und Transporter

Typ	Nutzlast in Tonnen	1. Baujahr	Motoren-hersteller	Zyl.	PS	Kühl.	Bohrung x Hub	Hubr. in ccm	Drehz.	Gew. in kg.	Besonderheiten
2.3 Transporter-Generation T3											
VW Typ 3 1.6	0,95	1979		4	50	L	85,5x69	1584	4200	1465	
VW Typ 3 2.0	0,9	1979		4	70	L	94x71	1970	4200	1480	
VW Typ 3 1.6 D	0,95	1981	VW	4	50	W	76,5x86,4	1588	3700	1465	D, ab 1985 mit 70 PS
VW Typ 3 1.9	0,9	1982		4	60	W	94x68,9	1913	3700	1400	auch 78, ab 1993 auch 90 PS
VW Typ 3 2.1	0,9	1984		4	112	W	94x76	2109	4800	1400	ab 1985 a.95 PS, ab 1989 a. 92 PS, auch Allradversion »syncro«
VW Typ 3	1	1987		4	57	W	79,5x84,4	1715	4500	1465	D
2.4 Transporter-Generation T4											
Transporter IV 1,9 D	1	1990		4	60	W	79,5x95,5	1896	3700	1520	D, ab 1992 auch mit T 68 PS
Transporter IV 2,4 D	1	1990		5	78	W	79,5x95,5	2370	3700	1595	D
Transporter IV 2,0 B	1	1990		4	84	W	81x95,5	1968	4300	1515	Einspritzmotor, ab 1999 86 PS
Transporter IV 2,5 B	1	1990	VW	5	110	W	81x95,5	2461	4500	1660	ab 1997 115 PS, auch mit Allradantrieb »syncro«
Transporter IV 2,8	1	1996		VR6	140	W	81x90,3	2792	4500		
Transporter IV 2,5 TDI	1	1996		5	102	W	81x95,5	2461	3500	1765	D, TL, ab 1998 auch 150 PS
Transporter IV 2,4 D	1	1998		5	75	W	79,5x95,5	2370	3700	1660	D, TL, auch 88 PS
2.5 Transporter-Generation T5											
Transporter 2,0 l B	0,79	2003		4	115	W	82,5x92,8	1984	5200	1920	
Transporter	0,8	2003		VR6	235	W	84x95,9	3189	6200	2010	
Transporter 1,9 l TDI	0,9	2003		4	86	W	79,5x95,5	1896	3500	1910	D, TL, auch 105 PS, ab 2007 84 und 102 PS
Transporter syncro 2,5	0,9	2003		5	116	W	81x95,5	2461	4500	1760	Allradantrieb
Transporter syncro 2,5 TDI	0,9	2003		5	102	W	81x95,5	2461	3500	1840	D, TL, Allradantrieb
Transporter 2,5 TDI	0,9	2003		5	130	W	81x95,5	2461	3500	1982	D, TL, auch 174 PS
Transporter 2,0 TDI	1	2009	VW	4	130	W	81x95,5	1968	3500	1800	D, TL, auch 174 PS
Transporter 2,0	0,9	2011		4	115	W	82,5x92,8	1984	5200	1730	T
Transporter 2,0 TDI	0,9	2011		4	84	W	81x95,5	1968	3500	1760	D, TL, auch 102 u. 140 PS
Transporter 2,0 Bi TDI	1	2011		4	180	W	81x95,5	1968	3500	1840	D, TL
Transporter 2,0 TSI	1	2013		4	150	W	82,5x92,8	1984	5200	1800	auch 204 PS
Transporter 2,0 TDI	1	2013		4	115	W	82,5x92,8	1984	3500	1810	T
2.6 Transporter-Generation T6											
Transporter 2.0 TSI	1	2015		4	204	W	82,5x92,8	1984	4200	1870	T
Transporter 2,0 TDI	1	2015	VW	4	84	W	81x95,5	1968	3750	1760	D, TL, auch 102, 140 und 180 PS
Transporter 2.0 TDI 4Motion	0,9	2015		4	140	W	81x95,5	1968	3750	1910	D, TL, Allradantrieb, auch 180 PS
3.1 Großtransporter LT 28											
LT 28	1,2	1975	VW	4	75	W	86,5x84,4	1984	4300	1600	ab 1976 71 PS
LT 28 D	1,2	1975	Perkins	4	65	W	92x101,6	2710	3600	1600	D (Vorkammer)
LT 28 D	1,2	1979		6	75	W	76,5x86,4	2383	4300	1600	D (Wirbelkammer), ab 1986 69 PS
LT 28	1,2	1982	VW	6	90	W	76,5x86,4	2383	4500	1600	ab 1988 94 PS
LT 28 D	1,2	1982		6	102	W	76,5x86,4	2383	4300	1600	D, T, ab 1988 92 PS, ab 1991 mit TL 95 PS
3.2 Großtransporter LT 31											
LT 31	1,4	1975	VW	4	75	W	86,5x84,4	1984	4300	1700	ab 1976 71 PS
LT 31 D	1,4	1975	Perkins	4	65	W	92x191,6	2710	3600	1740	D (Vorkammer)
LT 31 D	1,4	1979		6	75	W	76,5x86,4	2383	4300	1700	D (Wirbelkammer), ab 1988 69 PS
LT 31	1,4	1982	VW	6	90	W	76,5x86,4	2383	4500	1700	ab 1988 94 PS
LT 31 D	1,4	1982		6	102	W	76,5x86,4	2383	4300	1740	D, T, ab 1988 92 PS, ab 1991 mit TL 95 PS
3.3 Großtransporter LT 2. Generation											
LT 28 SDI	1,275	1996	VW	5	75	W	81x95,5	2459	3800	1810	D
LT 28 TDI	1,275	1996		5	83	W	81x95,5	2459	3500	1765	D, T, Direkteinspritzer
LT 28	1,275	1996	DB	5	143	W	90,9x88,4	2295	5000	1800	
LT 28 TDI	1,275	1998	VW	5	102	W	81x95,5	2459	3500	1830	TL
LT 28	1,275	1998	MWM	4	125	W	93x102	2798	3500	2225	D, TL, ab 2002 mit Common-Rail-Technik 158 PS
3.4 Großtransporter Crafter											
Crafter 30 2,5 TDI	1,1	2006	VW	5	88	W	81x95,5	2459	3500	1900	D, TL, auch 109, 136 und 163 PS
Crafter 30 2.0 TDI	1,1	2012		4	109	W	81x95,5	1968	3500	1900	D, TL, anuch 136, 143 und 163 PS
3.5 Großtransporter Crafter 2. Generation											
Crafter 30 2.0 TDI	0,98	2017		4	102	W	81x95,5	1968	3750	2020	D, TL, auch 140 und 177 PS
Crafter 30 2.0 TDI 4Motion	0,8	2017		4	140	W	81x95,5	1968	3750	2180	D, TL, Allradantrieb
Crafter 35 2.0 TDI	1,5	2017	VW	4	102	W	81x95,5	1968	3750	2020	D, TL, auch140 und 177 PS
Crafter 35 2.0 TDI 4Motion	1,3	2017		4	140	W	81x95,5	1968	3750	2180	D, TL, Allradantrieb

(Foto: Ralf Weinreich)

Vorweg

Vorweg-Motoren-GmbH,
Frankfurt a. Main, Mainzer Landstraße 367, 1926–1928

Die Frankfurter Vorweg-Motoren-GmbH brachte auf der Berliner Automobilausstellung von 1926 ein auf einem chassisartigen Rahmen aufgebautes »Maschinenaggregat« mit einer 60 cm breiten Achse und einem hinteren Stützrad auf den Markt. Die als »Motorhund« bezeichnete Kleinzugmaschine war mit ihren vollgummibereiften Rädern vor einachsigen Drück- oder Lastkarren eines Gemüse- oder Kohlenhändlers montiert, ein leicht motorisiertes Fahrzeug. Angeblich eigene 8- oder 16-PS-Einzylindermotoren mit einem patentierten Geschwindigkeitsregler sollten bei einer Belastung mit 750 kg eine Geschwindigkeit von 8 km/h ermöglichen. Zum Anfahren und zum Nehmen von Steigungen war eine Reibrad-Hilfsübersetzung vorhanden; auch ein Rückwärtsgang war eingebaut. Einzeln konnte das Antriebsaggregat auch als kleiner Schlepper verwendet werden.

Erfolg hatte diese außergewöhnliche Antriebsvorrichtung, die »zur Motorisierung von tausenden von Drückkarren« hätte dienen sollen, nicht gehabt; schon ein Jahr später wurde das Unternehmen aufgelöst. Das Prinzip dieses Vorspannwagens hat sich jedoch bis heute bei verschiedenen Gärtnerei- und Landwirtschaftsfahrzeugen erhalten.

6-PS-Vorweg Transportkarren mit Fahrer-Stehplatte (1926).

16-PS-Vorweg Transportkarren »Motorhund« mit Fahrersitzplatz (1929).

Vorweg-Motorkarren

Typ	Nutzlast in Tonnen	1. Baujahr	Motoren-hersteller	Zyl.	PS	Kühl.	Bohrung x Hub	Hubr. in ccm	Drehz.	Gew.	Besonder-heiten
KD 15 Motorhund	1	1926	Vorweg	1	8	L					
KD 16 Motorhund	1	1926		1	16	L	85x105	595	3200		

Vosteen

Heinrich Vosteen Fabrik für Transport-Dreiräder, Fahrradanhänger, Krankenwagen usw.,
Bremen, Grünenstraße 113
1932–1935: **Heinrich Vosteen, Schlosserei und Fahrradhandlung,** Bremen, Buntentorsteinweg 83/84
1935–1939: **Heinrich Vosteen Fabrik für Transport-Dreiräder, Fahrradanhänger, Krankenwagen usw.** Bremen, Grünenstraße 113

Die in zwei Abteilungen gegliederte Firma Heinrich Vosteen vertrieb im Buntentorsteinweg Nähmaschinen und Fahrräder, darunter Fahrräder der Eigenmarke »Vosteenia«. In der Fahrzeugbauabteilung in der Grünenstraße entstanden neben Elektrokarren Lastendreiräder mit 5,5-PS-ILO-Motoren. Zwischen 1935 und 1939 wurden nachweislich 200 Transportfahrzeuge hergestellt. Der Schellplan beendete die Herstellung der Vosteen-Dreiräder.

Vulkan (I)

Vulkan Automobilgesellschaft mbH,
Berlin-Kreuzberg, Ritterstraße 45 und
Alexandrinenstraße 110, 1899–1901

Mit elektrischem Vorderradantrieb nach Plänen des Elektroingenieurs Robert Schwenke (s. C. Kliemt Wagenfabrik) und des Ingenieurs Wilhelm Heinrich Hellmann (s. d.) stellte dieses Unternehmen einen Lieferwagentyp mit einem im vorderen kugelgelagerten Drehgestell aufgehängten 3,3-kW-Motor her. Die zwei Ankerwicklungen und der Doppelkollektor ermöglichten Reihen- oder Parallelschaltung, so dass das Fahrzeug wirkungsvoll beim Anfahren und wirtschaftlich beim Dauerfahren genutzt werden konnte. Die Nutzlast des »Eilwagens« betrug 500 kg bei einem Eigengewicht von 2200 kg, wovon 800 kg auf die Batterie entfielen. Für die im Jahre 1900 gebauten 30 Fahrzeuge wurden auch 1,5- und 4-kW-Motoren verwendet.

Das zweite Modell stellte 1901 ein 0,74-kW-Dreirad-Vorderlader mit Ladekasten dar. Die Batterien waren hinter dem Fahrersitz über dem Hinterrad gelagert.

Das Unternehmen, das auch Lastwagen nach gleicher Konstruktion herstellte, wurde 1901 von den Geschäftsführern Ludwig Loeb und Robert A. Schwenke an die Nürnberger Express-Fahrradwerke verkauft

Vulkan Automobilgesellschaft Elektro-Vorderlader (1899).

Wilhelm Heinrich Hellmann richtete nach seinem Weggang eine eigene Fahrzeugfirma in der Bernauerstraße ein.

Vulkan I							
Typ	Nutzlast in Tonnen	1. Baujahr	Motor	Leistung in kw	Drehzahl	Gewicht in kg	Besonderheiten
Elektrolieferwagen	0,5	1899		3,3		2200	Gewicht mit Batterie

Vulkan (II)

Vulkan Automobil Gesellschaft (Loeb u. Co.),
Berlin-Charlottenburg, Ritterstraße 45, 1924

Der Automobilkaufmann Ludwig Loeb, einst Geschäftsführer der Vulkan Automobilgesellschaft mbH (s. Vulkan I) gründete nach dem Ausscheiden aus der zum Dinos Automobilwerk umgewandelten Ludwig Loeb u. Co. (LUC) Automobilfabrik GmbH ein neues Unternehmen, das um 1924 auch einen 18-PS-Lieferwagen herstellte. Nachdem Ludwig Loeb auch dieses Unternehmen hatte aufgeben müssen, wurde er 1926 Geschäftsführer der auf dem Gelände der ehemaligen Rumpler-Motoren GmbH und der Luftverkehrs-Gesellschaft KG neugebildeten AMBI-Budd Presswerk GmbH in Berlin-Johannisthal.

VVB Elektro-Maschinenbau

VVB Elektro-Maschinenbau
Berlin,1951–1952

Dieser Betrieb im Osten Berlins baute einen Zweitonnen-Führerstandskarren mit geschlossenem Fahrerhaus. Der Elektromotor trieb über ein Differential beide Hinterachsen an.

Wagner

Ernst Wagner,
Reutlingen, St. Peter Straße 5, 1936

Herstellung eines Transportwagens mit unbekannt gebliebenen technischen Daten.

Walba

Walba Maschinenfabrik,
Reutlingen, Aubergstraße 1/1 u. Tübinger Straße 51, 1951–1953

Die von Dr. W. Balbaschewski konstruierte und von dem französischen Karosseriedesigner Louis L. Lepoix gezeichneten Walba-Motorroller wurden kurzzeitig auch als Dreiradfahrzeug mit einem hinteren Pritschen- oder Kastenaufbau hergestellt. ILO-Motoren mit 3,9 und 7,65 PS trieben die 150-kg-Modelle an. 1953 übernahm das Faka-Werk den Weiterbau des Walba-Rollers.

Walba-Lastenroller											
Typ	Nutzlast in Tonnen	1. Baujahr	Motorenhersteller	Zyl.	PS	Kühl.	Bohrung x Hub	Hubr. in ccm	Drehz.	Gew.	Besonderheiten
Tourist	0,15	1951	ILO	1	3,9	L	54x54	125	3800		
Commodore	0,15	1951		1	7,65	L	58x66	173	5000		

Wanderer

Wanderer-Werke, vorm. Winklhofer u. Jaenicke AG,
Chemnitz, ab 1928 Siegmar-Schönau, 1912–1940

Die Wanderer-Werke gingen aus einer 1885 von Richard Jaenicke und Johann Baptist Winklhofer in Chemnitz gegründeten Fahrradfabrik hervor, die 1907 den Namen Wanderer-Werke, vorm. Winklhofer u. Jaenicke annahm. Zunächst wurden Fahrräder, ab 1902 auch Motorräder hergestellt.

Die Automobilfertigung wurde in dem gut florierenden Unternehmen im Jahre 1905 aufgenommen. Weitere Fertigungsgebiete der Wanderer-Werke waren die Herstellung von Fräs- und später von Büro- und Schreibmaschinen. Erstes Lieferwagenmodell wurde 1912 der W 1 mit einem 12-PS-Vierzylindermotor, die Nutzlast betrug 500 kg.

Mitte der 1920er Jahre erschienen als neue Lieferwagenmodelle der 5/20-PS W 8 und der 6/30-PS W 10, beide für 400 kg.

Nachdem der Firmensitz nach Siegmar-Schönau verlegt worden war, erschienen 1932 die W 17- und W 20-Typen für 500 und 400 kg Nutzlast. Moderne Fließbandanlagen waren hierzu in Chemnitz und in Siegmar eingerichtet worden.

5/15-PS-Wanderer W 4 Lieferwagen (1915).

Schließlich erneuerte das Wanderer-Werk das Lieferwagenprogramm 1935/36 mit den Typen W 35, W 40 und W 50. Die Karosserien, teilweise von der Daimler-Benz AG in Sindelfingen gefertigt, ähnelten daher den entsprechenden Mercedes-Benz-Typen.

Letzte Wanderer-Entwicklung war 1940 der unter Verwendung des Pkw W 23 aufgebaute »Farmerwagen«. Ein den hinteren Kombinationsteil umgebendes Holzskelett gab dem Fahrzeug das Aussehen zeitgenössischer US-Kombiwagen. Ein neu entwickelter 62-PS-Sechszylindermotor trieb das in nur noch wenigen Prototypen bis 1941 gefertigte Modell an.

Mit Beginn des Krieges musste sich das Wanderer-Werk auf die Rüstungsfertigung, insbesondere von Maybach-Motoren umstellen. Entgegen dem Schell-Typenbegrenzungsprogramm entwickelte und baute das Werk in Einzelstücken den interessanten Frontlenker-Kleinlaster vom Typ Auto Union AU 1500; damit endete der Automobilbau in Siegmar-Schönau.

1932 war die Automobilabteilung der Wanderer-Werke mit der neugebildeten Auto Union AG vereinigt worden. Nach dem Krieg wurden die Überreste des 1944 zerstörten Werkes in Siegmar demontiert und als S(D) AG Wismut Werk auf die Fahrzeug-Reparatur im Bereich der Uran-Bergbaugesellschaft Wismut spezialisiert. Später ging der Betrieb im VEB Barkas-Werk auf und produzierte ab 1988 VW-Motoren; seit der Wende bildet es das VW-Motorenwerk Chemnitz. In einem anderen Teil des Werkes richtete 1992 die belgische Firma Renders einen Anhängerbau ein, der 2006 aufgegeben werden musste. Ein westdeutscher Nachfolgebetrieb setzte in München den Werkzeugmaschinenbau bis 2010 mit dem alten Namen Wanderer fort.

6/30-PS-Wanderer W 10 Lieferwagen (1928).

Wanderer-Lieferwagen

Typ	Nutzlast in Tonnen	1. Baujahr	Motorenhersteller	Zyl.	PS	Kühl.	Bohrung x Hub	Hubr. in ccm	Drehz.	Gew.	Besonderheiten
W 1	0,5	1912	Wanderer	4	12	W	62x95	1145	1800		
W 8	0,4	1926		4	20	W	64,5x100	1306	2000		
W 10/4	0,4	1927		4	30	W	67x110	1552	2800		
W 11/1	0,5	1930		6	50	W	72x104	2523	3400	1650	
W 11/1	0,75	1930		6	50	W	72x104	2523	3400	1700	
W 17	0,5	1932		6	35	W	65x85	1692	3400		
W 20	0,4	1932		6	40	W	70x85	1963	3400		
W 35	0,4	1936		6	35	W	65x85	1692	3500		
W 40	0,4	1936		6	40	W	70x85	1963	3500		
W 50	0,4	1936		6	50	W	71x95	2257	3300		
W 24	0,425	1937		4	42	W	75x100	1767	3500		
W 23 »Farmerwagen«	0,675	1939		6	62	W	75x100	2632	3500		

Wartburg siehe Fahrzeugfabrik Eisenach

Weber

Motor-Fahrzeug Baugesellschaft Kurt Weber u. Co.,
Hamburg, Steinstraße 10, 1936

Prototypen eines in technischen Details unbekannt gebliebenen Transporters stellte dieses Unternehmen her.

Wegmann

Waggonfabrik Wegmann u. Co. KG,
Kassel, Ochshäuserstraße 45 u. August Bode Straße 1, 1924–1926

Die 1882 gegründete Casseler Waggonfabrik von Wegmann, Harkort & Co. bemühte sich Mitte der 1920er Jahre, die durch die zurückgegangenen Waggonbauaufträge der Reichsbahn ungenutzte Fertigungskapazität durch den Bau von einfachen Personenwagen auszulasten. Neben diesen Fahrzeugen stellte das Unternehmen einen Kleinlieferwagen für 600 kg mit einer bemerkenswert breiten und langen Ladefläche her. Das vierrädrige, zweisitzige Fahrzeug war auf einem Stahlblechrahmen aufgebaut und besaß entweder einen 10-PS-DKW-Motor mit Luftkühlung oder einen 14-PS-Motor der gleichen Marke mit Wasserkühlung. Auch gab es einen Wegmann-Motorkarren für 750 kg mit einem anfänglich nur 4,5 oder 7 PS starken DKW-Motor, bei dem die eng aneinander stehenden Hinterräder gelenkt wurden. Die starre Vorderachse wurde über eine Rollenkette angetrieben. Der für das Fahrzeug zu schwache Motor wurde durch einen luftgekühlten 11-PS- oder durch einen wassergekühlten 20-PS-Zweizylindermotor ersetzt.

Schließlich erschien 1926 noch ein 0,6-Tonner, der mit einem eigenen 25-PS-Vierzylindermotor mit einer Thermosiphonkühlung versehen wurde. Hervorgehoben wurde die Eigenschaft, dass die Bremsen während der Fahrt nachgestellt werden konnten. Der Vertrieb der Wegmann-Modelle erfolgte über die Verkehrs- und Industriebedarf GmbH in Berlin-Schöneberg.

Da den Fahrzeugen kein Erfolg beschieden war, verlegte sich das Unternehmen wieder auf den Waggonbau, bis in der Kriegszeit die Panzerturmfertigung im Vordergrund stand. Nach dem Krieg wurde die Waggonfabrik durch die Patente der Wegmann-Falttüren für Omnibusse bekannt und fertigte wieder Waggons und Rüstungsgüter (Wegmann-Werfer). 1999 ging die Wegmann & Co. im Rüstungskonzern Krauss-Maffei-Wegmann auf.

7-PS-PS-Wegmann »M.W.-Karren« (1925).

20-PS-Wegmann Motorkarren (1926.)

Wegmann-Lieferwagen

Typ	Nutzlast in Tonnen	1. Baujahr	Motorenhersteller	Zyl.	PS	Kühl.	Bohrung x Hub	Hubr. in ccm	Drehz.	Gew. in kg	Besonderheiten
MK	0,75	1924	DKW	1	7	L	68x68	248	3500		
MW	0,4	1925		2	10	L	64x64	412	3200	750	
MW	0,4	1925		2	14	Th	61x67	389	3200		
MW-Motorkarren	0,75	1926		2	11	L	64x64	412	3300		
MW-Motorkarren	0,75	1926	MW	2	20	Th	68x70	508	3000		
MW-Motorkarren	0,6	1926		4	25	Th	68x70	1016	3000		
MW-Motorkarren	0,5	1928	DKW	1	4,5	L	63x64	198	3000		

Weide

Motorfahrzeugfabrik Rudolf Weide (RWN),
Nordhausen, Helmestraße 43 u. Kasselerstraße 29,
1926–1933

Der Fahrlehrer und Goliath-Automobilhändler Rudolf Weide (1888–1968) gründete 1925 einen Motorfahrzeugbau in Nordhausen, der dreirädrige Personen- und Lieferwagen unter der Bezeichnung »RWN« (Rudolf Weide Nordhausen) herstellte, wobei auch die Bezeichnung Nordhäuser Motorfahrzeugfabrik R. W. N. benutzt wurde.

Über ein Lenkrad wurde das in Parallelschwingen installierte Vorderrad geführt. Ein JAP- oder Schliha-Zweitakter mit 5 oder 5,5 PS sowie Küchen-Viertakt-Einzylindermotoren mit 14 und 19 PS trieben über eine Kette die Hinterachse an. Lieferkästen, Pritschen- oder Fleischereiaufbauten für 250 bis 500 kg Nutzlast konnten aufgesetzt werden. Der JAP-Motor wurde 1929 durch einen nun wassergekühlten 10-PS-Schliha-Zweitaktmotor der Schlüp'mannschen Industrie- und Handelsgesellschaft mbH in Berlin-Niederschöneweide ersetzt.

Eine Zusammenarbeit mit der Nordhäuser Firma Kurt Schmidt, die ähnliche Fahrzeuge als Kranken-Selbstfahrer unter der Bezeichnung »Nordhusia« herstellte, kam nicht mehr zustande. Bis in die Kriegszeit vertrat Rudolf Weide dann die Marke Standard (Gutbrod).

6-PS-Weide Dreirad-Lieferwagen »RWN« (1927).

Weide-Lieferdreiwagen

Typ	Nutzlast in Tonnen	1. Baujahr	Motoren-hersteller	Zyl.	PS	Kühl.	Bohrung x Hub	Hubr. in ccm	Drehz.	Gew. in kg.	Besonder-heiten
RWN L1	0,25	1926	Schliha	1	5	L		198			
RWN L 1	0,25	1926	JAP	1	5,5	L	55x83	197	3600		Viertakt-motor
RWN L2	0,4	1926		1	8,5	L	70x90	348	3600		
RWN L3	0,5	1926	Küchen	1	12	L	79,8x100	498	3100		
RWN L1	0,25	1929	Schliha	1	10	Th		300	3200		

Weise

Weise & Co. Motordreirad-Fabrikation GmbH,
Berlin-Prenzlauer Berg, Greifswalderstraße 140/141,
1923–1939
1. 1923: **Rinne-Motoren-GmbH,**
Berlin-Kreuzberg, Gitschiner Str. 107
2. 1923–1936: **Weise & Co. Motordreirad-Fabrikation GmbH,**
Berlin-Neukölln, Hobrechtstraße 65,
ab 1929 Berlin-Prenzlauer Berg, Greifswalder Straße 140/141
3. 1936–1939: **Weise & Co. Motordreirad-Fabrik GmbH**

Den Ursprung dieses Unternehmens bildete 1906 die Rudolf Rinne Motorengesellschaft in Berlin-Moabit, Siemensstraße 12, ab 1923 in Berlin-Kreuzberg (Gitschiner Straße 107), ab 1926 in Berlin-Neukölln (Hobrechtstraße 66), ab 1930 in Berlin-Prenzlauer Berg (Greifswalder Straße 140/141) und ab 1936 in Berlin-Lichtenberg (Herzbergstraße 68/70). Einzylindrige Zweitaktmotoren mit Hubräumen von 124 bis 300 ccm und einer patentierten Kondensations-Wasserkühlung waren die Spezialität der Firma von Werkleiter Hermann Weise und Kaufmann Georg Kiewitt, genutzt für Motorrad-, Feuerspritzen-, Boots- und Klein-Fahrzeugantriebe (z. B. bei Lanz-Aulendorf, Lesshaft und Tempo).

Hermann Weise konstruierte um 1923 sein erstes Motor-Dreirad mit

9-PS-Weise Dreirad-Lieferwagen (1932).

2-PS-Rinne-Motor unter der Bezeichnung »Weismobil«, genutzt für Einfachst-Personen- und Lieferwagen. Das Antriebsaggregat war über dem Vorderrad angebracht und trieb über ein Dreiganggetriebe und eine Rollenkette das Rad an. Die nachfolgenden 5-PS-Transporter »Standard« und »Expreß« waren für 500 kg Last ausgelegt. Die beiden Modelle unterschieden sich lediglich durch die Verwendung verschiedener Getriebe. Ab 1934 verwendete man auch einen Zweizylinder-ILO-Motor mit 12 PS, da der eigene Motorenbau diese Größe nicht führte.

1929 war die Weise & Co. Motordreirad-Fabrikation in den Gewerbehof in der Greifswalder Straße umgezogen, wo man die beiden Gebäude der

12,5-PS-Weise Dreirad-Lieferwagen (1937).

5,5-PS-Weise Motordreirad mit Kastenaufbau (1925).

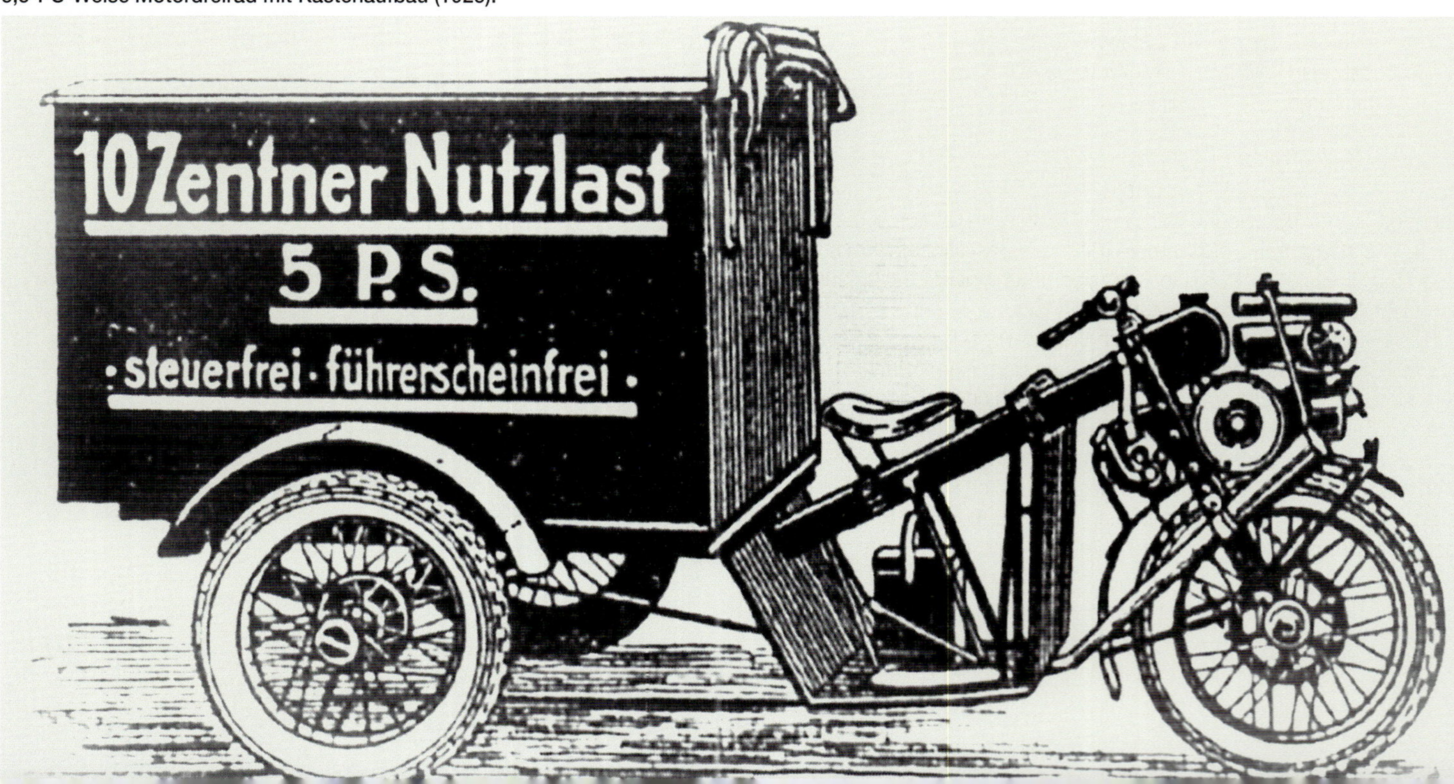

35-PS-Weise Diesel-Eintonner (1939).

einstigen Automobil- und Motorenfabrik vorm. Otto Weiss & Co. pachtete.

1937 erneuerte Weise das Lieferwagenprogramm. Der neue Typ »Expreß« besaß als Hinterlader eine Motorhaube und ein zweisitziges Fahrerhaus mit Türen.

An der Rinne-Motoren-GmbH beteiligte sich bis 1935 Oberingenieur Johannes Köhler (1893–1955), der Rinne- und Deutz-Motoren vertrieb und mit Weise neue Motoren zu entwickeln beabsichtigte. In dieser Zeit gründete er mit Beteiligung der Weise-Gesellschafter auf deren Gelände in der Herzbergstraße die Primus-Traktoren-Gesellschaft mbH, die den Zugmaschinen- und 1938 den Schlepperbau aufnahm. Die Rinne-Motoren-Gesellschaft wurde daher aufgelöst.

Schließlich erschien 1938 noch ein Vierrad-Pritschenwagen als Eintonner mit Breuer-Dieselmotor; zunächst unter dem Namen des Betriebsleiters Alexander »Machoy« vorgestellt. Vermutlich nutzte der neue Betriebsleiter Alexander Machoy das von der Frankfurter Motorenfabrik Breuer (s. d.) vorgestellte Fahrgestell. Da ein Jahr später durch den Schell-Plan dem Borgward-Werk der Bau des Eintonners zugefallen war, durfte die Serienproduktion nicht mehr aufgenommen werden. Als Karosserie-Werkstatt beschäftigte sich das Kleinunternehmen weiter, ab 1943 firmierend als H. Weise & Co. Nachf. D. Weise & Co. Motordreirad-Fabrikation GmbH. Rund 813 Dreiradfahrzeuge für den Personen- und Lastentransport wurden hergestellt.

Nach dem Krieg richtete sich die VEB Berliner Vergaser-Fabrik dort ein; nach der Wende übernahm das Hengst Filterwerk das Gelände.

Weise-Lieferwagen

Typ	Nutzlast in Tonnen	1. Baujahr	Motoren-hersteller	Zyl.	PS	Kühl.	Bohrung x Hub	Hubr. in ccm	Drehz.	Gew. in kg.	Besonder-heiten
Weismobil	0,15	1923	Rinne	1	2	V	50,5x65	125		80	max.3 PS
Weismobil	0,15	1925		1	5	V	58x65	172			Kondensationskühlung
Standard	0,5	1930		1	5,5	V	62x65	196	3400		
Expreß	0,5	1930		1	5,5	V	62x65	196	3400		
Weise	0,75	1933		1	6	V	62x65	196	3500		
Weise	0,5	1933	ILO	1	7	L	68x68	246	2500		
Weise	0,5	1934		1	7,5	Th	74,5x80	349	2800		
Weise	0,5	1934		2	12	Th	61x68	398	3500		
Weise-Vierradlieferwagen	1,0 - 1,5	1939	Breuer	4	35	W	65x110	1455	3500	1500	D

Weiss I

Kabelmaschinenfabrik Otto Weiss & Co.,
Berlin-Prenzlauer Berg, Greifswalder Straße 140/141
1. 1903–1904: **Kabelmaschinenfabrik Otto Weiss & Co.,**
Berlin-Prenzlauer Berg, Greifswalder Straße 140/141
2. 1904–1906: **Automobil- und Motorenfabrik vorm. Otto Weiss & Co.,**
Berlin-Prenzlauer Berg u. Hamburg

Unter der Marke »Herald« bot diese 1898 gegründete Maschinenfabrik für Kabelfabrikation ab 1902 ein-, zwei- und vierzylindrige Fahrzeuge, die auch mit Lieferwagenaufbauten versehen wurden. Der Antrieb stammte von der S.A. des Moteurs et Automobiles Hérald in Paris. Zur Kraftübertragung benutzte das Unternehmen Reibradantriebe, die allerdings die Patente der Firma Maurer in Nürnberg verletzten. Ingenieur Otto Weiss schied 1904 aus; die Geschäftsleitung ging an den Teilhaber und technischen Leiter Emile Lüders (s. d.) über. Aufgrund der Rechtsstreitigkeiten musste der Betrieb 1906 die Fahrzeugfertigung einstellen. In die Räumlichkeiten zog 1929 die Firma Weise & Co. ein.

Weiss II

Konrad Weiss, Motorradfabrik,
München 2, Holzstraße 49, 1927–1931

Nach der Aufgabe des Weiss-Motorradbaus, den die Firma Weiss seit 1926 betrieben hatte, fertigte man ein Lastenmoped mit vornliegender Pritsche oder Transportkasten für 75 kg Nutzlast. Das als »kleiner Einheitstyp« bezeichnete Fahrzeug besaß 1,5-, 2- und 2,4-PS-Motoren von Fichtel & Sachs. Die große Ausführung D für 300 kg Nutzlast erhielt einen ILO-Motor mit 5,6 PS.

Weiss-Lieferdreiräder

Typ	Nutzlast in Tonnen	1. Baujahr	Motorenhersteller	Zyl.	PS	Kühl.	Bohrung x Hub	Hubr. in ccm	Drehz.	Gew. in kg	Besonderheiten
Weiß	0,075	1927	F&S	1	2	L	42x54	74	4000		
Weiß	0,075	1927	F&S	1	1,4	L	48x54	98	5000		
Typ D	0,3	1932	ILO	1	4,75	L	60x70	196	3500		

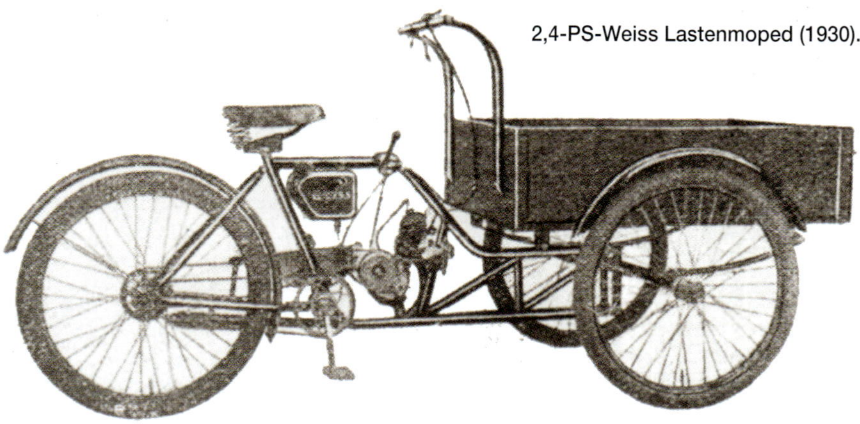
2,4-PS-Weiss Lastenmoped (1930).

Wendax siehe Freund

Wenkel

Automobilwerke Schneider & Co.,
Berlin-Charlottenburg, Windscheidstraße 23, 1932–1933

Zivilingenieur Max Wenkel stellte 1894 erste motorisierte Dreiräder bei den Duplex-Fahrradwerken her. Um die Jahrhundertwende versuchte er mit eigenen Drei- und Vierradkonstruktionen auf den Markt zu kommen. Ab 1903 entwarf Wenkel Fahrzeuge für die Automobilwerke Schneider & Co., damals in der Kreuzberger Gitschinerstraße 61 ansässig. 1932 konstruierte er den Vorderlader »Wenkelmobil« mit einem 5,6-PS-Motor über dem Hinterrad. Ein Jahr später folgte das »Wenkelmobil« als dreirädriger Personen- oder als 265-kg-Lieferwagen mit verkleidetem Vorderradantrieb und Kabine. Ein Zentralrohrrahmen bildete den Unterbau des Fahrzeugs. Eine Serienproduktion wurde nicht mehr aufgenommen.

5,6-PS-Wenkel-Dreirad-Lieferwagen (1933).

Wesnigk

Dipl.-Ing. Erwin Wesnigk,
Berlin-Kreuzberg, Waterlooufer 14, 1923–1925

Das Patentbüro Wesnigk entwickelte ein Transport-Dreirad mit Dural-Karosserie und Einzylinder-BMW- oder 1,35-PS-Kühne-Motor. Der Antrieb erfolgte auf das Hinterrad. Über die Firma Bekamo sollte das Modell vertrieben werden.

Wiesner

Paul Wiesner,
Strehlen, 1929–1930

Ein Vorderlader mit vor dem Ladekasten stehend angebrachtem Lenkrad wurde von Paul Wiesner im niederschlesischen Strehlen angeboten.

Wiesner-Vorderlader (1929).

Windhoff

Hans Windhoff Motorenfabrik,
Johannisthal, Friedrichstraße 27 – 29 und
Berlin-Friedenau, Benningsenstraße 20–22, 1912–1914

Die 1889 in Rheine i. W. gegründete Rheiner Motoren- und Fahrzeugfabrik nutzte ihr Zweigwerk am Flughafen Johannisthal für den Bau von Kühlern für viele markante deutsche Marken und von Automobilteilen, sowie ab 1908 auch für den Motorenbau. Desaxilierte Kurbelwellen, obenliegende Ein- und stehende Auslassventile waren Merkmale der thermosiphongekühlten Vier- und Sechszylinder-Windhoff-Motoren.

6/18-PS-Windhoff Lieferwagen (1913).

Im Jahre 1912 bot das Unternehmen seine vier- und sechszylindrigen Modelle auch als Lieferwagen in einem abgestuften Nutzlastprogramm von 0,5 bis 1,25 Tonnen mit eigenen und mit Karmann-Aufbauten an.

Mit Kriegsbeginn wurde die Fertigung der technisch anspruchsvollen Modelle eingestellt. Die Muttergesellschaft übernahm das Werk in Berlin-Johannisthal. Weiterhin wurden Fahrzeugteile und in den 1920er Jahren die Windhoff-Motorräder gefertigt. Schwerpunkt des noch heute bestehenden Unternehmens blieb jedoch die Herstellung von Eisenbahnmaterial.

Windhoff-Lieferwagen

Typ	Nutzlast in Tonnen	1. Baujahr	Motoren-hersteller	Zyl.	PS	Kühl.	Bohrung x Hub	Hubr. in ccm	Drehz.	Gew.	Besonder-heiten
B 6/18 PS	0,5	1912	Windhoff	4	18	Th	70x100	1540	1800		
D 7/21 PS	0,6	1912		4	21	Th	70x118	1815	1800	900	
F 8/24 PS	0,75	1912		4	24	Th	75x118	2084	1900		
A10/30 PS	1	1912		4	30	Th	80x130	2612	1800	1250	
C15/40 PS	1,25	1912		6	40	Th	80x130	3920	1700		

Wittler

Heinrich Wittler & Co.,
Bielefeld, Bleichstraße 77a, 1934–1939

Die Fahrrad- und Motorradfabrik stellte rund 190 leichte Transport-Dreiräder in Vorder- oder Hecklader-Bauweise mit 2,4-PS-F&S-Motor her.

Wittler-Werbeanzeige (1936).

Würdig

Max Würdig Kraftfahrzeugbau,
Leipzig, Mockauerstraße 3, ab 1932 Mockauerstraße 9,
1927–1938

Max Würdig fertigte offene Hinterlader-Dreiräder für 300 bis 1000 kg Nutzlast mit über dem Vorderrad angebrachtem Motor unter der Bezeich-

Würdig Lastenmotorrad »Eilwagen« (1927).

nung »Würdig-Eilwagen«. Unter dem Namen »Würdig-Eillieferwagen 33 und 33 M« entstanden Hinterlader für 300 kg bis 1 Tonne Nutzlast mit unverkleidetem vorderem Antriebsteil, einer einfachen zweisitzigen Fahrerkabine mit Planenverdeck und einem Lenkrad. Rund 150 Exemplare sollen entstanden sein.

Würdig »Eillieferwagen« (1931).

Zetge

Zimmer und Gehlich, Zetge-Fahrzeugwerke,
Inh. Hans Knipp, Kraftfahrzeughandlung,
Moys, Görlitz, Dominianplatz 33,
ab 1924 Görlitz, Konsulstraße 18,
ab 1924 Dresden, Moszinskystraße 7,
Ausbesserungsanstalt Werderstraße 39, 1923–1924

Dieses Dresdner Unternehmen, hervorgegangen aus dem zusammengebrochenen Zetge-Werk, brachte Motorräder der Marke »Zegemo« mit Antrieben verschiedener Hersteller auf den Markt. Mit Baumi, Böhme, DKW- und JAP-Motoren wurden Lastendreiräder der Marke «Zetgelette« für 200 kg hergestellt. Eine Version besaß eine hintere Plattform für den Transport sperriger Güter. Um den Kunden ein Universalfahrzeug anbieten zu können, war das Lieferdreirad so konstruiert, dass sich Hinterbau mit der Hinterachse trennen ließen. In die freiliegende Gabel konnte ein Rad montiert werden, was ein Motorrad ergab. 1924 endete die Zegemo-Manufaktur nach dem Konkurs.

Zimmer u. Gehlich-Lastendreiräder

Typ	Nutzlast in Tonnen	1. Baujahr	Motoren-hersteller	Zyl.	PS	Kühl.	Bohrung x Hub	Hubr. in ccm	Drehz.	Gew. in kg	Besonder-heiten
Zegemo	0,2	1925	DKW	1	4,5	W		123	2800		
Zegemo	0,2	1925	Baumi	1	5,5	L	65x75	249			Baumi-Motor-Nachbau
Zegemo 26 J		1925	JAP	1	14	L	85,5x85	490	3600		
Zegemo 26 H		1926	JAP	1	7	L	70x90	348	3600		

Ziehl-Abegg

Ziehl-Abegg, Elektrizitäts-GmbH,
Berlin-Weißensee, An der Industriebahn 11/16, 1936

Emil Ziehl gründete 1910 mit seinem schwedischen Kompagnon Abegg eine Elektromotorenfabrik mit dem Logo des »Elektrozwerges«, die 1936 einen elektrisch angetriebenen Transportwagen mit unbekannt gebliebenen technischen Daten herstellte. Nach der Enteignung führte der VEB Motorenwerk die Produktion von Elektromotoren fort; in Künzelsau bildete sich 1949 das neue Ziehl-Abbeg-Unternehmen.

Zündapp

Zündapp Ges. für den Bau von Spezialmaschinen mbH,
Nürnberg-Schweinau, Gibitzenhofstraße 29 und Dieselstraße 10, 1926–1938

Die im Ersten Weltkrieg gegründete Zünder- und Apparatebau-GmbH des Geheimrates Fritz Neumeyer (1875–1935) und der Fried. Krupp AG wurde 1919 in die Zündapp GmbH umgewandelt, wobei das Krupp-Werk

4,5-PS-Zündapp Kastendreirad (1926).

4,5-PS-Zündapp Lastendreirad (1927).

seine Beteiligung aufgab. In Nürnberg wurden Motoren, Motorräder und (zeitweise in München) Traktoren – diese unter dem Namen Herkules – hergestellt.

1926 wurde auf der Basis des 4,5-PS-Zweitakt-Motorrads EM 249 (»Einheitsmodell«) ein 200-kg-Lieferdreirad mit Pritschen- und Kastenaufbau präsentiert. Bis 1927 wurden 260 Modelle gefertigt. 1933 stellte das Unternehmen den Dreiradlieferwagen (Typ 24) mit 6-PS-Motor im Fußraum und Kardanantrieb auf die Hinterachse vor. Ein Mittelträgerrahmen mit angeschweißten Querträgern, durch den die Kardanwelle geführt wurde, nahm die Pritsche und das Fahrerhaus auf. Aus der Motorrad-Baureihe K 200 stammte der 198-ccm-Motor, so dass das Fahrzeug von der Kraftfahrzeugsteuer befreit war. Die Hinterräder wurden an Doppelquerblattfedern geführt.

Rasch erwies sich, dass der Prototyp zum Transport von 500 kg Nutzlast überfordert war. In die nachfolgende Kleinserie von 50 Stück setzte man den 10-PS-Viertakt-Boxermotor mit stehenden Ventilen sowie mit Thermosiphon- und Ventilatorkühlung ein, der aus der Motorradbaureihe K 400 abgeleitet war. Maximal 650 kg konnten bewältigt werden.

1934 erschien der Vierrad-Schnelllieferwagen L 400 Typ 31 mit gleichem Antrieb. Im Gegensatz zum Dreirad ließ sich hier die Motorhaube öffnen. Über ein Hurth-Drei-, später Vierganggetriebe und eine Kardanwelle wur-

6-PS-Zündapp Lieferdreirad (1933).

11-PS-Zündapp Typ L 500 Pritschenwagen (1934).

11-PS-Zündapp Typ L 500 Kastenwagen (1934).

de die Pendelhinterachse des 0,6-Tonners angetrieben. Die Vorder- und Hinterräder waren an Doppelquerblattfedern aufgehängt. Das Fahrgestell bestand aus einem Zentralrohrrahmen mit zwei Längsträgern; durch das Rohr lief die Antriebswelle teilweise durch. Die Höchstgeschwindigkeit betrug 50 km/h.

Schon 1934 folgte im gleichen Gewand der LW 500 mit 12,5-PS-Boxermotor, kräftig genug für den Transport von bis zu 750 kg. Von beiden Ausführungen wurden jeweils 300 Exemplare an Kleingewerbetreibende abgesetzt. 1938 verlegte sich Zündapp wieder ganz auf das lukrativere Motorradgeschäft.

Neben Motorrädern verschiedener Größen stellte das Werk Industrie- und leichte Flugmotoren her. Mitte der 1930er und Mitte der 1950er Jahre wurden auch Kleinwagen gefertigt. Das schließlich in München ansässige traditionsreiche Fahrzeug- und Motorenwerk wurde nach dem Konkurs 1984 geschlossen; die Fertigungseinrichtungen gingen nach China. Das einstige griechische Zweigwerk baute noch bis in die 1960er Jahre hinein die klassischen Zündapp-Dreirad-Transporträder.

Zündapp-Lieferwagen

Typ	Nutzlast in Tonnen	1. Baujahr	Motoren-hersteller	Zyl.	PS	Kühl.	Bohrung x Hub	Hubr. in ccm	Drehz.	Gew. in kg	Besonder-heiten
1. Lieferdreiräder											
Zündapp EM 249	0,2	1926	Zündapp	1	4,5	L	62x82,5	249	3000	170	auch 300 ccm
Zündapp	0,2	1929		1	6	L	60x70	198	3800		
Zündapp L 400 Typ 24	0,5	1933		1	6	L	60x70	198	3800		Prototyp
Zündapp L 400	0,65	1933		2	10	Th	62x66,6	395	3800	520	Boxer-motor
2. Vierradfahrzeuge											
Zündapp L 400 Typ 31	0,6	1933	Zündapp	2	10	Th	62x66,6	395	3800	665	Boxer-motor
Zündapp L 500	0,75	1934		2	12,5	Th	69x66,6	498	4200	685	

Zweirad Union siehe FAUN

Anhang

(Foto: Ralf Weinreich)

Fremdmotorenhersteller

Albertus-Motoren-Werk, Richard Schulz, Königsberg
Ateliers de Construction Mécanique Aster (Bouchet & Aster), St. Denis/Frankreich
Atos (Nahag) Motorenbau Gmbh, Berlin-Lichtenberg, Kriemhildstraße 5–12
Austin Motor Co. Ltd., Birmingham/GB
Basse & Selve, Altena i. Westf., Am Schwarzenstein
Baugesellschaft Michelsohn, Minden, Karlstraße 25–31
Berning Motorenbau Alfred Berning, Schwelm/Westf.
Breuer Maschinen- und Armaturenfabrik vorm. Breuer u. Cie., Abt. Motoren- und Automobilbau (MAB), Höchst a. Main, ab 1928 Frankfurt a. Main
Burney & Blackburne Ltd., Surrey/GB
Columbus-Motorenbau AG, Oberursel
Cunewalde, VEB Motorenwerk, Cunewalde i. d. Oberlausitz
De Dion, Puteaux/Frankreich
Farymann, Farny & Weidmann, Lampertheim b. Mannheim, Industriestraße 6
Fichtel & Sachs AG, Schweinfurt a. Main, Sachs-Straße 62
FPT (Fiat Power Train), ab 2005 IVECO
Hatz Motorenfabrik GmbH, Ruhstorf/Rott bei Passau
Heliosmotoren-Werk GmbH, Berlin-Johannisthal
Hirth-Motoren GmbH, Zuffenhausen, Schwieberdinger Straße 97 ab 1945 (?) Benningen
H & W, J. Hildebrand & A. Wolfmüller, München, Colosseumstraße 1
ILO-Werke GmbH, Pinneberg, In der Mühlenau 12
Immendingen, Fürstl. Hohenzollernsche Maschinenfabrik, J. G. Mehne, Immendingen
Isuzu Motors Ltd., Kawasaki/Japan
JAP/J. A. Prestwick & Co. Ltd., Tottenham/GB
Junkers, Gesellschaft für Junkers Diesel-Kraftmaschinen mbH, Chemnitz
Keni, Motorenbau Gesellschaft Kempf & Nimtz, Berlin, SW 68, Zimmerstraße 79–80
Kieling & Co. GmbH Maschinenbauanstalt, Frankfurt am Main, Weismüllerstraße 20 u. Frankenallee 89
Gebr. Körting AG, Körtingsdorf b. Hannover
Kubota Corporation, Osaka/Japan
Küchen Maschinenfabrik, Bergzabern (Schiele & Bruchsaler Industrie-Werke AG)
Kühne, Ernst Herbert Kühne Leichtmetallwerk GmbH, Metall-, u. Eisengießerei u. Motorenfabrik Dresden, Tharandter Straße 35
Lombardini Motori s.r.l., Reggio Emilia/Italien, Cavo del Lavoro A
Lloyd Dynamowerke GmbH & Co. KG, Bremen
Motosacoche (MAG) S.A. H. & A. Dufaux & Cie., Genf, Rue Acacias 56
Multimax GmbH, Maschinenfabrik Wolfhagen vorm. Baur & Co. KG, Wolfhagen-Philippinendorf
NV Minerva Motors, Berchem/Belgien
Perkins Engines Co. Ltd., Peterborough/GB
Peugeot Automobiles S.A., Paris/Frankreich
Riedel-Motoren AG, Immenstadt
Rudolf Rinne Motoren GmbH, Berlin-Kreuzberg, Gitschiner Straße 107, ab 1923 auch Greifswalder Straße 140/141
Schliha, Schlüpmann'sche Industrie- u. Handelsgesellschaft GmbH, Berlin-Niederschöneweide, Fließstraße 15
Siemens & Halske Blockwerk, Berlin-Siemensstadt
Sofim (Société franco-italienne de moteurs), Foggia (1973 von Alfa Romeo und Saviem/Renault gegründet, 1981 von Iveco übernommen, ab 2006 FPT)
Horst Steudel GmbH, Kamenz i. S.
Triumph Werke AG, Nürnberg, Fürther Straße 212
Villiers Engeneering Co. Ltd., Wolverhampton, Villiers Street
VM Motori S.p.A., Cento/Italien
Zedel, Société des Moteurs et Automobiles Zedel, Pontarlier/Frankreich

(Foto: Ralf Weinreich)

Literaturverzeichnis

1. Zeitschriften

Allgemeine Automobil-Zeitung, Berlin 1899–1942
Automobilrundschau, Berlin 1929–1944
Automobiltechnische Zeitschrift (ATZ), Stuttgart 1930 ff
Deutsche Motorschau, Berlin 1936–1940
Deutsche Motor-Zeitschrift, Dresden 1924–1941
Deutsche Verbrennungsmotoren (Hrsg. VDMA), Frankfurt a. Main 1953 ff
Das Elektrofahrzeug, Berlin 1937–1941
Englebert-Magazin, Hamburg 1954–1956
Jahrbuch für Automobil- und Motorbootindustrie, Berlin 1904–1911
Das Lastauto, Pößneck 1925–1943
Last-Auto, Würzburg 1948–1955
Lastauto-Omnibus, Stuttgart 1950–1955
Magirus-Deutz-Zeitung, Ulm 1976
Der Motor, Berlin 1913–1940
Motor-Jahr, Berlin-Ost 1965/66 ff
Motor-Presse-Katalog, Stuttgart 1959 ff, ab 1971 ff Lastauto-Omnibus-Katalog
Der Motorwagen, Zeitschrift für den Automobil- und den Motorenbau, Berlin 1899–1909
Das Nutzfahrzeug, München 1949 ff
Soldat und Technik, Frankfurt a. Main 1957 ff
Verkehrs-Rundschau, München 1945 ff
Zeitschrift des Mitteleuropäischen Motorwagenvereins, Berlin 1897–1918

2. Bücher

Allmers, Robert u. Carl Kaufmann, Das Automobilwesen der Gegenwart, Berlin 1928
Apitz/Rüdiger, Nutzfahrzeuge auf unseren Straßen, Berlin-Ost 1972
Augsburger, Hermann, Nutz- und Last-Kraftwagen, Berlin 1921
Autotypenbücher, Typentafeln der deutschen Kraftfahrzeug-Industrie, Hrsg. v. Reichsverband der deutschen Automobilindustrie, Berlin 1925–1939
Barthel, Manfred u. Lingnau, Gerold, 100 Jahre Daimler-Benz, Die Technik, Mainz 1986
Bols, Udo, Multicar, Der Alleskönner, Brilon 2003
Boschem, Lothar, Das große Buch der Volkswagen-Typen, Stuttgart 1983
Dähn, Ewald, Simson, Autos aus Suhl, Berlin-Ost 1988
Daimler-Benz AG (Hrsg), 75 Jahre Nutzfahrzeugentwicklung 1896–1971, Jubiläumsbericht der Daimler-Benz AG Stuttgart-Untertürkheim, Stuttgart 1971
Dürkopp-Werke, 60 Jahre Dürkopp-Werke, Bielefeld 1927
Düwell, Klaus, Automobilbau in Bremen, Tradition 11, 1966
Ehrhardt, Heinrich, Hammerschläge, Leipzig 1923
Falkenberg, Hans, Stoewer-Automobile aus Pommern, Kiel 1986
Fersen, Hans-Heinrich v., Autos in Deutschland 1985–1920, Stuttgart 1976
Fersen, Hans-Heinrich v., Autos in Deutschland 1920–1939, Stuttgart 1975
Fischer, Joachim, Handbuch vom Lastauto, Berlin 1927
Friedmann, Paul, Der Lastkraftwagen, Pößneck 1926
Fritzsche, Walter, Hanomag-Chronik, Hannover 1976 (unveröff. Manuskript)

(Foto: Ralf Weinreich)

Fründt, Hans, Das Automobil und die Automobilindustrie in Deutschland, Neustrelitz 1911
Gebhardt, Wolfgang H., Taschenbuch Deutscher Lkw-Bau, Bd. 1896–1918, Bde. 1918–1945, Bde. 1945–1989, Stuttgart 1989–1990
Gebhardt, Wolfgang H., Taschenbuch Deutscher Schlepperbau, 2 Bde. Stuttgart 1987/88
Georgano, George Nicolas u. Marshall, Naul George, The complete Encyclopaedia of Commercial Vehicles, Oseceola/Wisconsin 1979
Goldbeck, Gustav, Geschichte des Werkes Magirus Ulm, Tradition 10, 1965
Gränz, Paul u. Kirchberg, Peter, Ahnen unserer Autos, Berlin-Ost 1980
Haller, Rudolf, Geschäftswagen und ihre wirtschaftliche Verwendung im Kundendienst, Berlin 1929
Hellmann, Heinrich, Der elektrische Kraftwagen, Berlin 1901
Hustedt, Egon, Kleinkraftfahrzeuge aller Arten und Länder, Berlin 1908
Isendahl, Walter, Technische Tafeln deutscher Lastwagen, Braunschweig 1930
Jahrbuch des Reichsverbandes der deutschen Automobilindustrie, Berlin 1925, 1926, 1931
Jaus, Ottfried u. Kaiser, Peter, Neben den Großen, Standard/Gutbrod, Stuttgart 1993
Kfz-Typenbuch 1949, Hrsg. Deutsche Wirtschaftskommission für die sowjetische Besatzungszone, Hauptverwaltung Verkehr, Berlin 1949
Kirchberg, Peter, Horch, Audi, DKW, IFA, 80 Jahre Geschichte der Autos aus Zwickau, Berlin-Ost 1985
Kruk, Max u. Lingnau, Gerold, 100 Jahre Daimler-Benz, Das Unternehmen, Mainz 1986
Kubisch, Ulrich, Motor Roller Mobil, Berlin 1985
Kuch, Joachim, Ford seit 1925 in Deutschland, Stuttgart 2003
Kulturstiftung Leipzig (Hrsg.), Leipzig Automobil, Leipzig 2020
Ledertheil, Hans, Die Zweitaktmotoren und ihr Anwendungsgebiet, Berlin 1925
Lehmann, Otto, Das Cyclecar, Berlin 1919
Martini, Bruno, Leichte Wagen bis inklusive 10 Steuer-PS, Berlin 1919
Metternich, Michael Graf Wolff, 100 Jahre auf 3 Rädern, Deutsche Dreispur-Fahrzeuge im Wandel der Zeiten, München 1892, 1908 u. 1911
Mayer, Hans W., Lloyd, Vom Elektromobil zur Arabella, Stuttgart 1989
Meyer, E., Omnibusse, Nutzkraftwagen, Zugmaschinen, Dresden 1926
Neubauer, Hans-Otto, Autos aus Berlin, Protos und NAG, Stuttgart 1983
Opel, Räder für die Welt (Hrsg. Automobile Quarterly), Stuttgart 1984
Oswald, Werner, Deutsche Autos 1920–1945, Stuttgart 1977
Oswald, Werner, Adler Automobile 1900–1945, Stuttgart 1981

(Foto: Ralf Weinreich)

Oswald, Werner, Lieferwagen, Transporter, Kleinbusse 1945–1980, Stuttgart 1980
Oswald, Werner, Mercedes-Benz, Lastwagen und Omnibusse 1896–1986, Stuttgart 1986
Oswald, Werner, Lastwagen, Lieferwagen, Transporter, 1945–1988, Stuttgart 1989
Preuß, M., Die Geschichte der Protoswagen, Siemens-Zeitschrift, Berlin 1925
RDA, Festschrift zum 25-jährigen Bestehen des Reichsverbandes der Automobilindustrie 1901–1926, Berlin 1926
Regenberg, Bernd, Die deutschen Lastwagen der Wirtschaftswunderzeit, Bd. 1, Brilon 1987
Rauch, Siegfried, DKW, Geschichte einer Weltmarke, Stuttgart 1995
Richter, Fred, Kraftfahrzeuge, Gestern und heute, Leipzig/Jena 1955
Roediger/Edler, Deutsche Kraftfahrzeuge, Berlin-Ost 1955
Schneider, Hans, Die Entwicklung der deutschen Automobilindustrie nach dem Kriege, Leipzig 1929
Schneider, Hans-Jürgen, 125 Jahre Opel, Autos und Technik, Köln 1987
Schumann, Reinald, Tempo – Eine Chronik, Brilon 1996
Seherr-Thoss, Hans Christoph Graf v., Die deutsche Automobilindustrie, Stuttgart 1974
Siemens, Rupprecht v., Der Automobilbau bei Siemens, Das Schnauferl, Frankfurt a. Main 1959
Steiger, Christian, Wirth, Thomas, Weinen, Alexander, Transporter der Wirtschaftswunderzeit, Schindellegi/Schweiz 1996
Stisser, Reinhold, Standorte und Planung der deutschen Kraftfahrzeugindustrie, Bremen-Horn 1950
Suhr, Christian, Typenkompass DDR-Lastwagen 1945–1990, Stuttgart 2005
Szénásy, Stefan v., Automobile, Bad Wörishofen 1954
Thäter, Ulrich, Deutsche Krafträder u. Kleinkraftfahrzeuge, Berlin 1923
Tragatsch, Erwin, Alle Motorräder 1894 bis heute, Stuttgart 1981
Tragatsch, Erwin, Berühmte Motorräder, Stuttgart 2000
Westerkamp, Lulf, Das Elektrofahrzeug, Berlin 1928
Windecker, Carl Otto, Handbuch der Kraftfahrzeugtypen, Hannover 1947/48

(Foto: Ralf Weinreich)

MEHR INFOS FÜR TRUCK-FANS!
JEDEN MONAT GIBT ES DIE MAGAZINE FERNFAHRER UND LASTAUTO OMNIBUS MIT TESTS, TECHNIK, AKTUELLEN INFOS UND REPORTAGEN.
lastauto omnibus
FERNFAHRER
DAS TRUCK-MAGAZIN FÜR BERUFSKRAFTFAHRER
DIE NEUEN VON DAF
MEHR FÜR DICH DRIN: 100 SEITEN + EXTRA-HEFT!
ALS HEFT
ODER E-PAPER
IM WEBSHOP ERHÄLTLICH!
IM ABO BESONDERS GÜNSTIG UND MIT WUNSCHPRÄMIE!
eurotransport.de
Der XXL-Shop!
Neben den Magazinen finden Sie hier Bücher, Truckmodelle und Merchandise-Artikel – ideal als Geschenk, auch für sich selbst!
MICHELIN
DER KLASSIKER:
Michelin-Mann
mit Echtheitszertifikat in groß (ca. 40 cm) und klein.
FERNFAHRER ROADSHOW
DRIVE YOUR DREAM-TOUR
FERNFAHRER ROADSHOW 2019
FÜR EUCH LIVE DABEI
KÖGEL
TRUCK-MODELLE
der führenden Modellbau-Hersteller in den Maßstäben 1:87, 1:50, 1:25 & 1:18.
Jetzt bestellen: shop.eurotransport.de
Telefon: +49 (0) 711 72 52 266 · E-Mail: fernfahrer@zenit-presse.de